AVANT-PROPOS

Ce livre offre une synthèse des problématiques et des éléments de solution pour réaliser la cybersécurité des systèmes d'information. Il traite de l'analyse des risques, de la cybercriminalité, des questions de gouvernance, de gestion stratégique et opérationnelle de la sécurité. Il présente les principales mesures organisationnelles, managériales et techniques de la sécurité des environnements numériques qui permettent de satisfaire leurs besoins de sécurité.

- Le **chapitre 1** introduit les **principes fondamentaux** et les domaines d'application de la sécurité des systèmes d'information qui doivent être appréhendés de manière systémique. Il constitue la base nécessaire à la compréhension globale des différents aspects et dimensions de la cybersécurité.
- Le **chapitre 2** offre un panorama des **cyberrisques** et des différentes formes d'expression de la **cybercriminalité** et de ses impacts. Il identifie les vulnérabilités inhérentes au monde numérique, à **Internet** et au **cyberespace** ainsi que leur exploitation à des fins malveillantes. Il identifie les divers leviers d'action qui contribuent à produire de la sécurité et à lutter contre la cybercriminalité.
- Le **chapitre 3** traite des aspects liés à la **maîtrise des risques**, à la **gestion stratégique** et à la **gouvernance** de la sécurité mais aussi des questions d'**intelligence économique** en lien avec la cybersécurité. Les **dimensions politique, juridique, managériale et socio-économique** dans lesquelles s'inscrivent la sécurité informatique et les besoins de **cyberrésilience** sont identifiées pour insister sur la nécessitéde doter les individus, les organisations et les États de moyens suffisants à leur cybersécurité et cyberdéfense. Les métiers relatifs à la sécurité numérique, les acteurs, les compétences comme les notions d'organisation, de responsabilité et de mission de sécurité sont présentés.
- Le **chapitre 4** concerne les **outils méthodologiques**, les **normes**, les **méthodes**, les bonnes pratiques, les démarches à disposition pour identifier les besoins de sécurité, **définir une politique de sécurité**, mettre en place des mesures, **auditer**, **mesurer**, **évaluer**, **certifier** la sécurité. Ce chapitre traite également de la **gestion de crise**, des **plans de secours**, **de reprise** et **de continuité** des activités.
- Le **chapitre 5** est consacré aux principes fondamentaux de la **cryptographie** (chiffrement) mis en œuvre dans des environnements d'informatique distribuée pour offrir des services de confidentialité, d'authentification, d'intégrité, d'imputabilité et de non-répudiation. Une analyse critique des différents mécanismes de cryptographie, qui tient compte des dernières évolutions du domaine, est réalisée. Une introduction à la **cryptographie quantique** ainsi qu'une présentation des avantages, inconvénients et limites des **systèmes de chiffrement** sont proposées. Les concepts et les mécanismes de signature numérique, de certificats numériques,

d'infrastructures de gestion de clés (PKI), de tiers de confiance, d'autorité de certification et de **blockchain** sont illustrés.

- Le **chapitre 6** traite des problématiques et des mesures de **sécurité des infrastructures de télécommunication** Internet. Il présente notamment la mise en œuvre de protocoles cryptographiques pour offrir des services de sécurité Internet (IPv6, IPSec). Les principes de sécurité liés au routage, à la gestion des noms, au contrôle d'accès, à des **réseaux privés virtuels** (VPN), à l'externalisation et au ***cloud computing*** sont étudiés.
- Le **chapitre 7** est dédié à la sécurité des **réseaux sans fil** et à la **mobilité**. Les technologies de la sécurité des réseaux cellulaires **GSM**, **GPRS**, **UMTS**, **5G** sont présentéescomme celles des **réseaux locaux sans fil 802.11** et des **réseaux personnels**.
- Faisant suite à la présentation des protocoles cryptographiques implantés dans des infrastructures réseaux filaires et sans fil, le **chapitre 8** se focalise sur des mesures permettant de renforcer la sécurité des environnements par des **systèmes pare-feu** et de **protection contre les incidents**.
- Le **chapitre 9** est dédié à la protection des contenus et à la sécurité des principaux services applicatifs d'Internet (sécurité de la **messagerie électronique**, de la **téléphonie sur Internet**, de la **navigation web**, du **commerce électronique**, des **paiements en ligne**, des **documents XML**). Sont également abordées la notion de protection des documents par **tatouage électronique**, la gestion des droits numériques (**DRM**), les problématiques de sécurité liées à l'usage de l'informatique personnelle (**BYOD**) et des **réseaux sociaux** en entreprise, ainsi que les problématiques de la **confiance** et de la **désinformation**.
- Le **chapitre 10** traite de la **gestion de réseau** comme outil de cohérence et d'**intégration des mesures** de sécurité et des savoir-faire managérial et technologique.

Les chapitres sont indépendants. Chacun comprend, entre autres, une présentation de ses objectifs, un résumé et des exercices corrigés. Ces derniers permettent de vérifier la bonne compréhension des concepts présentés et renforcent l'apprentissage des connaissances. Un certain relief est introduit dans le texte par des **termes** mis en gras pour souligner leur importance, par la traduction anglaise du vocabulaire de la sécurité (*security vocabulary*) et par des encarts.

Un glossaire et un index concluent cet ouvrage.

En traitant de manière complémentaire du management et de l'ingénierie de la cybersécurité, ce livre, par une **approche globale et intégrée**, permet d'appréhender toute la **complexité de la cybersécurité** et de développer les compétences nécessaires à sa maîtrise.

Ressources numériques

Cette édition revue et augmentée propose **plus de 200 exercices corrigés** ainsi que des compléments en ligne **téléchargeables** sur la page associée à l'ouvrage du site des éditions Dunod :
https://www.dunod.com/ean/9782100841493

Dédicace

Ce livre est le fruit de mes activités de recherche, d'enseignement et de conseil développées depuis plus d'une vingtaine d'années. Il est aussi celui de mes premiers ouvrages entièrement consacrés à la sécurité informatique et des télécommunications : *Stratégie et ingénierie de la sécurité des réseaux* (InterÉditions, 1998) et *Sécurité Internet, stratégies et technologies* (Dunod, 2000).

Je dédie cet ouvrage à ceux qui désirent apprendre, comprendre et agir, à mes étudiants, assistants et doctorants d'hier et d'aujourd'hui, à mes proches présents et lointains, à A. L. et S. qui m'accompagnent depuis toujours.

Solange GHERNAOUTI
Professeure de l'Université de Lausanne
Docteure en informatique de l'Université Paris VI
Ancienne auditrice de l'IHEDN
Directrice du *Swiss Cybersecurity Advisory & Research Group*
Associée fondatrice de la société genevoise *Digital Risk Management & Security*
Présidente de la Fondation SGH – Institut de recherche Cybermonde
Membre de l'Académie suisse des sciences techniques
Chevalier de la Légion d'honneur
www.scarg.org

Table des matières

SÉCURITÉ INFORMATIQUE ET CYBERSÉCURITÉ

1

PLAN

OBJECTIFS

- Présenter le contexte, les enjeux et les principes généraux de la cybersécurité.
- Identifier les critères et les principales caractéristiques de la sécuritéinformatique et de la cybersécurité.
- Comprendre les champs d'application, les différents aspects et la dimension interdisciplinaire de la cybersécurité.
- Aborder les notions d'architecture de sécurité et d'approche holistique.

1.1 OBJECTIFS DE SÉCURITÉ

1.1.1 Cyberespace et sécurité

Le préfixe « cyber » est relatif à l'environnement informatique et aux activités rendues possibles par les technologies du numérique et de l'Internet. Le cyberespace (l'ensemble des infrastructures numériques, des données et des services mis en réseau) est une extension de notre espace naturel qui reflète notre société avec ses réalités politique, économique, sociale et culturelle. Mais contrairement à la terre, à la mer, à l'air et à l'espace extra-atmosphérique, le cyberespace est une pure création de l'être humain qui ne relève pas de la nature, il est une construction issue d'un contexte géopolitique et économique particulier.

La racine « **cyber** » provient du mot **cybernétique**, qui avait été formé en français en 1834 pour désigner la « science du gouvernement », à partir du grec *Kubernêtiké*, signifiant « diriger, gouverner ». Terme repris en 1948, aux États-Unis, par le mathématicien Norman Wiener à l'origine de la **cybernétique** (*cybernetics*), science constituée par l'ensemble des théories relatives au contrôle, à la régulation et à la communication entre l'être vivant et la machine.

La **cybersécurité** concerne des environnements numériques connectés à Internet, la sécurité informatique, celle de l'information et celle des réseaux de télécommunication. La sécurité des systèmes et services accessibles *via* le cyberespace peut être mise en défaut, entre autres, par des **cyberattaques**. Ainsi, du fait de l'usage d'Internet, de nouvelles menaces existent générant des risques d'origine cyber de niveau d'importance variable, pouvant affecter les individus, les organisations privées et publiques et les États.

La notion de **sécurité informatique** fait référence à des propriétés d'un système informatique qui s'expriment en termes de **disponibilité** (D), d'**intégrité** (I) et de **confidentialité** (C). La mise en œuvre de fonctions et de services particuliers de sécurité autorise la réalisation de ces critères de base (critères DIC), comme ceux additionnels liés à l'**authentification** (notions d'authenticité) ou encore à la **non-répudiation**, à l'**imputabilité**, ou à la **traçabilité** (figure 1.1).

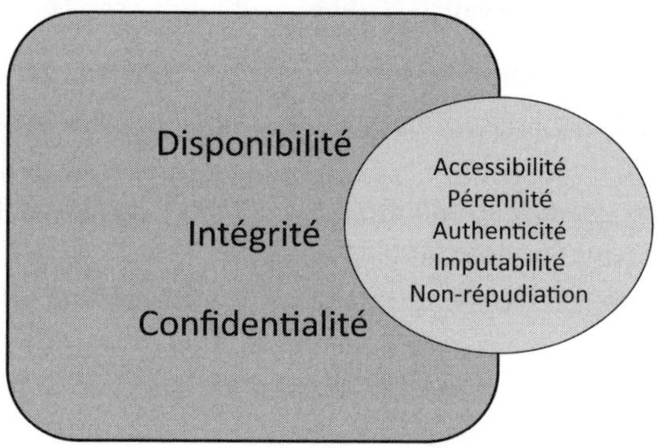

Figure 1.1 – Critères de sécurité.

1.1.2 Disponibilité

La **disponibilité** d'une ressource est relative à la période de temps pendant laquelle le service qu'elle offre est opérationnel. Le volume potentiel de travail susceptible d'être pris en charge durant la période de disponibilité d'un service détermine la **capacité** d'une ressource à être utilisée.

Il ne suffit pas qu'une ressource soit disponible, elle doit pouvoir être utilisable avec des temps de réponse acceptables. Sa disponibilité est indissociable de sa capacité à être **accessible** par l'ensemble des ayants droit **(notion d'accessibilité)**.

La disponibilité des services, systèmes et données est obtenue par un **dimensionnement approprié** et une certaine redondance ainsi que par une **gestion opérationnelle** et une **maintenance efficaces** des ressources.

Un service nominal doit être assuré avec le minimum d'interruption, il doit respecter les clauses de l'engagement de service établies sur des indicateurs dédiés à la mesure de la **continuité de service**. Des pertes ou destructions de données, donc une indisponibilité de celles-ci, sont possibles si les procédures de sauvegarde et de restitution ainsi que les supports de mémorisation associés ne sont pas gérés correctement. Cela peut également résulter d'actions malveillantes ou de cyberattaques. Une **politique de sauvegarde** ainsi qu'un arbitrage entre le coût de la sauvegarde et celui du risque d'indisponibilité supportable par l'organisation (désormais un grand nombre de cyberattaques visent à porter atteinte à la disponibilité des ressources informatiques des organisations) doivent être préalablement établis pour que la mise en œuvre des mesures techniques soit efficiente.

1.1.3 Intégrité

Le critère d'**intégrité** des ressources physiques et logiques (équipements, données, traitements, transactions, services) est relatif au fait qu'elles sont demeurées intactes, qu'elles n'ont pas été détruites ou modifiées à l'insu de leurs propriétaires tant de manière intentionnelle qu'accidentelle. Préserver l'intégrité des ressources et s'assurer que des ressources sont intègres font l'objet de mesures de sécurité. Ainsi, se prémunir contre l'altération des données, avoir la certitude qu'elles n'ont pas été modifiées, contribuent à assurer la qualité des prises de décision basées sur celles-ci.

Si, en télécommunication, l'intégrité des données relève essentiellement de problématiques liées au transfert de données, elle dépend également des aspects purement informatiques de traitement de l'information (logiciels d'application, systèmes d'exploitation, environnements logiciel et matériel d'exécution, procédures de sauvegarde, de reprise et de restauration des données). Des contrôles d'intégrité, par la mise en œuvre de mécanismes cryptographiques peuvent être effectués pour s'assurer que les données n'ont pas été modifiées lors de leur transfert par des cyberattaques.

1.1.4 Confidentialité

La notion de **confidentialité** est liée au maintien du **secret**, elle est réalisée par la protection des données contre une divulgation non autorisée (notion de protection en lecture).

Il existe deux types d'actions complémentaires permettant d'assurer la confidentialité des données :

- limiter et contrôler leur accès afin que seules les personnes habilitées à les lire ou à les modifier puissent le faire ;
- les rendre inintelligibles en les chiffrant de telle sorte que les personnes qui ne sont pas autorisées à les déchiffrer ne puissent les utiliser.

Des mesures complémentaires permettant de réaliser la disponibilité, l'intégrité et la confidentialité des ressources contribuent à leur protection.

1.1.5 Fonctions additionnelles

Identifier l'auteur présumé d'un tableau est une chose, s'assurer que le tableau est authentique en est une autre. Il en est de même en informatique, où des procédures d'**identification** et d'**authentification** peuvent être mises en œuvre pour contribuer à réaliser des mesures de sécurité assurant :

- la **confidentialité** et l'**intégrité des données** : seuls les ayants droit identifiés et authentifiés sont habilités à accéder aux ressources ;

- la **non-répudiation** et l'**imputabilité** : seules les entités identifiées et authentifiées ont pu réaliser une certaine action (notion de preuve, preuve de l'origine d'un message, etc.).

L'identification et l'authentification des ressources et des utilisateurs permettent d'associer la réalisation d'une action à une entité qui pourra en être tenue **responsable** et éventuellement en rendre compte.

L'enregistrement des activités, actions et transactions permet la **traçabilité** des événements et leur analyse. Garder la mémoire des actions survenues permet notamment de reconstituer et de comprendre ce qui s'est passé lors d'incidents afin d'améliorer la sécurité de l'environnement concerné, d'éviter que des erreurs ou des incidents ne se répètent ou encore d'identifier des personnes à l'origine des incidents de sécurité. Analyser le comportement du système et des utilisateurs à des fins d'optimisation des performances ou d'audit contribue à réaliser un processus continu de gestion de la sécurité. De plus, l'enregistrement des événements permet d'enrichir les bases de données de support aux applications de **surveillance**, de collecte et de traitement des alertes, **de détection et de réaction aux incidents**, des **plateformes de sécurité** (SOC, *Security Operation Center*) de supervision et d'administration à distance de la sécurité des systèmes d'information, ainsi que l'apprentissage nécessaire au développement des techniques d'**intelligence artificielle** appliquée à la cybersécurité.

L'**authentification** permet de vérifier l'identité d'une entité afin de s'assurer de son authenticité. Pour cela, l'entité devra prouver son identité, le plus souvent en donnant une information spécifique qu'elle est censée être seule à détenir.

Tous les mécanismes de contrôle d'accès logique aux ressources informatiques nécessitent de gérer l'identification, l'authentification des entités et la gestion des droits et permissions associés. C'est également sur la base de l'identification des personnes et des accès aux ressources que s'établissent des fonctions de facturation et de surveillance.

La **non-répudiation** est le fait de ne pouvoir nier ou rejeter qu'un événement (action, transaction) a eu lieu. À ce critère de sécurité peuvent être associées les notions d'imputabilité, de traçabilité ou encore parfois d'auditabilité (caractère de ce qui est vérifiable).

Attribuer une action à une entité déterminée (ressource ou personne) relève de l'**imputabilité**, qui peut être réalisée par un ensemble de mesures garantissant l'enregistrement fiable d'informations pertinentes relatives à un événement.

La **traçabilité** permet de reconstituer une séquence d'événements à partir des données numériques laissées dans les systèmes lors de leurs réalisations. Cette fonction comprend l'enregistrement des opérations, de la date de leur réalisation et leur imputation. Elle permet, par exemple, de retrouver l'adresse IP d'un système à partir duquel des données ont été envoyées. Afin de garder la trace d'événements, on recourt à des solutions qui permettent de les enregistrer (de les journaliser), à la manière d'un journal de bord, dans des fichiers (*log*).

L'**auditabilité** d'un système se définit par sa capacité à garantir la présence d'informations nécessaires à une analyse, postérieure à la réalisation d'un événement (courant ou exceptionnel), effectuée dans le cadre de procédures de contrôle et d'**audit**. L'audit peut être mis en œuvre pour diagnostiquer ou vérifier l'état de la sécurité d'un système, pour déterminer s'il y a eu ou non violation de la politique de sécurité, quelles sont les ressources compromises, ou encore par exemple pour déceler et examiner les événements susceptibles de constituer des menaces de sécurité.

Les coûts liés à la journalisation et à l'analyse des données n'étant pas négligeables et la capacité mémoire des journaux n'étant pas infinie (même s'il y a recours à des infrastructures de stockage dans le *cloud*), l'administrateur système ou le responsable sécurité ont tout intérêt à identifier les **événements pertinents**, qui pourront faire l'objet d'analyse ultérieure lors de la survenue d'incidents, de procédures d'audit ou d'actions en justice.

La **durée de rétention** des informations contenues dans ces journaux peut être fixée par des réglementations sectorielles ou par la loi. C'est le cas par exemple pour les fournisseurs d'accès et de services Internet, qui doivent garder toutes les données de connexion des internautes, durant une période variable selon les réglementations auxquelles ils sont soumis (généralement entre 6 mois et 2 ans).

1.2 Domaines d'application

Toutes les sphères d'activité de l'informatique et des réseaux de télécommunication sont concernées par la cybersécurité (figure 1.2).

1.2.1 Sécurité matérielle, physique et environnementale

La **sécurité matérielle, physique** et **environnementale** concerne tous les aspects liés à la sécurité des composants, équipements et systèmes et de l'environnement dans lequel ils se situent.

Sans vouloir être exhaustif, la sécurité physique repose essentiellement sur :

- la **fiabilité** des matériaux (éléments matériels constitutifs des systèmes) et l'usage d'équipements qui possèdent un bon degré de **sûreté de fonctionnement**, de fiabilité et de **robustesse** ;
- la protection des sources énergétiques et de la climatisation (alimentation électrique, refroidissement, etc.) ;
- la protection de l'environnement (mesures *ad hoc* notamment pour faire face aux risques d'incendie, d'inondation ou encore de tremblement de terre, pour respecter les contraintes liées à la température, à l'humidité, etc.) ;
- des mesures de gestion et de contrôle des accès physiques aux locaux, équipements et infrastructures (avec entre autres la traçabilité des entrées et une gestion rigoureuse des clés d'accès aux locaux et des personnes qui y accèdent) ;
- la redondance physique des infrastructures et des sources énergétiques ;
- le marquage des matériels pour notamment contribuer à dissuader le vol de matériel et éventuellement contribuer à le retrouver ;

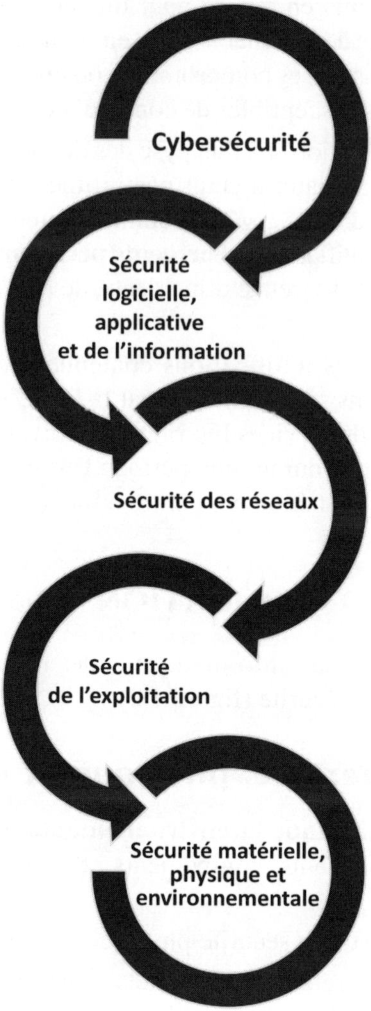

Figure 1.2 – Domaines d'application de la sécurité.

- le plan de maintenance préventive (tests, etc.) et corrective (pièces de rechange, etc.) des équipements, ce qui relève également de la sécurité de l'exploitation des environnements.

1.2.2 Sécurité de l'exploitation

La **sécurité de l'exploitation** doit permettre un bon fonctionnement opérationnel des systèmes informatiques et des réseaux de télécommunication. Cela comprend la mise en place d'outils et de procédures relatifs aux méthodologies d'exploitation, de maintenance, de test, de diagnostic, de gestion des performances, de gestion des changements et des mises à jour.

La sécurité de l'exploitation dépend fortement de son **degré d'industrialisation**, qui est qualifié par le niveau de supervision des applications et l'automatisation des tâches de maintenance. Bien que relevant de la responsabilité de l'exploitation, ces conditions concernent directement la conception et la réalisation des applications elles-mêmes et leur intégration dans un système d'information.

Les points clés de la sécurité de l'exploitation sont les suivants :

- gestion du parc informatique ;
- gestion des configurations et des mises à jour y compris de sécurité ;
- gestion des incidents et suivi jusqu'à leur résolution ;
- gestion des performances ;
- gestion des sauvegardes, des secours et de la continuité ;
- gestion de la maintenance et des contrats de maintenance ;
- gestion des logs et des fichiers de journalisation.

La **maintenance** doit être préventive et régulière, et selon les besoins conduire à des actions de réparation ou de remplacement des éléments défectueux.

Au-delà du coût d'une panne entraînant le remplacement des équipements, le **risque d'exploitation** se traduit par une interruption de service ou une perte de données qui peuvent avoir des conséquences préjudiciables pour l'entreprise. Cela peut aussi comprendre l'usage abusif, détourné ou criminel des outils et procédures d'administration des systèmes.

La sécurité de l'exploitation peut, dans une certaine mesure, rejoindre celle des télécommunications, car c'est au niveau des procédures d'exploitation que sont fixés les paramètres servant à la facturation de l'utilisation des ressources. Toutefois, ceci est plus spécifiquement relatif à la gestion de la comptabilité et à la maîtrise du risque financier. C'est également lors de l'exploitation des ressources que l'on vérifie l'adéquation du niveau de service offert, par rapport à celui spécifié dans un contrat de services et à sa facturation.

1.2.3 Sécurité des réseaux de télécommunication

La **sécurité des télécommunications** consiste à offrir à l'utilisateur final et aux applications communicantes une connectivité fiable de bout en bout. Cela passe par la réalisation d'une **infrastructure réseau** sécurisée au niveau des accès au réseau et du transport de l'information (sécurité de la gestion des noms et des adresses, sécurité du routage, sécurité des transmissions à proprement parler). Cela s'appuie sur des mesures architecturales adaptées, l'usage de plateformes matérielles et logicielles sécurisées et une gestion de réseau de qualité.

La sécurité des télécommunications ne peut à elle seule garantir la sécurité des informations. Elle ne constitue qu'un maillon de la chaîne sécuritaire car il est également impératif de sécuriser l'**infrastructure informatique** dans laquelle s'exécutent les programmes. Pris au sens large, cela comprend la sécurité physique et environnementale des systèmes (figure 1.3).

Pour que les infrastructures informatiques et télécoms soient cohérentes, performantes et sécurisées de manière optimale, l'**infrastructure de sécurité** (outils, procédures, mesures) et la gestion de la sécurité doivent être réalisées de manière sécurisée. Les solutions de sécurité doivent être également sécurisées (notion de **récursivité de la sécurité**). Implanter des mécanismes de chiffrement pour rendre les données transférées confidentielles est de peu d'utilité si d'aucuns peuvent y accéder lorsqu'elles sont manipulées par des plateformes matérielles et logicielles non correctement sécurisées.

La sécurité des télécommunications est peu différente de celle que l'on doit mettre en œuvre pour protéger les ordinateurs, les applications et les informations. Les réseaux de télécommunication comme les entités qu'ils mettent en relation peuvent être des sources d'insécurité et des vecteurs de propagation de programmes malveillants. La cohérence des mesures de sécurité est un facteur clé de succès.

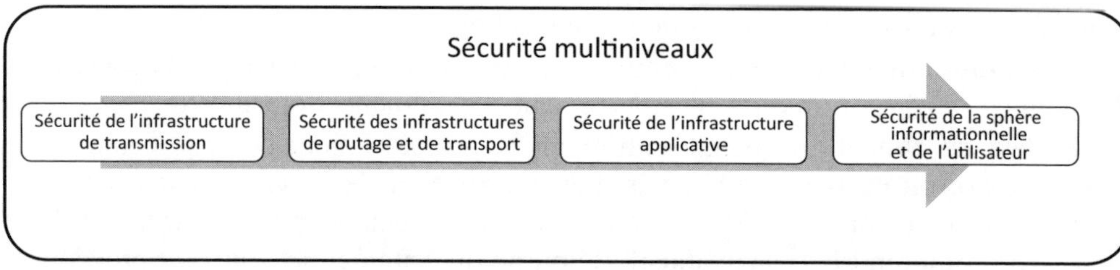

Figure 1.3 – **Sécurité des infrastructures de télécommunication.**

1.2.4 Sécurité logicielle, applicative et de l'information

La **sécurité logique** fait référence à la protection des données et à la réalisation de mécanismes de sécurité par logiciel contribuant au bon fonctionnement des programmes et des services offerts. Elle s'appuie généralement sur :

- la qualité et la sécurité des développements logiciels et des tests de sécurité ;
- une mise en œuvre adéquate de la **cryptographie** pour assurer intégrité et confidentialité ;
- des procédures de **contrôle d'accès logique** et d'authentification ;
- des procédures de détection de logiciel malveillant, de détection d'intrusion et d'incident ;
- mais aussi un dimensionnement suffisant des ressources, une certaine redondance ainsi que des procédures de **sauvegarde** et de restitution des informations sur des supports fiables, éventuellement spécialement protégés et conservésdans des lieux sécurisés pour les applications et données critiques.

La sécurité logique fait également référence à la **sécurité applicative**, qui doit tenir compte des besoins de sécurité dans le développement et l'implémentation des logiciels, et satisfaire à des exigences de sécurité et de qualité (sécurité par conception [***security by design***]).

La **sécurité applicative** comprend le développement pertinent de solutions logicielles (ingénierie, qualité du logiciel, développé sans vulnérabilité) ainsi que leur intégration et exécution harmonieuses dans des environnements opérationnels. Elle repose essentiellement sur l'ensemble des facteurs suivants :

- une méthodologie de développement (en particulier le respect des normes de développement propres à la technologie employée et aux contraintes de sécurité et d'exploitabilité) ;
- la robustesse des applications ;
- des contrôles et des jeux de tests ;
- l'intégration de mécanismes de sécurité, d'outils d'administration et de contrôle de qualité dans les applications ;
- le choix des fournisseurs et sous-traitants ;
- l'élaboration et la gestion des contrats, les relations avec les fournisseurs comprenant des clauses d'engagement de responsabilité, y compris pour les solutions d'informatique en nuage (*cloud computing*) ;
- un plan de migration des applications critiques ;
- la validation et l'audit des programmes ;
- la qualité, la véracité et la pertinence des données.

Bien **protéger l'information**, c'est avant tout comprendre son rôle, son importance stratégique dans l'impact des décisions et des actions qu'elle permet de prendre et d'effectuer. C'est également assurer son **exactitude** et sa **pérennité** pourle temps nécessaire à son exploitation et à son archivage. Une **classification des données** permet de qualifier leur **degré de sensibilité** (normale, confidentielle, etc.) et de les protéger en fonction de ce dernier. Ainsi, à partir d'un tableau mettant en relation le type de données et leur degré de sensibilité, la nature et le nombre de protections peuvent être déterminés et des mesures de sécurité *ad hoc* développées. Par ailleurs, du point de vue de l'utilisateur, une bonne sécurité doit lui assurer le respect de son intimité numérique et la protection de ses données personnelles (***privacy by default***).

1.2.5 Cybersécurité

L'objet de la cybersécurité est de maîtriser les risques liés à l'usage du numérique et du cyberespace. Cela concerne toutes les infrastructures, tous les systèmes d'information, services et données ainsi que tous les acteurs qui les utilisent.

Pour une organisation, la réalisation de mesures de sécurité doit répondre à des besoins de sécurité clairement identifiés à la suite d'une **analyse des risques** spécifiquement encourus dans le cadre d'une **politique de sécurité** établie. Un système d'information sécurisé, mobilisant d'importants moyens sécuritaires, aussi pertinents soient-ils, ne pourra être efficaceque s'il s'appuie sur des personnes intègres et sur un code d'utilisation adéquat des ressources informatiques pouvant être formalisé par une **charte** de sécurité. Souplesse et confiance réciproque ne peuvent se substituer à la rigueur et aux contrôles imposés par le caractère stratégique des enjeux économiques et politiques que doivent satisfaire les systèmes d'information.

Désormais, la grande majorité des activités humaines repose sur des traitements informatiques. La confiance envers ces derniers ne peut se construire qu'à condition de pouvoir assurer et garantir leur bon fonctionnement, leur sûreté, leur fiabilité et leur sécurité (figure 1.4).

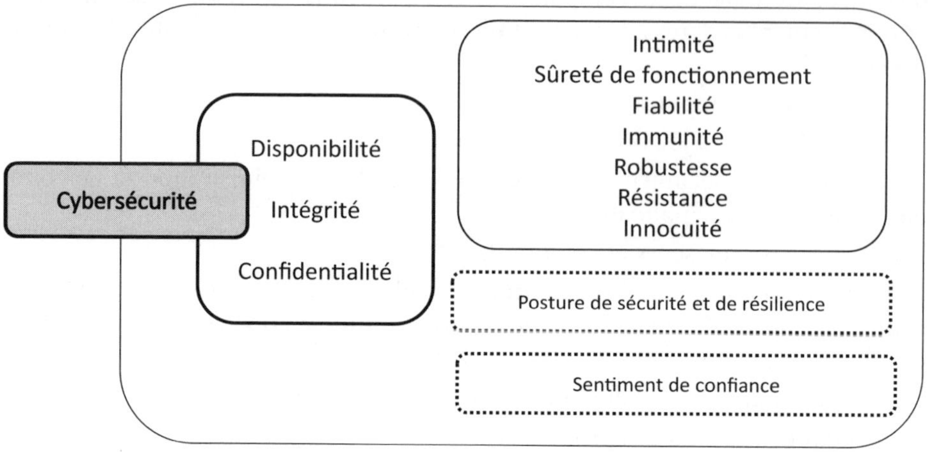

Figure 1.4 – Cybersécurité, posture de sécurité et de résilience.

La **sûreté de fonctionnement** (***safety***) caractérise un système qui est sûr et dont le bon fonctionnement peut être garanti. La **fiabilité** (***reliability***) est son aptitude à fonctionner sans incident pendant un temps donné. Le système qui possède un comportement prévisible, auquel on peut se fier, est qualifié de fiable. Sûreté et fiabilité sont des composantes de la sécurité des systèmes qui, en plus, devraient être immunisés contre des programmes malveillants. Conçues de manière robuste, spécialement protégées, résistantes aux cyberattaques et bien gérées, les infrastructures numériques peuvent offrir des services aux utilisateurs, dont les programmes et données sont traités en toute innocuité (qualité de ce qui n'est pas nuisible).

La confiance qu'une personne peut accorder à une entité relève du sentiment qui fait qu'elle peut se fier, à tort ou à raison, à cette dernière. **La confiance n'exclut pas le contrôle** ! La sécurité, en tant que propriété d'un système, peut contribuer à développer un sentiment de confiance s'il est possible de la qualifier et d'obtenir une assurance raisonnable d'un certain niveau de qualité des mesures de sécurité (notion d'assurance de sécurité).

Un environnement numérique sécurisé implique la sécurisation de tous les éléments qui le composent. Sa **sécurité globale** est toujours celle de son maillon le plus faible.

1.3 Multiples facettes de la cybersécurité

1.3.1 Cybermenace et cyberrisque

Une **menace** est un signe par lequel se manifeste ce que l'on doit craindre. Une **cybermenace** est une menace qui s'exprime *via* le cyberespace, qui peut toucher tout système connecté à Internet. Sa concrétisation peut affecter le bon fonctionnement des ordinateurs, des réseaux de télécommunication et de tous les services et activités humaines qui en dépendent.

Les cybermenaces sont le plus souvent associées aux usages malveillants et détournés de l'Internet. Elles se concrétisent du fait de l'existence de vulnérabilités qui sont exploitées pour réaliser des **cyberattaques**. De nombreuses cyberattaques existent, elles recouvrent des réalités diverses en fonction des cibles touchées, de leurs impacts, finalités, origines et auteurs. Il est primordial de pouvoir identifier au plus tôt les indicateurs, y compris les signaux faibles, qui permettent d'anticiper les cyberattaques, afin d'empêcher leur réalisation ou de diminuer leur occurrence de survenue ou la gravité de leurs impacts.

Dès lors que des menaces et des vulnérabilités existent, il y a un risque relatif à l'éventualité qu'un événement non sollicité survienne et provoque des dommages.

Un **risque** est un danger plus ou moins prévisible relatif à des menaces et à des vulnérabilités. Les **cyberrisques** sont les risques inhérents à la vulnérabilité des environnements numériques, à l'usage d'Internet et à la réalisation de services au travers du cyberespace.

Les systèmes informatiques sont vulnérables, du fait de l'existence de failles et des défauts de sécurité qu'ils intègrent par conception et qui sont exploités pour effectuer des cyberattaques. Ainsi par exemple, il peut exister des :

- défaillances de conception, de mise en œuvre, de gestion ou d'utilisation des environnements informatiques ;
- déficits ou absences de comportement averti de l'utilisateur, d'hygiène informatique et sécuritaire ;
- failles techniques matérielles et logicielles, des carences ou limites des solutions de sécurité. C'est le cas par exemple des logiciels antivirus qui même à jour ne détectent que les virus connus. Ils sont d'aucune utilité pour de nouveaux virus.

L'**évaluation d'une menace** tient compte de l'ampleur et de l'importance des dégâts et dysfonctionnements qu'elle peut occasionner si elle devient réalité. Cela s'exprime par un **degré de dangerosité**, qui de manière habituelle peut se catégoriser en trois niveaux : faible, moyen et élevé.

Dans une **démarche de gestion de risques**, il est important de pouvoir identifier le plus correctement possible les menaces et leurs combinaisons. Prises isolément, des menaces de niveau faible ou moyen ne sont pas forcément graves. En revanche, associées et combinées entre elles dans des scénarios de réalisation particuliers de risques et d'interdépendances, elles peuvent devenir extrêmement préjudiciables.

Un **faible niveau** de dangerosité relève généralement de la nuisance. Un spam publicitaire pour des médicaments contrefaits n'est pas forcément grave, à moins qu'il n'entraîne la prise de produits inefficaces ou néfastes à la santé des personnes.

Les menaces de **niveau moyen** de dangerosité sont celles dont les impacts sont maîtrisables mais nécessitent des ressources pour diminuer leur survenue ou pour y réagir. C'est le cas, par exemple, lorsque des programmes indésirables de type « cheval de Troie » sont installés dans des systèmes mais dont la charge de malveillance ne s'est pas encore déclenchée.

La réalisation d'une menace de **niveau élevé** de dangerosité entraîne forcément des préjudices importants.

La figure 1.5 présente un récapitulatif des cybermenaces pouvant porter atteinte au bon fonctionnement des organisations et de la société.

Cybermenaces relatives à :	Impacts potentiels sur :
Des systèmes informatiques contrôlant les infrastructures critiques	Population Economie Sécurité nationale Sûreté publique Centres d'alerte et de secours Fonctionnement du gouvernement, l'administration Diplomatie internationale
Des systèmes informatiques relatifs à la prise de décisions dans le secteur de la défense militaire et sur des systèmes d'armement (contrôle de missiles, drones, aviation militaire, équipement du soldat, ...)	Centres névralgiques nécessaires au commandement militaire et à l'opérativité de l'armée Altération des processus de prise de décisions La disponibilité et la qualité des informations nécessaires à la prise de décision pertinente Le commandement stratégique et opérationnel Les opérations militaires L'art de faire la paix et la guerre La manière de gérer les conflits, de les prévenir, de les traiter Invalidation des défenses de l'adversaire
L'information, manipulation de l'information, stratégies d'influence, guerre psychologique, guerre de l'opinion	Cyberinfluence Altération du sens Manipulation des prises de décision, de l'opinion publique, des dirigeants économiques et politiques La manipulation des foules, capacité à soulever des manifestations hostiles contre l'Etat (mouvements sociaux, activisme, terrorisme, atteinte au moral, ...) Déstabilisation des services de renseignement Atteintes à la démocratie, ingérence étrangère

Figure 1.5 – Exemples de cybermenaces pour un pays.

Il ne suffit pas de **cartographier** l'ensemble des cybermenaces envisageables, ni de se protéger des menaces les plus dangereuses et les plus probables. Il faut tenir compte de la corrélation et de l'interaction des menaces, dans des **scénarios de risques** possibles (approche combinatoire des risques). Bien qu'il soit toujours difficile de tout prévoir, la part d'imprévisibilité ou d'ingéniosité des malveillants peut parfois être anticipée s'il existe une bonne connaissance du contexte, des valeurs à protéger et de leurs vulnérabilités.

Si une menace a un fort degré de dangerosité mais qu'elle n'a qu'une chance infime de se concrétiser, ou si inversement une menace a de fortes chances de se réaliser mais à faible degré de dangerosité, elles ne sont pas à considérer avec autant de soucis que des menaces à degré moyen de dangerosité mais dont la probabilité d'occurrence est importante.

Il est donc nécessaire de pouvoir définir un paramètre de **probabilité d'occurrence** en classant cette probabilité en différents niveaux comme par exemple :

- la menace ne devrait pas se concrétiser ;
- la menace pourrait bien se concrétiser ;
- la menace devrait se concrétiser ;
- la menace va se concrétiser.

Ainsi, en combinant la probabilité d'occurrence d'une menace et sa dangerosité, il est possible d'attribuer un **degré d'importance** à une ressource pour mieux la protéger.

1.3.2 Des cyberrisques globaux

Les risques « cyber » s'inscrivent dans une problématique plus large des risques liés à la **dépendance** de toutes les activités humaines aux technologies du numérique et à des fournisseurs d'infrastructures matérielles et logicielles (capacités de traitement, télécoms et téléphonie, stockage, services, intelligence artificielle, *cloud*, etc.). Certains fournisseurs sont devenus des géants incontournables de l'Internet et de la téléphonie mobile et sont de véritables empires à la volonté hégémonique affichée.

La montée en puissance de certains groupes mondialisés induit de nouveaux risques notamment liés à leurs capacités à pouvoir réaliser des actions d'intelligence économique, de surveillance, d'espionnage ou encore de « manipulation » de l'information et cela à l'échelle mondiale.

L'assujettissement et la grande dépendance d'un pays à des fournisseurs et infrastructures numériques étrangers posent des problèmes liés à sa **perte de cybersouveraineté** et d'autonomie en matière de numérique (figure 1.6). Dès lors, il pourrait devenir captif de fournisseurs étrangers dont ils subiraient la **colonisation numérique**. La dépendance à des équipementiers ou des fournisseurs de services étrangers est un problème crucial auxquels doivent faire face de nombreux pays. Cette prise de conscience est, pour beaucoup, consécutive aux révélations de **cyberespionnage** et de **surveillance de masse**, rendues publiques par unex-agent de l'agence de sécurité nationale (NSA – *National Security Agency*) des États-Unis d'Amérique en 2013, Edward Snowden.

Par ailleurs, au niveau individuel, certaines personnes développent des comportements et des habitudes de consommation du numérique (médias sociaux, divertissements, jeux d'argent, sexe, achats, etc.) qui peuvent relever d'un **phénomène d'addiction**.

Lutter contre l'illettrisme numérique ou contre les différentes formes de domination numériques, culturelles et économiques qui s'imposent au travers du cyberespace est un sujet de préoccupation. Force est de reconnaître que les champions mondiaux de l'économie du numérique ne sont ni européens ni francophones.

L'apprentissage de la technique informatique se doit d'être accompagné par des enseignements issus des sciences politique, économique, juridique et sociale. Décoder ce qui se passe derrière l'écran est tout aussi important que d'apprendre à coder ou à utiliser un équipement informatique. Seule une éducation de qualité, qui

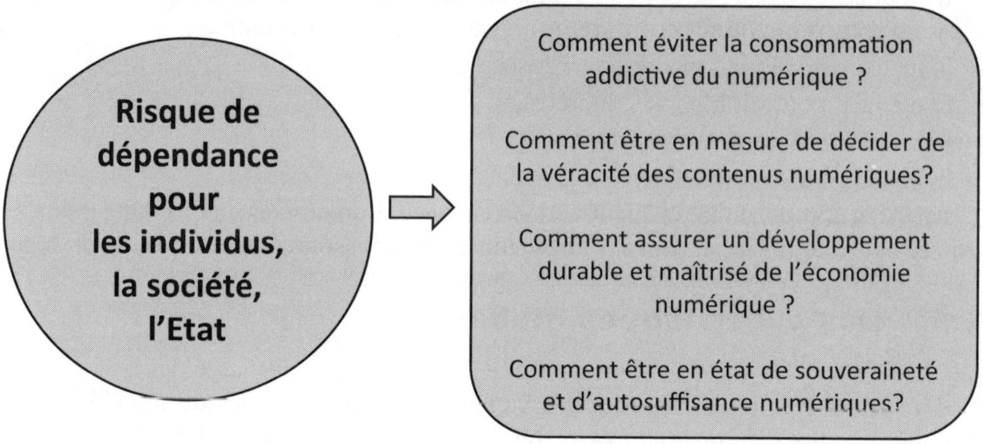

Figure 1.6 – **Quelques impacts de la dépendance numérique.**

traite également des questions philosophiques, écologiques, éthiques et des défis et des conséquences de la numérisation et de l'informatisation de la société, peut contribuer à éviter des aliénations et addictions numériques, à ce que l'humain ne soit pas seulement au service de la machine et de l'économie qu'elle dessert. L'enjeu est majeur car il s'agit de s'assurer que l'humain ne devienne pas un robot de chair et de sang, dépossédé de ses capacités mentales, émotionnelles ou cognitives, programmé pour répondre à des stimulations électroniques, ni ne devienne un mercenaire *hacker* au service du plus offrant.

La performance économique d'un pays dépend dans une large mesure du bon fonctionnement de son écosystème numérique et de sa cybersécurité. S'approprier le numérique pour un **développement durable de la société** passe par une certaine émancipation au regard des dépendances numériques, mais aussi par la maîtrise :

- des infrastructures de base, des ressources critiques de l'Internet et de la sécurité (y compris la sécurité énergétique) ;
- des données en vue de développer la nouvelle génération des services et des équipements basés sur l'intelligence artificielle ;
- des problématiques de financement et de fiscalité de l'économie du numérique ainsi que des transactions s'appuyant de plus en plus sur des modes de paiement dont les États tendent à perdre le contrôle (cryptomonnaies, etc.) ;
- de la recherche, de l'innovation, de l'éducation et de l'accompagnement des évolutions technologiques pour transformer ces dernières en progrès social pour tous.

Aux risques précédemment présentés il convient d'y associer ceux liés à l'**écologie du numérique**. Cela concerne en particulier les risques induits par la fabrication des systèmes, leur transport, la **consommation énergétique** nécessaire à leur fonctionnement et par l'**épuisement des ressources** naturelles, **les déchets électroniques** et la pollution qu'ils génèrent.

1.3.3 Développer un écosystème numérique cyberrésilient

Que ce soit dans le domaine de l'écologie, de la psychologie, du management, de l'informatique ou de l'économie par exemple, la **résilience** est relative à la capacité d'un « système » à pouvoir continuer à opérer si possible normalement, ou au moins en mode dégradé, après un incident, un choc, une perturbation, une panne. Parler de **cyberrésilience** aujourd'hui revient à admettre qu'il est impossible d'empêcher des cyberincidents d'advenir, que le cyberespace est un environnement fragile, instable et potentiellement hostile. Pour autant, faire de la cyberrésilience ne revient pas à accepter une relative impuissance à protéger correctement les infrastructures numériques, même si parfois il peut exister une certaine insuffisance de mesures de sécurité préventives efficaces.

La maîtrise des cyberrisques et la gestion de crise « cyber » doivent être efficaces pour développer la **cyberrésilience** des infrastructures numériques afin qu'en toutes circonstances, elles puissent continuer à fonctionner.

La **cybersécurité** ne doit pas s'inscrire uniquement dans une logique de réactivité qui permet d'être préparé à « survivre » à un cyberincident, d'origine intentionnelle ou non. Bien que cette capacité à résister soit fondamentale et absolument nécessaire, elle ne peut suppléer à un défaut d'une approche globale multi-acteurs, aux niveaux national et international, de l'appréhension du phénomène relevant pour l'essentiel de la **cybercriminalité** et de la réalité des cyberattaques. Le cyberespace et Internet modifient considérablement le paradigme de la protection car, contrairement au passé, il n'est plus possible de sécuriser un périmètre particulier fermé. De plus, la notion de coffre-fort électronique, représentée par la mise en œuvre de mécanismes cryptographiques, pour mettre à l'abri des données sensibles, ne permet pas de garantir la protection absolue de ces dernières.

1.4 Différents besoins de la cybersécurité

1.4.1 Piloter la sécurité

Que cela soit à l'échelle d'un pays ou d'une organisation, la cybersécurité doit s'appréhender d'une **manière globale et stratégique** et s'appuie sur :

- la définition d'une politique de sécurité ;
- la volonté, la motivation et la formation des acteurs impliqués ;
- la mise en place de mesures organisationnelles, procédurales, techniques et juridiques ;
- l'optimisation de l'usage des technologies numériques et des solutions de sécurité.

L'utilisation seule d'outils de sécurité (mesures techniques) ne peut pas résoudre les problèmes de cybersécurité d'une organisation. En aucun cas, ils ne se substituent à une **gestion cohérente** de l'appréhension des risques et des problématiques de sécurité. Les besoins de sécurité doivent être clairement identifiés et constamment réévalués au regard des risques encourus et de leur évolution.

La prolifération désordonnée d'outils de sécurité non intégrés dans un processus continu de gestion ne peut qu'entraver l'usage, alourdir l'exploitation ou encore dégrader les performances d'un système d'information sans offrir un niveau de sécurité adapté aux besoins réels.

La gestion des risques « cyber » passe par une gestion rigoureuse des **ressources informatiques et humaines** ainsi que de celles liées aux locaux et à l'infrastructure environnementale. La **maîtrise de la sécurité informatique** est avant tout une question de management dont les outils, les technologies ou les solutions de sécurité (qui sont également à gérer de manière continue) constituent la partie liée à la réalisation opérationnelle des environnements numériques à sécuriser. Des outils comme ceux de chiffrement ou les pare-feu ne permettent pas de sécuriser correctement un environnement à protéger s'ils ne sont pas inscrits dans une démarche de gestion des risques et s'ils ne sont pas accompagnés de procédures de gestion qui régissent leurs configuration et utilisation. Ainsi, piloter la sécurité correspond à la volonté de **maîtriser les risques** liés à l'usage des technologies de l'information et à **maîtriser les coûts** engendrés par de l'insécurité et ceux relatifs au déploiement des mesures nécessaires pour se protéger des cybermenaces.

Pour une organisation, **gouverner** la sécurité informatique répond à une volonté politique de la direction pour maîtriser les cyberrisques, protéger ses valeurs et être compétitive. Cela s'inscrit dans une dimension humaine, organisationnelle, managériale et économique.

La cybersécurité repose sur la **complémentarité** et la **cohérence** des mesures prises au niveau stratégique et réalisées au niveau opérationnel. **Elle n'est jamais acquise définitivement**. La constante évolution des besoins, des environnements, des menaces ou des risques rend instable toute mesure de sécurité. Cela se traduit par un problème de gestion de la qualité constante et optimale de la sécurité dans un contexte dynamique et évolutif. *De facto*, la sécurité informatique ne peut s'appréhender que comme un **processus continu de gestion** afin de répondre de manière optimale (en termes de coût et de niveau de sécurité) aux besoins de production de l'organisation et de protection de ses actifs.

Pour beaucoup d'entreprises, l'outil informatique et le système d'information sont des leviers essentiels de leurs activités, de leur développement et de leur pérennité. Dans ce cas, l'indisponibilité de l'informatique ou son dysfonctionnement constituent un **risque majeur** qui peut être réduit par une gestion rigoureuse des ressources et par la mise en œuvre de mesures de cybersécurité spécifiques.

La démarche de sécurité informatique comme la démarche qualité participent à satisfaire aux exigences de **rentabilité** et de **compétitivité** des entreprises dont la performance peut être accrue par un système d'information correctement sécurisé. La finalité de celui-ci est de permettre à l'organisation qui le met en œuvre de réaliser des services ou des produits dont la qualité et les critères de sécurité sont garantis.

1.4.2 Importance du juridique dans la sécurité des systèmes d'information

La **responsabilité** des acteurs (responsable sécurité ou directeur de systèmes d'information, dirigeants d'entreprise, etc.) est de plus en plus invoquée lors de sinistres où les ressources informatiques sont l'objet ou le moyen d'un cybercrime. Il est nécessaire que les responsables puissent démontrer que des mesures suffisantes de protection du système d'information et des données ont été mises en œuvre afin de se protéger contre un **délit de manquement à la sécurité** (à défaut d'une obligation de résultat, il existe une **obligation de moyens** concernant la sécurité).

L'article 1383 du Code civil français rappelle que chacun est responsable du dommage qu'il a causé non seulement par son fait, mais encore par sa négligence ou par son imprudence.

Les responsables d'entreprises eux-mêmes doivent être extrêmement attentifs à l'égard du droit concernant les technologies et les traitements numériques, et s'assurer que leur système d'information est en **conformité juridique et réglementaire**. Désormais, les enjeux juridiques liés à la cybersécurité sont devenus prépondérants et doivent être pris en compte dans la mise en place de solutions de sécurité, qu'ils soient relatifs à la conservation des données, à la responsabilité des prestataires ou des hébergeurs, à la gestion des données personnelles, à la surveillance des événements informatiques générés par l'activité des employés, à la propriété intellectuelle, aux contrats informatiques ou encore à la signature électronique par exemple. L'**intelligence juridique** devient l'un des facteurs clés du succès de la réalisation de la sécurité informatique des organisations.

Le droit dans le domaine du numérique peut devenir un atout stratégique pour les organisations qui le maîtrisent.

1.4.3 Éthique et formation

Il est nécessaire d'éduquer, d'informer, de sensibiliser et de former aux technologies de traitement de l'information et des communications, et non uniquement à la sécurité et aux mesures de dissuasion. La sensibilisation aux problématiques de sécurité ne doit pas se limiter à la promotion d'une certaine **culture de la sécurité** et de son éthique. En amont de la culture sécuritaire, il doit exister une véritable **culture de l'informatique**.

Toute démarche de transformation numérique de la société doit s'accompagner d'un plan de développement des capacités humaines liées à la cybersécurité, basé sur la sensibilisation de la population (du plus jeune au plus âgé) mais aussi sur la formation et la recherche, que cela soit dans des domaines technique, juridique, économique, politique ou social liés à la cybersécurité.

Une **éthique sécuritaire** et des bonnes pratiques (notion d'**hygiène informatique**) doivent être développées au sein des organisations et de la population.

L'éthique n'est pas une loi à respecter dont la conformité peut être vérifiée et son non-respect dénoncé auprès des autorités.

Dans une organisation, la définition d'une **charte déontologique** d'utilisation des ressources informatiques et de l'Internet doit notamment comprendre des clauses relatives :

- à son domaine d'application ;
- à la définition des moyens et des procédures d'accès aux ressources informatiques et aux services Internet ;
- aux règles d'utilisation professionnelle, rationnelle et loyale des ressources ;
- aux procédures de sécurité et à leur respect ;
- au bon usage des ressources (y compris des données manipulées et transférées) ;
- aux conditions de confidentialité ;
- au rappel des principales lois en vigueur à respecter ;
- aux moyens de contrôle du respect de la charte (surveillance des employés) ;
- aux sanctions encourues en cas de non-respect.

En ce qui concerne la surveillance des employés, la base légale sur laquelle elle s'appuie doit être rappelée, les moyens mis en œuvre pour le contrôle et la surveillance doivent être proportionnels aux buts recherchés, et le personnel de l'organisation doit être averti de leur existence. La signature de la **charte informatique** ou **charte de sécurité** doit s'accompagner des moyens fournis aux signataires afin qu'ils puissent la respecter.

Dans une organisation, l'humain peut être un vecteur de sécurité à condition qu'il respecte une certaine éthique compatible avec les exigences de sécurité de l'environnement dans lequel il opère et qu'il dispose des ressources indispensables à cela.

Des **actions de sensibilisation, d'information ou de formation** sur les enjeux, les risques et les mesures de cybersécurité sont nécessaires pour éduquer l'ensemble du personnel à adopter une démarche et une posture de sécurité et assurer la cohérence des mesures de cybersécurité, des procédures et des compétences humaines.

1.4.4 Architecture de sécurité et approche holistique

L'**architecture de sécurité** reflète l'ensemble des dimensions et des composants d'une démarche sécuritaire. Cela permet d'intégrer les différentes facettes de la sécurité informatique à prendre en considération pour une appréhension globale de la sécurité d'une organisation (figure 1.7). Cela contribue à assurer la complémentarité et l'alignement des procédures et des outils de la sécurité à la politique de sécurité préalablement définie.

L'**architecture de sécurité** est fondamentale pour faciliter une **approche systémique** et **holistique** qui intègre la prise en compte coordonnée et globale de l'ensemble des problématiques de sécurité de l'organisation et répondre de manière intégrée à sa **stratégie sécuritaire**.

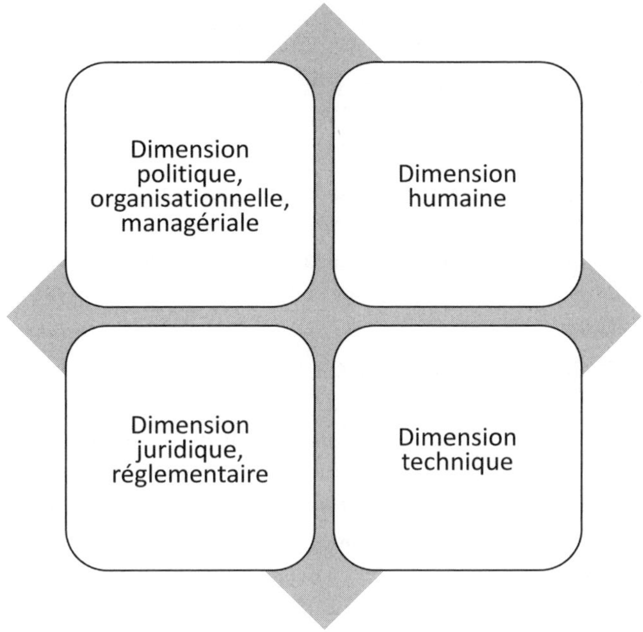

Figure 1.7 – Les différentes dimensions d'une architecture de sécurité.

Disposer d'un cadre architectural permet d'avoir un **référentiel de sécurité** qui facilite la réalisation opérationnelle de la sécurité ainsi que son évaluation lors d'audits. Cette approche permet également de pouvoir identifier les critères minimaux de sécurité pour chacun des éléments ainsi que leurs interactions et les éventuelles incompatibilités des différents niveaux de sécurité qui pourraient en découler afin d'être en mesure d'assurer la **cohérence** et la **complémentarité** des mesures au regard des risques et des exigences parfois divergentes de sécurité physique, logique, réglementaire, environnementale, humaine, managériale et économique.

Produire de la sécurité ne se résume pas à l'implémentation de mesures de sécurité pour être en conformité réglementaire, ni à vérifier si toutes les mesures mentionnées dans une liste de bonnes pratiques existent ou non. Il s'agit de **protéger** les infrastructures vulnérables et de **défendre** celles qui sont attaquées. La **cybersécurité** n'est pas un problème purement technique. Elle dépend de l'organisation, des conditions humaines, matérielles, économiques et politiques de celle-ci. Elle nécessite des moyens et des compétences propres à garantir un état de sécurité, de mise à l'abri du danger et de défense de ses intérêts, valeurs et personnes.

Une direction générale n'a pas besoin de connaître la technique pour comprendre les risques liés à un défaut de sécurité et pour prendre des décisions stratégiques d'investissements nécessaires à la maîtrise des risques. Toutefois, les dirigeants doivent pouvoir s'appuyer sur des personnes compétentes, qui vont leur permettre d'appréhender le niveau réel d'exigences de sécurité tout en sachant dialoguer avec les techniciens en charge de la sécurité opérationnelle, confrontés à la réalité du terrain et des menaces. Ces personnes à l'interface du stratégique et de l'opérationnel doivent non seulement posséder des **compétences** du métier de l'entreprise, mais aussi disposer des capacités leur permettant d'être à l'aise avec des questions techniques et juridiques et de savoir anticiper les risques liés aux évolutions technologiques et des usages (BYOD, informatique en nuage, Big Data, objets communicants, intelligence artificielle, etc.), qui ne manquent pas de générer plus d'insécurité.

Toutefois, aucune mesure de sécurité aussi robuste soit-elle ne peut pallier le manque d'intégrité des personnes en place et en charge de la sécurité ou contrer leur motivation à porter atteinte à l'organisation qu'elles sont censées servir. Il est donc important de contrôler les mesures de sécurité mais aussi les personnes dédiées aux contrôles de sécurité.

Le véritable **défi de la cybersécurité** est toujours celui de convaincre, pas uniquement les directions générales des organisations, mais aussi les dirigeants en charge de l'éducation, afin de déployer une véritable **politique de formation** qui contribue à mettre à disposition de la société les personnes capables de penser de manière transdisciplinaire sachant appréhender les problématiques de cybersécurité d'ordres politique, économique, managérial, technique, juridique, social et humain nécessaires à la réalisation de la cybersécurité.

Résumé

Obtenir un niveau de sécurité informatique suffisant pour maîtriser les cyberrisques est primordial tant pour les individus que pour les organisations ou les États qui utilisent ou fournissent des services *via* les technologies du numérique. La sécurité informatique dans le contexte d'Internet et du cyberespace est dénommée « cybersécurité ».

Il est important de pouvoir identifier correctement les valeurs à protéger et les risques afin de déterminer les besoins de sécurité et les moyens de les satisfaire. Ceci implique une approche globale, pluridisciplinaire et holistique de la sécurité.

La sécurité informatique doit permettre de répondre aux besoins de disponibilité, d'intégrité et de confidentialité de certaines ressources.

Les télécommunications (infrastructures et services) répondent à une problématique de sécurité peu différente de celle des ressources informatiques dont la résolution répond aux mêmes impératifs techniques, organisationnels, managériaux, juridiques et humains. Protéger les informations lors de leur transfert ne suffit pas car ces dernières sont tout aussi vulnérables, sinon plus, lorsqu'elles sont manipulées, traitées et stockées.

La sécurité informatique passe par la mise en place des mesures de protection et de défense cohérentes et complémentaires des ressources et de l'environnement qui les héberge. Outre des mesures de sécurité proactives de protection des valeurs, il est nécessaire de prévoir des mesures réactives pour pallier la survenue d'incidents non sollicités, qu'ils soient d'origine criminelle ou qu'ils relèvent d'erreurs ou de catastrophes naturelles. Les outils de la sécurité doivent être accompagnés par des procédures d'exploitation et de gestion, avec un personnel formé aux mesures de sécurité et qui s'engage à les respecter. Ainsi, la sécurité informatique fait également appel à l'intégrité des personnes qui conçoivent, gèrent, utilisent les infrastructures informatiques.

Exercices

1.1 Faire un tableau récapitulatif identifiant les capacités des systèmes, les critères de sécurité et les types de mesures de sécurité permettant de les satisfaire.

1.2 Identifier les objectifs de la sécurité informatique.

1.3 Expliquer la notion d'architecture de sécurité. À quels besoins correspond-elle ? Expliquer de quelle manière les différentes dimensions qui la composent sont complémentaires et nécessaires.

1.4 Dans un réseau de télécommunication, à quels besoins correspondent les notions d'identification et d'authentification, quels services permettent-ils de réaliser ?

1.5 Pourquoi la sécurité informatique relève d'une problématique de gestion ?

1.6 Pourquoi doit-on appréhender la sécurité de manière globale ?

1.7 Expliquer de quelle manière le critère de non-répudiation contribue à la sécurité informatique.

1.8 Quelles peuvent être les origines d'un défaut de sécurité informatique ?

1.9 Pourquoi, en matière de sécurité informatique, la sécurité physique est-elle importante ?

1.10 Qu'est-ce que la cybersécurité ?

1.11 Identifier les principaux risques indirects pour la planète liés à l'écosystème numérique.

Solutions

1.1 Du point de vue de la sécurité informatique, les systèmes doivent offrir les caractéristiques suivantes (tableau 1.1) :

- **capacité d'un système à pouvoir être utilisé** – cela correspond à la disponibilité des ressources et des services, fonction de leur dimensionnement correct et d'une certaine redondance des ressources, mais également des procédures de sauvegarde, de reprise et d'exploitation adaptées aux besoins de fonctionnement ;
- **capacité d'un système à exécuter les actions et à rendre les services que l'on attend de lui dans des conditions de performance et d'utilisation adaptées** – cela traduit un besoin de continuité, de durabilité, de fiabilité, de convivialité et de sûreté de fonctionnement ;
- **capacité d'un système à ne permettre l'accès aux données en lecture ou en écriture qu'aux personnes et processus autorisés** – pour offrir confidentialité et

intégrité des données. Ceci est assuré par des processus de contrôle d'accès, d'erreur, de cohérence et par des mécanismes de chiffrement ;

- **capacité d'un système à prouver que des actions, transactions ont bien eu lieu** – à des fins de traçabilité, de preuve, d'imputabilité, de contrôle, d'audit ou de non-répudiation d'actions ou d'événements.

Tableau 1.1 – **Capacité des systèmes, objectifs et moyens de sécurité.**

Capacité d'un système à	Objectifs de sécurité	Moyens de sécurité
Pouvoir être utilisé	Disponibilité Accessibilité Pérennité	Dimensionnement Gestion système/réseau Redondance Procédures d'exploitation et de sauvegarde
Exécuter des actions	Intégrité Sûreté de fonctionnement Fiabilité Durabilité	Conception Performance Ergonomie Qualité de service Maintenance opérationnelle
Permettre l'accès aux entités autorisées	Confidentialité Intégrité	Contrôle d'accès Gestion des identités Authentification Contrôle d'erreur, de cohérence Chiffrement
Prouver des actions	Non-répudiation Imputabilité Traçabilité Authenticité Conformité aux lois	Notarisation Enregistrement, traçabilité Signature électronique Mécanismes de preuve Chiffrement

Ces diverses capacités permettent des services de qualité dans des conditions déterminées. Leur réalisation passe par la mise en œuvre de mesures spécifiques de sécurité contribuant à bâtir la confiance que peut avoir un utilisateur envers son environnement informatique. Être sûr d'une identité, d'une source, d'une entité, d'une information ou qu'une action s'est correctement déroulée permet d'effectuer des tâches contribuant à rendre un service de bonne qualité et de confiance. Les utilisateurs doivent adopter un code de conduite cohérent vis-à-vis de l'exploitation et de l'usage des ressources.

1.2 Les principaux objectifs de la **sécurité informatique** sont de réaliser la disponibilité, l'intégrité, la confidentialité des infrastructures informatiques. Diverses mesures de sécurité permettent de les atteindre. Parmi elles nous pouvons citer : le contrôle d'accès, le chiffrement des données, la signature électronique, la gestion des incidents, des erreurs, des dysfonctionnements, des intrusions, le cloisonnement d'environnements, etc.

1.3 Une **architecture de sécurité** est une structure qui fixe les dimensions organisationnelles, économiques, managériales, techniques, légales et humaines dans lesquelles

les solutions de sécurité doivent s'inscrire. Pour une organisation, l'architecture de sécurité permet de limiter le cadre d'appréhension globale de la sécurité et d'identifier tous les éléments (outils, procédures, mesures, réglementations, personnes, etc.) qui la composent. Définir une architecture de sécurité oblige à traiter les problèmes de sécurité de manière systémique et renforce la cohérence et lacomplémentarité des solutions de sécurité retenues. Cela contribue également à réaliser un référentiel de sécurité servant à la mise en place de l'évaluation et de l'audit de sécurité.

1.4 Les **notions d'identification et d'authentification** possèdent un rôle pivot fondamental à partir duquel différents services de sécurité peuvent se réaliser, dont le contrôle d'accès aux ressources mises en réseau afin d'autoriser aux ayants droit uniquement l'usage des ressources sollicitées. Ceci contribue à réaliser la confidentialité, l'intégrité, la traçabilité, l'imputabilité et la facturation des services.

1.5 Le rôle de la **sécurité informatique** est de diminuer le risque à un niveau acceptable dans un contexte donné et dépend de l'importance accordée par les managers aux actifs à protéger et aux risques encourus. Le risque peut être également assurable, les sociétés d'assurance pouvant éventuellement couvrir les frais de remise en route des systèmes, le manque à gagner dû à l'indisponibilité ou au dysfonctionnement des systèmes.

Le but est de diminuer le risque. Pour ce faire, il faut bien connaître toutes les composantes du risque et avoir une vision globale et cohérente des valeurs et mesures de sécurité. La sécurité informatique doit être appréhendée d'une manière globale. Elle passe par la définition d'une politique de sécurité, la motivation et la formation du personnel, la mise en place des mesures ainsi que l'optimisation des solutions. Si un audit prouve que les mesures pour diminuer le risque ont été mises en place, la police d'assurance sera moins coûteuse.

L'utilisation seule d'outils ou de technologies ne peut pas résoudre les problèmes de sécurité d'une organisation. Les outils sont de peu d'utilité s'ils sont mal gérés ou mal utilisés. Leur choix comme leur implantation, leur réalisation opérationnelle et leur usage dépendent d'opérations de management et s'intègrent dans des processus de gestion plus globaux comme la gestion de la qualité, des ressources humaines, du budget, etc. La maîtrise des risques et de la sécurité est avant tout une question de gestion (gestion des droits d'accès, des identités, des procédures de mises à jour des antivirus, des sauvegardes, des outils de sécurité, etc.) et de gouvernance d'entreprise.

Les technologies de sécurité (authentification forte, chiffrement, pare-feu, systèmes de prévention d'incident, etc.) permettent d'apporter une réponse particulière à un problème de sécurité spécifique, à un instant donné. Elles ne tiennent aucunement compte de la dimension humaine de l'insécurité, ni du contexte dynamique dans lequel elles doivent s'insérer. Une approche purement technologique ne peut pas être une réponse satisfaisante au besoin de maîtrise des risques. Elle ne peut garantir une protection totale, ni répondre spécifiquement à la maîtrise des risques d'origines accidentelle, criminelle ou d'erreur. Pour toutes ces raisons, il est nécessaire de traiter la sécurité informatique en tenant compte des besoins de gestion, des dimensions organisationnelles, économiques, juridiques et humaines du contexte à protéger.

1.6 La sécurité doit être appréhendée de **manière globale** du fait que les infrastructures informatiques et télécoms sont constituées de nombreux éléments et acteurs dont le niveau global de sécurité est toujours celui du maillon le plus faible. Par analogie, une porte blindée est de peu d'utilité si les fenêtres restent ouvertes. La sécurité repose sur la cohérence et la complémentarité des moyens et mesures, qui doivent satisfaire de manière harmonieuse les besoins de sécurité d'ordre :

- technique et opérationnel : sécurité matérielle, environnementale, d'exploitation, logique et applicative, sécurité de l'information ;
- organisationnel, managérial et économique : responsabilité, organisation,méthodologie, gestion, évaluation, processus, contrôle, budget, assurance ;
- humain : éthique, formation, compétence, sensibilisation, dissuasion, surveillance et contrôle ;
- juridique et réglementaire : normes, procédures ;
- politique : volonté politique, stratégie et moyens financiers.

1.7 La **non-répudiation** permet de ne pas pouvoir nier (ou rejeter) qu'un événement a eu lieu. Cette notion est généralement associée à celles de responsabilité des entités, de traçabilité des événements et d'auditabilité des systèmes *via* les fichiers de journalisation (logs), à des fins de preuve ou d'imputabilité des actions ou événements.

1.8 L'origine d'un problème de sécurité informatique peut être de plusieurs natures et liée à :

- des erreurs non intentionnelles : erreurs de conception, de mise en œuvre, de gestion ou d'utilisation (maîtrise des risques insuffisante, maîtrise des technologies en place défaillante, mauvaises manipulation, configuration et gestion opérationnelle des systèmes inadéquates, changements de l'environnement qui créent des faiblesses, manque de rigueur, incohérences, etc.) ;
- des erreurs intentionnelles ou des malveillances (vol, destruction, etc.) ;
- des catastrophes naturelles (feu, dégât des eaux, etc.).

1.9 La **sécurité physique** est tout aussi importante que la sécurité logique et lui est complémentaire car les critères de sécurité peuvent être mis à mal par exemple si une personne mal intentionnée peut accéder physiquement aux environnements informatiques et télécoms (serveurs, salle machines, infrastructures télécoms, etc.) pour les voler, les altérer, les détruire, ajouter des composants de surveillance, etc. De plus, il faut pouvoir offrir aux systèmes informatiques un environnement énergétique adéquat (alimentation électrique, système de refroidissement, etc.) et des locaux résistants aux événements naturels (inondation, incendie…) ou malintentionnés (sabotage…). La sécurité physique comprend tous les dispositifs techniques, humains et procéduraux permettant de renforcer la protection physique des locaux, des systèmes et des réseaux de télécommunication.

1.10 La **cybersécurité** fait référence à la sécurité informatique et réseau qui prend en compte la nécessité de pouvoir maîtriser les risques d'origine « cyber » pouvant affecter les individus, les organisations et les États. Les cyberrisques sont générés par l'usage étendu des technologies de l'Internet et des services associés. En effet, les nouvelles pratiques numériques, réalisées à partir de divers équipements électroniques (ordinateurs, *smartphones*, tablettes, capteurs, puces RFID, objets connectés, etc.) peuvent êtres sources de nouvelles menaces et engendrer des risques de sécurité.

1.11 Parmi les risques indirects induits par l'informatique et ayant des impacts sur la planète, retenons principalement les risques relatifs :

- à l'élimination et au recyclage des déchets électroniques ;
- à la consommation énergétique (besoins en électricité accrus et permanents) ;
- au réchauffement climatique (dégagement de chaleur et besoin de refroidissement des ordinateurs et des fermes de serveurs) ;
- à l'exploitation des terres rares et des métaux nécessaires à la construction des équipements électroniques ;
- aux conséquences environnementales d'incidents provoqués par des cyberattaques sur des systèmes contrôlant des stations d'épuration, la production et la distribution de produits toxiques, des alarmes incendies, etc.

CYBERCRIMINALITÉ 2

PLAN

OBJECTIFS

- Identifier les caractéristiques et les vulnérabilités numériques exploitées à des fins criminelles.
- Présenter un panorama des cyberrisques et de l'écosystème cybercriminel.
- Définir les notions de crime informatique et de cybercriminalité.
- Indiquer les invariants des principaux types de cyberattaques.
- Analyser les limites des approches sécuritaires actuelles au regard du risque cybercriminel.
- Proposer des éléments de maîtrise de la cybercriminalité.

2.1 COMPRENDRE LA MENACE D'ORIGINE CRIMINELLE

2.1.1 Origine des menaces

Connaître l'origine des menaces permet de mieux les anticiper, les détecter et les contrer. C'est pour cela qu'il est nécessaire de s'intéresser à la cybercriminalité, à la manière dont elle s'exprime, à ses acteurs, à leur motivation et à leur boîte à outils. Cela permet de les prévenir et d'intervenir le plus efficacement possible lors de la survenue de cyberattaques d'origine criminelle mais aussi de disposer de contre-mesures pertinentes pour s'en protéger et en diminuer les effets.

Les menaces pouvant affecter les critères de disponibilité, d'intégrité ou de confidentialité des ressources informatiques ont une origine qui relève de trois types de phénomènes (figure 2.1) :

- les **erreurs** : les pannes ou les accidents auxquels on associe l'incompétence (erreurs de conception, de dimensionnement, de développement, de gestion, d'utilisation, de comportement comme la mise hors tension électrique d'origine accidentelle par exemple) ;
- les **catastrophes naturelles** : inondation, foudre, tremblement de terre, etc. ;
- la **malveillance**, relevant d'une volonté de nuire ou de s'approprier le bien d'autrui (sabotage, vol, destruction, etc.).

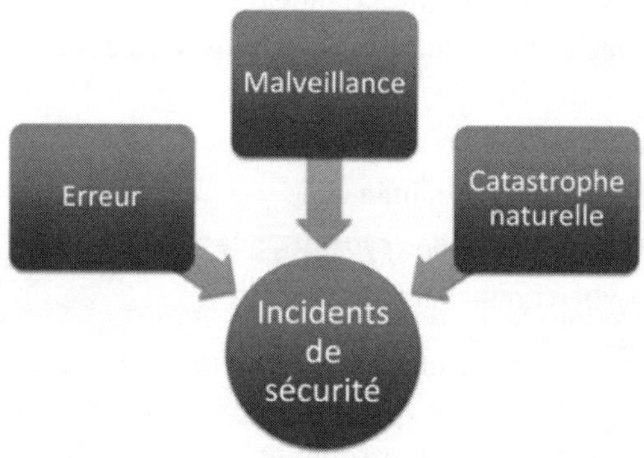

Figure 2.1 – **Triple origine des incidents de sécurité.**

2.1.2 Le cyberespace, champ d'action de la criminalité

Il existe un **continuum cyber-physique** entre les activités qui se déroulent dans le cyberespace et celles qui se déroulent dans le monde physique classique. Les cybermenaces sont des menaces bien réelles qui affectent tous les systèmes et individus connectés.

Le cyberespace est régi par la loi du marché et les acteurs les plus forts. Il reflète notre réalité sociale, économique, politique et criminelle. Il constitue un lieu d'expression du pouvoir politique et économique, mais aussi des crimes et des conflits. Objet de conquêtes et de convoitises, il est un moyen d'enrichissement pour des acteurs agissant de manière licite et illicite. Le cyberespace peut être considéré comme un champ de bataille à l'échelle mondiale, qui fait fi des frontières géographiques et temporelles. Le fort taux de pénétration d'Internet, l'évolution des usages et celle des objets connectés, étendent la surface d'exposition aux cybermenaces, tout en augmentant le nombre de victimes potentielles et en stimulant l'attractivité des cybercriminels pour ces cibles.

Le cyberespace étend le **champ d'action de la criminalité** classique et offre de nouvelles possibilités d'enrichissement et de prise de pouvoir. Internet peut être considéré comme un catalyseur d'actions abusives, détournées, déviantes ou illicites. Il est un instrument au service de la performance criminelle.

Du fait de l'interconnexion, à l'échelle mondiale, des infrastructures numériques et des systèmes d'information, les risques induits par des cyberattaques peuvent avoir des effets « domino » en cascade. Ce sont des risques structurels permanents pouvant avoir des impacts directs et indirects, y compris loin de leur origine. Internet est un vecteur de propagation de cyberattaques à des fins d'enrichissement, d'influence, de déstabilisation, de coercition ou de nuisance. Le nombre, la diversité des victimes, la relative impunité dont bénéficient délinquants et criminels, font que la cybercriminalité est une activité rentable au regard des investissements et moyens nécessaires pour la réaliser.

L'adoption universelle des technologies Internet, la **dépendance** des individus, des organisations et des États à ces mêmes technologies, ainsi que l'**interdépendance** des infrastructures génèrent de **nouvelles vulnérabilités** à effet systémique qui fragilisent la société. Cela peut porter préjudice aux individus, mettre en péril les infrastructures critiques, affecter la compétitivité et la pérennité des organisations, la stabilité de l'économie, la souveraineté des États ou encore porter atteinte à la **sécurité publique** et à la **sécurité nationale**.

2.2 Infrastructure Internet et vulnérabilités exploitées à des fins criminelles

2.2.1 Éléments de vulnérabilité

Il existe toujours un contexte plus ou moins favorable à l'expression de la cybercriminalité. La généralisation de la mise en réseau Internet des ressources fait qu'ellesdeviennent des **cibles** attractives pour la réalisation de délits. Les **opportunités criminelles** sont liées aux ressources ciblées, à leurs vulnérabilités ainsi qu'à la motivation et aux compétences des acteurs malveillants. Connaître les vulnérabilités et les réduire contribue à la maîtrise du risque informatique d'origine criminelle. La figure 2.2 résume les principales caractéristiques d'Internet qui favorisent l'expression de la cybercriminalité.

En matière de sécurité informatique, à défaut de connaître les potentiels agresseurs et leur motivation, ou de pouvoir imaginer toutes les fraudes ou malveillances possibles, il est primordial de **minimiser le nombre de vulnérabilités**, de **ne pas exposer inutilement les ressources** de l'organisation, de mettre en place des démarches proactives et réactives de maîtrise des risques informatiques et de gérer la sécurité. Ce serait une erreur de penser que des mesures efficaces de sécurité puissent se fonder uniquement sur la peur, qu'elle soit individuelle ou collective.

Les mesures de réduction des risques doivent s'inscrire dans une approche globale d'appréhension des réalités sociales, économiques, culturelles et politiques dans le respect des droits fondamentaux et des principes démocratiques de la société.

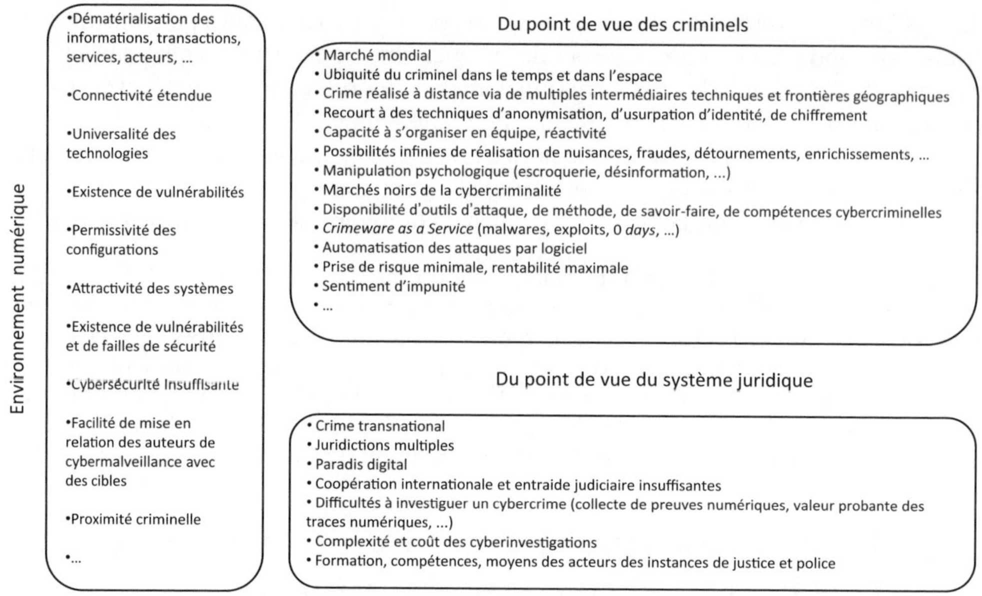

Figure 2.2 - Caractéristiques d'Internet exploitées à des fins criminelles.

2.2.2 Internet, facteur de performance du monde criminel

À travers sa nature et ses caractéristiques, Internet procure une couche d'isolation protectrice aux criminels. La couverture internationale du réseau Internet permet aux criminels d'agir au niveau mondial, à grande échelle et très rapidement, en s'affranchissant des distances géographiques. La majorité des systèmes informatiques ne sont pas correctement sécurisés et font l'objet de cyberattaques. Cela est lié notamment :

- à la dématérialisation et aux caractéristiques du réseau Internet ;
- à l'exposition des ressources et au nombre de cibles potentielles ;
- à l'existence de vulnérabilités techniques, managériales et humaines ;
- à une économie et un **marché noir** de la cybercriminalité ;
- à la disponibilité de logiciels malveillants, d'outils et de compétences cybercriminelles à vendre ou à louer dans le **Darknet** ;
- à la possibilité d'anonymiser, d'usurper ou de créer de fausses identités afin de ne pas être tenu responsable d'actions délictueuses ;
- à la capacité de passer par de multiples intermédiaires (systèmes, réseaux, pays) pour masquer l'origine des attaques et empêcher l'identification des auteurs ;
- à l'existence de paradis digitaux et de cryptomonnaies ;
- à la difficulté de poursuivre un crime informatique transnational ;
- aux diverses défaillances des systèmes juridiques, procéduraux et d'entraide judiciaire internationale pour lutter efficacement contre la cybercriminalité.

Dématérialisation

La fragilité fondamentale du monde numérique est inhérente à la **dématérialisation** (numérisation) de l'**information**. En devenant **immatérielle**, l'information **numérique** acquiert une **double vulnérabilité** : **physique**, relative à son support, et **logique**, en fonction de sa valeur (figure 2.3). La numérisation de l'information assure l'**indépendance** physique et logique de celle-ci du fait de la séparation entre le contenu d'une information (sa signification, sa représentation) et son contenant (le support physique sur lequel le contenu est temporairement transcrit : mémoire vive, disque dur, clé USB, cédérom, fibre optique, onde hertzienne, etc.). Avec le numérique, la notion de donnée d'origine n'a plus de sens puisque les copies à l'identique et à l'infini sont possibles. Dès lors, comment définir le vol de données qui se traduit par leur copie par des personnes non autorisées alors que les données existent toujours ?

Le vol est par définition « la soustraction frauduleuse de la chose d'autrui ». Le vol de données n'est pas une soustraction mais une copie.

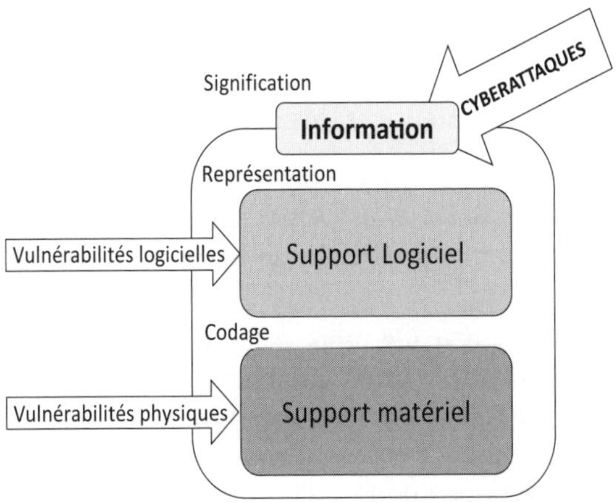

Figure 2.3 – Double vulnérabilité de l'information numérique.

La dématérialisation des informations, des activités, des échanges ainsi que l'usage par les criminels de solutions de chiffrement, de stéganographie[1] et d'anonymat autorisent des liaisons entre criminels sans contact physique, de manière flexible et le plus souvent en toute impunité. Ainsi, ils peuvent s'organiser en équipes, planifier des actions illicites et les réaliser soit de manière classique, soitpar le biais des technologies de l'information en réalisant des cyberattaques.

1. La stéganographie fait référence aux techniques qui permettent de cacher, dissimuler une information sensible dans une autre non significative voire anodine (texte, image, photo, etc.) sans modification apparente de cette dernière.

Disponibilité d'outils

La disponibilité d'outils d'exploitation des failles des systèmes, l'existence de bibliothèques d'attaques (qui offrent une large gamme de logiciels malveillants capitalisant le savoir-faire criminel dans un programme), les kits de fabrication de logiciels malveillants, contribuent à la réalisation de cyberattaques et à l'expression de comportements malveillants.

Le **cyberespace**, où les actions se réalisent à distance, caché derrière un écran et éventuellement derrière de fausses identités ou des identités usurpées, ainsi que la disponibilité d'outils et de savoir-faire favorisent la cybercriminalité.

Relative impunité

Les criminels tirent parti de l'**aterritorialité d'Internet**, des juridictions multiples, de l'inexistence dans certains États de lois réprimant le crime informatique. Le fait de pouvoir agir à partir de pays qui ne pénalisent pas le crime informatique et qui, de ce fait, constituent des refuges à des opérations transnationales, ainsi qu'une coopération internationale et une entraide judiciaire insuffisantes, sont des avantages largement exploités par les criminels.

À l'instar des paradis fiscaux, il existe des **paradis numériques** où un malfaiteur peut agir ou héberger des serveurs et des contenus illicites en toute impunité.

La relative inefficacité des systèmes de justice et de police, des mesures de prévention et de dissuasion, conforte les cybercriminels dans un **sentiment d'impunité** stimulant leur créativité criminelle. En cybercriminalité, la prise de risque est souvent minimale au regard de la profitabilité des actions.

Toutefois, bien que le cyberespace ne possède pas de frontières géographiques à proprement parler, l'internaute se situe toujours dans un espace géographique et temporel déterminé où **tout ce qui est illégal *Off line* est aussi illégal *On line*** car le cadre juridique du pays duquel il est ressortissant s'applique. Son comportement devrait être régi par des pratiques de morale et d'éthique relevant des valeurs de la société dont il est le citoyen.

2.2.3 Internet au cœur des stratégies criminelles

L'information, bien immatériel de toutes les organisations, est aussi au cœur des stratégies criminelles. Internet permet d'optimiser les actions criminelles traditionnelles (crime économique, escroqueries, trafics de stupéfiants, d'armes, traite d'êtres humains, chantage, etc.). Ainsi, il autorise la réalisation de vieux délits avec de nouveaux moyens (blanchiment d'argent, etc.) et permet également de réaliser de nouveaux faits délictueux (intrusion dans des systèmes informatiques, vol de données, usurpation d'identité numérique, etc.). Les technologies de l'information sont donc des facteurs de production et d'efficacité d'actions criminelles au service d'acteurs malveillants.

Internet constitue une source additionnelle d'opportunités criminelles. Les diverses formes de cybercriminalité sont le prolongement de la criminalité traditionnelle. Il est un vecteur privilégié du crime économique qui n'est pas uniquement réservé à la criminalité organisée.

2.3 Cyberrisques

Une manière d'identifier les risques liés à l'usage d'Internet est de les distinguer :

- d'une part en fonction des conséquences qu'ils engendrent sur les victimes, à savoir : les individus, les organisations et les États ;
- et d'autre part en fonction des critères de sécurité des systèmes informatiques impactés par ces risques.

2.3.1 Principaux risques pour les individus

Via leurs équipements connectés à Internet, les usagers peuvent être **victimes** de diverses actions malveillantes :

- harcèlement, intimidation, chantage, diffamation, mise à mal de leur réputation, incivilités, etc. ;
- réception de contenus malveillants, offensifs ou non désirés (virus, spam, pornographie, scène de violence, incitation à la haine raciale et à la xénophobie, propagande, etc.) ;
- surveillance, traçabilité, profilage excessif, et écoutes environnementales (atteinte à la vie privée et à l'intimité numérique, espionnage) ;
- vol de données, d'équipements, destruction de valeurs ;
- usurpation d'identité ;
- canulars, escroqueries, fraudes, abus en tout genre ;
- désinformation, surinformation, censure, manipulation d'opinion (influence), *fake news* ;
- détournement des capacités informatiques, prise de contrôle des systèmes par des entités tierces.

Tous les acteurs d'Internet peuvent agir de manière bienfaisante et/ou malveillante, loyale et/ou déloyale. Il n'existe pas de mécanisme « de sécurité » qui permet de garantir la bonne foi des acteurs. C'est à l'internaute de rester vigilant et de décider par lui-même si ce qu'il « voit », « entend » de l'autre est vrai ou faux, s'il peut lui accorder sa **confiance** ou non.

Un sentiment de « confiance et de proximité » que rien ne permet de justifier ni de garantir de manière fiable et durable est le plus souvent entretenu par les fournisseurs de services. L'impression d'être « entre amis » génère un **faux sentiment de sécurité** qui peut avoir des répercussions désastreuses sur la vie des personnes. Internet permet de communiquer avec potentiellement tout le monde (et donc n'importe qui) alors qu'il est difficile de vérifier qui se cache derrière une identité virtuelle ou un pseudo.

Les **manipulateurs**, menteurs, escrocs et **prédateurs**, cachés derrière un écran et de fausses identités, sont très actifs sur les réseaux sociaux, les systèmes de messagerie, les forums de discussion, les sites de rencontre ou de ventes aux enchères par exemple. Ils sont là où se trouvent leurs victimes potentielles et excellent dans la manipulation et l'**abus de confiance** pour conduire leurs proies à réaliser leurs desseins. Nul ne peut être totalement à l'abri, certains sont des professionnels de l'arnaque, des experts en la soumission de l'autre et savent séduire et menacer pour imposer leur volonté. Les enfants, les adolescents, les personnes crédules, celles à la recherche del'âme sœur ou de bonnes affaires sont souvent les plus vulnérables.

Les **escrocs** de toutes sortes, comme d'ailleurs les **prédateurs sexuels**, possèdent une grande habileté pour se faire passer pour la personne de confiance, celle que la victime rêve de rencontrer. Leur procédé est pernicieux, mettant habilement en jeu des sentiments de confiance, de honte ou de culpabilité. Cela peut s'accompagner de menaces ou de récompenses.

Les outils de communication sont à usage dual, au service du meilleur et du pire. Le nombre de victimes de la **pédopornographie** et d'atteintes aux mineurs, ayant subi des abus sexuels, des chantages (*sextorsion*), des violences, l'exploitation sexuelle en ligne (*live streaming*), des sévices psychologiques et corporels pouvant aller jusqu'à entraîner la mort, est important.

Ne jamais oublier que derrière des images ou vidéos de pornographie enfantine il y a toujours de vraies **victimes**. Les actions qui relèvent de la pornographie juvénile, de la sollicitation, de la séduction d'enfants par Internet, de l'exploitation des enfants en ligne, ou la possession d'images, de films et de documents qui illustrent l'agression ou l'exploitation sexuelle des jeunes sont illégales.

Parmi les **fraudes** très bien organisées, dont peuvent être victimes tous les internautes du monde, citons des grands classiques tels que :

- l'escroquerie de loterie, aux sentiments, aux organismes de bienfaisance, à l'héritage, etc. ;
- les jeux en ligne frauduleux, les sites de paris truqués ;
- les fausses offres d'emploi (qui consistent le plus souvent à faire jouer le rôle d'intermédiaire dans des processus de blanchiment d'argent ou d'activités de recel) ;
- la fraude sur carte de crédit et sur carte bancaire, le vol de données confidentielles ou personnelles.

Ces derniers points sont le plus souvent réalisés par des actions de *spamming* et de ***phishing*** en abusant de la crédulité, de la naïveté ou de la serviabilité des personnes. Outre les informations personnelles livrées de plein gré par l'utilisateur légitime, le vol de données personnelles par des vols d'ordinateurs, de téléphones portables, de clés USB, ou encore par le vol massif des données personnelles par des cyberattaques sur les serveurs des fournisseurs de services, est une réalité.

Les escroqueries les plus classiques sont relatives aux faux ordres de virement bancaires (remise volontaire de fonds par virement), aux faux investissements (*trading* à partir de faux sites), à la fausse amitié (*scam romance*), aux faux supports techniques ou encore à la charité.

2.3.2 Principaux risques pour les organisations

Parmi les risques spécifiques aux institutions, qu'elles soient privées ou publiques, retenons notamment les risques suivants liés :

- à l'**espionnage industriel et économique** (vol/perte de secrets des affaires, de valeurs immatérielles, de savoir-faire, etc.) ;
- aux atteintes à la **propriété intellectuelle**, au droit des marques, etc. ;
- aux **attaques concurrentielles** (vol de fichiers clients, de prix, de fournisseurs, de plan de fusion-acquisition, etc.) ;
- aux **attaques sémantiques** (rumeurs, fausses informations, manipulation d'information, désinformation, etc.) ;
- aux **atteintes à l'image**, à la réputation, à la fiabilité, etc. ;
- à l'incapacité à produire, à fonctionner (dysfonctionnements, indisponibilité des services, perte de qualité, altération des processus décisionnels et de production, etc.) ;
- à la falsification et à la défiguration de sites web ;
- à l'infection des ressources informatiques, au détournement des capacités informatiques de l'organisation ;
- à la prise de contrôle de tout ou partie des ressources informatiques de l'organisation à des fins de chantage (blocage des systèmes, menace de divulgation d'information, chiffrement de fichiers puis monnayage pour déchiffrer, etc.) ou pour les impliquer dans des cyberattaques contre d'autres cibles ;
- à la **criminalité économique** ;
- à la non-conformité aux lois et aux réglementations liées aux données et à l'informatique.

Dans la grande majorité des cas, l'informatique des artisans, des petites et moyennes entreprises est à risque car peu de ces structures ont les moyens nécessaires à la prise en compte des besoins de cybersécurité, contrairement aux plus grandes organisations qui pour la plupart ont intégré des mesures de gestion de risque et de cybersécurité.

L'**espionnage** et la surveillance numérique sont omniprésents et les cyberattaques peuvent être au service de l'**ingérence économique** (collecte d'informations stratégiques, de savoir-faire, chantage, déstabilisation, etc.) pouvant entre autres conduire à des pertes de productivité, d'avantages concurrentiels, à une altération du mode de fonctionnement des organisations ou encore par extension à des atteintes au potentiel économique, industriel, technique ou scientifique d'un pays.

2.3.3 Principaux risques pour la nation et la société

Certaines attaques informatiques peuvent viser les systèmes contrôlant les **infrastructures critiques** nécessaires au bon fonctionnement d'un pays et induire des conséquences dommageables pour la population, l'économie et la sécurité nationale.

Sont considérées comme **infrastructures vitales** pour la société les infrastructures relevant des secteurs de l'énergie, des transports, des télécommunications, de la finance, de la santé, de l'approvisionnement en eau et en nourriture, de l'industrie chimique, de l'armée. Certaines infrastructures indispensables au bon fonctionnement du gouvernement, de l'administration et à la diplomatie internationale peuvent aussi être considérées comme critiques. Elles sont toutes tributaires de l'informatique.

Les systèmes de production et de distribution d'électricité conditionnent le fonctionnement de la plupart de toutes les autres infrastructures vitales. Cela induit une réelle interdépendance des infrastructures et des risques qui peut être à l'origine de **risques systémiques** dont les impacts peuvent être catastrophiques. Si les commanditaires de cyberattaques sur des infrastructures vitales sont des États, ces attaques peuvent s'inscrire dans une **stratégie de guerre informatique** offensive ou défensive, d'intimidation ou de rétorsion. Ainsi, le brouillage des communications, les attaques informatiques sur les systèmes de contrôle aérien ou ferroviaire ou de contrôle des pipelines et des réseaux de distribution du gaz ou encore sur des usines de fabrication de produits indispensables à la vie économique,les réseaux de la chimie industrielle ou de la finance, pourraient dans certains cas être considérés comme étant des actes de guerre. La cybersécurité contribue au maintien de la capacité de fonctionnement des infrastructures critiques et à la limitation de l'ampleur des dommages consécutifs à un défaut de sécurité.

Des cyberattaques sur des systèmes de contrôle des infrastructures critiques sont de nature à porter atteinte à la sécurité et à la **sûreté publique** en entraînant notamment de la panique, en générant de la terreur et en mettant en danger les capacités de survie, voire en induisant des pertes humaines. En effet, dans certaines circonstances, selon la motivation des acteurs de cyberattaques ciblant le domaine de l'énergie (électricité, centrales nucléaires) ou les systèmes d'épuration des eaux par exemple, les transports (les réseaux télécoms, les réseaux ferroviaires, le contrôle aérien), le domaine relatif à la santé (hôpitaux, fabrication de médicaments), l'atteinte de ces infrastructures vitales peut constituer un objectif privilégié du **cyberterrorisme**. Une forme particulière du terrorisme, dont l'objectif est de créer des sentiments d'insécurité jusque dans ce qui est considéré comme le fondement des relations socio-économiques de certaines communautés dont l'économie représente le mode de vie à combattre, peut être réalisée par des cyberattaques.

Le **cyberterrorisme** est considéré comme du terrorisme réalisé *via* le **cyberespace**. Dans son sens courant et d'après le dictionnaire, le terrorisme fait référence à l'emploi systématique de la violence pour atteindre un but politique. Ainsi, de quelle manière des cyberactes portant atteinte à la disponibilité et à l'intégrité des infrastructures numériques pourraient être suffisamment violents pour générer des dégâts, de la peur et être des moyens de pression contribuant à la réalisation d'objectifs politiques et idéologiques déterminés ?

Les terroristes ont largement adopté Internet comme caisse de résonance à leurs actions. Internet facilite des actions de propagande, de radicalisation, d'influence, d'intimidation, de déstabilisation, de recrutement ou encore par exemple de formation. Le retrait de contenus « terroristes », les contre-discours à la propagande terroriste contribuent à renforcer la lutte contre le terrorisme et prévenir la radicalisation des personnes.

Les **terroriste**s utilisent Internet comme outil de communication efficace pour revendiquer, médiatiser, influencer, effectuer des actions de propagande et de prosélytisme, réaliser du renseignement, recruter, former, entraîner, récolter des fonds et les transférer, rechercher des cibles, s'organiser, planifier des opérations et terroriser. Internet est pour les organisations terroristes à la fois un espace de combat et de **soutien opérationnel et logistique**. Les terroristes peuvent faire appel aux services des cybercriminels pour, d'une part, soutenir leurs capacités financières et les faire fructifier et, d'autre part, acquérir le pouvoir de frappe informatique permettant de générer la terreur.

Le type d'agression informatique ne suffit pas à définir avec certitude la motivation ou les objectifs d'une personne ou d'un groupe organisé. Ceci constitue une des difficultés de la **lutte contre le crime informatique** car il est nécessaire de disposer d'informations complémentaires pour caractériser l'**intention criminelle**. En l'absence d'éléments concrets, sans revendication ni auteur présumé d'une cyberattaque, la connaissance de la cible seule ne permet pas de distinguer si elle relève du cyberterrorisme ou de la cybercriminalité.

De nos jours, le cyberespace est devenu un **champ de bataille économique et militaire**. La guerre dans le cyberespace utilise des moyens non militaires (au sens traditionnel du terme). Internet modifie également l'art de faire la guerre : sans soldat mais avec des informaticiens, sans arme à feu mais avec des informations et du code informatique. Les ordinateurs télécommandés après leur prise de contrôle par des programmes informatiques lancés ou commandités par des militaires (notion de *botnets* militaires) sont comparables à des **combattants infiltrés** et commandés à distance. Dès lors, le **piratage informatique** pourrait être considéré comme une arme de guerre et la distinction entre ce qui relève du domaine civil et du domaine militaire devient malaisée à effectuer.

Par ailleurs, il est extrêmement difficile, voire impossible, d'attribuer des actes de guerre informatique à une entité ou d'en prouver la responsabilité directe ou indirecte du fait des intermédiaires techniques, du recours éventuel à des mercenaires ou à l'usage de *botnets* télécommandés à partir de serveurs de commande et contrôle répartis sur différents pays. Il est difficile d'attaquer sur Internet sans passer par des infrastructures traversant des pays neutres ou alliés. L'ennemi est invisible, voire inconnu, et la riposte proportionnée difficile à mener. Le risque de se tromper de cible même dans un état de **légitime défense** est un frein à la contre-attaque informatique. Il faut être extrêmement prudent quant à l'**attribution de l'origine** des cyberattaques car elles peuvent s'inscrire dans une vaste campagne de manipulation pour incriminer certains acteurs et non les auteurs réels.

Les cyberattaques, en fonction de leur nature, de leur intensité et de leurs cibles, peuvent invalider les défenses d'un adversaire, déstabiliser son renseignement, contribuer à porter atteinte au moral de sa population, altérer des processus de décision et de production, voire paralyser ses centres stratégiques ou encore bloquer ses moyens de communication.

Plus les États sont développés, plus leur capacité militaire et leur pouvoir économique sont **dépendants** des technologies du numérique, plus ils sont **vulnérables** aux attaques informatiques majeures et plus ils sont fragilisés par le numérique. Au-delà des actions criminelles ayant pour objectif la recherche de profit, la prise de pouvoir ou d'influence, le potentiel d'Internet permet également d'attiser et d'accompagner des conflits.

Internet et le cyberespace introduisent de nouveaux risques pour la société. Ils permettent de soutenir un projet politique et peuvent être utilisés à des fins conflictuelles, de coercition ou de domination, voire éventuellement pour commettre des dégâts chez l'ennemi sans combattre, en réduisant son pouvoir dans les domaines économique, scientifique ou culturel.

Désormais, l'un des meilleurs moyens de remporter la victoire est de **contrôler** et non de tuer, notamment par le biais de la maîtrise de l'informatique et des réseaux de télécommunications, des informations, de la cybersécurité et par celle du renseignement stratégique et économique.

2.3.4 Guerre sémantique et cyberhacktivisme

Internet peut être au service de la surveillance, de l'espionnage, du renseignement, de la manipulation de l'information, des rumeurs, ou de toutes formes d'intoxication ou de campagnes de déstabilisation. Ce qui semble le plus préjudiciable car invérifiable de manière absolue, ce sont les nouvelles formes de **guerre sémantique**, guerre de l'information par l'information car les dommages ne sont pas directement observables et mesurables. Le caractère invisible, imprécis et multiforme de la menace rend cette dernière encore plus dangereuse.

Internet permet d'effectuer des actions de **propagande** et de manipulation d'opinion pour justifier des actes d'agression ou de défense, ou encore de pousser au réflexe nationaliste en transformant des internautes en **cyberpatriotes** ou **cyberactivistes**.

Les possibilités de **manipulation des opinions** sont sans limite. Elles peuvent avoir des conséquences plus ou moins importantes pour les individus, les organisations ou les États qui en font les frais (déstabilisation économique et financière, atteinte à l'expression démocratique, influence lors d'un vote, atteintes à la réputation, à l'intégrité morale, etc.).

Les stratégies d'influence sont des armes de la guerre économique que se livrent les institutions et les États. Des pressions médiatiques ou psychologiques peuvent être infligées aux adversaires et peuvent toucher une population et ses dirigeants.

Le **cyberhacktivisme** est une forme de protestation basée sur l'usage de cyberattaques pour défendre des idéologies, des causes ou atteindre des objectifs politiques. Hackers patriotiques ou **cyberdissidents** concentrent leurs attaques contre des cibles considérées comme hostiles à leurs causes ou contre des cibles symboliques. Elles peuvent faire l'objet notamment d'attaques en déni de service ou de défigurations de sites web.

Les **hacktivistes** peuvent utiliser toute la panoplie des outils de communication Internet pour informer, dénoncer ou tenter de convaincre et rassembler des personnes à leurs causes, ainsi que pour réaliser des actions de manipulation psychologique, de désinformation et d'influence.

> Les *botnets* impliquant des ordinateurs d'individus ou parfois d'organisations publiques ou privées sont largement mis en œuvre par des hacktivistes pour revendiquer les causes qu'ils soutiennent.

Il est parfois complexe de comprendre les motivations qui animent les hacktivistes. Leurs actes relèvent-ils d'une action citoyenne, d'une recherche de reconnaissance, de justice, de la lutte contre les totalitarismes ou encore de la criminalité ou du terrorisme ?

2.4 Crime informatique et cybercriminalité

La délinquance de masse est désormais une réalité qui s'appuie sur le transfert d'infractions traditionnelles vers la « **criminalité dématérialisée** » dont les conséquences sont une augmentation exponentielle des préjudices et dommages. Internet est un vecteur amplificateur et de **globalisation** de la criminalité. Le coût du risque informatique d'origine criminelle est porté par la société. Il est estimé à environ 1 % du PIB (produit intérieur brut) des pays. Le cyberespace confère au crime la capacité à être automatisé, autorisant une réalisation à grande échelle (cyberépidémie), permettant d'être commis à distance *via* les réseaux (ubiquité du criminel, dans le temps et dans l'espace) (figure 2.4).

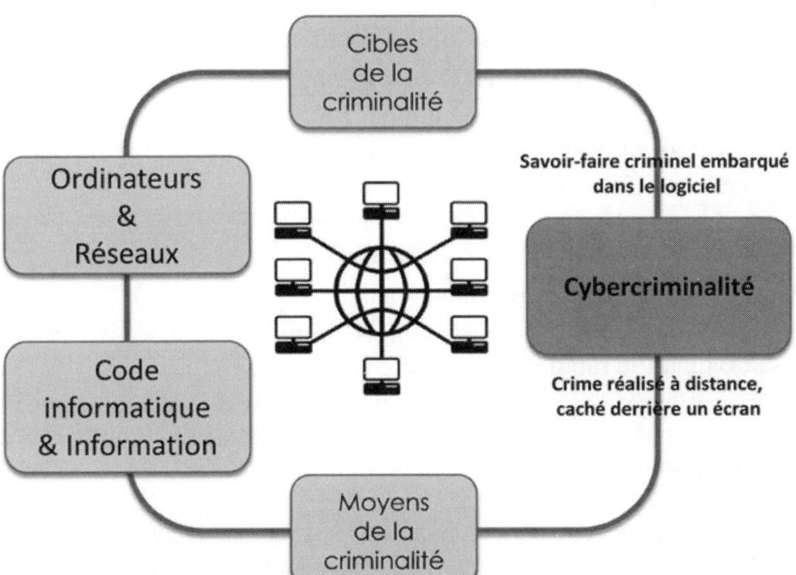

Figure 2.4 – **Caractéristiques du crime informatique.**

2.4.1 Éléments de définition

Chaque technologie peut avoir des usages détournés ou abusifs et être porteuse de potentialités criminelles. Bien que l'OCDE (Organisation de coopération et de développement économiques) ait défini en 1983 la notion d'infraction informatique comme étant « tout comportement illégal, immoral ou non autorisé qui implique la transmission et/ou le traitement automatique de données », celle de cybercriminalité recouvre un concept à géométrie variable, sujet à diverses interprétations selon les pays. Le fait que la **criminalité** et la **délinquance** relèvent du **droit pénal** des nations engendre de multiples définitions, caractéristiques ou typologies du crime informatique.

La notion de cybercriminalité peut être déduite de celle de **crime informatique**, délit pour lequel un système informatique est l'objet du délit et/ou le moyen de le réaliser. Ainsi, le **cybercrime** est une forme du crime informatique qui fait appel aux technologies Internet pour sa réalisation. Par extension, cela englobe tous les crimes relatifs aux technologies du numérique et aux équipements qui intègrent de l'électronique (consoles de jeux, cartes à puce, tablettes, téléphones, objets connectés, etc.).

La **Convention sur la cybercriminalité du Conseil de l'Europe**[2] (dite Convention de Budapest du 23 novembre 2001), sans pour autant définir explicitement le terme de cybercriminalité, n'en définit pas moins les infractions relevant de celle-ci. Outre les différents délits identifiés par cette convention, celle-ci met l'accent sur la nécessité d'une coopération entre les États et l'industrie privée dans la lutte contre la cybercriminalité et d'une coopération internationale en matière pénale rapide et efficace pour faciliter la détection, l'investigation et la poursuite, tant au plan national qu'au niveau international, des infractions. La Convention délimite le pourtour de la cybercriminalité en inscrivant sa lutte dans le contexte de la **protection des droits humains fondamentaux**.

La **Convention sur la cybercriminalité** aborde les points suivants :

- disposition de **droit pénal matériel** concernant :
  - ◊ les infractions contre la confidentialité, l'intégrité et la disponibilité des données et systèmes informatiques,
  - ◊ les infractions informatiques,
  - ◊ les infractions liées aux atteintes à la propriété intellectuelle et aux droits connexes ;
- disposition de **droit procédural** concernant :
  - ◊ la conservation rapide des données informatiques, de données relatives au trafic et à sa divulgation rapide à l'autorité compétente,
  - ◊ la conservation et la protection de l'intégrité des données pendant une durée aussi longue que nécessaire pour permettre aux autorités compétentes d'obtenir leur divulgation,

2. Conseil de l'Europe – STCE n° 185 – Budapest, 23 novembre 2001, http://conventions.coe.int/Treaty/fr/Treaties/Html/185.htm et Protocole additionnel à la Convention sur la cybercriminalité, relatif à l'incrimination d'actes de nature raciste et xénophobe commis par le biais de systèmes informatiques. Strasbourg, 28.I.2003. https://rm.coe.int/1680081610

  - ◊ l'injonction de produire,
  - ◊ la perquisition et la saisie des données stockées,
  - ◊ la collecte en temps réel des données,
  - ◊ la protection adéquate des droits de l'homme et des libertés ;
- chaque État doit adopter des **mesures législatives** et autres, qui se révèlent nécessaires pour ériger en infraction pénale, dans le respect de son droit interne :
  - ◊ l'accès intentionnel et sans droit à tout ou partie d'un système,
  - ◊ l'interception intentionnelle et sans droit de données lors de transmissions non publiques, à destination, en provenance ou à l'intérieur d'un système,
  - ◊ le fait intentionnel et sans droit d'endommager, d'effacer, de détériorer, d'altérer ou de supprimer des données,
  - ◊ l'entrave grave intentionnelle et sans droit au fonctionnement d'un système,
  - ◊ la production, la vente, l'obtention pour l'utilisation, l'importation, la diffusion ou d'autres formes de mise à disposition d'un dispositif conçu ou adapté pour réaliser une des infractions mentionnées,
  - ◊ l'introduction, l'altération, l'effacement ou la suppression intentionnelle et sans droit de données, engendrant des données non authentiques, dans l'intention qu'elles soient prises en compte ou utilisées à des fins légales, comme si elles étaient authentiques,
  - ◊ le fait intentionnel et sans droit de causer un préjudice patrimonial à autrui par l'introduction, l'altération, l'effacement ou la suppression de données, toute forme d'atteinte au fonctionnement d'un système, dans l'intention, frauduleuse ou délictueuse, d'obtenir sans droit un bénéfice économique pour soi-même ou pour autrui,
  - ◊ « la complicité en vue de… » est érigée en infraction pénale ainsi que « la tentative intentionnelle de… » ;
- les **États** doivent établir leurs compétences à l'égard de toute infraction pénale lorsque cette dernière est commise :
  - ◊ sur son territoire,
  - ◊ à bord d'un navire battant pavillon de cet État,
  - ◊ par un de ses ressortissants, si l'infraction est punissable pénalement là où elle a été commise ou si l'infraction ne relève de la compétence territoriale d'aucun État ;
- règles concernant la **coopération internationale** en matière :
  - ◊ d'extradition,
  - ◊ d'entraide aux fins d'investigation,
  - ◊ de procédures concernant les infractions pénales liées à des systèmes et données informatiques,
  - ◊ de recueil de preuves sous forme électronique d'une infraction pénale ;
- création d'un réseau d'entraide :
  - ◊ 24 h/24, 7 J/7 ;
  - ◊ point de contact national ;
  - ◊ assistance immédiate pour les infractions.

Complétée en 2003 par un protocole additionnel relatif à l'incrimination d'actes de nature raciste et xénophobe commis par le biais de systèmes informatiques, la

Convention a également été complétée en 2021. Le Conseil de l'Europe renforce son arsenal juridique par un deuxième protocole à la Convention relatif au renforcement de la coopération et de la divulgation des preuves électroniques[3]. Faciliter l'obtention des preuves numériques, y compris dans des infrastructures d'informatique en nuage (*cloud*) comme renforcer la coopération entre acteurs privés et publics et mieux soutenir les poursuites pénales étaient devenus nécessaires au regard de l'évolution de la criminalité et des pratiques numériques.

2.4.2 Écosystème cybercriminel

L'**écosystème cybercriminel** est, comme tout écosystème vivant et dynamique, en permanente adaptation pour tirer parti des nouvelles opportunités du marché, des nouvelles cibles et vulnérabilités, des nouveaux outils et vecteurs de la cybercriminalité. Il possède ses structures propres tout en bénéficiant des services offerts par les acteurs licites d'Internet.

L'écosystème cybercriminel est indissociable de l'écosystème numérique.

Les acteurs licites (personnes morales ou physiques) peuvent, selon les circonstances, être des cibles ou des relais volontaires ou involontaires de la cybercriminalité. Des utilisateurs peuvent être leurrés et devenir, à leur insu, un maillon de la chaîne cybercriminelle. C'est le cas lorsque la machine d'un internaute ou le serveur d'une organisation sert de relais et devient une machine *zombie* d'un réseau de *botnet*[4] pour effectuer des attaques en déni de service sur des tiers. En revanche, un internaute peut également tout à fait consciemment, par conviction ou motivation idéologique, politique, économique ou religieuse par exemple, « prêter » sa machine à un réseau de *botnet* pour contribuer à des actions d'hacktivisme. Des organisations privées ou publiques, tout à fait licites, peuvent aussi, pour défendre leurs intérêts, être amenées à utiliser les mêmes armes que les cybercriminels. Cela peut s'inscrire dans une démarche de **cybersécurité offensive et défensive**.

Dès lors que les organisations représentent des valeurs convoitées par les cybercriminels ou qu'elles sont productrices de valeurs, de services, de logiciels ou de solutions de sécurité, elles font partie *de facto* de l'écosystème cybercriminel. Leur présence dans le cyberespace, comme celle des internautes (très visibles à travers des réseaux sociaux par exemple), motive la présence des cybercriminels et le déploiement de leurs activités.

L'écosystème cybercriminel serait incomplet si on n'y intégrait aussi les **forces de justice et de police** qui œuvrent de manière opérationnelle et très concrète à la lutte

3. Comité de la Convention sur la cybercriminalité (T-CY). Deuxième Protocole additionnel à la Convention sur la cybercriminalité relatif au renforcement de la coopération et de la divulgation de preuves électroniques. https://search.coe.int/cm/pages/result_details.aspx?objectid=0900001680a48e4a

4. La prise de contrôle de certaines machines, à l'insu de leurs propriétaires légitimes après une infection virale, transforme ces machines en « zombies » intégrés dans des réseaux de machines (les *botnets*) qui sont pilotés à distance pour réaliser des cyberattaques.

contre la cybercriminalité. Elles conduisent des investigations criminelles et peuvent être amenées à mettre en place des pièges (notion de pot de miel, *honey pot*, leurre). Elles utilisent le même savoir-faire cognitif que celui des cybercriminels. Elles peuvent s'appuyer sur des compétences techniques spécifiques de policiers spécialement formés, d'experts externes ou encore sur les compétences de véritables cybercriminels, qu'ils soient repentis ou qu'ils n'aient pas d'autre choix que celui de collaborer avec la police.

Comme lors d'investigations classiques, les cyberinvestigations demandent un véritable savoir-faire policier car il ne suffit pas d'être un bon technicien pour être un bon **investigateur** en cybercriminalité.

2.4.3 Marchés noirs de la cybercriminalité

Les cybercriminels sont avant tout des criminels qui ont su extrapoler leurs activités, savoir-faire et modes d'action dans le cyberespace. Ils sont rationnels et suivent la **loi du marché**, de l'offre et de la demande. Comme il existe, dans le monde réel, des **marchés noirs** et une **économie illicite**, il en est de même dans le cyberespace. Les marchés noirs de la cybercriminalité fonctionnent sur la base économique des marchés classiques et ont pour seuls objectifs performance et rentabilité. Ils alimentent toute la chaîne des acteurs de la cybercriminalité sur Internet. Ces **marchés noirs** s'appuient sur les outils de communication et de mise en relation de l'Internet dans le web profond (***deep web***), qui n'est pas directement accessible *via* des moteurs de recherche classiques (notion de **Darknet**).

Industrie et marché noir de la cybercriminalité sont structurés autour de la mise à disposition des moyens de cyberattaquer et des compétences pour le faire dans le Darknet, à qui souhaite les trouver (notion de « *Cybercrime as a Service* »). Tout se vend et tout s'achète sur Internet. En termes de cybercriminalité, les limites semblent être celles de l'imagination créative des personnes, qui peuvent agir de manière isolée ou non (loup solitaire, crime organisé, mafias, etc.).

Nul besoin d'être un génie de l'informatique pour concevoir des programmes malveillants (virus, cryptoverrouilleur, cheval de Troie, etc.), toute la panoplie du parfait **cybermalfaiteur** est accessible sur Internet. Le réseau permet non seulement la diffusion des attaques mais aussi des outils du crime et des modes opératoires criminels notamment par les places de marché noir de la cybercriminalité.

2.5 Principales caractéristiques des cyberattaques

2.5.1 Étapes de réalisation d'une cyberattaque

Bien qu'il soit impossible de dresser un panorama exhaustif des types et des moyens d'attaques[5], il est toutefois possible d'en dégager certains invariants.

5. La vocation de cet ouvrage n'est pas d'inciter ou d'encourager la pratique de cyberattaques ni de donner des précisions pour les réaliser.

La réalisation de cyberattaques suit une **méthodologie d'attaque** qui se décompose communément en cinq étapes (figure 2.5). La première est relative à la connaissance de la cible et de son environnement par une recherche d'informations et de vulnérabilités la concernant. Les **réseaux sociaux** comme les messageries électroniques sont d'excellents moyens d'approcher une victime pour obtenir des informations qui permettront de réaliser des cyberattaques (notions d'**ingénierie sociale**, *social engineering*, et d'hameçonnage, ***phishing***). Il s'agit de leurrer les internautes afin de les inciter à livrer eux-mêmes leurs informations sensibles (identifiants, mots de passe, numéros de compte, etc.). Certains individus ne sont pas forcément des génies de l'informatique mais possèdent un certain savoir-faire en matière de manipulation psychologique.

Phishing : mot dérivé des termes ***phreaking***, (détournement de communications des centraux téléphoniques analogiques) et de ***fishing*** (pêche à la ligne).

L'ingénierie sociale, la manipulation d'une personne, est souvent le point de départ de la réalisation de fraudes, d'escroqueries, decrimes ou de cyberattaques plus ou moins sophistiquées.

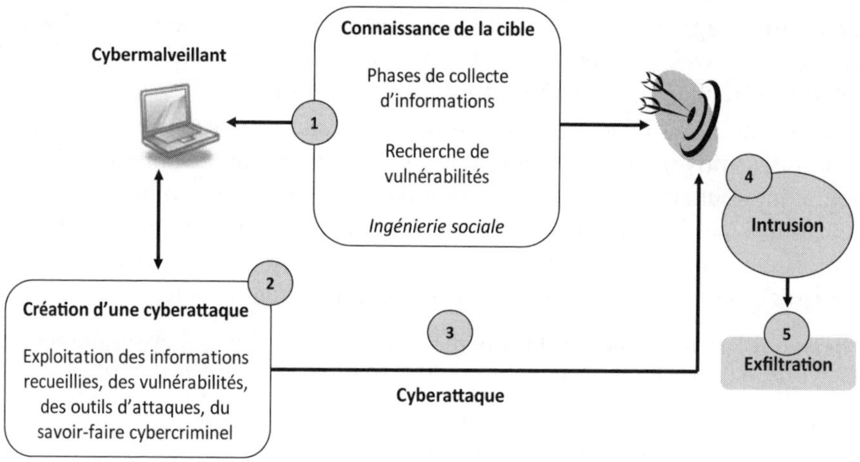

Figure 2.5 – **Phases caractéristiques du déroulement d'une attaque.**

Connaître les mécanismes et les niveaux de sécurité en vigueur d'un système d'information mais aussi les failles techniques, organisationnelles et humaines de l'environnement des futures victimes, constitue un facteur clé de succès d'une cyberattaque (phase 1). Comme l'est d'ailleurs la capacité à exploiter les défauts ou **failles de sécurité** connues et non encore réparées (non *patchées*). Les attaquants peuvent utiliser des programmes malveillants (virus et exploits) programmés par d'autres et utiliser des outils d'attaques disponibles en ligne (phase 2), les paramétrer en fonction des besoins ou encore créer une cyberattaque (phase 3) et exécuter des actions malveillantes en fonction de la finalité de leurs attaques (phase 4).

Les deux objectifs de la phase d'**exfiltration** (phase 5) sont de faire en sorte que l'attaque ne soit pas détectée (ou du moins ni facilement ni rapidement) et que des traces pouvant servir à l'identification de l'attaquant ne soient pas laissées. Ce dernier a tout intérêt à savoir effacer toute information qui permet de lier la preuve de sa présence et de ses actions illicites à des données qui autorisent sa localisation et son identification. Il s'attache à leurrer les éventuels investigateurs et les **outils d'informatique forensique** (techniques anti-forensique).

Les techniques d'intelligence artificielle peuvent être utiles dans toutes les phases de préparation et de réalisation des cyberattaques. Elles augmentent leurs efficacité et sophistication et permettent de mieux contourner les barrières de sécurité et de déjouer les systèmes de traçabilité et d'identification.

2.5.2 Attaques actives et passives

Les attaques qui modifient les données sont dites **actives**, tandis que celles relevant de l'écoute (interception sans altération des données) sont qualifiées de **passives** (figure 2.6).

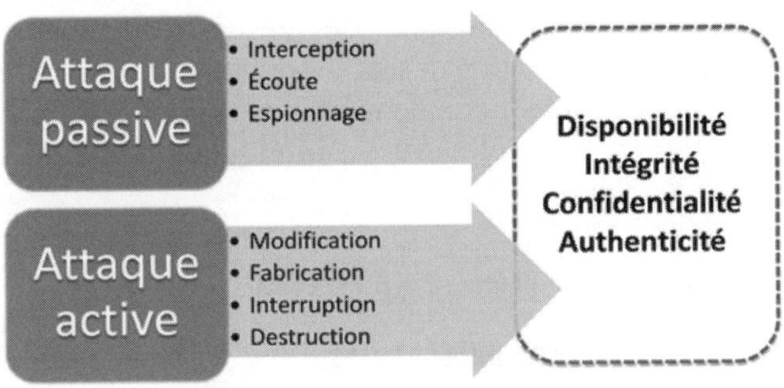

Figure 2.6 – Attaques passives et actives.

Le mot *hacking* trouve son origine dans le vocabulaire de cuisine, signifiant le hachage « menu menu » des aliments. Par extrapolation, il qualifie désormais les activités qui consistent à découper très finement (décortiquer) le mode de fonctionnement d'un ordinateur, afin d'en comprendre tous les rouages et éventuellement les détourner. Il réside toujours une différence entre le fait de comprendre les limites des protections, de rechercher des failles et celui de les exploiter à des fins malveillantes. La limite peut être ténue ou parfois la tentation grande.

Dans son acception courante, le **pirate informatique** est la traduction française du terme anglo-saxon *hacker*, qui désigne une personne qui pénètre virtuellement dans un système informatique, alors qu'elle n'en a pas le droit *a priori*.

Désormais, le *hacking* possède une connotation négative et représente généralement l'ensemble des opérations permettant de s'introduire sans autorisation (par leurre et détournement des technologies) et donc de manière illégale dans unsystème appartenant à un tiers. Ainsi, sur cette base, l'**intrusion éthique** « *ethical hacking* » est un oxymore car il allie deux mots opposés sémantiquement. Dans la majorité des cas, il s'agit de tests d'intrusion réalisés dans le cadre d'une démarche sécuritaire, par des personnes mandatées, pour tester la robustesse des accès à des environnements informatiques ou la vulnérabilité des systèmes. Ce n'est alors pas illégal mais autorisé par les mandants. Il ne faut pas croire qu'il faille toujours posséder un haut niveau de compétences informatiques pour cela. En effet, il est généralement plus simple et plus rapide d'exploiter la crédulité des employés, de les leurrer pour les inciter à livrer leurs paramètres de connexion et ainsi obtenir des droits d'accès au système informatique pour s'y introduire.

Il est souvent plus facile de s'approprier les paramètres de connexion des ayants droit que de forcer les protections logicielles des mécanismes de contrôle d'accès. Parfois, le mot de passe est tellement simple (prénom de la personne, des membres de sa famille, 123456, etc.) qu'il est facile à deviner. Il est possible d'obtenir toutes les informations nécessaires à la construction d'une attaque par :

- **complicité interne** (les identifiants et paramètres de connexion peuvent être volontairement communiqués par les utilisateurs ou administrateurs systèmes) ;
- **leurre des personnes** en se faisant passer pour un administrateur réseau, un fournisseur de services, et en demandant, pour des raisons techniques par exemple, les paramètres de connexion. Dans trop de cas, les utilisateurs donnent leurs identifiants, mots de passe et informations normalement confidentielles. Cela relève des techniques de **manipulation psychologique**, d'**intelligence sociale** et de l'ingénierie sociale (*social engineering*).

2.5.3 Leurrer, détourner, exploiter

De manière générale, les cyberattaques se fondent principalement sur :

- le leurre des personnes et des systèmes :
  - ◊ ingénierie sociale,
  - ◊ usurpation d'identité, des paramètres de connexion, d'adresses IP (*IP spoofing*),
  - ◊ vol de connexion (*session hijacking*),
  - ◊ etc. ;
- le détournement du mode opératoire normal des ressources (protocoles de communication, caractéristiques des systèmes d'exploitation, etc.) :
  - ◊ routage, serveurs de noms (*DNS poisonning*, *DNS caches*, *DNS harvesting*, etc.), détournement des points de connexion mobile (Bluetooth – *blue-jacking*, *bluesnarfing* –, Wi-Fi),
  - ◊ détournement de flux applicatifs (*Man-in-the-middle-attack*),
  - ◊ dépassement des capacités (*buffer overflow attack, Denial of Dervice – DoS*),
  - ◊ *SQL injection attack*, *Drive-by download attack,*
  - ◊ élévation de privilèges (*Local Privilege Escalation*, LPE),
  - ◊ etc. ;

- l'exploitation des failles de sécurité et des vulnérabilités des ressources :
  - ◊ accès à des fichiers de mots de passe,
  - ◊ interception des mots de passe lorsqu'ils sont véhiculés en clair par les protocoles de communication (*monitoring* des paquets IP) par des logiciels d'analyse du trafic (*sniffer*) normalement utilisés en gestion de réseau,
  - ◊ exploitation des vulnérabilités connues (*Common Vulnerabilities Exposures*, CVE[6]),
  - ◊ infection virale (*malware*, *cryptolocker*, *ransomware*...),
  - ◊ manipulation de l'information (*defacement attack*),
  - ◊ etc.

Un ***sniffer*** est une entité passive qui écoute et enregistre les données qui le traversent. Ne les modifiant pas, sa présence est très difficile à détecter. Pour restreindre son champ d'action, une parade envisageable consiste à fortement segmenter le réseau, à le cloisonner par des mesures d'architecture, afin que le *sniffer* ne soit effectif que sur un segment du réseau.

L'**écoute passive** des données en transit peut conduire, après utilisation des mots de passe capturés, à des intrusions illicites sur des systèmes. Une protection à apporter aux mécanismes de transfert est de chiffrer les mots de passe de manière qu'ils ne soient plus directement exploitables. L'exploitation des mots de passe capturés préalablement chiffrés dépendra alors de la capacité à les « casser » (craquer).

En cas de capture de mots de passe chiffrés, le malveillant tentera par exemple de deviner le mot de passe en essayant toutes les permutations possibles pouvant constituer une clé de déchiffrement. Cette action est facilitée s'il connaît l'algorithme de chiffrement utilisé. Il s'agit là de l'**attaque en force brute** (*brute force attack*). Une autre attaque est celle dite d'**attaque par dictionnaire** (*dictionary attack*), ou *Rainbow tables*, qui revient à deviner le mot depasse chiffré par comparaisons successives avec des listes de mots de passe, eux aussi chiffrés, contenus dans des dictionnaires d'empreintes.

Tester le niveau d'efficacité des mots de passe des utilisateurs est une des mesures de contrôle et de validation de la sécurité que le responsable sécurité doit effectuer régulièrement. Pour cela, il utilise des mécanismes identiques à ceux utilisés par les malveillants pour les obtenir et les déchiffrer.

Pour **détourner** des mots de passe, on peut également introduire dans le poste de travail de l'usager un logiciel espion (espiongiciel, *spyware*) ou encore un **cheval de Troie**. Il s'agit alors d'un petit programme qui se substitue généralement à celui qui permet d'effectuer le *login* et demande à l'utilisateur son identification et son mot de passe. Ce dernier fournit les informations demandées en croyant avoir affaire à son propre environnement d'exécution. Le mot de passe est alors directement capté et

6. Les vulnérabilités de cybersécurité connues sont enregistrées (*CVE list*) et publiées sur le site de l'organisation américaine MITRE (https://cve.mitre.org/).

mémorisé par le cheval de Troie, qui le transmet à un serveur auquel se connectera le fraudeur[7].

Par ailleurs, des systèmes de gestion de contrôle d'accès peuvent comporter des **portes dérobées** matérielles ou logicielles (***backdoors***) permettant de contourner les mécanismes de sécurité en place afin d'autoriser des accès illicites à ceux qui les maîtrisent.

Des **périphériques multimédias activés** à l'insu de l'utilisateur, comme des **dispositifs logiques ou physiques d'espionnage** (enregistreur de frappe, *keylogger*, etc.) permettant de surveiller et de capter de l'information sans le consentement de l'utilisateur, autorisent ainsi un intrus à s'approprier des informations confidentielles. Il convient donc que l'utilisateur soit extrêmement vigilant et connaisse bien son environnement informatique. Les périphériques de capture (webcam, micro, etc.) devraient être systématiquement désactivés lorsque leur usage n'est pas demandé par l'utilisateur, et il faudrait que de tels périphériques alertent ce dernier lorsqu'ils sont actifs.

Pour qu'un système d'authentification fonctionne, il est nécessaire de sauvegarder dans un **serveur**, et de manière sûre, les paramètres de connexion et d'authentification des utilisateurs. L'accès illicite au fichier qui les stocke est souvent possible. Il est donc impératif de protéger correctement l'accès aux serveurs et aux données d'authentification (ne pas autoriser d'accès anonymes à des serveurs d'authentification, masquer le fichier de mots de passe, etc.).

La faiblesse dans le choix des mots de passe, la puissance de calcul des ordinateurs et l'existence banalisée de logiciels qui permettent de les casser, de les craquer, font que le contenu d'un **fichier de mots de passe** chiffré peut devenir accessible. Le temps d'exécution nécessaire à la réalisation de cette activité peut éventuellement être rédhibitoire pour un petit délinquant.

Quel que soit le mode d'interception, les utilisateurs ignorent généralement que leurs mots de passe ont été capturés. Ils peuvent se voir accusés des malveillances commises par l'usurpateur. Ils sont considérés comme responsables jusqu'à ce qu'ils aient pu prouver leur innocence. Désormais, la preuve de l'innocence est à la charge des victimes. De ce fait, on comprend l'importance à accorder à la protection des identifiants de connexion.

Exploiter les failles humaines et techniques par des **programmes malveillants** ou indésirables s'exécutant à l'insu de l'utilisateur existe généralement sous couvert d'outils d'aide à la navigation, à la connexion, à la personnalisation des services : **téléchargeur** et **implanteur** (*downloader*), **keyloggers**, **bot-robots**, **logiciels publicitaires** (*adware : **ad**vertising soft**ware***) ou **logiciels espions** (*spyware : **spy**ing soft**ware***). Ce sont pour la plupart des outils de capture d'informations (vol d'informations, capture de mots de passe, de trafic), d'appropriation de ressources, ou d'attaques. Ils permettent de

7. Entre-temps, l'utilisateur n'a pas pu se connecter puisque le véritable programme de connexion ne s'est pas exécuté. Il a vu apparaître à son écran le message du type « erreur, mot de passe incorrect ». Il pense automatiquement qu'il a effectué une erreur de saisie, il se « relogue » et redonne son mot de passe, qui cette fois sera traité par le véritable programme de *login*.

diffuser et de piloter des outils d'attaques en **déni de service distribué** (DDoS). Les vecteurs d'introduction de tels logiciels peuvent être des logiciels gratuits ou en démonstration, des sites pornographiques ou de jeux par exemple.

Quel que soit leur mode d'introduction, *via* notamment du spam[8], même s'ils sont installés avec l'accord implicite de l'utilisateur, ce qui peut être le cas des *adwares* mais jamais des *spywares*, leur usage est détourné. Le plus souvent, ils s'exécutent en l'**absence de consentement des utilisateurs**, collectent et transfèrent leurs données à leur insu.

La **détection** et la **désinstallation** de tels logiciels sont parfois difficiles. De manière générale, l'internaute ne possède pas les compétences ou les outils nécessaires pour maîtriser ce risque.

Les **virus** permettant de faire dysfonctionner, de voler ou de détruire des données sont des vecteurs de réalisation de la cybercriminalité. Ils constituent des moyens d'enrichissement considérable pour leurs auteurs et pour ceux qui les commercialisent.

Des **cyberattaques** ciblant les systèmes jouant un rôle important dans la réalisation de services (serveurs web, routeurs, serveurs de noms, etc.) peuvent être perpétrées en tirant parti des failles de leur système d'exploitation et utiliser, par exemple, ses caractéristiques internes, notamment celles de la gestion de certaines **zones tampon** (*buffer overflow attack*) entraînant des dysfonctionnements graves pouvant conduire à l'arrêt des systèmes. Les attaques en déni de service sont des armes largement utilisées par des hacktivistes.

Une attaque conduisant à un déni ou refus de service (**DoS**, *Denial of Service*) peut être réalisée en sollicitant excessivement des ressources. Les systèmes ciblés, surchargés par un trop grand nombre de requêtes « normales », s'effondrent et deviennent indisponibles. La majorité des **attaques en déni de service** se font de manière distribuée (**DDoS**, *Distributed Denial of Service*) à partir de multiples machines (dites zombies) intégrées à des réseaux de *botnets* et commandées à distance. Les objets connectés facilitent la création de réseaux d'ordinateurs « zombies » (*botnets*), contrôlés à distance pour être activés et servir de relais dans des cyberattaques.

Certaines attaques consistent en une modification de la page d'accueil d'un site web (***defacement attack***). Les pirates substituent les données d'un site et les remplacent, selon leur motivation, par certains contenus afin de nuire, manipuler ou encore terroriser. Pour les victimes, les conséquences peuvent être importantes en termes d'image. Des réputations peuvent être durablement ternies surtout si la confiance est un élément fondamental du positionnement stratégique de la cible visée (banques, hôpitaux, etc.). Des variantes de ce type d'attaque ont pour objectif de rediriger l'utilisateur, lors d'action de *phishing* par exemple, vers un faux site ressemblant exactement à celui auquel il s'est initialement connecté (notion de redirection, ou de ***pharming*** quand l'attaque porte sur les serveurs de noms de

8. Spam : mot, dérivé de *SPiced hAM* (jambon épicé) ou de *Spiced Pork And Meat* (pâté épicé à base de porc et de viandes), ayant fait l'objet d'un sketch des Monty Python : le mot est tellement répété qu'il en devient une nuisance.

domaine), afin de lui soustraire des informations confidentielles (mots de passe, numéro de carte bancaire, etc.). Il est possible de s'attaquer à des sites d'information et de modifier le contenu de certaines pages ou dépêches pour provoquer des mouvements de panique, ou faire fluctuer le cours d'actions d'une société par exemple. Ces actions de désinformation relèvent de l'**infoguerre** (*infowar*) et permettent de mener des **attaques sémantiques** (*semantic attack*). Elles touchent au sens même des informations et croyances qui servent à chacun pour former son jugement.

La notion de **menace avancée persistante** (*Advanced Persistent Threat*, **APT**) fait référence aux intrusions dans un système d'information, qui ne sont pas détectées, qui perdurent dans le temps et qui permettent d'en compromettre la sécurité. Il s'agit d'attaques prolongées généralement sophistiquées, combinant différents vecteurs et stratégies d'attaques, utilisées pour la fuite de données (*data leak*), l'espionnage ou la prise de contrôle des ressources.

2.6 Faire face à la cybercriminalité

2.6.1 Développer une culture de la cybersécurité et disposer de mesures de sécurité

Quelles que soient les motivations des acteurs de la cybercriminalité, celle-ci engendre toujours des conséquences économiques non négligeables fragilisant les organisations. C'est du ressort de la **sécurité informatique** de contribuer à réduire le risque technologique encouru.

Les solutions de sécurité sont des réponses statiques à un problème dynamique mais sont surtout, le plus souvent encore, des réponses d'ordre technologique à des problèmes humains, managériaux, économiques ou politiques.

La sécurité informatique doit, d'une part, s'adapter à l'évolution des usages et des technologies et, d'autre part, à celle de la criminalité, tout en s'inscrivant dans une logique de rentabilité et de performance pour l'organisation qui la met en œuvre. Or la multiplicité et la vulnérabilité des éléments matériels, logiciels et réseaux, l'inadéquation ou l'incohérence des mesures de sécurité, l'inconscience de certains utilisateurs et les possibilités de détournement des technologies favorisent l'expression de la criminalité informatique.

Le fait que les technologies ne soient pas conçues de manière robuste (il n'y a pas de « *security by design* ») et l'insuffisance des moyens de protection aux risques réels déterminent un **état d'insécurité** qui profite aux criminels.

Certaines organisations possèdent une culture de la sécurité, telle que spécifiée dans les directives de l'OCDE[9] et se sont dotées de moyens financiers, organisation-

9. Lignes directrices de l'OCDE de 2002, régissant la sécurité des systèmes et des réseaux d'information : vers une culture de la sécurité, revues en 2015 *Digital Security Risk Management for Economic and Social Prosperity* (http://www.oecd.org/sti/ieconomy/digital-security-risk-management.pdf).

nels, humains et technologiques pour gérer la sécurité de leur système d'information. D'autres subissent et ne maîtrisent aucunement le risque informatique.

2.6.2 Diminuer le risque d'origine cybercriminelle

Mettre en place des mesures efficaces de **lutte contre la cybercriminalité** doit s'appuyer sur la connaissance des acteurs, de leurs motivations et de leurs manières d'agir. Cela demande de comprendre, entre autres, quelle est leur vision stratégique, quels sont les moyens opérationnels qu'ils utilisent, comment ils sont organisés (modèles économiques, répartition des tâches, manière dont leurs agents sont recrutés, rémunérés, etc.).

Autant de questions auxquelles il est difficile d'apporter des réponses catégoriques puisque les criminels ont tout intérêt à agir dans l'ombre et en toute discrétion. L'obscurité, comme la corruption d'ailleurs, apporte une couche d'isolation protectrice aux activités délictueuses et aux criminels de toutes sortes.

L'ampleur des activités cybercriminelles, la nature des cybercriminels pouvant aller de M. et Mme Tout-le-Monde à des spécialistes de l'informatique ou de la grande criminalité organisée, en passant par des mercenaires à la solde des plus offrants, ainsi que le champ d'action mondial des cybercriminels, contribuent à la difficulté de dresser un panorama définitif des acteurs de la cybercriminalité ou de quantifier à leur juste valeur les coûts que la cybercriminalité fait porter sur la société.

Par ailleurs, la nature **dynamique** du phénomène cybercriminel, dont les acteurs s'organisent en fonction d'opportunités qui évoluent, ne permet pas de figer une image. Plutôt qu'une vue statique, des tendances peuvent être dégagées, sur une période donnée, de la perception du phénomène cybercriminel, selon des indicateurs retenus et la finalité des études ou des observations.

La majorité des acteurs et vendeurs de la cybersécurité possèdent leurs propres éléments de mesure et d'analyse de la cybercriminalité. Aux niveaux national et international, des études sont régulièrement publiées. En revanche, il existe très peu d'études de victimologie et, lorsqu'elles existent, elles concernent un échantillon particulier de crimes, de la population d'auteurs et de victimes concernées.

Les **études empiriques** sur la cybercriminalité sont difficiles à réaliser. Qu'elles soient le fait des acteurs de la sécurité, d'observatoires scientifiques ou issues du monde de la recherche académique, elles ne font généralement que dresser un état des lieux plus ou moins complet, plus ou moins juste, d'un phénomène dynamique. Par définition, elles surviennent *a posteriori*, après la réalisation des délits, lorsque les impacts de la cybercriminalité sont observables, mesurables et donc préjudiciables.

Lutter contre la cybercriminalité suppose également :

- la mise en place d'infrastructures numériques moins vulnérables et plus résistantes aux cyberattaques ;
- l'existence de mesures techniques, procédurales, légales et organisationnelles qui contribuent à :
  - ◊ augmenter le niveau et le nombre de difficultés pour réaliser des cybercrimes,

    ◊ accroître la prise de risques pour les criminels d'être identifiés et poursuivis en justice,
    ◊ diminuer les incitations et les profits attendus ;
- la mise à disposition de mesures de sécurité compréhensibles, efficaces et efficientes, facilement implémentables, contrôlables, utilisables par lesutilisateurs ;
- une gestion stratégique et opérationnelle de la cybersécurité ;
- un usage cohérent et non abusif des technologies du numérique ;
- un comportement irréprochable et éthique de tous les acteurs de la chaîne numérique (utilisateurs, gestionnaires, fournisseurs).

La lutte contre la cybercriminalité passe par une volonté politique et économique forte et des partenariats publics/privés adaptés.

2.6.3 Lutter contre la cybercriminalité, un enjeu majeur

Le cyberespace modifie les frontières traditionnelles entre les actions de défense économique et celles relevant de la défense militaire. Il s'agit du même Internet, les cyberattaquants utilisent les mêmes technologies, les mêmes savoir-faire et la même boîte à outils pour réaliser des cyberattaques, qu'ils soient motivés par l'appât du gain ou par des projets de déstabilisation, de terrorisme, de prise de pouvoir ou à des fins d'expression du pouvoir politique ou militaire.

La prolifération des **capacités cyberoffensives**, dont la diffusion, l'acquisition et l'usage sont facilités par Internet, constitue un enjeu tant pour la cybersécurité que pour la cyberdéfense d'un pays. Dès lors, un **continuum** des actions et mesures **de cybersécurité et de cyberdéfense** cohérent doit exister du fait des interdépendances entre les besoins de lutte contre la criminalité, ceux de sécurité nationale et de défense. Quelles que soient les perspectives civiles ou militaires de la maîtrise des cyberrisques, les organisations doivent pouvoir les mettre sous contrôle pour assurer leur sécurité.

Dans la mesure où toutes les activités de défense nationale et toutes les opérations militaires intègrent une dimension informatique et cyber, la maîtrise de la cybersécurité est de première importance pour un pays. Tout comme le sont d'ailleurs ses capacités pour assurer la **cyberdéfense** de ces activités numériques. Cela passe par la mise en œuvre de moyens pour réaliser trois types d'opérations relevant de la **lutte informatique offensive** (LIO), de la **lutte informatique défensive** (LID) et de la **lutte informatique d'influence** (L2I).

Disposer de moyens suffisants dans une démarche de lutte contre la cybercriminalité peut bénéficier aux mesures relevant de la cyberdéfense pour disposer de la capacité de défendre les infrastructures critiques et éventuellement de pouvoir attaquer, influencer, réagir et de faire stopper des cyberattaques dans un contexte conflictuel. Pour un pays, mutualiser certaines ressources, partager des informations et des renseignements, pour monter en puissance en **cybersécurité** et en **cyberdéfense** est important.

Ce n'est pas parce que la lutte contre la cybercriminalité est onéreuse et complexe qu'il ne faut rien faire ou en déléguer tout ou partie des activités à des acteurs privés. Externaliser, pour des raisons économiques et de compétence, les fonctions de la lutte contre la cybercriminalité à des acteurs privés engendre une perte de la capacité régalienne de l'État, une perte d'autonomie, d'indépendance et de souveraineté.

Une bonne compréhension des enjeux géopolitiques, sociaux et économiques de l'écosystème numérique, de la cybersécurité, de la cyberdéfense et de la cyberdiplomatie est, au XXIe siècle, incontournable.

Résumé

L'adoption universelle des technologies Internet, la dépendance des organisations et des États à ces mêmes technologies et l'interdépendance des infrastructures introduisent un degré de vulnérabilité non négligeable dans le fonctionnement des institutions. La cybercriminalité est devenue un fléau de société qui touche tous les acteurs tant sur un plan national qu'international. Concomitante au cyberespace, elle reflète l'évolution des pratiques criminelles qui ont su s'adapter et tirer parti des technologies de l'information et de la communication. La cybercriminalité est une extension du champ et des moyens de la criminalité traditionnelle. Cette dernière est devenue plus performante grâce aux technologies de l'information.

Le risque « Cyber » d'origine criminelle est complexe et multiforme, il accentue tous les risques traditionnels, en génère de nouveaux, tout en contribuant à la globalisation des risques. Il est devenu une urgence planétaire à prendre en considération.

En matière de cybercriminalité, Internet contribue largement à rendre opaques et à masquer les actions relevant de la criminalité, tout en contribuant à rendre invisibles leurs auteurs. La nature transnationale du cybercrime, les capacités du réseau permettant d'agir à distance et caché derrière un écran, de passer par de multiples intermédiaires techniques et infrastructures, l'anonymisation, la possibilité d'user de fausses identités numériques ou d'identités usurpées, la dimension transnationale de la cybercriminalité rendent difficile l'obtention d'une vue globale et complète de la réalité de la cybercriminalité.

Les dérives et l'insécurité générées par un usage abusif des technologies de l'information, qu'elles soient d'origine criminelle ou non, ne peuvent plus être ignorées. Cette composante doit être prise en compte lors de la conception, de la mise en place, de la gestion et de l'utilisation des solutions de sécurité.

Il est important de sensibiliser l'ensemble des acteurs d'Internet aux enjeux de la maîtrise de la sécurité et de la criminalité et aux mesures élémentaires qui, si elles sont clairement énoncées, définies et mises en œuvre intelligemment, renforceront la confiance des utilisateurs envers le monde numérique et diminueront les opportunités criminelles.

Face à la synergie et à la convergence du crime organisé, du crime économique et du cybercrime, une réponse complète est à apporter pour satisfaire les besoins de sécurité des infrastructures numériques desquelles dépendent la sécurité des personnes, des biens matériels, des valeurs immatérielles et la sécurité publique et nationale.

Comme toute action de sécurité, la lutte contre la cybercriminalité, les cyberabus et les cyberdérives, doit s'inscrire dans une optique de protection des personnes, des biens matériels et immatériels et de défense des valeurs des sociétés démocratiques. Il convient alors de disposer d'une posture de cybersécurité et de cyberdéfense qui respecte les droits fondamentaux.

Il ne suffit pas de sensibiliser la population aux dangers d'Internet et aux précautions élémentaires ou de la tenir pour seule responsable d'une situation qu'elle n'a, dans l'écrasante majorité des cas, pas les moyens de maîtriser. En effet, il serait injuste de faire porter au citoyen le coût du risque non assumé par les acteurs qui l'ont généré et ainsi de transférer un problème de société sur des personnes qui n'ont pas les moyens d'y faire face seules.
Une approche globale, interdisciplinaire et intégrative de cybersécurité permet de prendre les mesures préventives et réactives appropriées, dont l'efficacité dépendra de leur complétude et de leur cohérence.

Exercices

2.1 Pourquoi l'ouverture des systèmes d'information des organisations par les réseaux de télécommunication pose-t-elle des problèmes de sécurité ?

2.2 Qu'est-ce qui a changé avec les attaques réalisées contre des infrastructures informatiques ?

2.3 Qu'est-ce qu'un crime informatique ? Que recouvre le terme de cybercriminalité ? Quelles sont les principales caractéristiques d'un crime informatique ?

2.4 Quelles sont les caractéristiques d'Internet qui peuvent être exploitées à des fins criminelles ?

2.5 Quels sont les événements qui ont contribué à l'évolution de la perception de la menace cybercriminelle ?

2.6 Quels sont les principaux types d'attaques réalisables *via* Internet ?

2.7 Quels sont les principaux dangers liés à la messagerie électronique en matière de cybercriminalité ?

2.8 Quelles sortes de délits sont favorisées par Internet ?

2.9 Quels sont les facteurs de succès de réalisation d'une attaque ?

2.10 Pourquoi un responsable sécurité a tout avantage à connaître les différentes phases de réalisation d'une attaque informatique ?

2.11 Identifiez les principaux facteurs qui contribuent au développement de la cybercriminalité.

2.12 Comment peut-on expliquer la proximité criminelle sur Internet ?

2.13 Quelles peuvent être les cibles de cybermenaces ?

2.14 Pourquoi l'interdépendance des infrastructures pose-t-elle un problème de sécurité ?

2.15 Identifiez les éléments qui permettent aux cybercriminels de développer un sentiment d'impunité.

2.16 Quels sont les éléments qui favorisent le passage à l'acte de la cybercriminalité ?

2.17 Quelles sont les principales motivations des cybercriminels ?

2.18 Quels peuvent être les critères de distinction des cyberattaques ?

2.19 Pourquoi des cyberattaques contre les piliers de l'économie sont préjudiciables à un pays ?

2.20 Pourquoi, pour le monde cybercriminel, les terroristes peuvent-ils représenter une source d'enrichissement ?

2.21 Pourquoi Internet peut-il être considéré comme un facilitateur du crime ?

2.22 Donnez des exemples d'activités malveillantes facilitées par Internet.

Solutions

2.1 La mise en réseau des ordinateurs et l'ouverture des systèmes informatique sur Internet transforment ces derniers en ressources accessibles à distance et en **cibles** de cyberattaques. Cela accroît leur exposition aux risques (risques d'intrusion, de prise de contrôle à distance, d'infection, etc.). De plus, l'interdépendance des systèmes favorise la propagation des incidents.

2.2 La nature d'une cyberattaque ne permet pas forcément de déterminer la motivation de son auteur contrairement à un vol classique par exemple, qui a pour objectif l'obtention d'un bien tangible (la sécurité à mettre en place est directement fonction de la valeur à protéger et son coût y est proportionnel). Des cyberattaques portant sur des valeurs immatérielles (intrusion dans un système d'information, vol de données, etc.) sont souvent plus difficiles à détecter et à contrer. Les impacts des cyberattaques peuvent avoir des effets dominos et en cascade (effets systémiques) du fait de l'interconnexion des infrastructures.

2.3 Avec le **crime informatique**, l'ordinateur peut être l'objet et/ou le moyen du crime. Le **cybercrime** est une forme du crime informatique lié au cyberespace et qui fait appel aux technologies Internet pour sa réalisation. C'est un crime réalisé à distance et caché derrière un écran qui peut être automatisé, autorisant une commission à grande échelle (cyberépidémie). Cela englobe une large gamme de forfaits (cyberescroquerie, cyberfraude, cyberextorsion, cyberabus, cyberespionnage, cybervandalisme, cyberconflit, cyberharcèlement, etc.) et traduit l'apparition de comportements délinquants ou malveillants tirant parti de l'existence et des caractéristiques d'Internet.

La **cybercriminalité** constitue le prolongement naturel de la criminalité classique. Internet offre des conditions exceptionnelles pour des organisations et activités illicites, que cela soit pour la réalisation de crimes traditionnels (crime économique) ou pour celle de nouveaux crimes spécifiques aux technologies du numérique avec une prise de risque minimale et une profitabilité maximale. La **cybercriminalité** se définit comme étant toute activité criminelle contraire à la loi, réalisée à travers le cyberespace, *via* le réseau Internet. Par extension, cela intègre toute forme de malveillance électronique effectuée à l'aide des technologies du numérique.

2.4 Parmi les **caractéristiques d'Internet** qui peuvent être exploitées à des fins criminelles et qui offrent un contexte favorable à la réalisation de la criminalité, citons par exemple :

- la multiplicité des éléments, matériels, logiciels, réseaux et acteurs impliqués ;
- l'inexpérience, l'inconscience, les comportements à risque des utilisateurs ;
- les possibilités d'anonymat ou de pseudo-anonymat, d'usurpation d'identité ;
- la dématérialisation, le caractère immatériel de certaines opérations ;
- l'existence de vulnérabilités techniques, organisationnelles et managériales ;
- la disponibilité d'outils d'exploitation des failles, de bibliothèques d'attaques, de logiciels malveillants à paramétrer ;
- les capacités à capitaliser et à embarquer le savoir-faire criminel dans un logiciel ;
- la juridiction multiple dans laquelle s'inscrivent les activités d'Internet, l'existence de paradis digitaux ;
- la nature de la trace informatique (immatérielle), qui est difficile à collecter et à sauvegarder ;
- la disponibilité d'outils de chiffrement, de stéganographie, qui rend confidentielles les communications des criminels.

2.5 Le bug de l'an 2000 a fait prendre conscience de la fragilité des logiciels, des problèmes de conception et des impacts des dysfonctionnements sur les activités humaines. La même année, les premières grandes attaques furent médiatisées (attaque en **déni de service** contre des sites tels que Yahoo! le 10 février 2000, et le 4 mai 2000 diffusion du **virus** « *I love you* »). Depuis, le nombre de cibles, de victimes et de cyberattaques ne cesse d'augmenter (infections virales, fraudes, escroqueries, vols d'identité, d'informations confidentielles ou personnelles, etc.). Les révélations de Julian Assange en 2010 et de Edward Snowden en 2013 ont fait prendre conscience qu'avec Internet la diffusion des données même secrètes était possible, que la surveillance de masse, l'espionnage comme le marché de la cybercriminalité étaient une réalité mondiale et des activités rentables.

2.6 Les **attaques passives** n'altèrent pas la cible de l'attaque (écoutes non autorisées, interception de flux sans modification, collecte d'informations à l'insu du propriétaire par exemple), tandis que les **attaques actives** portent atteinte à l'environnement ciblé (perte d'intégrité, de disponibilité, de confidentialité).

On distingue également les attaques fondées sur :

- l'usurpation d'identité, de paramètres de connexion, de mots de passe ;
- le leurre, l'exploitation des vulnérabilités (organisationnelles, humaines, technologiques) ;

- le détournement des technologies (déni de service par exemple) ;
- la manipulation de l'information ou attaque sémantique (défiguration de site web, propagation de fausses informations, manipulation d'opinion, infoguerre, diffusion de contenus illégaux, etc.) ;
- la prise de contrôle à distance des systèmes ;
- la diffusion de programmes malveillants (virus par exemple).

2.7 Le ***spamming*** désigne des envois non sollicités expédiés en masse à des fins publicitaires ou malveillantes. Très souvent cela concerne des publicités déloyales de produits pornographiques, de médicaments (produits de « dopage sexuel », hormones utilisées dans la lutte contre le vieillissement, etc.), de crédit financier, par exemple. Avec une augmentation des activités de *e-banking,* la messagerie électronique est devenue un bon moyen pour générer du ***phishing***, qui consiste à tromper le destinataire en faisant passer un courriel pour un message de la banque ou d'un quelconque service protégé par mot de passe afin de récupérer les données personnelles de l'utilisateur (paramètres de connexion, numéro de compte, de carte de crédit, etc.).

Le ***bombing*** (*mailbombing*) est défini comme « l'envoi d'une grande quantité de messages à un destinataire unique dans une intention malveillante ». L'objectif est de :

- saturer le serveur de mails ;
- saturer la bande passante du serveur du ou des destinataires ;
- rendre impossible aux destinataires de continuer à utiliser l'adresse électronique.

Le ***scamming*** est un type de leurre pour abuser, mystifier une victime afin de lui faire réaliser des actions illégales. Ainsi, par exemple, un internaute peut se faire piéger et recevoir de l'argent sur son compte provenant soit d'un compte piraté (*via* une technique de *phishing*), soit d'un chèque (volé voire faux). L'astuce réside dans le fait que la victime effectue un virement vers le criminel (qui s'enrichit) au détriment de l'utilisateur abusé.

La messagerie électronique est un des moyens largement utilisés par le monde criminel pour diffuser des logiciels malveillants (*malware* – virus, chevaux de Troie, vers, logiciels espions, etc.) pour infecter les ressources informatiques, en prendre le contrôle, les modifier ou les détruire.

2.8 Le cyberespace constitue un champ d'action et une source additionnelle d'opportunités en matière de crime. Internet facilite la réalisation des **délits traditionnels** suivants : enrichissement illégitime, blanchiment d'argent, harcèlement, incitation à la haine raciale, escroquerie, fraude, espionnage économique, espionnage industriel, diffusion de contenus illicites, atteinte à la vie privée, atteinte à la propriété intellectuelle, vol, sabotage, destruction, abus de confiance, contrefaçon de marques et d'œuvres, usurpation d'identité, de titre, diffamation, atteinte à la réputation, etc.

De plus, il a donné lieu à de nouveaux délits comme l'intrusion dans des systèmes informatiques, le vol et la détérioration de données numériques, l'utilisation frauduleuse d'un ordinateur, le vol de temps machine (détournement des capacités de traitement d'un processeur), l'obtention frauduleuse d'une prestation, l'intrusion dans un système informatique, l'accès et le maintien frauduleux dans un système informatique, la contrefaçon de liens commerciaux, le cybersquatting, le déni de service, la défiguration de sites web, le *phishing*, le *pharming*, l'atteinte à la réputation numérique, l'usurpation d'identité en ligne, etc.

2.9 Les principaux **facteurs de succès** de réalisation d'une attaque sont liés essentiellement à la connaissance de la cible et de ses vulnérabilités (récolte d'information sur la cible, *scan* des ports de communication, détection des failles, etc.), à la capacité de rendre l'attaque non détectable, à la capacité de ne pas laisser de traces (exfiltration) et à la célérité de réalisation de l'attaque (de manière que les mécanismes de sécurité ne puissent pas intervenir).

2.10 La mission principale du **responsable de la sécurité** est la protection des actifs. Protéger les actifs comprend entre autres la maîtrise de l'environnement pour qu'une attaque n'aboutisse pas. L'attaquant potentiel est rationnel, il va utiliser la manière la plus facile et la plus efficace pour atteindre sa cible. Pour diminuer la probabilité que le risque d'attaque se réalise, le responsable sécurité doit connaître la manière dont l'attaquant va se comporter et la démarche utilisée pour mener l'attaque. Il a tout intérêt, s'il a su détecter une attaque, à en connaître la phase afin d'activer les mesures de protection et de réaction nécessaires pour la contrer le plusefficacement possible ou en limiter les impacts.

2.11 Les technologies de traitement de l'information et de la communication (TIC) sont devenues des cibles de la malveillance (vol d'ordinateurs, de données, prise en otage de ressources informatiques, etc.) et/ou des moyens pour commettre des actions illicites (chantage, détournement, blanchiment d'argent, etc.). Le réseau Internet fait désormais partie des outils de performance et de réalisation de toute **stratégie criminelle**. Il facilite la réalisation de délits classiques, notamment ceux relevant de la criminalité économique et permet de nouvelles formes d'expression de la criminalité (fraude informatique, piratage de logiciels, etc.). La dématérialisation des services et des transactions, les outils de mise en relation et de communication, la capacité d'agir à distance et caché derrière un écran, le fait de pouvoir utiliser de fausses identités ou des identités usurpées, de passer par un grand nombre d'intermédiaires techniques (serveurs, fournisseurs d'accès, etc.) et de pays différents, autorisent des formes d'organisation, d'échanges et d'activités criminelles très profitables au regard de l'investissement nécessaire et de la prise de risque, qui restent faibles par rapport aux gains générés par des actions cybercriminelles.

2.12 Internet et la téléphonie mobile ont créé un nouveau paradigme de communication qui peut se résumer par « communiquer partout, n'importe quand voire tout letemps, avec n'importe qui ». Ce n'importe qui est relatif aux enfants, aux personnesâgées ou à M. et Mme Tout-le-Monde, mais également aux acteurs malveillants de toute sorte (pédophiles, terroristes, criminels, délinquants, professionnels de l'arnaque, activistes, etc.). Cela expose chaque personne physique ou morale, présente sur Internet, à une cyber-proximité criminelle potentielle, mais bien réelle. Le réseau des réseaux peut dès lors être considéré comme étant une zone criminalisée où les individus comme les institutions privées et publiques, à travers leur présence sur Internet, contribuent à l'extension de la criminalité sur Internet. Désormais, le risque informatique d'origine criminelle est un risque structurel, omniprésent et permanent.

2.13 Les infrastructures informatiques et télécoms sont des ressources stratégiques de grande importance tant pour les individus que pour les organisations ou les États. Tout en constituant la cible de **cybermenaces** qui pourraient les affecter dans leur disponibilité, leur intégrité ou leur confidentialité, elles peuvent également être un instrument de manipulation d'opinion (endoctrinement, diffusion de rumeurs, etc.), un instrument au service du renseignement, de l'espionnage, de la surveillance, du contrôle social, ou encore celui de déstabilisation économique et étatique. Ainsi, Internet est certes un fabuleux outil de communication, il doit néanmoins être considéré comme un outil de pouvoir et une arme de guerre qui contribue à la guerre de l'information, par l'information, pour l'information et parfois contre l'information !

2.14 Les infrastructures informatiques sont largement distribuées, interconnectées et interdépendantes, mais sont également dépendantes d'infrastructures énergétiques (électricité, climatisation). Leurs caractéristiques, leurs limites, comme l'existence de failles dans leur conception, leur implantation, leur gestion ou leur utilisation sont exploitées par les criminels. Néanmoins, tous les incidents liés à un défaut de sécurité informatique ne relèvent pas forcément de la criminalité mais peuvent parfois être imputés à l'incompétence, à des erreurs ou à la survenue d'événements naturels comme une inondation par exemple.

2.15 Le mode de fonctionnement d'Internet, l'usage des techniques de chiffrement, des outils d'anonymisation, de l'usurpation d'identité par les criminels ainsi que le manque de moyens auquel sont confrontées les instances de justice et de police pour poursuivre un crime transnational, les problèmes d'entraide judiciaire internationale et l'accès à la preuve numérique difficile profitent aux cybercriminels. Ces derniers sont peu inquiétés par les forces de l'ordre et développent un sentiment d'impunité. Ainsi, Internet leur offre une couche d'isolation protectrice et leur permet une activité intensive et permanente qui autorise une massification du crime.

2.16 Chaque internaute peut potentiellement être un cybercriminel ou le devenir. Le passage à l'acte est facilité, y compris pour les plus jeunes, par la disponibilité des outils d'attaque, la dématérialisation des moyens et la proximitédes victimes *via* les outils de mise en relation et de communication d'Internet (messageries, médias sociaux, etc.) accessibles également en permanence depuis un *smartphone*.

2.17 Les principales motivations des cybercriminels sont liées aux besoins :

- d'enrichissement (profit) ;
- d'amusement ;

- de relever un défi, de prouver, de valoriser des compétences ;
- de nuire, de dominer ;
- d'exprimer un sentiment de puissance ;
- d'exprimer une idéologie politique ou religieuse.

2.18 Les principaux critères qui permettent d'établir une distinction entre différentes cyberattaques, qui permettent de les catégoriser et de les classifier peuvent être :

- la nature de la cible ;
- le vecteur d'attaque ;
- les vulnérabilités utilisées ;
- les outils utilisés ;
- les impacts et les conséquences ;
- la durée durant laquelle elle est restée indétectée ;
- la motivation, les revendications des attaquants.

2.19 Internet permet de servir des **stratégies indirectes** qui, même en temps de paix, peuvent contribuer à affaiblir un secteur d'activité, une entreprise, un pays, et fournir ainsi des avantages concurrentiels à certains acteurs socio-politico-économiques. Cela peut être particulièrement le cas lors d'attaques contre des sociétés piliers de l'**économie nationale**, le système financier, les algorithmes de *trading* à haute fréquence, comme des influences sur les cours de la Bourse par diffusion d'informations fausses, ou encore par la manipulation de l'opinion publique. Des cyberattaques peuvent entraîner des réactions contribuant à l'effondrement de l'économie ou à la ruine de certains acteurs. À cela s'ajoute le risque de prise en otage des ressources informatiques d'une organisation publique ou privée pour exercer un **chantage**, comme la menace courante de stopper les activités ou de divulguer des données confidentielles est courant (notion de terrorisme informatique et économique), et les impacts directs et indirects peuvent être durablement désastreux pour le pays touché.

2.20 Parce que les terroristes peuvent faire appel aux compétences et services des cybercriminels pour notamment louer, acheter des programmes malveillants, des réseaux de *botnets*, afin de :

- pirater et s'introduire dans des systèmes informatiques ;
- s'attaquer à des systèmes informatiques considérés comme étant des cibles et des symboles à détruire ;
- défigurer des sites web et y laisser des messages de revendication ;
- effectuer des attaques plus ou moins spectaculaires pour une médiatisation des actions ;
- générer de la panique à des fins de déstabilisation ;

- faire éventuellement diversion pour frapper dans le monde réel ou déstabiliser l'organisation des secours et les processus de gestion de crise en parallèle à des actions terroristes classiques ;
- mener des attaques portant atteinte à l'environnement (centres informatiques d'usines chimiques par exemple, de traitement des eaux, bioterrorisme, etc.).

2.21 Internet autorise une dissémination des modes opératoires criminels *via* des logiciels malveillants et des cyberattaques, cela contribue à une industrialisation des outils de la cybercriminalité et à une criminalité de masse (*Crimeware as a Service*).

2.22 Impossible d'être exhaustif quant à la nature et aux types de malveillances, de délits ou de crimes possibles, en revanche, il est certain que les forums de discussion, les plateformes de mise en relation ainsi que les cryptomonnaies favorisent les activités criminelles (escroqueries, blanchiment d'argent, etc.) et les trafics illicites. Parmi ces derniers, citons la vente de produits pharmaceutiques contrefaits ou encore celle de produits alimentaires ne répondant pas aux normes du marché, de « kits de suicide », de « kits de viol » ou encore de « kits de piratage », la traite d'êtres humains, etc.

Gouvernance et stratégie de sécurité

3

OBJECTIFS

- Comprendre les notions de gouvernance et de stratégie de cybersécurité.
- Posséder les fondamentaux de la maîtrise des risques et les principes généraux qui permettent de définir une stratégie de cybersécurité.
- Découvrir les métiers, les responsabilités et les compétences relatifs à la cybersécurité.
- Appréhender les dimensions organisationnelle, managériale, économique, légale et réglementaire constitutives de la cybersécurité.
- Développer une vision de l'intelligence économique et comprendre sa complémentarité avec la cybersécurité.
- Considérer la cybersécurité au service des droits fondamentaux et des libertés civiles.
- Penser la sécurité en termes de cyberrésilience et de cyberdéfense.

3.1 Gouverner la sécurité

3.1.1 Contexte

Pour une organisation, la cybersécurité doit être appréhendée comme un **processus continu** de gestion des risques et des moyens de les maîtriser. Cela met en avant la

dimension managériale de la cybersécurité, qui vise à l'optimisation et à la rationalisation des investissements tout en assurant la pérennité et l'efficacité des mesures de sécurité dans le temps.

L'importance de l'appréhension globale d'une gestion rigoureuse de la sécurité des systèmes d'information est reflétée par la notion de **gouvernance de la sécurité**.

La gouvernance de la sécurité traduit la volonté de diriger et de piloter la sécurité afin de mettre sous contrôle les risques liés au numérique. Cette connotation au pouvoir politique positionne le problème de la sécurité des systèmes d'information au plus haut niveau stratégique des organisations et sous-entend une mise en œuvre opérationnelle répondant à une vision politique déterminée.

La dépendance accrue des processus métiers envers les technologies du numérique implique, entre autres, que la **stratégie de cybersécurité** soutienne la stratégie du système d'information et celle de l'organisation.

Ainsi, la gouvernance de la sécurité fait partie de la **gouvernance d'entreprise**, système par lequel les organisations sont dirigées, contrôlées etévaluées. La gouvernance de la sécurité des infrastructures numériques peut être vue comme un **processus** pour établir et maintenir un cadre supportant la structure de gestion qui permet de réaliser la stratégie de sécurité et de s'assurer que les objectifs stratégiques de sécurité sont alignés avec ceux de l'organisation (alignement business). Il s'agit notamment d'assurer la protection des actifs informationnels contre les risques d'indisponibilité, d'usage abusif ou détourné, de divulgation ou de modification non autorisée. La maîtrise des risques juridiques liés à l'usage du numérique, à la responsabilité légale des acteurs, à la conformité réglementaire (protection des données personnelles par exemple) fait également partie des tâches de gouvernance.

Il n'est pas forcément nécessaire de distinguer la gouvernance de la sécurité de l'information de celle des technologies de l'information. La première reflète les exigences de sécurité au regard des besoins business et stratégiques (niveau exécutif et vision managériale) et s'appuie sur la sécurité des technologies qui l'appréhendent (vision technologique et opérationnelle). Ces deux dimensions de la gouvernance sont le plus souvent associées du fait de leur indispensable complémentarité et cohérence.

La gouvernance de la sécurité vise à s'assurer que les mesures stratégiques et opérationnelles de la sécurité sont optimales et proportionnelles aux risques encourus. Elle permet de répondre de manière précise à des questions simples : Qui fait quoi ? Pourquoi ? Comment ? Quand ?

3.1.2 Principes de base de la gouvernance de la sécurité

La mise en place d'un système gouvernant la sécurité d'un système d'information présuppose l'existence des éléments suivants :

- des stratégies d'affaires et sécuritaires ;
- une politique de gestion des risques ;
- une politique de sécurité ;
- une structure organisationnelle de la sécurité ;

- des compétences et des ressources financières ;
- des processus formels de surveillance, de contrôle et d'évaluation et d'optimisation de la sécurité.

Puisque la gouvernance est une activité qui implique la **gestion** et le **contrôle** (évaluation de la satisfaction des objectifs stratégiques et de l'adéquation des moyens), la fonction de gouvernance doit être située au niveau le plus haut de la direction de l'entreprise. Impliquer les hautes instances donne la **légitimité** à la démarche de gouvernance et la rend plus efficace.

Un **comité de direction** réunit tous les responsables concernés par des besoins spécifiques de sécurité dans leurs tâches quotidiennes et leurs métiers. Leurs retours d'expérience aident à la définition correcte des exigences afin que l'implémentation de la sécurité puisse répondre au mieux à leurs besoins. Le comité de direction est un canal de communication privilégié promouvant une **culture de sécurité** proche des utilisateurs. Le responsable de la sécurité d'un système d'information réalise l'implémentation opérationnelle de la sécurité qui découle des stratégies et objectifs exprimés par les instances supérieures.

Les principes généraux d'une **démarche de gouvernance** de la sécurité peuvent s'articuler autour des mots clés suivants :

1. **responsabilité** : chaque instance assurant la gouvernance doit être responsable de la tâche qui lui incombe ;
2. **proportionnalité** : les investissements et les mesures de cybersécurité doivent être proportionnels aux cyberrisques encourus par l'entreprise ;
3. **conscience** : les instances dirigeantes sont conscientes du rôle et de l'importance des actifs informationnels de l'organisation et des risques, par conséquent également du rôle et des besoins de cybersécurité ;
4. **conformité** : les stratégies et les mesures de sécurité doivent être conçues, mises en place et gérées en conformité avec les exigences légales et réglementaires en vigueur ;
5. **efficacité et efficience** : les mesures répondent aux exigences de sécurité de manière optimale, cohérente et satisfaisante y compris sur le plan financier ;
6. **inclusion** : les besoins de sécurité de tous les acteurs concernés par la démarche (*stakeholders*) doivent être pris en considération et rationnellement satisfaits ;
7. **transparence** : les mesures de sécurité doivent être communiquées et comprises par les parties intéressées ;
8. **éthique et équité** : les mesures de sécurité doivent respecter les valeurs d'éthique communément admises ainsi que les droits humains fondamentaux ;
9. **suivi** : des évaluations doivent être réalisées périodiquement afin de s'assurer de la pertinence des réponses apportées au regard de l'évolution des risques ;
10. **gestion du risque** : les instances directrices s'assurent que le processus d'appréciation des risques se fait d'une manière continue et formalisée et est en cohérence avec la gestion de la sécurité ;
11. **culture de la sécurité** : une culture de la sécurité doit être développée afin que tous les acteurs aient des comportements cohérents et soient des acteurs de confiance au service de la sécurité de l'organisation.

3.2 Gérer le risque informatique et informationnel

3.2.1 Définitions

Un **risque** est un danger éventuel plus ou moins prévisible. Il se mesure en fonction de la probabilité qu'il se produise (liée à la vulnérabilité [faiblesse, défaut] et à une menace, cause potentielle d'un événement non sollicité) et des impacts et dommages consécutifs à sa réalisation :

Risque = (vulnérabilité, menace, impact)

La terminologie associée au risque distingue l'analyse, l'évaluation, l'appréciation et le traitement de la gestion du risque, à savoir :

- **analyse du risque** : utilisation systématique d'informations pour identifier les facteurs de risque afin de pouvoir estimer ce dernier ;
- **évaluation du risque** : processus de comparaison du risque estimé avec des critères de risque donnés pour déterminer l'importance du risque ;
- **appréciation du risque** : ensemble des processus d'analyse et d'évaluation du risque ;
- **traitement du risque** : processus de sélection et de mise en œuvre des mesures visant à modifier le risque, notamment à en diminuer ses impacts ;
- **gestion du risque** : activités coordonnées visant à diriger et à piloter une organisation vis-à-vis des risques et à maintenir les risques sous contrôle.

3.2.2 Projet d'entreprise et culture de sécurité

Une démarche de cybersécurité est un **projet d'entreprise**, chacun est concerné par sa réalisation. Sa validité est renforcée lorsque l'organisation développe une **culture de la sécurité des infrastructures et de l'information** et stipule ses exigences de sécurité envers ses acteurs internes et ses partenaires externes.

La prise en compte de la gestion des cyberrisques dans un processus de gestion de risques globaux (*risk management*) guide toute la démarche de sécurité d'une organisation.

Les objectifs d'une **démarche de gestion** du risque informationnel sont :

- l'identification et la classification des actifs (valeurs) ;
- l'évaluation des vulnérabilités liées aux actifs à protéger ;
- l'appréciation des menaces (origine, finalité, capacité à se réaliser, identification des facteurs inhibiteurs, amplificateurs ou catalyseurs des menaces) ;
- l'appréciation du risque et sa représentation par une matrice des probabilités et des impacts ;
- la définition des contre-mesures (mesures procédurales, techniques, humaines).

Le risque informatique, informationnel, ou le **cyberrisque**, quel que soit le nom retenu, doit être identifié au même titre que tous les autres risques de l'organisation auxquels doit faire face une organisation (risques financiers, métiers, sociaux, environnementaux, etc.). Le risque informatique est un **risque opérationnel, un risque structurel et permanent** qui doit être maîtrisé.

Au-delà de l'analyse des risques opérationnels, les institutions doivent s'assurer qu'elles maîtrisent les risques juridiques, réglementaires, organisationnels et stratégiques et qu'elles satisfont aux exigences sécuritaires de leurs divers partenaires.

3.3 Connaître les risques pour les maîtriser

Pour une organisation, l'objet de sa sécurité est de contribuer à préserver ses valeurs, ses forces et ses moyens organisationnels, humains, financiers, technologiques et informationnels, dont elle s'est dotée pour réaliser ses objectifs. La sécurité de l'information, des processus et des systèmes est désormais un facteur de **productivité** et de **compétitivité** des organisations.

La finalité de la sécurité informatique est de contrecarrer les incidents, les erreurs ou les malveillances qui pourraient mettre en péril une organisation ou restreindre sa compétitivité. Cela consiste à diminuer la probabilité de voir des menaces se concrétiser, à limiter les atteintes et dysfonctionnements induits, et à autoriser le retour à un fonctionnement normal à des coûts et dans des délais acceptables en cas de sinistre.

Une **stratégie de sécurité** consiste donc à concevoir une conduite générale de protection, de prévention et de réaction. Ce dernier point comprend la gestion de crise, de la continuité et de la reprise des activités, de gestion des poursuites pénales. Cela s'inscrit dans une **démarche proactive et réactive** qui permet d'anticiper et d'être préparé à prévenir et à réagir aux problèmes de sécurité (figure 3.1).

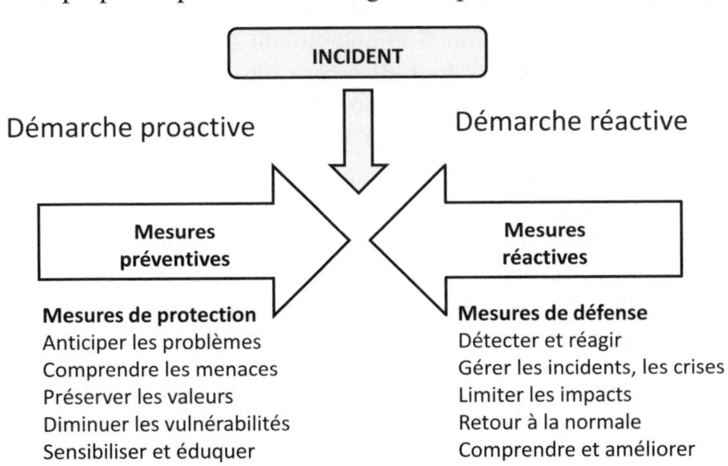

Figure 3.1 - **Démarche proactive et réactive de la cybersécurité.**

Pour une organisation, la maîtrise des cyberrisques consiste à les réduire à un niveau acceptable, voire assurable. Les risques sont alors acceptés parce que connus et n'impactant pas de façon grave l'organisation. La frontière entre le risque acceptable et celui qui ne l'est pas est parfois difficile à déterminer objectivement et dépend fortement des objectifs de l'organisation et du contexte dans lequel elle évolue et de son attitude face aux risques.

Pour une organisation, la maîtrise des risques informatiques passe par la conception d'une stratégie, la définition d'une politique de sécurité et de sa réalisation opérationnelle. Certaines organisations peuvent également identifier un **plan d'action sécurité** qui constitue une **feuille de route** facilitant la mise en œuvre des mesures.

Une **démarche sécuritaire** est constituée de trois étapes principales (figure 3.2).

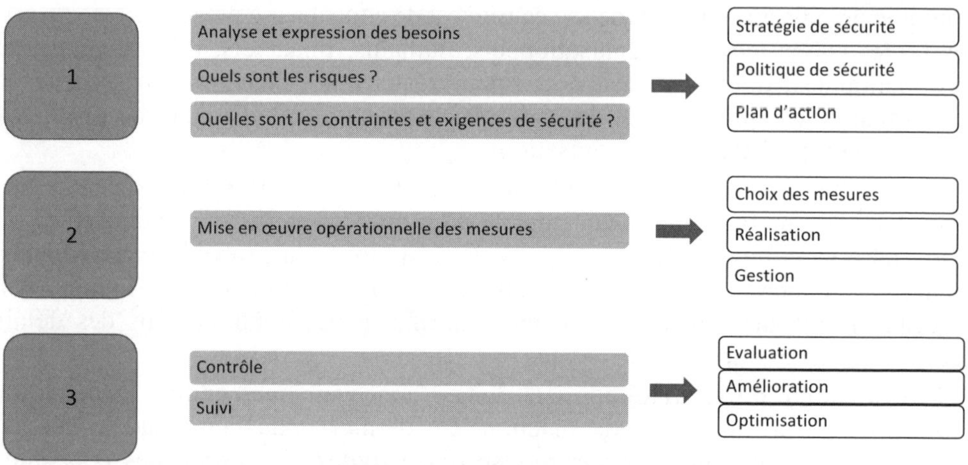

Figure 3.2 – Étapes de réalisation d'une démarche sécuritaire.

La première étape (étape 1) consiste à **identifier les valeurs** à protéger et à faire **une analyse des risques** encourus en fonction notamment du niveau de vulnérabilité des valeurs et des menaces potentielles dont elles peuvent être la cible, afin de connaître les impacts consécutifs à leur perte totale ou partielle et de déterminer le niveau de gravité des dégâts. C'est à l'organisation de décider du nombre de niveaux, de leur signification et de la catégorisation de ces risques (faible, important,grave, majeur par exemple). À chaque niveau de risque et critère de gravité, on devrait pouvoir associer un niveau d'occurrence (rare, vraisemblable, fort, maximal) afin d'obtenir une **matrice de criticité du risque** et de déterminer quels sont les risques à couvrir en priorité. À l'issue de cette analyse des risques, une vision de ce qui doit être protégé, contre qui et pourquoi, peut alors être formulée en fonction des priorités de sécurisation.

Il s'agit de définir une stratégie de protection et de gestion de la sécurité en fonction des besoins de sécurité, des valeurs et des menaces identifiées qu'encourt l'organisation. Cette stratégie fait l'objet d'un document général qu'est la politique de sécurité, véritable référentiel permettant de mettre en place une démarche et des mesures de sécurité cohérentes au sein de l'organisation.

De la pertinence de l'analyse des risques (étape 1) dépendra l'**identification** correcte des **exigences de sécurité**, des **moyens** à dégager et des **mesures** à mettre en œuvre pour sécuriser efficacement les ressources.

L'étape suivante (étape 2) consiste à choisir puis à **mettre en place les mesures organisationnelles, techniques et procédurales** nécessaires à la gestion des risques et à la sécurité des systèmes, services et données.

L'**optimisation** de la démarche sécuritaire passe par la validation de :

- la pertinence de la vision stratégique de la sécurité ;
- la qualité de la politique de sécurité pour satisfaire aux impératifs de la maîtrise des risques ;
- l'adéquation des solutions de sécurité aux besoins en fonction des moyens financiers et humains à disposition ;
- la **cohérence** des mesures les unes par rapport aux autres dans le cadre d'une approche globale ;
- la capacité à gérer correctement la sécurité ;
- l'**intégrité des personnes** en charge de la sécurité.

Une **évaluation périodique** (étape 3) voire constante des mesures (outils et procédures) de sécurité en vue de leur **optimisation** et de leur **rationalisation** permet de répondre au mieux à l'évolution de l'environnement dans lequel ces mesures s'inscrivent.

Élaborer une stratégie de sécurité consiste à effectuer le **compromis** le plus judicieux possible entre le coût des mesures de sécurité à supporter pour pallier les risques qui pourraient affecter une organisation, et le coût des impacts de la concrétisation de ces risques s'il n'y avait pas de mesures (gestion de l'incertain).

Il n'existe pas de stratégie prédéterminée ou unique, ni de recette pour définir une stratégie. Chaque contexte d'organisation, d'environnement informationnel, de scénario de risques est particulier et évolutif. On ne peut définir de règles générales qui déterminent quelles sont les stratégies ou solutions de sécurité à implanter pour maîtriser un risque donné. En revanche, il existe des invariants méthodologiques qui facilitent la réalisation d'une démarche sécuritaire.

La figure 3.3 résume les liens entre une vision stratégique des risques et un plan d'action de sécurité.

3.4 Vision stratégique de la sécurité

3.4.1 Fondamentaux

Les solutions de cybersécurité doivent permettre d'assurer tout ou partie des propriétés suivantes, qui ont valeur de critères de sécurité à satisfaire pour chaque ressource à sécuriser :

- la **disponibilité** (aucune impossibilité à disposer d'une ressource) : maintien de l'accessibilité en continu sans interruption ni dégradation ;
- l'**intégrité** et l'**exactitude** (aucune falsification, erreur, modification) : maintien intégral et sans altération des données et des programmes (véracité des contenus) et maintien de l'intégrité physique des éléments matériels ;

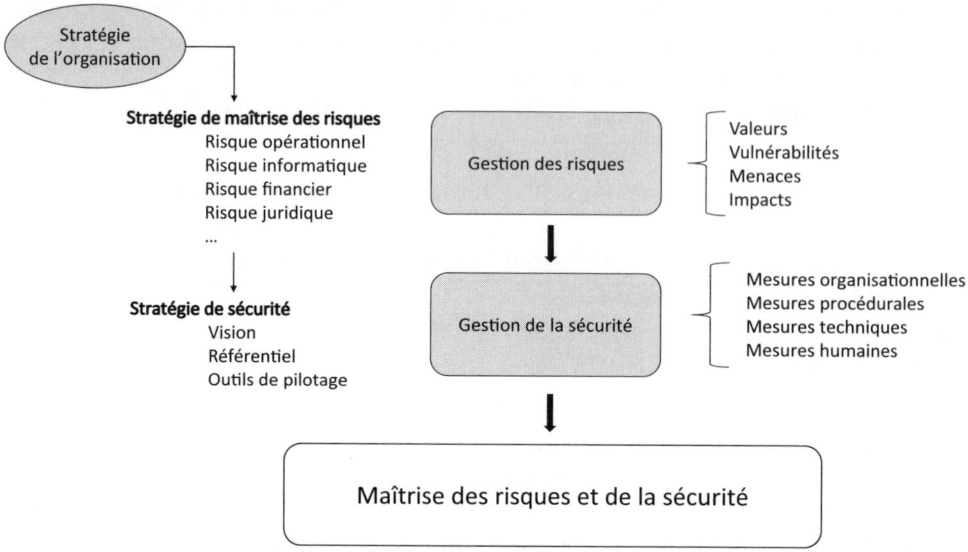

Figure 3.3 – **Risques et plan d'action de sécurité.**

- la **confidentialité** (aucun accès non autorisé, aucune écoute illicite) : maintien du secret de l'information et accès aux seules entités autorisées ;
- la **pérennité** (aucune destruction, préservation dans le temps) : les ressources existent, elles sont conservées le temps nécessaire ;
- la **non-répudiation** et l'**imputabilité** (aucune contestation) : garantie del'origine, de la destination, de la véracité d'une action et identification des entités responsables (traçabilité des actions et de leurs auteurs) ;
- l'**authentification** (aucun doute sur l'identité d'une ressource, sur l'origine ou la destination d'une transaction) ;
- le respect de l'**intimité numérique** (*privacy*, aucune mise en défaut de la protection de la sphère privée de l'utilisateur et de la protection des données personnelles) ;
- le respect des **contraintes légales** ou réglementaires (aucun risque juridique).

Pour réaliser ces propriétés, des mesures organisationnelles, techniques, managériales et humaines doivent exister, être opérationnelles, validées et contrôlées. Pour cela, il faut connaître les valeurs à protéger et exprimer leurs besoins en termes de critères de sécurité afin de permettre d'identifier l'ensemble des mesures de sécurité à mettre en œuvre au travers, par exemple :

- d'outils technologiques, de mesures de sécurité logique et physique (contrôle d'accès, pare-feu, protocoles cryptographiques, antivirus, etc.) ;
- de procédures (gestion des identifications et des habilitations, mises à jour d'antivirus, surveillance, sauvegarde, etc.) ;
- de mesures organisationnelles (gestion des risques, gestion de projets, des personnes, etc.).

Au-delà de la nécessaire dimension d'ingénierie de la sécurité, la sécurité relève avant tout d'un acte de management. La qualité de la sécurité dépend le plus souvent de la qualité de sa gestion et des compétences des personnes qui en sont responsables.

Les mesures de sécurité sont déterminées, gérées et optimisées par des **procédures de gestion**. Réduire la sécurité à sa dimension technologique, c'est assurer son échec. Par ailleurs, se retrancher derrière des règles de sécurité prédéterminées, des réglementations ou des produits « leaders » du marché, sans valider leur adéquation aux besoins de l'organisation, peut mettre en péril la mission de sécurité.

3.4.2 Mission de sécurité

Chaque organisation doit spécifier sa propre **mission de cybersécurité** pour réalisersa stratégie de sécurité telle que définie en accord avec la direction générale. Les activités d'une mission de sécurité peuvent se décliner de la manière suivante :

- effectuer une appréciation des risques ;
- définir le périmètre de vulnérabilité des ressources ;
- concevoir une stratégie, une politique et un plan d'action de sécurité ;
- aligner les besoins de sécurité avec les risques, les coûts, les contraintes, les budgets ;
- offrir de manière continue un niveau de protection adapté aux risques encourus ;
- mettre en œuvre et valider l'organisation, les mesures, les outils et les procédures de sécurité ;
- effectuer un suivi, contrôler et faire évoluer les mesures stratégiques et opérationnelles ;
- optimiser la performance du système d'information en fonction du niveau de sécurité requis.

La sécurité d'un système d'information résulte de l'intégration harmonieuse des outils, mécanismes et procédures liés à la prévention, à la détection, à la protection et à la correction des problèmes relatifs à des fautes, à de la malveillance ou à des catastrophes naturelles.

3.4.3 Principes de base

La mise en place d'une démarche sécurité repose sur des principes de base qui, s'ils sont adoptés par l'ensemble de l'organisation, facilitent la mise en place et la gestion de la sécurité. Il s'agit des principes suivants :

- **principe de vocabulaire** : nécessité de s'accorder, au niveau de l'organisation, sur un langage commun de définition de la sécurité ;
- **principe de volonté directoriale** : ce principe résulte directement de la considération de l'information comme ressource stratégique de l'entreprise. Il est de la responsabilité de ses dirigeants de libérer les moyens nécessaires à la gestion et à la mise en œuvre de la cybersécurité ;

- **principe financier** : le coût de la sécurité doit être en rapport avec les risques encourus. Le budget consacré à la sécurité doit être cohérent vis-à-vis des objectifs de sécurité fixés (notion d'**efficience**) ;
- **principe de cohérence** : une accumulation d'outils sécuritaires n'est pas suffisante pour réaliser un niveau global, cohérent et satisfaisant de sécurité ;
- **principe de séparation des pouvoirs** : afin de ne pas concentrer les pouvoirs sur une seule entité et de minimiser le risque de défaillance ou d'abus ;
- **principe de simplicité et d'universalité** : les mesures de sécurité doivent être simples, compréhensibles et s'appliquer à l'ensemble des entités ;
- **principe de précaution :** ne pas mettre l'organisation en situation dangereuse ;
- **principe de dynamicité** : pour que les mesures de sécurité puissent évoluer, intégrer la dimension temporelle de la vie des systèmes et s'adapter aux modifications des besoins et des risques ;
- **principe de continuum** : l'organisation doit continuer à fonctionner même après la survenue d'un sinistre ;
- **principe d'évaluation, de contrôle et d'adaptation** : il faut évaluer régulièrement l'adéquation des mesures de sécurité au regard des besoins effectifs et évolutifs de la sécurité (notion d'**efficacité**). Cela permet de contrôler et de vérifier que les risques sont maîtrisés de manière optimale dans un environnement dynamique, et d'adapter si nécessaire les solutions de sécurité. Des outils de type « tableau de bord de la sécurité » favorisent le suivi de la sécurité en offrant une meilleure appréciation de la variabilité des critères de sécurité.

3.4.4 Conditions de succès

Les **conditions de succès** de la réalisation d'une démarche sécuritaire sont :

- une volonté directoriale ;
- une vision stratégique de la sécurité ;
- une politique de sécurité, reflétant la stratégie de sécurité de l'organisation, simple, juste, précise, compréhensible et applicable ;
- la publication (communication) de la politique de sécurité ;
- une gestion centralisée de la sécurité et une certaine automatisation des processus de sécurité ;
- un niveau de confiance déterminé envers les personnes, systèmes, outils impliqués ;
- du personnel compétent, sensibilisé et formé à la sécurité et possédant une haute valeur morale ;
- une éthique des acteurs qui adhèrent à une **charte de sécurité** ;
- des procédures d'enregistrement, de surveillance, d'audit et de mise à jour ;
- la volonté d'éviter de mettre les ressources, les valeurs (systèmes, réseaux et données) en situation dangereuse ;
- l'expression, le contrôle et le respect des clauses de sécurité dans les différents contrats ;
- le respect des contraintes légales.

L'**efficacité** des mesures de sécurité d'un système d'information ne repose pas uniquement sur les outils de sécurité, ni sur le budget investi. La performance de la sécurité, qui peut se mesurer par le nombre d'incidents survenus et maîtrisés, dépend de :

- la qualité de la stratégie de sécurité ;
- la spécification et de la réalisation de la politique de sécurité ;
- l'organisation mise en place et des moyens dégagés ;
- la qualité de la gestion des incidents (détection, réaction) ;
- la capacité d'évaluation et d'évolution de la sécurité en fonction des besoins.

3.4.5 Approche pragmatique

L'aspect multidimensionnel de la sécurité ne peut s'appréhender que d'une manière globale et transversale. À partir des directives générales de la stratégie de sécurité spécifiées par une politique de sécurité (**axe stratégique**), on décline les mesures (**axe tactique**) et on identifie les solutions (**axe opérationnel**) à mettre en œuvre en fonction du contexte d'utilisation des technologies et de leur nature (figure 3.4).

Seule une **approche pragmatique**, inscrite dans une démarche qualité qui définit précisément des objectifs de sécurité cohérents ainsi que des moyens concrets pour les atteindre permet de sécuriser rationnellement des environnements.

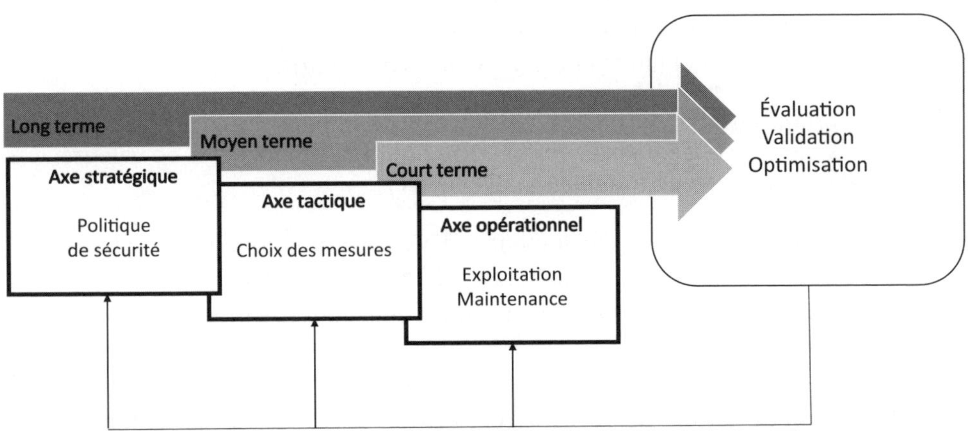

Figure 3.4 – **Axes stratégique, tactique et opérationnel de la sécurité.**

3.4.6 Bénéfices

La sécurité informatique, si elle est bien appréhendée, doit être un facteur d'amélioration des processus métiers de l'entreprise, d'accroissement des performances et dela productivité globale d'une organisation. Elle est à considérer comme un **facteur critique de succès** et de **productivité**. La sécurité informatique ne doit plus être appréhendée comme une source de coût ni comme un frein à la réalisation de la stratégie d'entreprise, mais comme un levier de sa performance. Avoir une meilleure cybersécurité que ses concurrents permet de ne pas être une cible privilégiée de la cybercriminalité qui, de manière rationnelle, s'attaque aux acteurs les plus faibles.

La cybersécurité ne doit pas être perçue comme une contrainte supplémentaire à intégrer dans la stratégie des organisations. Elle fait partie des éléments fondamentaux de la stratégie et est un levier de sa réalisation.

Comme la qualité, la sécurité est, pour une entreprise, un **facteur de compétitivité, un élément de différenciation**, contribuant à une meilleure rentabilité. La sécurité est un **facteur de qualité** qui pose, comme la qualité, le problème de sa mesure et donc de la détermination des indicateurs et métriques associés. De la qualité de la sécurité dépend la relation de **confiance** des acteurs envers l'environnement considéré.

3.4.7 Aspects économiques

Il est difficile de quantifier les apports directs et indirects de la maîtrise des risques du fait de l'intangibilité des économies réalisées par une bonne cybersécurité. Le coût de la mise en place d'un niveau de sécurité particulier est fonction du contexte et des besoins, qui eux-mêmes dépendent :

- de la valeur des ressources, de leur degré d'exposition aux menaces ;
- du niveau de vulnérabilité des ressources lié à l'existence de failles techniques, organisationnelles, procédurales ou humaines ;
- des impératifs réglementaires et des exigences de sécurité.

Il est important de pouvoir déterminer le **coût de la sécurité** au regard des coûts engendrés par les conséquences directes ou indirectes de la perte de valeurs après des accidents, des erreurs ou de la malveillance.

L'impossibilité d'évaluer correctement la valeur économique de la cybersécurité et d'estimer son retour sur investissement est liée aux difficultés à :

- quantifier la valeur des actifs informationnels et le coût des préjudices consécutifs à la survenue d'un sinistre ;
- estimer correctement l'exposition de l'organisation à tous les risques, notammentaux risques sériels dus à l'interconnexion avec des infrastructures tierces (interdépendance des risques, risques systémiques) ;
- évaluer précisément les coûts indirects, résultant d'une perte d'image, de confiance ou de l'espionnage par exemple.

S'il peut paraître relativement aisé d'estimer ce que coûte la sécurité (budgets associés, rémunération du responsable sécurité et de son équipe, coût des produits de sécurité, des formations, de la veille technologique en matière de sécurité, etc.), il est plus délicat d'évaluer la rentabilité de la sécurité. De manière subjective, on peut penser que les mesures de sécurité possèdent intrinsèquement une **efficacité passive** et évitent certaines pertes.

La sécurité ne permet pas directement de gagner de l'argent, mais d'éviter d'en perdre !

Le **rapport coût/bénéfice** est ardu à établir car il n'existe pas de critère objectivement mesurable du rendement du capital investi et du retour sur investissement en sécurité. Les approches mathématiques quantitatives sont le plus souvent réservées aux outils de sécurité alors que les approches normatives qualitatives correspondent mieux à l'évaluation du coût d'une politique de sécurité.

Relativiser la notion de retour sur investissement passe par l'appréhension de la stratégie sécuritaire comme un élément de la stratégie globale de l'entreprise. De plus, si la stratégie de sécurité n'est pas disproportionnée et est cohérente par rapportaux risques réels, la nécessité de démontrer le retour sur investissement est moins importante.

Lorsque cela est nécessaire, la prise en considération, par exemple, des coûts suivants contribue à estimer de manière approximative le **retour sur investissement** de la sécurité :

- pertes, baisses de productivité consécutives aux dysfonctionnements et à l'indisponibilité, pertes de parts de marché, pénalités de retard, etc. ;
- coûts induits par des pertes d'images, impacts au niveau des clients, partenaires, sous-traitants, fournisseurs, etc.
- coûts de gestion, d'assurance, d'investigation, d'expertises, etc. ;
- coûts consécutifs à des actions pénales, responsabilité civile, dommages et intérêts, etc. ;
- coûts de la gestion de crise, de reprise après incidents, de restitution, de reconstitution des données, de remise en état, de remplacement des systèmes, etc.

3.5 Définir une stratégie de sécurité

3.5.1 Stratégie générale

En raison du caractère évolutif du contexte de la cybersécurité, les solutions de sécurité ne sont jamais ni absolues ni définitives. Pour assurer leur cohérence et leur pérennité face au caractère dynamique du risque, l'organisation doit disposer d'une vision stratégique. Comme la sécurité du système d'information n'est qu'une composante de la **sécurité globale de l'organisation**, les orientations stratégiques de cybersécurité sont déterminées au niveau de l'état-major de cette dernière (figure 3.5).

Inscrire la définition des objectifs de sécurité dans une **vision stratégique** de l'appréhension de la cybersécurité permet à une organisation de définir sa politique de sécurité. La définition d'une stratégie sécuritaire est donc spécifique à la structure qui la conçoit et dépend directement de son organisation et de sa stratégie générale.

Il existe autant de stratégies, de politiques de cybersécurité, de mesures, de procédures ou de solutions de sécurité que d'organisations et de besoins sécuritaires à satisfaire.

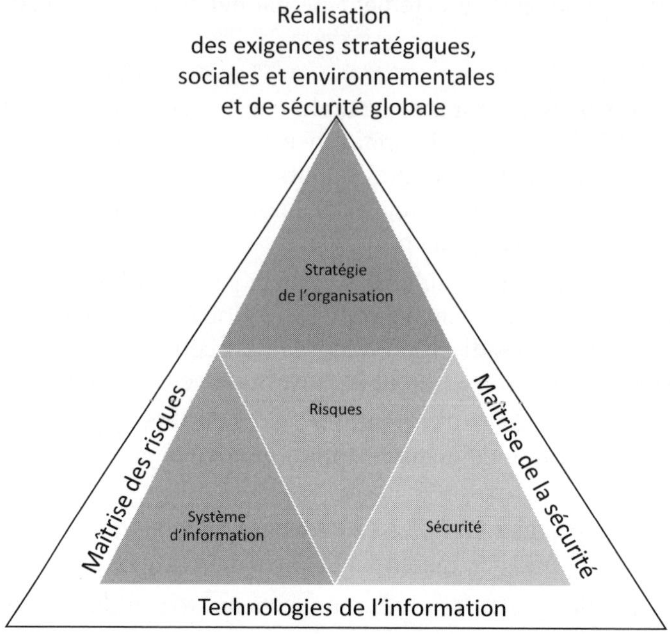

Figure 3.5 – **De la stratégie d'entreprise à la stratégie sécuritaire.**

3.5.2 Compromis et bon sens

Le choix des mesures de sécurité résulte généralement d'un compromis entre le coût du risque et celui de la sécurité. Il dérive de l'analyse à long, moyen et court termes des besoins et des moyens sécuritaires dépendant de la politique de l'organisation. La politique de sécurité, qui reflétera ce compromis doit également exprimer l'équilibre entre les besoins de production et de protection (figure 3.6).

La définition d'une stratégie de sécurité est une affaire de bon sens, de vision, d'analyse, de compromis et de choix. Elle pourrait se résumer à une suite de questions simples auxquelles le gestionnaire doit apporter des réponses précises :

- Quelles sont les valeurs de l'organisation ?
- Quel est leur niveau de sensibilité ou de criticité ?
- De qui, de quoi, pourquoi doit-on protéger ses valeurs ?
- Quels sont les risques réellement encourus ?
- Ces risques sont-ils supportables ?
- Quel est le niveau actuel de la sécurité ?
- Quel est le niveau de sécurité que l'on désire atteindre ?
- Quel est l'écart entre ces deux niveaux ?
- Comment passer du niveau actuel au niveau désiré ?
- Quelles sont les contraintes internes et externes effectives ?
- Quels sont les moyens disponibles (temps, ressources, compétences) ?

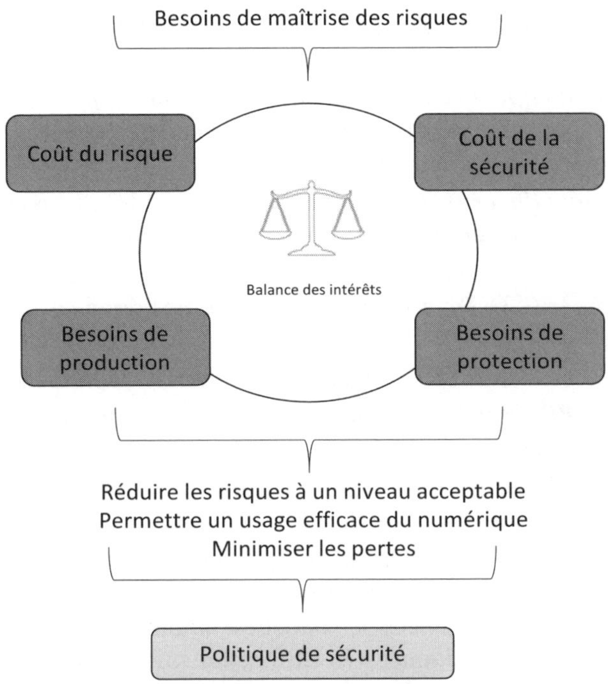

Figure 3.6 – **La sécurité : une question de compromis.**

3.5.3 Nouveaux risques, nouveaux métiers

Les **métiers de la sécurité informatique** évoluent et se développent pour répondre aux nouveaux besoins de protection et de résilience des systèmes d'information. Désormais, la maîtrise des cyberrisques prend une dimension prépondérante dans la stratégie des organisations. Pour être pérennes, les institutions ont dû faire évoluer leur fonction sécurité. Évolution des fonctions, des tâches, des structures organisationnelles, des budgets, des mesures, des procédures, des contrôles, des outils et des formations consacrés à la sécurité informatique. Cela reflète un certain niveau de maturité du **management** et de l'**ingénierie** de la **sécurité informatique** et de la **cybersécurité**.

Tout potentiel dysfonctionnement informatique, quelle que soit son origine (accident, erreur ou malveillance), constitue un risque opérationnel dans la mesure où il en résultera un risque de pertes dû à l'inadéquation ou à l'échec de processus internes, du personnel et de systèmes ou provenant d'événements externes, comme le rappellent les **accords de Bâle II**[1].

1. Le Comité de Bâle sur le contrôle bancaire émet des recommandations afin d'accroître la stabilité du système financier international. Les accords de Bâle II concernent la maîtrise des risques bancaires (les risques de crédits, de marché et les risques opérationnels).

Bien que les **métiers** de la sécurité informatique et les cahiers des charges corrélés possèdent des périmètres variables plus ou moins bien définis par les organisations, les fonctions suivantes sont couramment identifiées :

- *Chief Information Officer* (CIO) : associé au *top management* d'une institution, ce dirigeant est responsable de la stratégie et du management liés aux technologies de l'information ou du système d'information ;
- *Chief Technology Officer* (CTO) : cette personne est le plus souvent responsable de la recherche, du développement ou de l'innovation liés aux technologies de l'information ;
- *Chief Data Officer* (CDO) : c'est le responsable des données de l'organisation et de l'approche Big Data.

Pour ce qui concerne plus spécifiquement les métiers de la sécurité :

- *Chief Security Officer* (CSO) : il s'agit d'un responsable en charge de toute la sécurité et de la sûreté de l'organisation ;
- *Chief Information Security Officer* (CISO) : cette personne assume la responsabilité de la sécurité du système d'information ;
- un *Data Protection Officer* (DPO), ou **délégué à la protection des données** (DPD). Sa mission est de contribuer à s'assurer du respect des obligations juridiques en matière de protection des données personnelles, notamment du Règlement européen général de protection des données (RGPD)[2]. La prise en compte des contraintes légales et des **besoins de conformité** à des réglementations ou à des politiques internes a, par ailleurs, conduit à la définition de la fonction de responsable de la conformité, *Chief Compliance Officer* ou *Corporate Compliance Officer.*

La direction des ressources humaines est aussi impactée par la sécurité de l'information de l'organisation et doit contribuer en particulier à la définition de la politique de sécurité et au développement de la sensibilisation de tous les employés.

Les métiers de la sécurité peuvent se répartir selon leur dimension managériale (métiers liés au management, au pilotage, à l'organisation, à la gestion des risques, de projets), à leur dimension opérationnelle (mise en œuvre opérationnelle, maintenance, support et gestion des incidents et des crises), métiers liés au conseil, à l'audit et à l'expertise. Selon la taille, les besoins ou la culture de l'organisation, diverses fonctions ou missions spécifiques existent comme :

- administrateur sécurité ; analyste des menaces ; analyste SOC (*Security Operations Center*) ; architecte de sécurité ; développeur sécurité ;
- chef de projet ; technicien sécurité ; intégrateur de sécurité ; consultant sécurité « organisationnel » ou « technique » ; correspondant sécurité ;
- évaluateur, auditeur sécurité ;
- expert en chiffrement, en gestion de crise, en réponse aux incidents, etc. ;

---

2. Le règlement général sur la protection des données (RGPD) est entré en application le 25 mai 2018 (Règlement (UE) 2016/679 du Parlement européen et du Conseil du 27 avril 2016, relatif à la protection des personnes physiques à l'égard du traitement des données à caractère personnel et à la libre circulation de ces données).

- juriste spécialisé en technologie de l'information ;
- responsable de la sécurité des systèmes d'information (RSSI) ; responsable sécurité réseaux et télécoms ; responsable du plan de reprise et de continuité d'activité ;
- spécialiste de la veille technologique en cybersécurité.

3.5.4 Acteurs et compétences

Responsable sécurité

Un (ou une) **responsable sécurité**, quel que soit son titre exact, qui est fonction de la taille et de la culture de l'entreprise, est une personne qui porte la responsabilité du maintien de la sécurité informatique au sens large, en condition d'exploitation.

Sa fonction est transversale et plus organisationnelle que technique. Elle peut être amenée à effectuer, entre autres, les tâches suivantes :

- contrôler la gestion et l'administration des moyens et des mesures de sécurité mis en œuvre sur les différentes cibles de la sécurité ;
- définir les privilèges d'accès aux ressources de manière que l'utilisateur ne puisse pas s'autoriser des accès ou interférer avec les ressources d'un autre utilisateur ou de l'administrateur système ;
- réévaluer régulièrement les privilèges d'accès ;
- élaborer et maintenir la documentation utilisateur et administrateur ;
- s'assurer que les cibles de sécurité sont sous surveillance, participer à l'analyse d'incidents éventuels et décider avec les acteurs concernés des actions nécessaires pour remédier aux défaillances constatées.

La question du rattachement du responsable sécurité à la hiérarchie de l'entreprise est d'importance. Si celui-ci est rattaché à la direction du système d'information, il lui sera difficile de mener les négociations nécessaires avec la direction de l'organisation, et son budget risque d'être une variable d'ajustement à la baisse. Le responsable sécurité doit être le plus proche possible de la direction générale.

Responsable des ressources humaines

Le **responsable des ressources humaines** (RRH), dans un contexte de gestion de la sécurité, est chargé notamment :

- d'effectuer les contrôles nécessaires avant l'engagement de nouveaux collaborateurs (intégrité des personnes et valeurs morales) ;
- de sensibiliser les nouveaux collaborateurs face à leur responsabilité en matière de sécurité. Sans être exhaustif, le RRH devra ainsi leur transmettre les directives de sécurité, les inciter à adopter un comportement éthique vis-à-vis de l'usage des nouvelles technologies, leur communiquer et leur faire signer une charte d'utilisation des ressources et les engager à la respecter, les rendre attentifs aux différentes clauses de non-divulgation et de confidentialité ;
- de contribuer au bien-être et à la qualité des conditions de travail des collaborateurs (éviter les situations de stress ou d'envies de vengeance) ;

- de faciliter l'accès à des formations appropriées, le développement des compétences et l'évolution des carrières ;
- de faire signer la déclaration de respect du secret professionnel, de non-reproduction des informations et leur approbation de la politique de sécurité ;
- de coordonner les activités avec le responsable sécurité lors d'une rupture de contrat d'un collaborateur.

Chefs de service

En tant que managers avertis, les **chefs de service** doivent notamment :

- veiller à ce que leurs collaborateurs ou consultants soient informés de la politique de sécurité afin qu'ils en respectent les directives ;
- informer les administrateurs de la sécurité concernés de toutes les modifications ayant un impact potentiel sur le niveau de sécurité ou sa gestion ;
- analyser, valider et prendre position par rapport aux demandes d'accès aux ressources émanant de leurs collaborateurs ;
- recenser et récupérer les informations sensibles détenues par un collaborateur qui quitte sa position dans l'organisation.

Ils ont ainsi un rôle majeur à assumer, tout spécialement lors du départ de collaborateurs. Ils doivent s'assurer qu'ils n'ont plus accès aux ressources dès la cessation de leurs fonctions afin qu'ils n'aient pas l'occasion de mettre à mal l'infrastructure informatique, spécialement lors de conflits avérés.

Utilisateurs

Les **utilisateurs** peuvent constituer des vecteurs de sécurité mais aussi des points faibles de l'architecture de sécurité, notamment lorsqu'ils font usage de leur informatique personnelle à des fins professionnelles (cas du **BYOD**, *Bring Your Own Device* et de solutions de *cloud* privées). En revanche, ils peuvent être des détecteurs d'alertes précoces et d'identification de signaux faibles pouvant conduire à des incidents de sécurité. À cette fin, l'organisation doit mettre en place un procédé de remontée de ces informations : cela peut passer par des « fiches d'étonnement ». Certains risques se concrétisent de manière progressive et la notification de dysfonctionnements apparemment minimes (**signaux faibles**), s'ils sont bien compris et agrégés, permet d'agir avant la réalisation d'incidents, de les anticiper et de les prévenir.

3.6 Organiser et diriger

La mise en place d'une structure dédiée à la mise en œuvre et à la maintenance d'une politique de sécurité dépend de l'organisation et de la stratégie de l'entreprise. Selon une approche fonctionnelle, on distinguera le plus souvent le comité de direction générale, l'entité chargée de la réalisation de la mission de sécurité et l'organe de révision.

Le **comité de direction générale** est chargé du pilotage et du management de la sécurité. À ce titre, il doit :

- définir la stratégie ;
- spécifier et valider la politique de sécurité ;
- désigner les acteurs de la sécurité et leur assigner leurs responsabilités[3] ;
- sensibiliser les parties prenantes ;
- défendre le budget sécurité au conseil d'administration.

Les tâches de la **mission sécurité** se déclinent généralement en actions telles que :

- aligner les objectifs de la mission avec la politique de sécurité de l'organisation ;
- identifier les cibles de la sécurité et s'assurer qu'elles font l'objet d'un suivi opérationnel ;
- élaborer et documenter la politique de sécurité ;
- réaliser les plans de formation et de sensibilisation des collaborateurs ;
- évaluer et sélectionner les dispositifs dédiés à la sécurité ;
- demander une étude d'impact sur la sécurité au service concerné lors de l'installation d'un nouvel élément ou nouveau service informatique ;
- organiser et maintenir une cellule de gestion de crise dans le but de prendre des décisions pertinentes lors de sinistres majeurs ;
- instruire le budget sécurité ;
- suivre l'évolution des risques, des vulnérabilités, des normes de sécurité, des besoins, des mesures (notion de veille technologique en matière de sécurité et de vulnérabilité) ;
- établir en collaboration avec les organes de révision les plans d'audit.

Afin d'évaluer le niveau de sécurité de l'existant, les différentes cibles de sécurité font l'objet d'une **évaluation** spécifique qui est confiée à l'**organe de révision**. Ce dernier doit être externe et pourra être mandaté par le conseil d'administration. Selon la finalité, différents types d'**audits** peuvent être réalisés : la figure 3.7 les résume.

3.7 Prise en compte des besoins juridiques

3.7.1 Responsabilités et obligations de moyens

De nouvelles législations, nées de la nécessité de définir un **cadre juridique** approprié à l'usage des technologies du numérique, viennent compléter les législations existantes. Il est de la responsabilité des États de se doter de moyens nécessaires et suffisants pour poursuivre un crime informatique, y compris au niveau de l'entraide judiciaire internationale. Il est également important que les responsables sécurité des organisations soient sensibilisés aux **contraintes d'une enquête policière** (documentation minimale relative à l'incident, conservation des traces, isolement des systèmes compromis, etc.). Cette mesure n'a de sens

3. Les acteurs sont responsables du succès ou de l'échec de leur mission (notion d'imputabilité, nécessité de rendre compte).

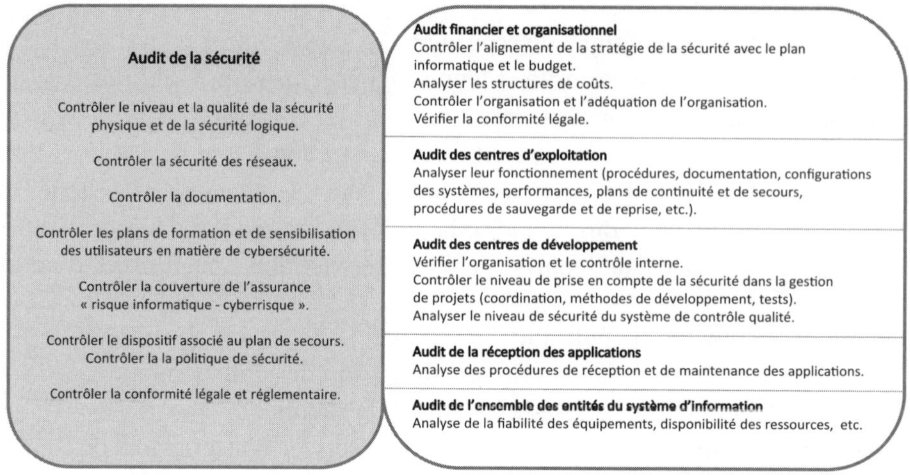

Figure 3.7 – **Les principaux types d'audits relatifs à la sécurité.**

que lorsque les délits sont effectivement rapportés à la justice. L'État doit alors favoriser le signalement des cybercrimes et instaurer la confiance entre les différents acteurs du monde économique et les services de justice et de police. Le seul instrument juridique à portée internationale existant est la **Convention sur la cybercriminalité** du **Conseil de l'Europe** (voir le chapitre 2).

Renforcer la législation n'est pas forcément suffisant si les moyens de l'appliquer manquent. Une loi est de peu d'utilité si la justice n'est pas en mesure de traiter les preuves immatérielles, d'identifier, de localiser, d'appréhender et de sanctionner les auteurs de comportements cybercriminels.

Certaines législations ou réglementations doivent impérativement être respectées par les organisations, qui doivent alors se doter, dans une démarche de **maîtrise du risque juridique**, de mesures de sécurité de leur système d'information, leur assurant la **conformité juridique** requise.

La responsabilité d'une personne morale ou physique mise en défaut de sécurité lors d'une infraction informatique établie peut être pénale, civile ou administrative. Les dirigeants d'une organisation ont le plus souvent une **obligation de moyens** de la sécurité (mais non une obligation de résultat).

La **législation** est de plus en plus un facteur endogène de prise en compte de la cybersécurité. La valeur économique des investissements nécessaires à assurer le seuil minimal de sécurité est fonction des pertes matérielles et aussi des risques juridiques encourus par l'organisation. La législation en matière de **traitement des données à caractère personnel** et de **protection de la sphère privée** est également un facteur qui pousse les entreprises à bien gérer leur sécurité. Plusieurs directives du Parlement européen et du Conseil de l'Europe existent depuis 1981 qui mettent en avant le respect des droits fondamentaux.

Entré en vigueur le 18 mai 2018, le **Règlement général sur la protection des données (RGPD)** de l'Union européenne a pour objet de renforcer la protection des personnes au regard de l'exploitation de leurs données à caractère personnel et de responsabiliser les organisations qui traitent de telles données. Cette réglementation européenne est applicable à tous les États membres et la conformité des organisations au RGPD doit pouvoir être démontrée. Le RGPD traite notamment du consentement explicite, du droit à l'effacement des données, à la portabilité des données personnelles, du principe de protection par conception (*protection by design*), de la question du profilage des personnes, de l'obligation de notifier les personnes en cas de fuite de données.

L'usage abusif d'Internet hors du cadre professionnel par des employés (***cyberslacking***) pose des problèmes de productivité. Cela peut aussi induire des problèmes de sécurité (introduction de virus, divulgation d'informations sur des réseaux sociaux par exemple, etc.) et potentiellement mettre en cause la responsabilité civile ou pénale de l'organisation et de l'employé. Pour tenter de maîtriser l'usage non professionnel des outils de communication mis à disposition par les organisations pour ses employés, ces dernières peuvent être tentées d'utiliser des outils de surveillance pour contrôler l'usage fait des ressources informatiques (notion de **cybersurveillance**) des employés.

L'organisation doit être vigilante au respect de la **protection des données à caractère personnel** de ses employés, de ses clients, fournisseurs ou partenaires. La **cybersurveillance** doit être proportionnée aux risques, l'abus de contrôles excessifs évité et les employés prévenus.

La prérogative patronale du pouvoir de contrôle de l'employeur, aussi légitime soit-elle, ne doit pas s'exercer en violation des droits et des libertés des employés. Dans la plupart des pays, la législation ou la doctrine et la jurisprudence recommandent que la mise en œuvre de la cybersurveillance soit préalablement accompagnée d'une **charte d'utilisation** des ressources, d'une information aux employés et à leurs représentants et d'une proportionnalité des moyens de surveillance mis en œuvre. Il existe des contradictions majeures entre le fait que les organisations soient responsables des actes illégaux de leurs employés (ce qui les conduit à mettre en place des outils de surveillance) et l'obligation faite aux organisations de respecter l'intimité numérique de ces derniers.

3.7.2 La confiance passe par le droit, la conformité et la sécurité

Depuis le scandale financier Enron en 2001, du fait de manipulations comptables, la **conformité à des réglementations** est une préoccupation majeure des dirigeants des grandes organisations. La preuve en est l'apparition d'un nouveau métier, celui de *Chief Compliance Officer :* personne possédant une grande compréhension des technologies de l'information tout en étant compétente en droit et dans le domaine d'activité de l'entreprise. Ainsi, l'importance est mise sur le respect des **contraintes réglementaires** pour établir la **confiance**, au travers de la mise en place d'un certain nombre de contrôles internes, répondant aux exigences spécifiées par le « Sarbanes-Oxley Act

(SOX[4]) », qui concernent notamment le type d'information à conserver et leur durée de conservation, pour démontrer que des pratiques frauduleuses n'ont pas cours.

L'enjeu pour les organisations est alors de pouvoir s'appuyer sur des technologies de l'information afin de conserver, traiter et restituer, en toute sécurité et à un coût optimal, les données nécessaires à la validation de la **conformité** à une loi. Au regard des **responsabilités** civile et pénale engagées par les dirigeants, ces derniers ont tout intérêt à disposer des compétences nécessaires à la maîtrise de ce nouveau type de risque réglementaire et à s'appuyer sur des solutions de sécurité informatique efficaces, pour avoir confiance dans les informations à partir desquelles les décisions sont prises.

Cela déplace le problème de la responsabilité des pratiques frauduleuses sur la qualité des informations et pose le problème de la confiance envers les technologies de l'information. Ce sentiment de « **sûreté** » se bâtit notamment par la mise en œuvre de mesures de sécurité des informations. La confiance est alors liée à la fiabilité des solutions de sécurité.

Même si des lois favorisent l'adoption de comportements sécuritaires, la sécurité est avant tout du ressort de la **gestion des risques**, y compris de la gestion **du risque juridique**. Toutefois, pour une organisation, être en conformité réglementaire n'est pas forcément synonyme d'être en sécurité.

Pour les organisations, l'**intelligence juridique** devient le facteur clé de succès de la réalisation de la sécurité informatique. La responsabilité des acteurs est de plus en plus invoquée lorsque les ressources informatiques qu'ils gèrent sont l'objet ou le moyen d'une fraude.

Pour une organisation, au regard des risques encourus, les besoins de disponibilité, d'intégrité et de confidentialité des ressources, comme ceux de conformité réglementaire, doivent impérativement être correctement satisfaits.

3.8 Prise en compte des besoins d'intelligence économique

Une organisation qui maîtrise la sécurité de ses infrastructures informationnelles peut être encore plus performante si elle s'appuie également sur une démarche d'**intelligence économique** (**IE**) pour tirer parti au mieux des informations stratégiques la concernant et de celles relatives à son environnement. Cela facilite sa compétitivité et contribue à sa sécurité économique. L'intelligence économique peut

4. Votée par le Congrès américain en juillet 2002 et ratifiée par le président Bush, après les scandales des affaires Enron et Worldcom, la **loi Sarbanes-Oxley** implique que les présidents des entreprises cotées aux États-Unis certifient leurs comptes auprès de la *Securities and Exchanges Commission* (SEC), l'organisme de régulation des marchés financiers de ce pays. Cela suppose l'exactitude et l'accessibilité de l'information, la responsabilité des gestionnaires et l'indépendance des vérificateurs/auditeurs. SOX a été réalisée pour contribuer à augmenter la responsabilité des dirigeants, pour protéger les investisseurs et développer la confiance.

être vue comme un outil d'aide à la décision, à l'innovation, à l'identification d'opportunités économiques ou encore d'aide à la gestion des risques.

L'**intelligence économique** est un mode de gouvernance dont l'objet est la maîtrise de l'information stratégique pour assurer la compétitivité et la sécurité de l'économie et des entreprises.

La protection du **patrimoine numérique** peut être considérée comme faisant partie d'une démarche d'intelligence économique, mais celle-ci possède un champ d'application plus large. Elle englobe la protection des savoir-faire et de la connaissance, les techniques d'influence et de prise de décision. Bien maîtrisée, l'intelligence économique permet à l'organisation d'être proactive, d'influencer son environnement, de rechercher des informations spécifiques (se renseigner et non pas espionner – notion de veille stratégique) et de protéger et défendre l'organisation contre des menées malveillantes.

Il s'agit de rechercher activement des informations stratégiques et utiles à la compétitivité de l'entreprise, de les analyser, de les valoriser, de les protéger, de les diffuser (de manière sélective) et de les exploiter (décision, action).

Dans sa dimension sécuritaire, l'intelligence économique doit contribuer à **éviter la fuite de données sensibles** (DLP, *Data Leak Prevention*), le vol de celles-ci, et les atteintes à l'image et à la réputation de l'organisation.

La **contre-intelligence économique**, ou **contre-ingérence**, a pour objectifs la défense du patrimoine informationnel face à la concurrence, aux États et à la criminalité ainsi qu'à la défense de sa position sur le marché. Cela permet de se protéger et de se prémunir contre certaines menaces internes et externes d'intelligence économique. La cybersécurité est alors à considérer comme levier de réalisation de cette approche.

La **collecte informationnelle** peut être fortuite ou ciblée, active et/ou passive, et se réalise à partir d'une multitude de sources comme les espaces publics, les transports, les clubs, les manifestations professionnelles (salons, conférences, etc.), Internet (réseaux sociaux, etc.), les médias, les sous-traitants, les stagiaires, les partenaires, etc.

Dans le cadre d'une démarche d'intelligence économique, la recherche et la collecte d'information doivent se pratiquer dans le respect de toutes les dispositions légales en vigueur.

La distinction entre intelligence économique et espionnage est liée au fait que l'activité qui n'enfreint aucune loi est de l'intelligence économique et qu'une collecte de renseignements qui viole une ou des dispositions légales peut être considérée comme de l'espionnage ou constituer une autre infraction pénale.

Une information peut être distinguée en fonction de sa source et de son mode d'accès. Dans une approche d'intelligence économique, elle est classifiée selon trois couleurs : blanche, grise ou noire.

- Une **information « blanche »** est ouverte, publique, accessible. Elle est facile à récolter légalement (pas de propriété intellectuelle ou de protection légale particulière) et généralement disponible en gros volumes. Prise isolément elle peut ne pas avoir de valeur. Celle-ci proviendra de la capacité des acteurs à la traiter, la corréler à d'autres, à faire des inférences et déductions.

- Une **information « grise »** est fermée mais accessible. De petit volume, il s'agit d'une information sensible, de forte valeur. Son accès est licite mais demande une connaissance et un effort particulier. La manière de la récolter peut parfois ne pas être très éthique, résulter d'indiscrétions ou de transmissions informelles.
- Une **information « noire »** possède une valeur stratégique importante, voire capitale. Considérée généralement comme secrète, son accès et son usage sont spécialement protégés et restreints (information fermée, protégée par des techniques de sécurité et par la loi). De volume inférieur à l'information grise ou blanche, son accès non explicitement autorisé est illicite et punissable.

L'intelligence économique ne peut s'intéresser qu'à l'information blanche ou grise. S'intéresser à l'information noire relève du domaine de l'espionnage.

Se renseigner est licite. À partir de l'expression des besoins, l'information est collectée, analysée, traitée et transmise à ceux qui nécessitent d'en disposer. Afin d'assurer un certain niveau de confiance dans l'information récoltée, chaque « **renseignement** » doit être évalué. Sa **note de confiance** est relative à sa source (peu fiable, fiable, très fiable), à sa qualité, sa pertinence et son exactitude (improbable, probable, incertain, certain, sérieux, infaillible).

Renseigner le cycle du renseignement est nécessaire. Ainsi il est important de documenter :

- qui est la source de l'information (employé, expert, organisme, etc.) ;
- la nature de l'information (couleur, type, origine – Internet, salon, etc.) ;
- le propriétaire, le producteur de l'information (type, organisme, pays, etc.) ;
- la date de l'accès à l'information ainsi que la finalité de l'accès et la manière dont l'information a été récoltée (veille, actions particulières, etc.).

Résumé

Les principales préoccupations des acteurs de la sécurité sont relatives à l'appréhension globale de la maîtrise des risques informatique et informationnel *via* une approche managériale intégrative, tenant compte des facteurs d'ordres humain, technologique, économique, juridique et politique des questions de sécurité.

Il n'y a pas de règle pour définir une stratégie de sécurité mais celle-ci repose sur le bon équilibre à trouver entre les différentes exigences et les facteurs, parfois contradictoires, à prendre en considération, comme :

- les risques et menaces ;
- les besoins et solutions (niveaux de sécurité et coûts des solutions) de sécurité ;
- la facilité d'utilisation et l'efficacité des solutions de sécurité ;
- les délais de disponibilité des solutions efficaces et conviviales ;
- les coûts de développement et d'intégration des mesures de sécurité, contraintes et budgets.

Un équilibre est à obtenir entre les besoins de sécurité et les dimensions financières et humaines de la mise en œuvre opérationnelle des solutions de sécurité viables. Le niveau de sécurité des infrastructures résulte donc d'un compromis entre trois facteurs : le coût, le niveau de service de sécurité et le temps de livraison (notion de priorisation des actions et des mesures de sécurité à réaliser). Il est illusoire de croire que ces trois facteurs pourraient être satisfaits simultanément. Des choix doivent être effectués pour déterminer quel est le facteur à privilégier et à partir duquel les autres doivent être adaptés.

Pour une organisation, le succès de sa sécurité repose sur une structure de gestion adéquate, des procédures bien définies et des personnes compétentes pour concevoir la stratégie, définir une politique de sécurité, gérer, spécifier, mettre en œuvre et faire vivre des procédures et des mesures de sécurité cohérentes. Bien que le marché tente de développer des mécanismes pour réduire, transférer ou partager le risque informatique, le secteur privé comme les pouvoirs publics d'ailleurs ne peuvent résoudre seuls la question de maîtrise des cyberrisques. Se posent alors des questions relatives aux modèles économiques sous-jacents à la réalisation d'un écosystème numérique fiable et sécurisée et aux partenariats publics-privés (PPP – *Public Private Partnerships*) qui y contribueraient.

L'État possède des responsabilités importantes pour la réalisation d'une sûreté numérique et de la cyberdéfense. Ceci est particulièrement vrai pour la définition des lois, la spécification et la réalisation d'une stratégie de sécurité informatique pour les infrastructures vitales du pays, pour conserver sa souveraineté, assurer la sécurité dans le cyberespace et renforcer la lutte contre la cybercriminalité. De plus, il doit favoriser et encourager la recherche et le développement de solutions en matière de sécurité mais aussi promouvoir une culture de la sécurité et du respect de l'intimité numérique (*privacy*), imposer le respect d'un minimum de normes de sécurité et développer l'esprit de cyberdéfense auprès du citoyen.

Replacer l'humain et les valeurs démocratiques au cœur du développement des technologies du numérique et des solutions de cybersécurité est nécessaire. Inciter les internautes à devenir des cybercitoyens avertis et non pas des consommateurs vulnérables et dépendants ou des proies faciles de la cybercriminalité devrait faire partie du déploiement de la culture de cybersécurité. Cela contribuerait à ce que le cyberespace ne devienne pas un lieu à risques, un espace policé ou militarisé à outrance ou contrôlé par des entités superpuissantes.

Il est de ce fait de la responsabilité des États de définir une véritable politique de développement de la société de l'information et de la maîtrise des cyberrisques, en fonction de ses valeurs propres, de sa culture, et de mettre à disposition les ressources nécessaires à cette réalisation.

Exercices

3.1 Que recouvre la notion de stratégie de sécurité ?

3.2 Pourquoi la sécurité doit-elle être gérée selon un processus continu ?

3.3 Faire un schéma des principales étapes de réalisation d'une démarche sécuritaire.

3.4 Dans quelles mesures la sécurité informatique est-elle la résultante d'un compromis ?

3.5 Pourquoi considère-t-on le principe de vocabulaire comme un principe de base de la sécurité ?

3.6 Qu'est-ce que la confiance en matière de cybersécurité ?

3.7 Dans quelle mesure la conformité réglementaire se décline-t-elle comme un besoin de sécurité ?

3.8 Expliquez la notion de risque juridique.

3.9 Pourquoi la compréhension du risque juridique par des responsables de la sécurité informatique est-elle importante ?

3.10 À quels besoins répondent la Convention européenne sur la cybercriminalité et le Règlement général sur la protection des données (RGPD) ?

3.11 Pourquoi est-il nécessaire d'optimiser une démarche sécuritaire ?

3.12 À quoi correspond la notion de structure organisationnelle de la sécurité ?

3.13 Qu'apporte la notion de gouvernance de la sécurité à celle de gestion de la sécurité ?

3.14 Quelles sont les relations entre une approche de gestion de risques et une approche de gestion de la sécurité ?

3.15 Quels sont les éléments de la maîtrise des risques ?

3.16 Pourquoi faut-il tenir compte du rôle du facteur humain dans une démarche sécuritaire ?

3.17 À quoi correspond la notion de société de l'information inclusive ?

3.18 Qu'est-ce que l'intelligence économique ? Quelle est sa relation avec la sécurité de l'information ?

3.19 Pourquoi faut-il jouer collectif dans le domaine de la cybersécurité ?

3.20 Identifiez les principales parties prenantes d'une démarche de sécurité d'un système d'information.

3.21 Identifiez l'apport d'une structure organisationnelle en charge de la cybersécurité dans une organisation.

3.22 Proposez diverses maximes relevant du bon sens (sens commun) qu'il serait bon de ne pas oublier en matière de sécurité d'un système d'information.

3.23 Pour une organisation, à quels besoins une démarche d'intelligence économique peut-elle répondre ?

3.24 Proposez une définition des termes : veille concurrentielle et veille technologique.

3.25 Identifiez, pour une organisation, ce que peut lui apporter l'intelligence économique.

3.26 Concrètement, à quoi sert l'intelligence économique ?

3.27 À quelles dimensions de la sécurité font référence l'intelligence économique et la cybersécurité ?

3.28 Dans une démarche d'intelligence économique, identifiez les différentes sources d'une information.

3.29 Que recouvre le concept de contre-intelligence économique ?

3.30 Pourquoi, dans une démarche de cybersécurité d'une organisation, assurer la sécurité de ses valeurs informationnelles n'est-il pas suffisant ?

3.31 Pourquoi les enjeux juridiques liés à la cybersécurité sont-ils devenus prépondérants ?

3.32 Quels sont les principaux risques liés à l'usage étendu de solutions proposées par des fournisseurs étrangers ?

3.33 En matière de sécurité d'un système d'information, faut-il privilégier une démarche proactive ou réactive ?

Solutions

3.1 La **stratégie de sécurité** est une réponse d'ordre stratégique à des besoins de sécurité particuliers d'une organisation (notion de plan stratégique, de vision à long terme). Mettre en œuvre la sécurité consiste à rendre opérationnelle une stratégie de sécurité spécifiée dans une politique de sécurité en implantant les mesures adaptées.

3.2 Les solutions de sécurité doivent toujours répondre de manière efficace aux besoins de protection des ressources qui évoluent (de nouvelles vulnérabilités et menaces apparaissent, le savoir-faire des attaquants évolue, les personnes et l'environnement informatique changent). Cela impose la réalisation d'un **processus** de **gestion continu** pour faire face au contexte dynamique de l'environnement à sécuriser. La sécurité n'est jamais acquise définitivement.

3.3

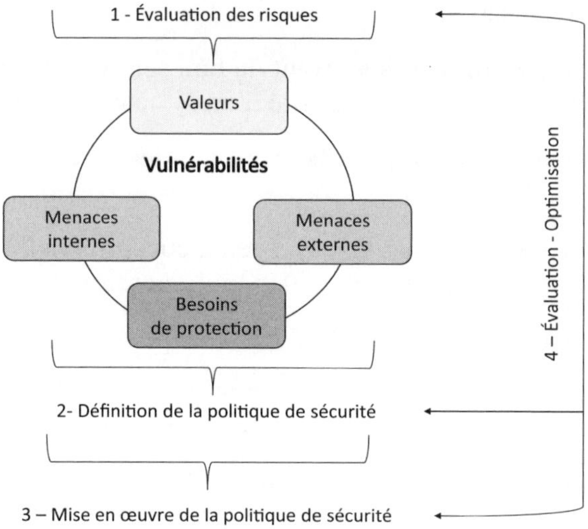

Figure 3.8 – **Étapes de réalisation d'une démarche sécuritaire.**

3.4 La **sécurité informatique** ne peut être que la résultante d'un compromis dans la mesure où un équilibre est à trouver entre les risques acceptés, les risques pour lesquels des mesures de sécurité et de contrôle doivent être effectives et les risques résiduels. Cela se traduit également par un équilibre à trouver, et donc par des compromis à accepter, entre le coût du risque (de ses impacts), celui de sa réduction et le niveau de sécurité à atteindre.

3.5 Le **principe de vocabulaire** se définit comme la nécessité de s'accorder, au niveau de l'entreprise, sur un langage commun de définition de la sécurité. Ceci est très important dans la mesure où la sécurité informatique est une tâche transversale qui nécessite la collaboration de plusieurs acteurs aux compétences diverses, provenant de domaines et de secteurs différents (techniques, économiques, juridiques, processus métiers, etc.). Un vocabulaire unifié permet d'effectuer un travail basé sur des principes traités et compris de la même façon. De plus, la sécurité informatique qui sera déployée en entreprise fera objet de documents spécifiques tels que des stratégies de sécurité ou politiques de sécurité. Le vocabulaire commun est un facteur de succès des employés, non seulement pour la rédaction mais surtout pour leur compréhension des notions, principes, obligations et actions à mettre en œuvre pour satisfaire aux exigences de sécurité.

3.6 La notion de **confiance** relève d'un sentiment perçu à partir d'un contexte donné. Ce sentiment ne s'appuie pas sur une recherche approfondie d'indicateurs spécifiques ou de preuves formelles. Il existe une ambiguïté quant à l'implémentation de ce concept dans le domaine très concret et pragmatique de la cybersécurité. La sécurité sous-entend en quelque sorte une **non-confiance**. Ces notions sont indépendantes et non bijectives. La sécurité peut amener un certain sentiment de confiance, cependant **la confiance ne**

garantit pas un niveau de sécurité effectif. Construire la sécurité et établir une confiance entre les différents acteurs – utilisateurs des technologies de l'information – ne peut se réaliser qu'en ne faisant pas confiance aux différents acteurs ! **La confiance n'exclut pas le contrôle**, il faut permettre aux utilisateurs de pouvoir effectuer le contrôle des dispositifs de sécurité auxquels ils sont soumis. En tout état de cause, c'est en sachant **qui contrôle la sécurité**, et en toute connaissance des risques encourus, que la confiance peut s'établir entre les différents acteurs et clients des infrastructures numériques.

3.7 Le fait de ne pas être conforme à des **réglementations** particulières met en danger la pérennité de l'entreprise et son existence. Aux dommages induits par un incident affectant les critères de sécurité et par conséquent les valeurs de l'entreprise, s'ajoutent ceux liés au fait de ne pas avoir agi en conformité avec les lois et réglementations en vigueur. Ainsi, toute démarche sécuritaire doit prendre en considération le risque juridique comme le risque technologique, et les besoins de conformité réglementaire.

3.8 Le **risque juridique** est le fait de ne pas être en accord avec la législation en vigueur concernant les domaines liés aux technologies de l'information. Cela peut relever du droit civil ou pénal. Ce risque peut avoir des impacts financiers importants et porter atteinte à l'image et à la réputation des personnes et des organisations. Les entreprises ont une obligation de moyens ; ainsi, par exemple, elles doivent mettre en place les mesures de protection et de contrôle suffisantes pour sécuriser les données personnelles lors de leur traitement, de leur stockage et de leur transmission.

3.9 Le **risque juridique** est une composante des risques qu'encourt l'organisation, et de ce fait il doit faire partie intégrante de l'analyse des risques et de la gestion de la sécurité, d'où l'importance de la compréhension de ce type de risque par un **responsable sécurité** puisqu'il doit diminuer la probabilité du risque ainsi que son impact. La connaissance des risques juridiques va permettre leur prise en compte au niveau de la stratégie de l'entreprise et de la politique de sécurité, qui sera alignée avec les exigences légales en vigueur.

Pour ce faire, le responsable sécurité doit focaliser son attention sur l'identification des ressources (financières, humaines, corporelles, fournisseurs, partenaires, clients, environnementales, immatérielles), sur le droit applicable, sur les normes « les plus sensibles », sur l'identification des comportements transgressifs, sur les choix stratégiques de l'entreprise, sur les pratiques opérationnelles (matière de la responsabilité sans faute) et effectuer (ou faire effectuer) une veille juridique.

3.10 La **Convention européenne sur la cybercriminalité** répond au besoin de disposer d'un cadre de référence international concernant les mesures légales qui doivent exister au niveau national tout en étant compatibles au niveau international. La Convention définit, entre autres, les types d'infractions possibles *via* Internet, le droit applicable et les besoins de coopération internationale des instances de justice et de police pour poursuivre un délit commis *via* les technologies Internet.

Le **RGPD** répond au besoin de disposer d'un cadre légal harmonisé au niveau européen, qui permet d'une part une meilleure protection des données à caractère personnel et donc des personnes, et d'autre part de responsabiliser les personnes (qui doivent donner leur consentement explicite et qui peuvent demander l'effacement de données) et les organisations qui traitent, stockent, transmettent des données personnelles.

3.11 Il est impératif que toute **démarche sécuritaire** soit efficace et efficiente, et donc optimisée en fonction des objectifs poursuivis et de la manière de les atteindre. Cela sous-entend la pertinence de la stratégie, la satisfaction aux exigences de maîtrise de risques selon des priorités fixées en fonction du niveau de criticité des valeurs à protéger, l'adéquation des solutions et la cohérence des mesures. De plus, les ressources (financières et humaines) sont toujours limitées. Elles doivent être utilisées à bon escient et couvrir en priorité les risques dont les impacts seraient les plus graves. La sécurité doit être proportionnée et optimisée en fonction des risques réels et des impacts.

3.12 Au sein des institutions, la **structure organisationnelle de la sécurité** reflète les choix d'organisation et de management de la sécurité. Elle contribue à indiquer par exemple le comportement, les droits, les devoirs et les responsabilités de chaque acteur, au travers notamment de la politique, des mesures et des directives sécuritaires appropriées dans le cadre des objectifs et des stratégies de l'organisation.

3.13 La **gouvernance de la sécurité** est une activité située au niveau le plus haut de la direction de l'entreprise, qui concerne le processus par lequel la sécurité de l'information est traitée par rapport aux visions stratégiques du business. Elle vise donc à s'assurer que les mesures de sécurité en place sont optimales et appropriées.

La gestion de la sécurité est un des éléments constitutifs et de réalisation de la gouvernance de la sécurité. Elle concerne principalement l'identification des valeurs à protéger et les risques encourus, la mise en place de mesures organisationnelles, techniques et procédurales, et l'évaluation périodique des mesures en vue de leur efficacité, optimisation et rationalisation afin de répondre aux besoins stratégiques de l'organisation.

3.14 Les deux approches sont liées. La **gestion de risques** concerne l'identification des actifs, l'appréciation des vulnérabilités, des menaces et des facteurs relatifs, et l'évaluation des risques afin de les maîtriser. La **gestion de la sécurité** peut commencer dès lors qu'il est possible de spécifier une politique de sécurité en fonction des risques encourus. La gestion de la sécurité répond donc aux besoins de la maîtrise des risques.

3.15 La **maîtrise des risques** nécessite une analyse des risques (identification des valeurs, analyse des menaces, estimation des impacts) afin de permettre la spécification et la réalisation d'une politique de sécurité avec les moyens (financiers, organisationnels, humains, technologiques) nécessaires à la mise en place de mesures efficaces et appropriées, à un processus continu d'évaluation, de contrôle, validation et optimisation.

Pour une entreprise, les principaux éléments de la maîtrise des risques sont liés à sa capacité à pouvoir identifier ses valeurs et les scénarios de perte de celles-ci. Cela comprend une bonne compréhension de l'entreprise, de son environnement et de ses vulnérabilités, et des menaces qui pourraient les exploiter.

3.16 La sécurité n'est pas une activité technologique. Le **facteur humain** est très important pour plusieurs raisons : les décisions stratégiques et les priorités en matière de sécurité sont prises sur la base d'une réflexion humaine. La sécurité est un acte de management qui nécessite plusieurs qualités humaines (honnêteté, loyauté, intégrité, capacités de compréhension, communication, gestion, motivation, etc.) et la sécurité est mise en œuvre et utilisée par des personnes. Celles-ci, même les plus performantes, ne sont pas à l'abri d'une erreur (erreur d'appréciation, de discernement, d'inattention, de gestion, etc.). Elles peuvent commettre des erreurs stratégiques ou opérationnelles. Enfin, elles peuvent également être malveillantes ou encore être les cibles de chantage et de toute sorte de pressions (besoins financiers, etc.) et donc être à l'origine d'un problème de sécurité.

3.17 La notion de **société de l'information inclusive** correspond au fait que tout un chacun puisse tirer parti de la révolution informationnelle, s'approprier les technologies de traitement et de communication de l'information et devenir un acteur à part entière de la société de l'information et un cybercitoyen averti et non un consommateur vulnérable et dépendant. Ainsi, la sécurité informatique au sens large devrait pouvoir contribuer à la protection de l'intégrité physique et morale de chaque utilisateur, à la protection de sa sphère privée et au respect de ses droits fondamentaux.

3.18 L'**intelligence économique** est relative à la maîtrise de l'information stratégique qui permet à une organisation d'être compétitive. Cette dernière s'appuie également sur des mesures de sécurité de ses infrastructures numériques et de ses informations pour assumer sa performance économique. Aussi l'intelligence économique peut être perçue comme une extension du champ de la sécurité de l'information qui englobe, outre la protection du patrimoine numérique des organisations, des phases actives de recherche, de collecte et de traitement de l'information.

3.19 Jouer collectif en cybersécurité, c'est assurer, à un niveau stratégique, tactique ou opérationnel, une meilleure cohérence, complémentarité, efficacité et efficience des actions et mesures de sécurité. Cela suppose qu'il existe, au niveau adéquat, un pilotage s'appuyant sur la maturité des acteurs et un réel partage de la valeur engendrée par la coopération entre ces derniers.

3.20 Les parties prenantes peuvent se distinguer en fonction de leur appartenance à l'organisation considérée. En interne, il s'agit de tous les services, départements, structures organisationnelles, métiers internes à l'organisation et à ses filiales. Les parties prenantes externes sont ses clients, fournisseurs, sous-traitants, prestataires de services, partenaires privés et étatiques.

3.21 Une structure organisationnelle contribue à déterminer les responsabilités de chacun, à spécifier (en fonction de facteurs critiques de succès qui permettent d'atteindre les objectifs de l'entreprise) la politique, les mesures et les directives sécuritaires appropriées. Ces dernières doivent être rationnelles par rapport aux plans d'entreprise et d'informatique. Disposer d'une vision stratégique de la sécurité globale de l'organisation est donc primordial à la réalisation de sa sécurité.

3.22 Des maximes de cybersécurité relevant du bon sens peuvent être résumées par les dictons suivants :

1. La sécurité est l'affaire de tous.
2. Trop de sécurité est aussi problématique que pas assez.
3. La sécurité n'est jamais acquise définitivement, elle se vit au quotidien et doit être régulièrement mise à jour.
4. La qualité des outils de sécurité dépend de la politique de sécurité qu'ils servent.
5. Le plus dur n'est pas de décider quelle est la technologie de sécurité à appliquer mais d'identifier pourquoi on doit l'appliquer et sur quoi.
6. Une politique de sécurité ne doit pas être conçue uniquement à partir de limitations particulières de certains systèmes (systèmes d'exploitation, applicatifs, etc.), ni uniquement en fonction des produits du marché.
7. Plus grande est la récompense, plus grande est l'attractivité des systèmes en termes de profit ou de symbole à détruire, plus grand est le risque de cyberattaque.
8. La sécurité doit être en fonction des risques et proportionnelle aux enjeux.
9. La sécurité d'un système est toujours déterminée par celle de son maillon le plus faible.
10. La confiance n'exclut pas le contrôle.

3.23 Contribuer à protéger son patrimoine matériel et immatériel (informations, savoir-faire, connaissances), acquérir les informations sur son environnement à des fins d'influence et d'action, et améliorer ses capacités à décider, rechercher des opportunités, innover, augmenter sa compétitivité par exemple.

3.24 La **veille concurrentielle** a pour objet de surveiller le marché dans lequel l'organisation est active et en particulier tout ce qui se rapporte à ses concurrents afin d'augmenter sa compétitivité. Cela permet par exemple d'identifier de potentiels nouveaux concurrents ou produits, de définir le meilleur prix, etc.

La **veille technologique** s'intéresse notamment aux technologies utilisées par l'entreprise, mais pas seulement, pour contribuer à anticiper les menaces, les risques qui pourraient impacter son bon fonctionnement, les évolutionstechnologiques ainsi que les innovations qui pourraient être des leviers de performance de l'organisation (innover à temps, au meilleur moment).

- Veille média (maîtriser son image, anticiper les crises, en tirer parti pour être en meilleure posture que ses concurrents).

- Veille réglementaire (évolution en matière de protection des données, droit pénal, réglementations sectorielles, européennes ou internationales, lois extraterritoriales, etc.).

3.25 L'intelligence économique peut apporter une meilleure :

- réactivité ;
- anticipation des risques et des opportunités ;
- connaissance de son environnement ;
- gestion et maîtrise des coûts ;
- connaissance de ses concurrents ;
- prévention des mécanismes d'ingénierie sociale.

Mais également moins de pertes, de fuites de données tout en favorisant son développement et sa pérennité. Cela permet de cartographier la concurrence et d'être plus compétitif.

3.26 Pour une entreprise, l'**intelligence économique** lui permettra par exemple de garder son marché (alors qu'elle est en compétition sur un marché international), de se développer, d'innover au bon moment, de contrer la concurrence et d'influencer ses partenaires. Cela lui donnera la possibilité de disposer des informations nécessaires et dont elle a besoin pour convaincre (et être convaincue) et de mettre en place les flux de circulation de l'information adaptés à ses besoins. *In fine*, l'intelligence économique, contribue à rendre l'entreprise « intelligente ».

3.27 L'**intelligence économique** contribue à la sécurité économique d'une organisation (d'un État), tandis que la **cybersécurité** contribue à la sécurité globale et à la résilience d'une organisation.

3.28 Une information peut être issue du renseignement et avoir une source ouverte, humaine, technique, d'origine interne, externe ou spécialisée (employés, clients, documents, archives, stagiaires, brevets, lois, salons, concurrents, réseaux professionnels, associations, agences, cabinets, réseaux sociaux, etc.). Cela peut également se réaliser lors de **fausses procédures d'embauches** montées de toutes pièces pour faire parler les candidats des sociétés, employeurs, missions, travaux qu'ils ont réalisés, mais aussi en répondant à des **appels d'offres**.

3.29 La contre-intelligence économique (ou contre-ingérence) permet de contribuer à **défendre le patrimoine informationnel** d'une organisation pour faire face à la concurrence et aux actions d'intelligence économique provenant éventuellement des États ou des acteurs criminels.

3.30 La démarche de sécurité informatique est souvent limitée à la mise en place des mesures de réduction des risques pour les valeurs informationnelles des organisations. Or, l'organisation doit également répondre aux besoins de sécurité physique de ses employés (valeurs humaines), de protection de leur vie privée et de leurs données à caractère personnel, et de respect de leurs droits fondamentaux dans le cadre de leur activité professionnelle.

3.31 Les enjeux juridiques peuvent concerner, par exemple, la conservation des données, la responsabilité des prestataires techniques ou des hébergeurs, la gestion des données personnelles des clients, la cybersurveillance des employés, la propriété intellectuelle, les contrats d'infogérance, etc. Ils constituent autant de points à prendre en considération lors de la mise en place de solutions de sécurité. Le droit dans le domaine du numérique peut être un atout stratégique pour les organisations qui le maîtrisent.

3.32 Les principaux risques « cyber » s'inscrivent dans une large problématique des risques liés à la dépendance au numérique, à des fournisseurs d'infrastructures matérielles et logicielles (capacités de traitement, de transmission, de télécommunication, de stockage, applications et services ou encore d'informatique en nuage – *cloud computing*). La montée en puissance de certains groupes mondialisés, y compris d'origine chinoise, induit de nouveaux risques notamment liés à l'espionnage industriel et à la capacité de ces groupes à réaliser un « fichage » des utilisateurs, voire un « filtrage » des échanges, et cela à l'échelle mondiale, mais surtout à la perte de contrôle et de maîtrise des données, de leurs traitements et de leur sécurité.

3.33 Le choix d'une **démarche proactive ou réactive** dépendra du comportement et de la stratégie de gestion des risques de l'organisation. Une démarche proactive, à travers l'identification des actifs à protéger et l'analyse des risques (vulnérabilité, menace, impact, probabilité), permet de prévenir les incidents, de maîtriser et de minimiser la probabilité et l'impact des risques. Une démarche réactive met l'accent sur la maîtrise de l'incident de sécurité, sur le comportement après sinistre pour stopper l'événement causant le dommage et limiter les pertes afin de pouvoir continuer l'activité et retourner à un état normal le plus vite possible. Une démarche proactive peut également intégrer les éléments d'une démarche réactive, dans la mesure où celle-ci doit être anticipée, planifiée, organisée et gérée. Dans la mesure où le risque zéro n'existe pas, les deux démarches sont à prendre en compte et sont tout aussi importantes.

POLITIQUE DE SÉCURITÉ 4

PLAN

4.1 De la stratégie à la politique de sécurité
4.2 Propriétés d'une politique de sécurité
4.3 Méthodes et normes contribuant à la définition d'une politique de sécurité
4.4 De la politique aux mesures de sécurité
4.5 Continuité des activités et gestion de crise
4.6 Audit des systèmes d'information et audit de sécurité
4.7 Mesurer l'efficacité de la sécurité
4.8 Certification des produits de sécurité

OBJECTIFS

- Définir ce qu'est une politique de sécurité et la manière de la spécifier.
- Mettre en évidence le rôle pivot d'une politique de sécurité pour la maîtrise des risques et la gestion de la sécurité.
- Offrir un panorama des principales normes et méthodes relatives à la gestion stratégique de la sécurité, y compris celles de gestion des plans de secours, de gestion de crise, de continuité et de reprise des activités.
- Traiter les problématiques d'évaluation et de certification de la sécurité et présenter les principaux moyens qui permettent d'y répondre.

4.1 DE LA STRATÉGIE À LA POLITIQUE DE SÉCURITÉ

Une **politique de cybersécurité** exprime la volonté managériale de protéger les valeurs informationnelles et les infrastructures numériques de l'organisation. Elle concrétise une vision stratégique et est un outil indispensable à la gouvernance de la sécurité (figure 4.1). Elle spécifie les moyens (ressources, procédures, outils, etc.) qui répondent de façon complète et cohérente aux objectifs stratégiques de sécurité.

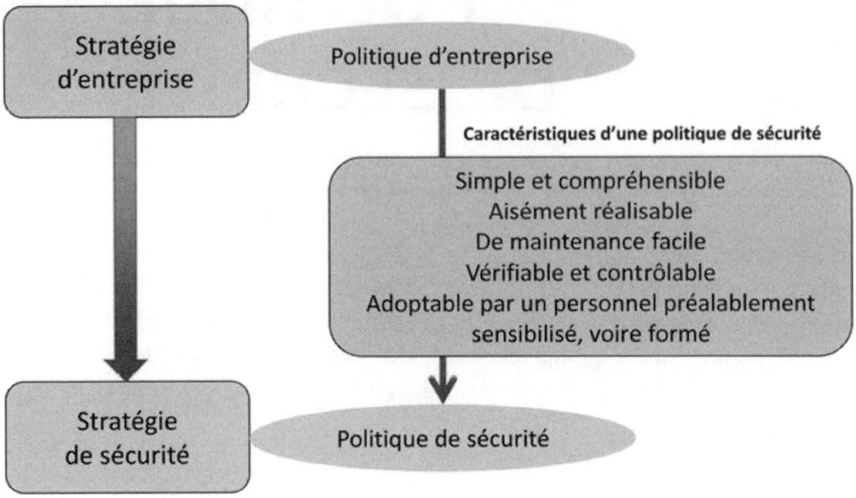

Figure 4.1 – **Stratégie et politique de sécurité.**

La politique de sécurité fait le lien entre la stratégie de sécurité de l'entreprise et la réalisation opérationnelle de la sécurité. La **gestion des risques** constitue le point de départ de l'analyse des besoins sécuritaires qui permet la définition de la politique de sécurité (figure 4.2).

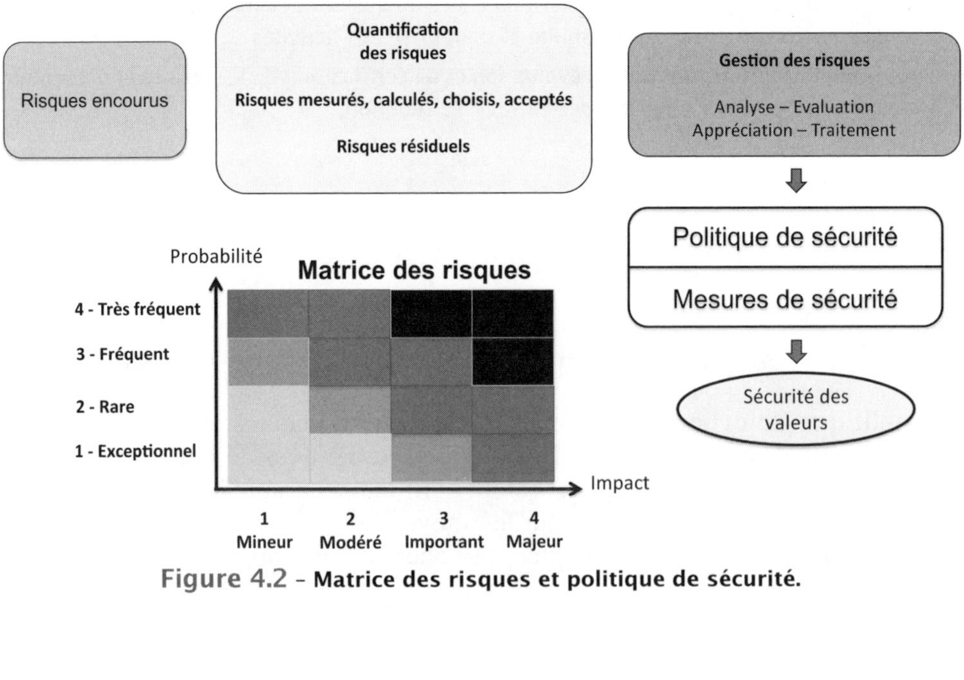

Figure 4.2 – **Matrice des risques et politique de sécurité.**

La politique de sécurité permet de transcrire le travail effectué pour comprendre les risques et leurs impacts en des **mesures opérationnelles de sécurité**. Sa spécification facilite le choix et la mise en œuvre des mesures de sécurité. Elle donne de la cohérence à la gestion et contribue à adopter, vis-à-vis des risques, une attitude proactive et réactive.

Une politique de sécurité contribue à la **maîtrise des risques**, en réduisant la probabilité d'occurrence d'incidents intentionnels ou non et leurs impacts sur les valeurs de l'organisation. Même un bon gestionnaire de la sécurité, tout en anticipant et prévenant certains risques, n'est pas devin. Les **risques résiduels** sont ceux qui n'ont pas été identifiés et répertoriés dans des matrices de risques. Ne pouvant anticiper toutes les menaces, mais sachant qu'elles exploitent les vulnérabilités et les failles des systèmes et des personnes, la personne en charge de la sécurité s'emploiera à **réduire les vulnérabilités** de l'environnement à protéger.

4.2 Propriétés d'une politique de sécurité

Une politique de sécurité résulte d'une **analyse des risques** et est définie pour répondre aux besoins et exigences de sécurité, dans un contexte donné (figure 4.3). Elle se traduira par la réalisation de mesures, de fonctions, de procédures, de services, comme :

- des règles de classification de l'information, d'utilisation des ressources ;
- des outils : contrôle d'accès, d'authentification, d'intégrité, chiffrement des données, systèmes pare-feu, de détection d'intrusion, de surveillance, de journalisation, de traçabilité, de gestion des performances ;
- des contrats de services : clauses de responsabilité, devoirs et obligations ;
- des plans gestion de crise, de secours, de continuité et de reprise d'activité ;
- des plans d'actions de poursuite en justice ;
- des mesures d'assurance.

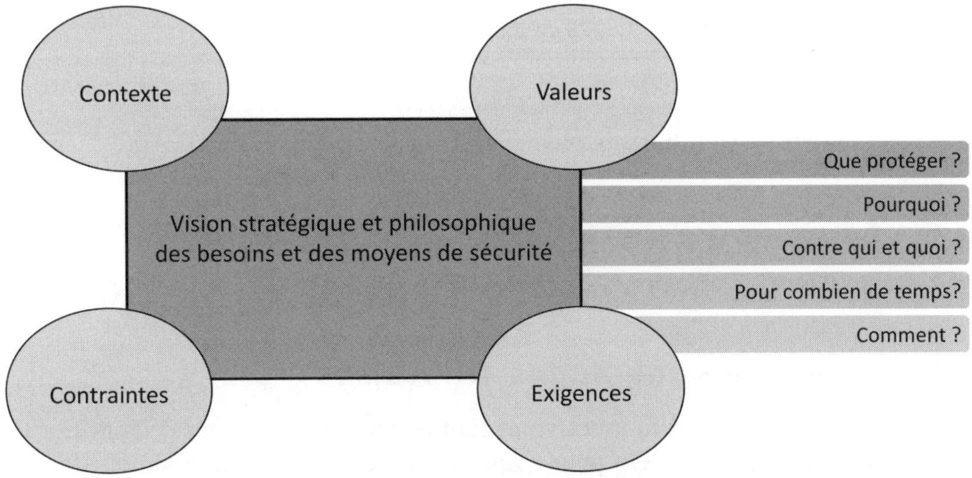

Figure 4.3 – **Contexte d'une politique de sécurité.**

Une politique de sécurité est **périodiquement évaluée**, optimisée et adaptée à l'évolution des risques. Elle doit prendre en compte la variabilité **temporelle** et la variabilité **spatiale** des besoins de sécurité (tranche horaire, nomadisme des usagers), ce qui la rend complexe à spécifier et à mettre en œuvre.

Une politique de sécurité peut être structurée en sous-politiques correspondant au contexte particulier d'une organisation comme le montre la figure 4.4.

Politique de sécurité

- Politique de prévention
- Politique de protection
- Politique de réaction
- Politique de contrôle d'accès
- Politique de gestion des incidents
- Politique de gestion de crises
- Politique de gestion de la continuité
- Politique de gestion des droits numériques
- Politique de sensibilisation
- Politique d'assurance
- Politique de mobilité et de télétravail
- Politique d'usage des équipements personnels
- Politique de ...

Figure 4.4 – **Différentes composantes d'une politique de sécurité.**

4.3 Méthodes et normes contribuant à la définition d'une politique de sécurité

4.3.1 Principales méthodes françaises

Dans un premier temps, il faut pouvoir identifier les risques avant d'identifier les parades à mettre en place. On peut s'appuyer alors sur une méthode qui facilite l'identification des points principaux à sécuriser (notion de *check-list*), ou sur des normes ou un **ensemble reconnu de bonnes pratiques** (*best practices*). Toutes peuvent servir de guide à l'élaboration d'une politique de sécurité. Elles sont utilisées plus ou moins complètement et de manière adaptée à un contexte particulier en fonction de l'entité qui les met en œuvre. Elles permettent de développer une **vision globale** et stratégique afin de pouvoir définir un plan stratégique de sécurité, c'est-à-dire la politique de sécurité, ce qui permet la définition et la réalisation des mesures opérationnelles (qui correspondent à la vision globale et à la politique).

En France, l'Agence nationale de la sécurité des systèmes d'information (**ANSSI**) propose une méthode bien documentée, avec des exemples et des conseils, qui est mise à jour régulièrement. Dénommée initialement **Ebios** pour *Expression des besoins et identification des objectifs de sécurité*, la nouvelle méthode **Ebios risk manager**[1] permet à l'organisation qui la déroule de faire de la gestion des risques numériques en tenant compte des exigences de conformité et des scénarios d'attaques afin de bien apprécier les risques et de les traiter.

Elle permet de spécifier les objectifs de la sécurité des organisations. Conforme aux normes ISO 27001, 27005 et 31000 relatives à la gestion des risques, elle facilite l'appréhension d'un contexte particulier et constitue une véritable aide à la définition des objectifs et des politiques de sécurité. Elle peut être vue comme une boîte à outils permettant de :

- cartographier les sources de risques, les menaces, les scénarios d'attaques ;
- définir une stratégie de gestion des risques et de suivi des risques ;
- construire le référentiel de sécurité du système d'information ;
- mettre en place un système de management de la sécurité de l'information et un plan d'amélioration continue ;
- réaliser une doctrine, une stratégie, une politique, un plan d'actions, ou un tableau de bord de la sécurité d'un système d'information.

Il existe par ailleurs diverses directives nationales comme celles allemandes, issues du *Bundesamt für Sicherheit Informationstechnik*, canadiennes, issues du CST (Centre de la sécurité des télécommunications) ou encore américaines, issues du NIST (*National Institute of Standards and Technology*), qui traitent des politiques de sécurité et qui proposent des guides méthodologiques pour les réaliser. Ainsi aux États-Unis sera utilisé le ***NIST Cybersecurity framework***, qui est également de plus en plus adopté dans différents pays.

1. « EBIOS Risk Manager offre une compréhension et une responsabilité partagées des risques numériques entre décideurs et les acteurs opérationnels pour y parvenir. L'objectif est de permettre aux dirigeants d'appréhender correctement ces risques, au même titre que d'autres de nature stratégique, financière, juridique, d'image, de ressources humaines, etc.) ». Source : https://www.ssi.gouv.fr/administration/management-du-risque/la-methode-ebios-risk-manager/

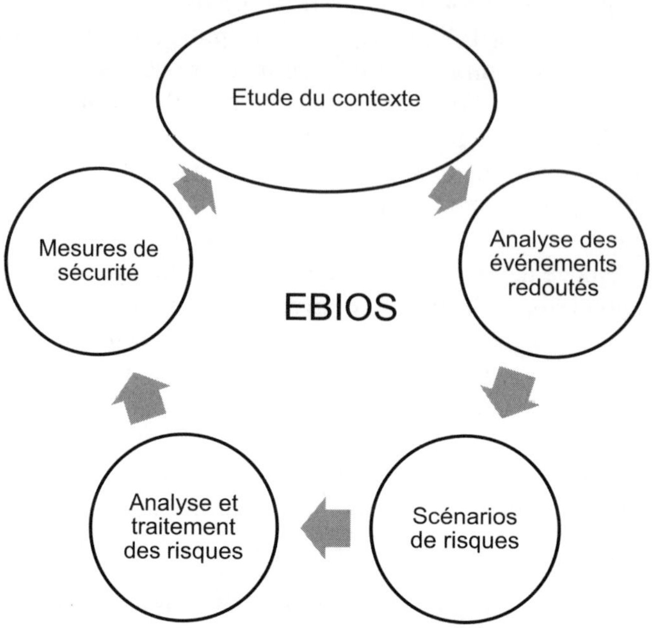

Figure 4.5 – **La démarche itérative de la méthode Ebios (ANSSI).**

4.3.2 Normes internationales ISO de la série 27000

Origine et évolution

À l'origine de la série de normes **ISO 27000** se trouve la norme **ISO 17799** adoptée par l'ISO à la fin de l'année 2000 à partir de la norme BS 7799 élaborée par l'Association de normalisation britannique en 1995[2].

Basée sur la **gestion des risques**, la norme propose un **code de pratiques** pour la gestion de la sécurité et identifie des exigences de sécurité, sans toutefois spécifier la manière de les réaliser. Elle peut être considérée comme un référentiel pour la définition d'une politique de sécurité, une liste de points à prendre en considération (*check-list*), une aide à l'audit de sécurité, ou encore un support à la communication sur la sécurité.

2. Avant d'être reconnue comme une méthode de référence, la norme internationale ISO 17799 a tout d'abord été contestée du fait de sa procédure accélérée de normalisation : elle n'avait pas été révisée par les États membres avant d'être publiée et n'avait donc pas tenu compte des savoir-faire et autres méthodes existant dans d'autres pays. La version 2005 de la norme ISO 17799 a accordé plus d'importance à la dimension managériale. De nouveaux paragraphes concernant l'évaluation et l'analyse des risques, la gestion des valeurs et des biens ainsi que la gestion des incidents ont été intégrés. La norme ISO 17799:2005 a été rebaptisée, en 2007, norme ISO 27002. Elle définit la sécurité de l'information comme étant un processus visant à protéger l'information contre une large gamme de menaces, de manière à garantir la continuité des services, à réduire le risque et à optimiser le retour sur investissement.

L'intérêt des normes de la famille ISO 27000 réside dans le fait qu'elles abordent les aspects organisationnels, humains, juridiques et technologiques de la sécurité informatique en rapport aux différentes étapes de conception, mise en œuvre et maintien de la sécurité des systèmes.

La première de la série (27001) expose les exigences relatives au **système de management de la sécurité de l'information** (**SMSI**) selon une approche systémique. L'objectif de la norme est de contribuer à définir des recommandations autorisant la gestion, l'implémentation ou la maintenance de la sécurité de l'information d'une organisation. Elle constitue en quelque sorte un guide rassemblant des pratiques de gestion de la sécurité de l'information. Basée sur une approche de gestion des risques, la norme facilite l'identification des exigences fonctionnelles de sécurité. Elle permet de spécifier une politique de sécurité et de définir une architecture de sécurité.

La famille des normes ISO/IEC 27000

La famille des normes ISO/IEC 27000[3] traite des différents domaines du **management de la sécurité de l'information**.

- Les notions fondamentales, une vue d'ensemble et une formalisation du vocabulaire sont données dans la norme **ISO 27000**.
- La norme **ISO 27001** définit les exigences d'un système de management de la sécurité de l'information (SMSI).
- La norme **ISO 27002** sert de guide pour la réalisation des mesures de sécurité intégrées au système de management de la sécurité de l'information (SMSI).
- Des lignes directrices pour la mise en œuvre et l'implémentation d'un système de management de la sécurité de l'information (SMSI) sont édictées dans la norme **ISO 27003**.
- Des métriques du management de la sécurité de l'information sont identifiées dans le document **ISO 27004**.
- La gestion du risque en matière de sécurité de l'information est traitée dans la norme **ISO 27005**.
- Les exigences pour les organismes auditant et certifiant un SMSI font l'objet de la norme **ISO 27006**.
- Les directives concernant le processus d'audit d'un SMSI se trouvent dans la norme **ISO 27007**.
- La norme **ISO 27008** traite des directives pour les auditeurs concernant les contrôles à effectuer dans un SMSI.
- La norme **ISO 27009** définit les exigences d'utilisation de la norme ISO 27001 dans des secteurs d'activité particuliers.

---

3. Les sigles ISO et IEC font référence aux organismes de normalisation internationale dont sont issues les normes (*International Organization for Standardization* [ISO] et *International Electrotechnical Commission* [IEC]). Par souci de lisibilité, les normes ISO/IEC sont par la suite identifiées sour le seul sigle ISO.

- La norme **ISO 27010**, relative à la gestion de la sécurité de l'information des communications intersectorielles et interorganisationnelles traite **du management du partage d'informations de sécurité ou sensibles entre des organisations**, par le biais de contrôles et de directives spécifiques. Cela concerne les organisations publiques ou privées, notamment celles relatives aux infrastructures critiques.
- La norme **ISO 27011** traite du management de la sécurité de l'information pour les organismes de télécommunications.
- La norme **ISO 27013** propose des directives pour réaliser de manière intégrée un système de management de la sécurité de l'information, de la cybersécurité et de la protection de la vie privée (*privacy*). Elle permet la réalisation d'un système de management de la sécurité de l'information (comme spécifié par la norme ISO/IEC 27001) et d'un système de management de services (comme spécifié par la norme ISO/IEC 20000-1).
- La norme **ISO 27014** propose des principes généraux liés à l'évaluation, à la surveillance et à la communication des activités relatives à la sécurité de l'information au sein d'une organisation.
- La norme **ISO 27015** correspond à des lignes directrices pour le management de la sécurité de l'information pour les services financiers.
- La norme **ISO 27016** traite de la dimension économique de la sécurité et facilite la prise de décision financière au regard de la responsabilité des acteurs.
- La norme **ISO 27017** traite des contrôles de sécurité de l'information fondés sur l'ISO 27002 pour les services d'informatique en nuage (*cloud computing*).
- La norme **ISO 27018** peut être considérée comme un guide de bonnes pratiques pour la protection des informations personnelles identifiables (PII) dans l'informatique en nuage public (*clouds* publics).
- La norme **ISO 27019** se focalise sur le management de la sécurité de l'information des systèmes de contrôle des procédés spécifiques à l'industrie de l'énergie.
- Les normes **ISO 27031** à **27035** abordent respectivement les questions relatives au plan de continuité des affaires, à la cybersécurité, à la sécurité des réseaux, à la sécurité des applications et à la gestion des incidents.
- La norme **ISO 27032** concerne principalement la cybersécurité d'un pays. Elle définit les principes de base de la cybersécurité en rappelant notamment les relations entre les différents domaines de la sécurité (sécurité de l'information, des réseaux, d'Internet, de la protection des infrastructures informationnelles critiques).
- La norme multi-parties **ISO 27033** couvre plusieurs domaines de la sécurité des réseaux : la partie 2 concerne des directives pour la conception et l'implémentation de la sécurité réseau. Les différents documents constitutifs de la norme ISO 27033 sont :
  - ◊ partie 1 : aperçu général et concepts ;
  - ◊ partie 3 : scénarios de référence, menaces, conception et contrôles ;
  - ◊ partie 4 : sécurité des communications *via* des passerelles de sécurité entre réseaux ;

◊ partie 5 : sécurité des communications *via* des réseaux privés virtuels (VPN) ;
◊ partie 6 : sécurité des réseaux IP accédés par des technologies sans fil.

- La première partie de la norme **ISO 27034** concerne les principes généraux de la sécurité des applications et des processus de gestion de la sécurité des applications.
- Les normes **ISO 27036** concernent la sécurité de l'information dans un contexte de relation avec des fournisseurs.
- La norme **ISO 27037** traite de l'identification, de la collecte et de la préservation des traces numériques. Elle est relative à l'**informatique forensique**, nécessaire lors de procédures et d'investigations judiciaires. Elle définit le traitement de la preuve numérique par des directives pour l'identification, la collecte et la préservation des traces numériques afin que ces dernières puissent constituer des preuves recevables auprès d'un tribunal.
- Les normes **ISO 27038** et **27039** sont respectivement relatives à des techniques de sécurité concernant l'élaboration de documents numériques et la sélection, le déploiement et les opérations des systèmes de prévention et de détection d'intrusion.
- La norme **ISO 27040** concerne la sécurité des données lors de leur stockage (planification, conception, implémentation, management de la sécurité des périphériques, des services et applications).
- La norme **ISO 27041** peut servir de guide pour s'assurer de la pertinence et l'adéquation de la méthode d'investigation des incidents de sécurité.
- La norme **ISO 27042** offre des lignes directrices pour l'analyse et l'interprétation des preuves numériques.
- La norme **ISO 27043** présente un aperçu des principes et processus d'investigation des incidents.
- La norme **ISO 27045** traite de la sécurité des données massives (Big Data) et des questions d'intimité numérique (*privacy*).
- La question du management de la sécurité de l'information relative aux systèmes d'information de santé fait l'objet de la norme **ISO 27799**, élaborée sur la base de l'ISO 27002.
- La norme **ISO 27100** présente les principaux concepts associés à la cybersécurité et le contexte de celle-ci lié à la gestion des risques et à la sécurité de l'information.
- La norme **ISO 27102**, concerne les directives relatives à la cyberassurance.
- La norme **ISO 27110** propose des lignes directrices relatives à l'élaboration d'un cadre en matière de cybersécurité pour contribuer à créer ou perfectionner un système de protection robuste contre les cyberattaques.
- La norme **ISO 31000** traite des directives générales de la gestion des risques.

Introduction à la norme ISO 27001

La norme ISO 27001 propose un modèle pour établir, implémenter, exploiter, surveiller, maintenir et améliorer le système de gestion de la sécurité de l'information **SMSI** (ou ISMS, *Information Security Management System*).

La norme ISO 27001 se focalise sur l'implémentation d'un système de management de la sécurité basé sur une structure formalisée et des mesures (*controls*) à réaliser.

La norme se base sur un modèle dit **modèle PDCA** (*Plan, Do, Check, Act*) : préparer (ou planifier), développer, contrôler (ou vérifier), agir (ou réagir) (figure 4.6), qui reprend le concept de la « roue de Deming »[4].

Le modèle PDCA permet un perfectionnement permanent du SMSI (système de management de la sécurité de l'information).

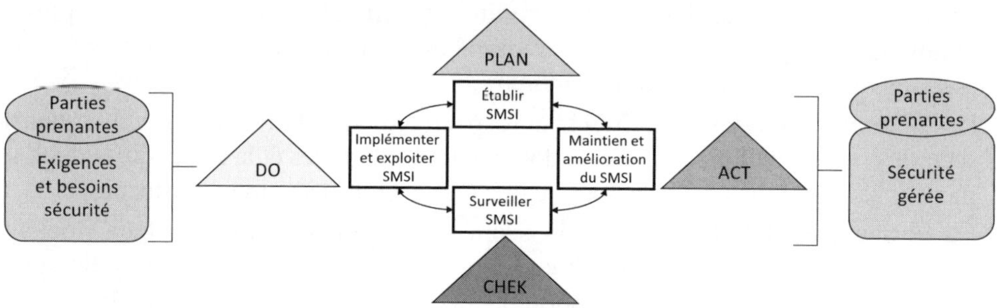

Figure 4.6 – Le modèle PDCA (adapté à partir de la norme ISO 27001).

Appréhender la sécurité sous la forme d'un modèle PDCA contribue à :

- **comprendre** les exigences de sécurité et les besoins de la politique de sécurité ;
- **implémenter** des mesures et effectuer des contrôles pour gérer le risque informationnel ;
- **surveiller** et évaluer la performance du SMSI ;
- **proposer** des améliorations basées sur des mesures d'efficacité du SMSI ;
- **développer** un modèle de gestion de sécurité satisfaisant aux exigences de la norme. Cela se réalise en trois étapes :
  - ◊ La première consiste en la **création d'un cadre managérial** afin de fixer les directives, les intentions et les objectifs pour la sécurité de l'information et de définir la politique stratégique qui engage la responsabilité du management.
  - ◊ La deuxième étape a pour objet **l'identification et l'évaluation des risques**. Elle est réalisée sur la base des exigences de sécurité définies par l'organisation pour déterminer les actions managériales appropriées à entreprendre et les priorités pour maîtriser les risques.
  - ◊ Le **développement du SMSI** constitue la troisième étape, avec la sélection et l'implémentation des mesures. En effet, une fois que les exigences ont été identifiées, les mesures appropriées peuvent être sélectionnées afin de s'assurer que les risques que le système d'information fait encourir à l'organisation sont réduits à un niveau acceptable conformément aux objectifs de sécurité de celle-ci. Ces mesures qui permettent de contrôler les risques portent sur les

4. La méthode comporte quatre étapes, chacune entraînant l'autre, et vise à établir un cercle vertueux qui permet d'améliorer la qualité d'un produit, d'une œuvre, d'un service, etc.

politiques, pratiques ou procédures à suivre en tenant compte de la structure de l'organisation.

Établissement et gestion du SMSI

La conception et la mise en place du système de management de la sécurité de l'information (SMSI) débutent par l'établissement et la gestion du système, par l'appréciation de l'envergure et des limites du système d'information sur lequel le système de management sera calqué. Une fois le **périmètre** sur lequel va porter la sécurité identifié, l'appréciation du risque est effectuée. Il s'agit d'une analyse et d'une **évaluationdu risque** (menaces, circonstances particulières, vulnérabilités, scénarios de risques, probabilités et dommages) au regard des actifs de l'entreprise (informations, matériels, logiciels, réseaux, processus, activités). Une fois le risque et ses composantes identifiés, l'entreprise peut décider de la manière dont ce risque va être traité. Les possibilités sont l'**acceptation**, l'**éviction**, la **réduction** ou le **transfert du risque**.

Toute cette démarche a comme finalité l'obtention de l'autorisation d'implémenter le SMSI, ainsi que la préparation d'un document d'applicabilité. Faute de cela, le contrôle de la mise en œuvre en termes d'efficience et d'efficacité ne serait pas possible.

Responsabilité du management

Le management doit clairement mettre en évidence son engagement en ce qui concerne les étapes du SMSI. Pour ce faire, il doit :

- **établir** une politique de SMSI ;
- **désigner** les rôles et **assigner** des responsabilités ;
- **mettre en place** les moyens pour une communication la plus large possible ;
- **décider** des critères d'acceptation des risques (ou de non-acceptation) ;
- **assurer** que des audits du SMSI seront effectués d'une manière régulière ;
- **assurer** que tout le personnel assigné à définir le SMSI possède ou acquiert les compétences nécessaires pour pouvoir effectuer la tâche.

Révision et amélioration du SMSI

Dans une organisation, les changements technologiques et structurels sont assez fréquents et les composantes du risque évoluent (augmentation du savoir-faire des malveillants, nouvelles vulnérabilités ou menaces, etc.). Le contexte dynamique et évolutif nécessite de pouvoir adapter le SMSI.

En ce qui concerne la **révision**, les données à prendre en considération pour évaluer et ensuite éventuellement modifier les procédures et les mesures en toute connaissance de cause pour optimiser l'efficacité du SMSI sont :

- les résultats d'audit ;
- les retours d'expérience des parties intéressées ;
- les résultats des mesures effectuées ;
- les données de surveillance continue (*monitoring*, veille active, etc.).

En ce qui concerne l'**amélioration** du SMSI, les actions à entreprendre sont relatives aux mesures correctives et préventives, à l'identification des non-conformités et de leurs causes pour y remédier.

Norme ISO 27001

La norme ISO 27001 propose des mesures de contrôle et de maîtrise des risques (ci-après dénommées contrôles) à personnaliser en fonction des besoins et des objectifs de sécurité pour faciliter le pilotage et l'amélioration de la sécurité. Ils se rapportent à l'ensemble des dix domaines concernés par la cybersécurité, présentés ci-après.

La **politique de sécurité** : les contrôles (les mesures) à mettre en place servent à démontrer le soutien de la direction à la sécurité conformément aux besoins de l'organisation.

La **sécurité informationnelle de l'organisation** : les contrôles à mettre en place doivent montrer le fait que la sécurité informationnelle, à l'intérieur et à l'extérieur de l'organisation, est assurée (preuves de l'existence de l'engagement du management, coordination des activités de la sécurité avec tous les responsables des différents départements de l'organisation, contact permanent avec les groupes d'intérêt, identification de toutes les exigences de sécurité concernant les données par exemple).

La **gestion des actifs** : les contrôles à mettre en place doivent permettre de vérifier qu'une protection appropriée des actifs de l'organisation est accomplie et maintenue (existence des inventaires des actifs à protéger, existence clairement définie et formalisée de l'assignation des responsabilités, etc.).

La **sécurité des ressources humaines** : les contrôles à mettre en place doivent permettre de valider que les employés, les contractants et les tierces personnes comprennent leurs responsabilités, sont au courant des vulnérabilités et des mesures existantes. Ceci peut être démontré par une documentation solide des responsabilités ainsi que par des mesures mises en place afin de respecter les politiques de sécurité en vigueur et les termes et conditions de leur engagement.

La **sécurité physique et environnementale** : les contrôles à mettre en place vont démontrer que des mesures empêchant les accès non autorisés, afin de prévenir les pertes, les dommages et les vols des actifs informationnels, existent. Ceci se fait par la définition d'un périmètre de sécurité, des procédures de contrôle physique et par les différentes mesures de protection contre le risque environnemental.

Le **management des opérations et des communications** : les contrôles doivent montrer que l'exploitation des ressources est sûre et correcte. Les indicateurs le prouvant sont des documents concernant les procédures et les responsabilités ainsi que la fréquence des contrôles. D'autres contrôles à effectuer sont relatifs à la surveillance de l'utilisation des ressources, à l'existence d'un processus de sauvegarde ou de contrôle d'accès, par exemple. Les contrôles du mécanisme de contrôle d'accès doivent permettre de vérifier que les accès non autorisés aux informations sensibles sont bien maîtrisés (existence d'une politique de gestion des utilisateurs, des identités, des authentifications, des permissions, des privilèges ou des droits d'accès).

La **maintenance** et le **développement du système d'information** : les contrôles à mettre en place permettent de s'assurer que la sécurité est intégrée au système d'information et que les critères et les besoins en sécurité sont satisfaits. Ceci passe par des contrôles portant sur les données, sur les processus et sur les procédures, notamment pour ce qui concerne les installations de logiciels, décourageant ainsi les modifications sans un consentement préalable des responsables sécurité.

La **gestion des incidents** : les contrôles à mettre en place servent à vérifier que les problèmes de sécurité sont identifiés, enregistrés, communiqués et qu'une approche cohérente de gestion des incidents est mise en place. Les contrôles auront pour objet les comptes rendus des incidents, leurs causes et les failles les ayant permis, la mise en place des mécanismes et procédures, aptes à faire partager l'expérience acquise en termes d'incidents.

La **continuité de l'activité** : les contrôles à mettre en place permettent de montrer que des mécanismes opérationnels sont présents afin de s'assurer qu'une interruption, due à un incident, aura un impact minimum. Ceci se fait par les contrôles concernant l'existence du plan de secours et du plan de continuité et de reprise des activités, des plans de tests, et de l'évaluation de l'existant au regard des besoins de conformité aux objectifs annoncés.

La **conformité juridique** : les contrôles à mettre en place mettent en évidence que les lois, les réglementations ou les obligations contractuelles mais aussi la politique de sécurité et d'autres normes sont respectées. Ceci se fait en identifiant les textes auxquels l'organisation est soumise, en protégeant les différentes documentations et en informant les employés sur l'utilisation des ressources informatiques et ses conséquences.

La certification ISO 27001 d'un SMSI d'une organisation est possible si les exigences et la conformité à la norme sont respectées. Cela permet de prouver que l'organisation suit les recommandations de la norme et que la sécurité informationnelle est gérée. Cela peut constituer un avantage concurrentiel et permet de développer la confiance. Une personne peut également obtenir une certification ISO 27001 : deux labels existent « ISO 27001 *Auditor* » et « ISO 27001 *Implementor* ».

Norme ISO 27002

La norme ISO 27002 peut être vue comme une collection de bonnes pratiques pour sécuriser un système d'information car elle identifie les mesures de sécurité à réaliser dans le cadre d'un système de management de la sécurité de l'information tel que défini par la norme ISO 27001. La norme ISO 27002 peut servir de point de départ pour l'élaboration d'une politique de sécurité et pour sa mise en œuvre. Elle facilite l'identification et la définition des exigences de sécurité d'une organisation et la manière d'y répondre.

L'avant-dernière version datant de 2013 était structurée en chapitres (figure 4.7), et 114 mesures de sécurité étaient présentées.

Dans la norme ISO 27002 publiée en 2022 (version 3) intitulée « **Sécurité de l'information, cybersécurité et protection de la vie privée – Mesures de sécurité de l'information** », les chapitres ont été remaniés et les domaines ont été réduits au

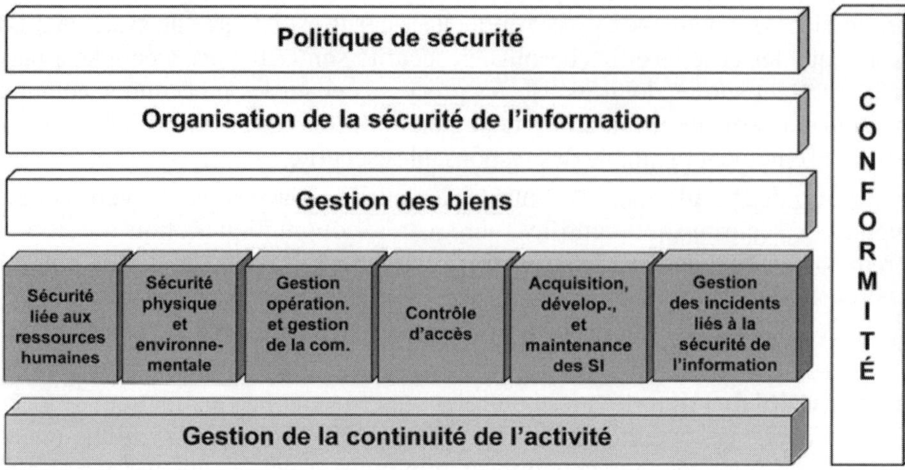

Figure 4.7 - **Chapitres de la norme ISO 27002:2013 — Technologies de l'information — Techniques de sécurité — Code de bonne pratique pour le management de la sécurité de l'information.**

nombre de quatre : les mesures de sécurité d'ordre organisationnel, humain, physique et technique. La dénomination de la norme a été modifiée pour refléter la nouvelle prise en compte, d'une part, des besoins de protection de la vie privée (du fait des contraintes légales relatives au respect du Règlement général de protection des données européen, RGPD) et, d'autre part, de ceux liés à la cybersécurité comme définis dans le *Cybersecurity framework* du NIST.

Les mesures de sécurité sont passées de 114 (version 2013) à 93 (version 2022)[5] et sont expliquées de manière contextualisée, la finalité est présentée (définition de son objectif et de sa raison d'être) et des attributs y sont associés pour indiquer dans quel domaine et combinaison de domaines les mesures peuvent s'appliquer, quels sont les critères de sécurité qu'elles permettent de satisfaire (disponibilité, intégrité, confidentialité). De plus les mesures sont également identifiées par leur type (mesures de prévention, de détection et de correction) et par les concepts de cybersécurité qu'elles peuvent concrétiser (mesure d'identification, de protection, de détection, de réponse (réaction) ou de reprise). En plus de ces propriétés, la norme distingue 4 différentes catégories de sécurité identifiées en « Gouvernance et écosystème », « Protection », « Défense », « Résilience ». Elle définit également 15 niveaux de capacités opérationnelles (domaines d'application) à savoir : Gouvernance ; Gestion des valeurs ; Protection de l'information ; Sécurité des ressources humaines ; Sécurité physique ; Sécurité des systèmes et des réseaux ; Sécurité des applications ; Sécurité des configurations ; Gestion des accès et des identités ; Gestion des vulnérabilités et des menaces ; Continuité ; Sécurité des relations avec

5. Par rapport à la précédente version, 57 mesures ont fusionné pour donner 24 nouvelles mesures, 11 sont nouvelles, 23 ont peu été modifiées et 35 ne l'ont pas été.

les fournisseurs ; Conformité juridique ; Gestion des événements liés à la sécurité de l'information ; Assurance de la sécurité de l'information (tableau 4.1).

Tableau 4.1 – Catégorisation des domaines d'application des mesures de sécurité selon la nouvelle norme ISO 27022 (2022).

Gouvernance
Gestion des valeurs
Protection de l'information
Sécurité des ressources humaines
Sécurité physique
Sécurité des systèmes et des réseaux
Sécurité des applications
Sécurité des configurations
Gestion des accès et des identités
Gestion des vulnérabilités et des menaces
Continuité
Sécurité des relations avec les fournisseurs
Conformité juridique
Gestion des événements liés à la sécurité de l'information
Assurance de la sécurité de l'information

Tous ces critères et attributs d'identification des mesures de sécurité permettent d'obtenir une liste de mesures génériques définies avec leur champ d'application. Ainsi, il est plus aisé de savoir qu'elles sont celles qui correspondent aux besoins de l'organisation et qui doivent être mise en œuvre pour répondre à ses exigences de sécurité.

La **norme ISO 27002** peut être vue comme un **catalogue raisonné de mesures** de **sécurité** (présentées sous forme de tableaux), accompagnées de directives de gestion qui permet de répondre aux questions « pourquoi les mettre en œuvre ? », « comment le faire » et « qui doit le faire ? ».

La norme ISO 27002-2022, tout en étant dans le prolongement de sa version antérieure, étend son champ d'application pour être compatible avec le standard américain ***Cybersecurity framework*** (CSF) de gestion des risques de cybersécurité du

NIST (*National Institute of Standards and Technology*, Département du Commerce). Ce dernier est lui-même élaboré dans l'esprit d'intégrer la gestion des risques informatiques dans une gestion globale des risques des organisations. À cet effet, le *Cybersecurity framework* du NIST est complémentaire du standard NIST *Integrating Cybersecurity and Enterprise Risk Management* (ERM)[6].

En fait les normes internationales **ISO de la série 27000** et les standards américains du **NIST** sont assez similaires et possèdent la même finalité, apporter un cadre de référence pour appréhender la gestion des risques générés par l'usage de l'informatique et d'Internet. La domination de la culture nord-américaine dans le monde des technologies de l'information, l'importance du *soft power* américain et des multinationales américaines dans ce domaine font que l'usage des standards américains est souvent promu à la place des normes internationales.

Pour une organisation, la norme internationale **ISO 31000** peut servir de référentiel pour le management des risques quelle que soit leur nature, des lignes directrices et des principes de gestion sont proposés. Un guide pratique explicatif de la mise en œuvre de cette norme a été proposé en 2018[7]. La norme **ISO 31010** propose des techniques d'évaluation des risques. Les processus de planification, d'implémentation, d'évaluation et de validation des mesures y sont détaillés.

4.3.3 Méthodes et bonnes pratiques

En plus des normes internationales ISO, il existe plusieurs documents liés aux **bonnes pratiques** qui peuvent également constituer des guides de référence permettant d'élaborer des politiques de sécurité, conçus et publiés par des institutions comme par le CERT (*Computer Emergency Readyness Team*), l'*Internet Security Alliance*, l'*Information Security Forum* ou encore par l'ENISA, l'Agence européenne chargée de la sécurité des réseaux et de l'information.

Une norme ou une méthode est un outil. Savoir en tirer parti dépend de la compétence et de l'expérience des personnes qui les utilisent.

Quelles que soient la norme et la méthode retenues, il est important de pouvoir les **adapter au contexte** auquel elles s'appliquent (tableau 4.2). En tout état de cause, ce doit être un soutien à l'appréhension et l'appréciation des risques encourus. La pertinence d'une politique de sécurité est en fonction de la qualité de l'analyse des risques effectuée dans le cadre de l'analyse de l'existant. Les grands cabinets de conseil ont défini leur propre méthode en s'inspirant le plus souvent des normes et des méthodes existantes comme la méthode **OCTAVE** (*Operationally Critical Threat, Asset and Vulnerability Evaluation*), élaborée à l'université de Carnegie Mellon, par exemple.

---

6. https://csrc.nist.gov/publications/detail/nistir/8286/final
7. https://www.iso.org/fr/publication/PUB100464.html

Tableau 4.2 – **Avantages et inconvénients de l'utilisation d'une méthode pour définir une politique de sécurité.**

Avantages	Inconvénients
Gain en termes d'efficacité en réutilisant le savoir-faire transmis par la méthode. Capitalisation des expériences. Propose un langage commun, un référentiel d'actions, une structuration de la démarche, et souvent une approche globale. Être associé à des groupes d'intérêts autour de certaines normes ou méthodes permet un partage d'expérience, de documentation, et éventuellement des formations.	Bien qu'elles puissent faire l'objet de révisions (nouvelles versions), les normes ou les méthodes n'évoluent pas forcément au même rythme que les besoins ou les technologies. Une norme ou une méthode est générale. Il faut savoir la spécifier en fonction de besoins particuliers de l'organisation. Prolifération des méthodes, difficulté de choix. Disposer des compétences nécessaires, demande des efforts financiers (durée, coûts). Difficultés à maîtriser la démarche qui peut s'avérer lourde et nécessiter des compétences externes.

4.3.4 Modèle formel de politique de sécurité

Différents modèles ont été proposés par la communauté scientifique pour spécifier et exprimer de manière formelle et non ambiguë des politiques de sécurité. Ils permettent une présentation abstraite des principes de sécurité à prendre en compte. Parmi les plus anciens, qui sont toujours utilisés :

- **le modèle de Bell-LaPadula** a été développé en 1973 pour décrire les règles et les exigences de contrôle d'accès à des informations classifiées d'une politique de sécurité pour la confidentialité. Il peut être complété par le **modèle Biba** de la Mitre corporation (1977) pour les contrôles d'intégrité ;
- **le modèle de Clark et Wilson** est relatif à l'intégrité de l'information pour des environnements commerciaux ou industriels ;
- **le modèle de Brewer-Nash** concerne l'exigence de contrôle d'accès visant à assurer la confidentialité pour le client ;
- le **modèle Graham-Denning** propose une matrice de représentation des règles de contrôle d'accès.

4.4 De la politique aux mesures de sécurité

4.4.1 Classification des ressources

La réalisation d'un inventaire complet et précis de toutes les ressources et tous les acteurs de la chaîne sécuritaire contribue à une meilleure connaissance de l'environnement à protéger (« *On ne peut sécuriser que ce que l'on connaît et ce que l'on gère !* »). C'est dans les phases d'analyse de l'existant et des risques que les données d'inventaire prennent toute leur importance. Elles interviennent également dans la phase d'identification des valeurs et de classification des ressources pour déterminer leur **degré de sensibilité** (ou **degré de criticité**). Plus la ressource possède de la valeur, plus elle est sensible et plus les conséquences d'un défaut de sécurité sont graves.

Chaque ressource peut être perçue comme une cible de sécurité pour laquelle il faut identifier les risques et des scénarios de risques combinés, les mécanismes de sécurité inhérents et applicables, ainsi que les contraintes techniques, financières et organisationnelles afin de déterminer la faisabilité de la politique de sécurité pour chaque cible de sécurité. La **classification** des ressources à protéger, selon leur degré d'importance, est nécessaire pour fixer les priorités des actions de sécurité à réaliser. Elle est donc indispensable à l'élaboration de la politique de sécurité et à la définition des mesures et des procédures. De plus, c'est en fonction du degré de sensibilité des données et du profil des utilisateurs que l'on attribuera à ces derniers des permissions et droits d'accès et que les données seront éventuellement chiffrées lors de leur stockage ou de leur transmission.

Déterminer le degré de sensibilité (ou encore de criticité) des données consiste tout d'abord à **identifier des classes génériques de données** auxquelles on associe des valeurs entières définissant leur degré de sensibilité. Cela permet de disposer d'une **métrique**, dont l'échelle des valeurs est déterminée par l'organisation et qui reflète le degré de sensibilité de la donnée pour celle-ci. Ainsi, par exemple, pour une entreprise les données peuvent être classées :

- **publiques** – non sensible : degré de sensibilité 0 ;
- **privées** – diffusion limitée : degré de sensibilité 1 ;
- **confidentielles** : degré de sensibilité 2 ;
- **secrètes** : degré de sensibilité 3.

La classification (qui doit être adaptée en fonction des besoins) étant effectuée, des règles de protection et d'usage doivent être assignées pour une durée précise.

4.4.2 Mesures de sécurité

Les **mesures de sécurité** se distinguent en fonction de ce sur quoi elles portent (sécurité physique, environnementale, logique, des systèmes, réseaux, données et programmes) et selon leur nature. Il peut s'agir :

- de mesures procédurales et managériales (procédures de gestion, de surveillance, d'évaluation, de mises à jour, de sauvegarde, de secours, d'exploitation, de gestion des ressources humaines, etc.) ;
- d'outils technologiques matériels ou logiciels (protocoles cryptographiques, système pare-feu, système de filtrage, de contrôle d'accès, etc.) ;
- de compétences humaines.

Comme le montre la figure 4.8, plusieurs types génériques de mesures de sécurité existent.

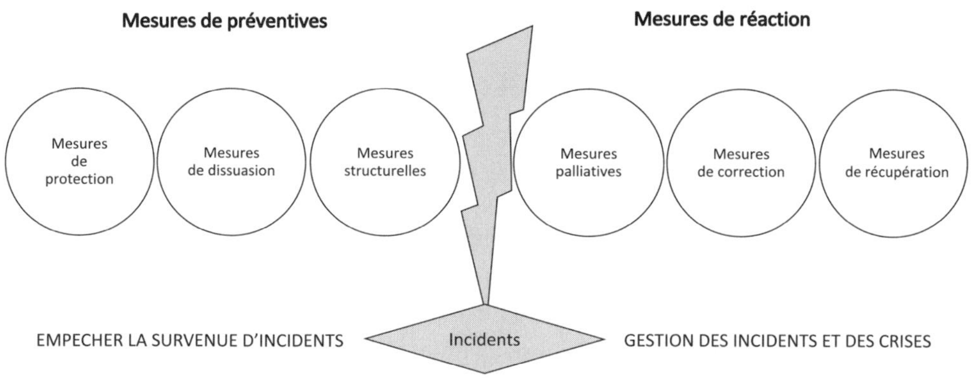

Figure 4.8 - **Typologie des mesures de sécurité.**

Les **mesures de protection** ont pour objectif de renforcer la sécurité et la robustesse des ressources et de diminuer les détériorations consécutives à la réalisation d'une menace (*via* des contrôles de cohérence, des détecteurs d'intrusion, d'incendie, d'humidité, d'erreurs de transmission, et des structures coupe-feu pour se protéger des agressions ou en limiter l'ampleur par exemple).

Les **mesures préventives** servent de barrière afin d'empêcher la réalisation d'incidents, de malveillances ou d'erreurs (procédures de contrôles d'accès physique et logique, détection de virus, etc.).

Les **mesures structurelles** agissent sur la structure, l'architecture, l'organisationdu système d'information (cloisonnement d'environnements, redondances, fragmentation de l'information, afin de réduire la vulnérabilité des ressources par exemple).

Les **mesures de dissuasion** autorisent une prévention en décourageant les agresseurs de mettre à exécution une menace (procédures juridiques et administratives touchant à la sensibilisation et à la gestion des ressources humaines, aux conditions de travail ou aux moyens de détection et de traçage, etc.).

Les **mesures de réaction** interviennent après la survenue d'incidents.

Les **mesures palliatives** ou **correctives**, telles que les sauvegardes, les plans de continuité, les redondances, les réparations ou corrections par exemple, contribuent à pallier ou à réparer les dégâts engendrés par un incident et permettent la continuité des activités.

Les **mesures de récupération** autorisent un retour à un fonctionnement normal et limitent les pertes consécutives à un sinistre, et réduisent le préjudice subi par un transfert des pertes sur des tiers (assurance) ou par attribution de dommages et intérêts consécutifs à des actions en justice.

4.5 Continuité des activités et gestion de crise

4.5.1 Définitions et objectifs

Pour limiter les dommages consécutifs à un incident qui n'a pu être évité, il faut au préalable avoir planifié et mis en place les ressources nécessaires à la continuité des activités.

Le **plan de continuité** a pour objet d'identifier les activités et les fonctions critiques de l'organisation et de définir les politiques et mesures qui lui permettront de continuer à opérer malgré la survenue d'incidents.

Le **plan de continuité d'activité** a pour objet de minimiser l'impact des sinistres touchant les processus métiers de l'entreprise.

Le **plan de reprise d'activité**, qui comprend la **gestion de crise**, va guider l'organisation après un sinistre pour rétablir les fonctions et activités critiques et le retour à la normale dans les meilleurs délais.

Les objectifs de ces plans impliquent :

- la réduction de la probabilité d'occurrence, la minimisation des dommages après sinistre, celle de la responsabilité civile envers des tiers et des coûts d'assurance ;
- la conformité avec les règlements et lois en vigueur.

Pour atteindre ces objectifs, l'organisation doit connaître ses ressources, ainsi que les besoins en matière de délai de redémarrage des activités. Il faut pour cela déterminer notamment :

- la durée maximale d'interruption admissible ;
- les pertes des données maximales admissibles ;
- les procédures de substitution et de rattrapage ;
- les montants des impacts financiers.

La norme **ISO 22301** (*Societal Security Business Continuity Management System Requirements*) spécifie les exigences pour planifier, établir, implémenter, opérer, surveiller, évaluer, maintenir et optimiser un système de management documenté de reprise et de continuité après incident.

4.5.2 Démarche de déploiement d'un plan de continuité

Les principales étapes du **déploiement** d'un plan de continuité sont :

- identifier et hiérarchiser les risques et les processus métiers cruciaux, ainsi que les systèmes et applications qui supportent ces derniers ;
- analyser l'impact probable des interruptions (de l'impact le plus faible jusqu'au plus fort) ;
- souscrire éventuellement une assurance ;
- définir la mise en œuvre des mesures préventives ;
- identifier les ressources financières, organisationnelles, techniques et environnementales suffisantes pour satisfaire aux exigences de sécurité ;

- assurer la sécurité du personnel et garantir la protection des moyens de traitement de l'information et des actifs matériels ;
- documenter les plans de continuité de l'activité satisfaisant aux exigences de sécurité ;
- tester et mettre à jour de façon régulière les plans et processus mis en place ;
- intégrer le plan de continuité aux processus et à la structure de l'organisation ;
- attribuer des responsabilités concernant le processus de gestion du plan de continuité.

C'est pendant les périodes de crise et de prise de décision rapide que les contrôles internes ont tendance à être contournés ou oubliés et que les critères de sécurité ne sont pas toujours respectés.

Dans un plan de continuité, les **impacts** sont considérés comme étant des pertes ou des modifications de l'état initial (ou prévu) des critères de sécurité liés aux actifs informationnels (disponibilité, confidentialité, intégrité, efficience, effectivité, fiabilité, conformité, etc.). Ces impacts peuvent être regroupés en :

- **impacts financiers** (baisse de la valeur des actions, perte de clients ou d'actifs financiers, coûts élevés de refinancement ou de remplacement, amendes contractuelles, etc.) ;
- **impacts opérationnels** (interruption de la production, des opérations, des ventes et/ou des livraisons, augmentation des délais de paiement ou d'achat, réduction de la qualité, etc.) ;
- **impacts intangibles** (très difficiles à évaluer et à monnayer comme la baisse du niveau de satisfaction des clients, la perte de confiance, d'image et de réputation, la perte de motivation ou d'avantages concurrentiels, etc.).

Pour pouvoir évaluer des incidents, il faut d'abord les catégoriser selon une échelle propre à l'entreprise, exprimant la satisfaction aux exigences en matière de sécurité. Ainsi par exemple, une échelle de classification des incidents pourrait être de quatre niveaux : négligeable, mineur, majeur et critique.

4.5.3 Plans de continuité et de reprise

Après avoir identifié les **activités critiques de l'entreprise**, une analyse des impacts après sinistre sur les processus et les actifs les supportant est réalisée pour identifier les plans d'urgence pour la continuité, la reprise des activités et la remise en état des infrastructures les supportant (figure 4.9).

Cette analyse des impacts reprend les catégories précédemment énoncées, en prenant particulièrement en compte les menaces contre les personnes, la perte des données importantes et la non-conformité.

L'établissement d'un plan de continuité requiert une planification rigoureuse du temps, des ressources à déployer et des objectifs à atteindre. Il répond à trois principales questions :

- quels sont les processus et les activités supportant les affaires ?

- quelles sont les ressources critiques liées aux processus critiques ?
- quel est le temps de dépannage critique à disposition ?

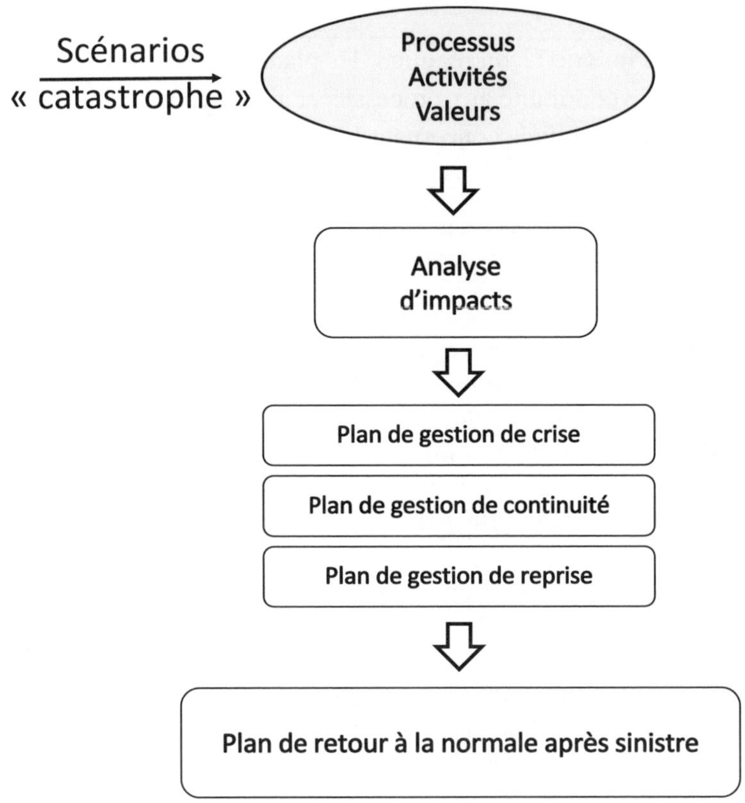

Figure 4.9 – **Gestion de crise et plans de continuité, de reprise et d'urgence.**

Le plan de continuité implique une priorisation des processus de la part des instances de gestion, mais aussi l'identification du **délai de fraîcheur** (figure 4.10).

Le **délai de fraîcheur** comprend la fréquence des sauvegardes en fonction des exigences en termes de perte de données maximale acceptable. Le **délai de reprise** est le temps maximal requis pour reprendre les activités à 100 % des capacités.

La **stratégie de sauvegarde** des données constitue la pierre angulaire d'un plan de continuité et de reprise car elle va permettre d'assurer le critère de disponibilité.

Différents types de sauvegardes existent, à savoir :

- la sauvegarde complète, qui est une copie exhaustive des données ;
- la sauvegarde incrémentale, qui est une sauvegarde de tous les éléments modifiés ;

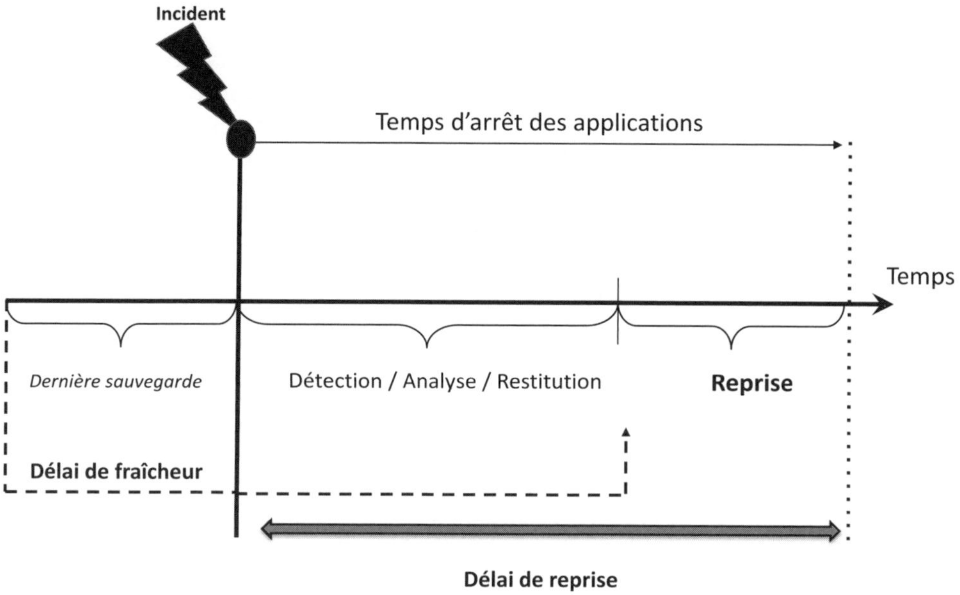

Figure 4.10 – **Notions de délais de fraîcheur et de reprise.**

- la sauvegarde différentielle, qui sauvegarde les fichiers modifiés après une sauvegarde complète ;
- la journalisation, qui crée un journal de toutes les modifications concernant un seul fichier.

Le choix du type de sauvegarde (ou d'une combinaison de types) est basé sur plusieurs facteurs relatifs à l'importance des données, au budget disponible, à la quantité et au taux de modifications des données, au volume de données à copier et à stocker à chaque reprise, et au temps nécessaire pour effectuer une sauvegarde.

Pour être valide, une stratégie de secours doit être testée régulièrement. Elle doit également être évolutive et robuste aux changements et répondre au principe « **KISS** » (***Keep It Short and Simple***).

Afin d'assurer que le plan de continuité et le plan de reprise en place sont conformes aux objectifs de l'organisation en termes de sécurité et de pérennité, un **audit** doit être prévu de manière régulière pour évaluer :

- la stratégie ;
- la pertinence des différents plans ;
- l'adéquation des locaux d'archivage extra-entreprise ;
- la capacité de réponse de l'utilisateur final ;
- la procédure du maintien et de mise à jour des plans (existence et effectivité) ;
- l'analyse des résultats des tests et de la documentation.

4.5.4 Dispositifs de secours et plan de secours

Les **dispositifs de secours** nécessaires doivent être décidés lors de la phase de la conception du plan de continuité afin de garantir la **disponibilité des ressources critiques** au système d'information pour son bon fonctionnement, même en cas de sinistre. Les dispositifs de secours les plus courants comprennent :

- la mobilisation des ressources nécessaires ;
- le secours des équipements informatiques, télécoms et de la téléphonie ;
- la reprise des traitements ;
- la logistique ;
- le relogement ;
- la reprise des activités ;
- la communication de crise ;
- les dispositifs de post-reprise.

Ces dispositifs doivent être conçus, utilisés et mis en œuvre en équilibrant les coûts engendrés par les solutions de reprise avec les coûts du sinistre (figure 4.11).

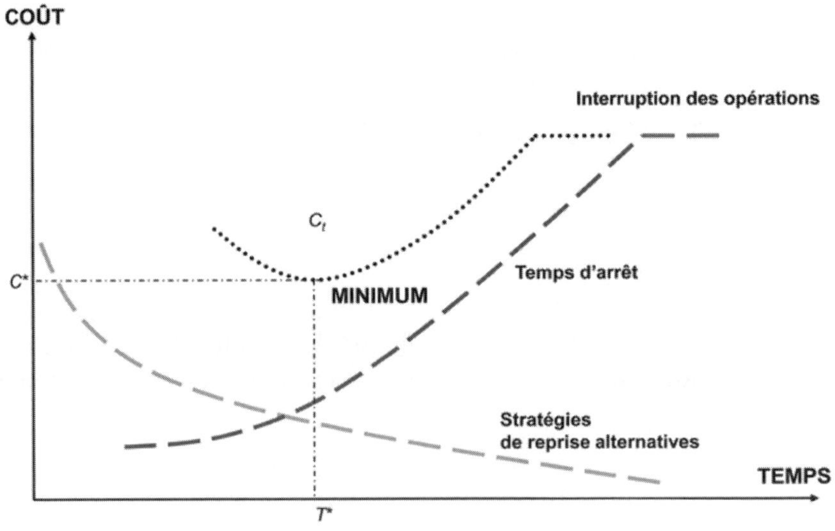

Figure 4.11 – Coût d'interruption et coût de reprise.

Le choix de la stratégie de secours dépendra des variables telles que les délais de fraîcheur et de reprise.

Les moyens de secours peuvent être classés selon les critères suivants :

- **salle blanche** (*cold site*) : infrastructure distante équipée pour accueillir des installations informatiques ;
- **salle orange** (*warm site*) : pour accueillir des installations informatiques et qui est partiellement équipée de matériel informatique ;
- **salle rouge** (*hot site*) : salle dite *latente* qui abrite un ensemble d'équipements informatiques tenus en état de marche avec un personnel dédié en permanence ;

- **salle mobile** (*mobile site*) : réalisée *via* des structures mobiles (camions, etc.) ;
- **salle miroir** (*mirrored site*) : assurant une redondance parfaite et fidèle de l'environnement opérationnel.

Des considérations budgétaires entrent toujours en jeu lors du choix de la stratégie et du type de salle de secours. En effet, il existe des écarts importants de coûts entre la location d'une salle blanche partagée et une salle miroir vers laquelle la production peut être commutée d'un moment à l'autre.

Un **plan de secours** est un dispositif organisationnel et technique qui permet d'assurer un fonctionnement minimal des applications critiques après la survenue d'un sinistre.

Le plan de secours définit une stratégie de reprise en identifiant notamment :
- le temps minimal écoulé entre un dommage et la reprise d'un fonctionnement normal (notion de durée critique) ;
- les événements et les actions pour mener à bien la reprise (synchronisation, répartition des actions, déclaration du sinistre auprès des assurances, identification des dépenses exceptionnelles).

Les éléments constitutifs d'un plan de secours sont résumés par la figure 4.12.

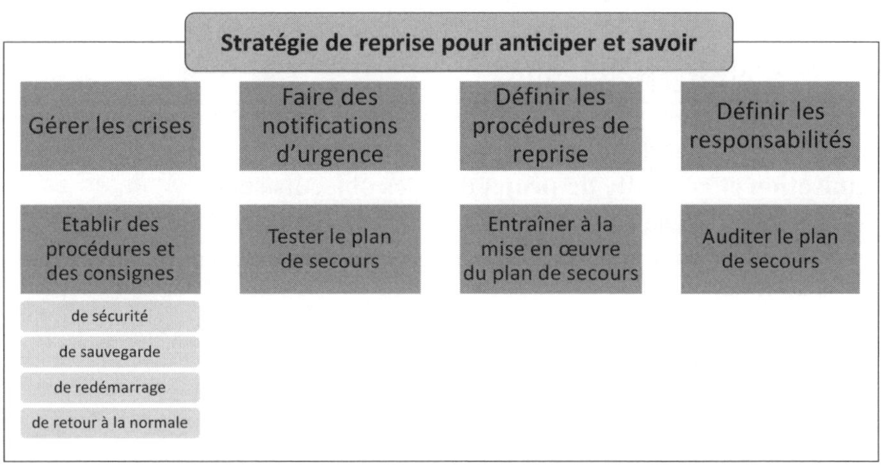

Figure 4.12 – **Éléments constitutifs d'un plan de secours.**

La définition et l'établissement d'un plan de secours doivent être gérés comme un **projet** à part entière et suivre une démarche classique de gestion de projet. Il est recommandé en outre de suivre une méthodologie de conception de plan de secours afin de systématiser et de mieux maîtriser les différentes étapes de la mise en place d'un tel projet.

La figure 4.13 identifie les quatre phases constitutives d'un plan de secours.

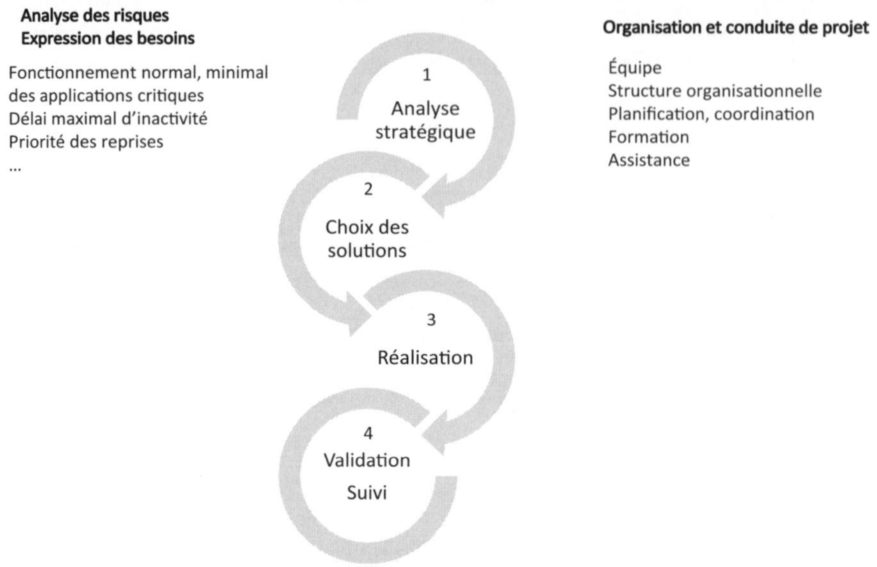

Figure 4.13 – Les quatre phases de réalisation d'un plan de secours.

Phase 1 – Analyse stratégique

L'**analyse stratégique** est le point de départ de la définition d'un plan de secours. Elle se structure autour des tâches principales suivantes :

- **organisation et conduite de projet** dont les objectifs sont :
  - ◊ *identification d'une équipe et d'une structure organisationnelle*,
  - ◊ *planification* : coordination, organisation de la mise en œuvre, de la mise à jour du plan de secours,
  - ◊ *formation et assistance* des personnes chargées du plan de secours ;
- **analyse des risques** pour :
  - ◊ l'*évaluation des risques*,
  - ◊ la *définition des sinistres potentiels* ;
- **analyse d'impact** contribuant à :
  - ◊ l'identification des *critères de fragilité* et de *sensibilité* aux risques des applications,
  - ◊ l'*analyse des conséquences* des pannes, erreurs, dysfonctionnements divers sur les activités de l'entreprise,
  - ◊ l'évaluation des *impacts stratégiques* et *tactiques* ;
- **définition des modes de fonctionnement normal et minimal de chaque application critique** afin de définir :
  - ◊ le *délai maximal* d'inactivité toléré,
  - ◊ les *consignes opérationnelles*,
  - ◊ les *priorités de restauration* des applications critiques,

◊ les *procédures de reprise*,
◊ les *exigences de planification*.

Phase 2 – Analyse des solutions

Suite à l'appel d'offres et à la réception des propositions de solutions, l'étape d'**analyse des propositions** a pour objet d'identifier et d'évaluer les différentes solutions de reprise possibles et de choisir celle répondant au mieux aux critères stratégiques de l'entreprise.

Phase 3 – Mise en œuvre opérationnelle

Lors de la phase de **mise en œuvre opérationnelle** de la stratégie de secours, l'attribution des responsabilités, la sensibilisation et la formation des personnes responsables de l'exécution des procédures de reprise sont effectuées. Une documentation complète du plan de secours est également établie.

Phase 4 – Validation et suivi

La phase de **validation** et de **suivi** permet de tester l'efficacité du plan par des simulations d'alertes et la réalisation de tests de bascule programmés depuis le site de production vers le site de secours, de documenter et d'analyser les résultats de ces tests. Cela permet d'obtenir un certain niveau de fiabilité et de sûreté de fonctionnement du plan de secours. Ce dernier doit également être mis à jour en fonction des événements, du changement de personnel, des modifications des applications et fait ainsi partie de la gestion opérationnelle quotidienne du site de production.

L'**audit d'un plan de secours**, qui peut ou non faire partie de la phase de validation et de suivi, a pour objet de déterminer la qualité du plan établi. Pour cela, on identifie les domaines sensibles de l'entreprise pour lesquels le plan de secours doit s'appliquer, et les dispositions, procédures, tâches et actions prévues par le plan en cas de sinistre sont évaluées puis des recommandations sont élaborées.

4.5.5 Plan d'action

Un **plan d'action proactif et réactif** pour protéger et contrer les incidents est défini dans la politique de sécurité. Il s'appuie le plus souvent sur la mise en œuvre du **plan de secours**. Ce plan d'action-réaction se décline en :

- **mesures préventives** (mesures de sauvegarde des données vitales, de surveillance, de contrôle, d'audit actif, etc.) ;
- **mesures de dissuasion** (notification de l'enregistrement des actions et événements, des poursuites encourues, des plaintes déposées auprès de la police, etc.) ;
- **mesures structurelles** (organisation et responsabilité) ;
- **mesures de protection** (procédures de contrôle d'accès, certification, chiffrement, preuve de l'origine, filtrage, cloisonnement des environnements, etc.) ;

- **mesures de constat et de notification** (enregistrement des actions malveillantes, constat et preuve de l'infraction, information aux dirigeants et aux acteurs touchés par l'infraction, etc.) ;
- **mesures de récupération** (secours, sauvegarde, restitution, retour au contexte initial, etc.) ;
- **mesures judiciaires** (marche à suivre pour porter plainte et poursuivre les fraudeurs).

4.5.6 Gestion de crise et dispositif de gestion de crise

Une crise survient généralement lorsque l'on s'y attend le moins. Pour ne pas rester démunie face à une situation chaotique générée par un défaut de sécurité et des incidents de gravité importante, l'organisation doit être préparée à gérer la crise afin d'en minimiser les impacts. À l'heure actuelle, la question n'est pas de savoir si l'entreprise fera l'objet de cyberattaques mais quand elle le sera.

Gérer une crise sous-entend la mise en œuvre des fonctions de pilotage stratégique, de conduite opérationnelle, de communication (interne et externe) et de suivi. Une organisation et un dispositif particuliers doivent exister en amont et être pensés pour gérer des crises dans la durée (notion d'anticipation, de planification et de maintenance du dispositif de gestion de crise et de mise à disposition du personnel).

Pour être opérationnel, ce dispositif doit être entraîné régulièrement afin de former les intervenants et de les préparer à réagir et à travailler dans des conditions exceptionnelles afin d'éviter la panique et les improvisations contre-productives.

Se préparer à la gestion de crise : cela se réalise par des campagnes de sensibilisation, des exercices de répétition d'ordre stratégique et opérationnel, et aussi par des exercices de communication (***media training***) pour certaines personnes en fonction de leurs rôles et de leurs responsabilités. Les employés doivent être sensibilisés aux plans de gestion de crise, de continuité et de secours, qui doivent être testés, évalués et optimisés régulièrement.

La phase de communication en interne et en externe est de première importance pour informer correctement toutes les parties prenantes (clients, etc.), pour montrer que l'entreprise assume ses responsabilités et maîtrise la crise. Une communication claire, des informations vérifiées et justes, avec un certain niveau de transparence, permet d'être crédible et de contribuer à maintenir la confiance des acteurs concernés. Ces derniers doivent également pouvoir communiquer avec l'organisation *via* un canal de communication dédié.

4.6 Audit des systèmes d'information et audit de sécurité

4.6.1 Principes de base de l'audit des systèmes d'information

Un **processus général d'audit** répond à l'objectif principal qui est de permettre à l'auditeur d'attester que les états financiers ont été établis, dans tous leurs aspects significatifs, conformément à un référentiel comptable identifié. L'audit concerne en premier lieu le système de **contrôle interne** de l'entreprise, qui est l'ensemble des principes et procédures prescrits par la direction d'une entreprise, servant à garantir une gestion des affaires correcte et efficace (y compris le respect des principes édictés par la direction de l'entreprise) en matière de :

- protection des actifs ;
- détection et empêchement des fraudes et des erreurs ;
- assurance de l'exactitude et de l'intégralité des enregistrements comptables ;
- compilation en temps utile et dans la mesure du possible des informations financières fiables.

Ainsi, l'**audit d'un système d'information**, qui intègre celui de sa sécurité, contribue à satisfaire ce même objectif. Un audit de systèmes d'information vise à collecter des **preuves** qui permettent d'attester, d'une part, que les systèmes et ressources protègent les actifs informationnels de l'organisation et, d'autre part, que les différents risques inhérents au système d'information sont pris en compte, que les exigences en matière de sécurité sont satisfaites, que la mise en œuvre de mesures de sécurité est cohérente et correspond aux risques réellement encourus.

Cela contribue à pouvoir formuler une **assurance raisonnable** concernant :

- l'intégrité et la fiabilité des systèmes et des informations ;
- l'utilisation efficiente des ressources ;
- l'atteinte des objectifs organisationnels en fonction du niveau de qualité de contrôles internes.

Le résultat d'un audit se présente sous la forme d'un rapport adressé aux personnes qui ont mandaté la mission (direction de l'organisation, responsable des technologies de l'information, etc.).

D'une manière générale, les **contrôles principaux** à prendre en compte dans le cadre d'un audit de système d'information sont :

- l'environnement de direction et de supervision ;
- les procédures de gestion du changement ;
- le cycle de vie des systèmes ;
- la politique de sécurité ;
- la gestion des incidents, de la maintenance, des performances ;
- la gestion de crise, le plan de continuité et de reprise ;
- le support technique et les processus de veille ;
- les standards et réglementations.

Un audit de système d'information se déroule dans le cadre d'une **mission** qui doit être structurée selon des phases d'initiation et de planification de l'audit. Celles-ci amènent à la phase de travail d'audit sur le terrain qui conduit à la réalisation d'un rapport d'audit et de sa présentation. Une phase de suivi de l'audit complète les précédentes. Il peut s'agir d'un **audit interne**, réalisé par des auditeurs internes à l'organisation ou d'un **audit externe** qui fait appel à des auditeurs indépendants de l'organisation.

Un **rapport d'audit** comprend généralement les points suivants :

1. le contexte et la définition de la portée de la mission d'audit ;
2. une appréciation globale de la situation ;
3. des constats et observations ;
4. un récapitulatif des points forts et des faiblesses ;
5. des recommandations d'amélioration.

En matière de **sécurité**, les principaux objectifs de l'**audit interne**, qui peut être demandé de manière proactive ou réactive, sont de s'assurer que les contrôles (les mesures de sécurité) mis en place pour maîtriser les risques sont efficaces. Cela permet d'évaluer l'état de sécurité du système d'information (défaut de sécurité, processus de gestion de la sécurité, conformité, etc.).

Un **audit externe** de sécurité s'intéressera principalement à évaluer la performance de la sécurité, qui dépend de l'efficience et de l'efficacité de la politique et des mesures de sécurité. De ce fait, cela comprend l'évaluation de la stratégie et de l'analyse des risques qui ont conduit à la politique de sécurité. Cela concerne plus largement le budget, les assurances souscrites, la documentation, les procédures de surveillance et remontées d'informations (*reporting*), la gestion de la qualité, la conformité légale et réglementaire, la sensibilisation, etc. Cela permet de valider que les objectifs de sécurité sont bien atteints, sinon de proposer des recommandations pour satisfaire aux exigences de sécurité.

4.6.2 Référentiel CobiT

L'association américaine ISACA[8] (*Information Systems Audit and Control Association*) diffuse, pour la gouvernance et l'audit des systèmes d'information, la méthode **CobiT** (*Control objectives for information and Technology* – objectifs de contrôle de l'information et des technologies associées). CobiT peut être considéré comme un outil de support à l'optimisation des politiques, des mesures et des procédures de gestion des systèmes d'information dans une optique de **gouvernance** des technologies de l'information. L'objectif étant de contribuer à l'**optimisation des processus de création de valeurs** (et de réalisation des profits de l'organisation) tout en maîtrisant les coûts et les risques d'une organisation (démarche d'amélioration consistant à maîtriser les risques liés aux technologies de l'information pour tirer parti des opportunités). CobiT contribue à ce qu'une organisation puisse contrôler son environnement en s'appuyant sur des pratiques d'audit et de sécurité des systèmes d'information.

À la fois **démarche et méthode**, CobiT facilite la prise en compte des besoins et des exigences spécifiques aux métiers, la prise en compte des risques, des évolutions, et contribue à pouvoir définir une organisation adaptée pour piloter le système

8. L'**ISACA** (*Information Systems Audit and Control Association*, www.isaca.org), sous le patronage de l'*IT Gouvernance Institute* est une association active dans de nombreux pays. L'**AFAI** (Association française de l'audit et du conseil informatique) est la branche française de l'ISACA. http://www.isaca.org

d'information dans une optique de rationalité économique. Il s'agit d'un référentiel de gestion de l'informatique d'entreprise afin que celle-ci soit performante.

Largement utilisée, CobiT est une méthode structurée autour des principaux domaines d'activité liés à l'exploitation de l'informatique (planification, construction, exécution, évaluation, validation et métrologie), basée sur une quarantaine de processus clés avec plus de 200 objectifs de contrôle. Chaque élément est conçu afin de permettre aux responsables des systèmes d'information de s'assurer que les risques significatifs ont été identifiés et que des mesures de contrôle appropriées et fiables ont été mises en place, le tout dans un contexte d'évaluation et de réévaluation permanente. L'édition 2019 de CobiT, basée sur la version 5, se structure autour de quatre parties :

- introduction et méthodologie ;
- gouvernance et objectifs de management ;
- conception d'une solution de gouvernance
- implémentation et optimisation d'une solution de gouvernance des technologies de l'information.

Les processus sont structurés autour des cinq grands domaines suivants (figure 4.14) :

1. EDS : évaluer, diriger, surveiller ;
2. APO : aligner, planifier, organiser ;
3. BAI : bâtir, acquérir, implanter ;
4. LSS : livrer, servir, soutenir ;
5. SEM : surveiller, évaluer, mesurer.

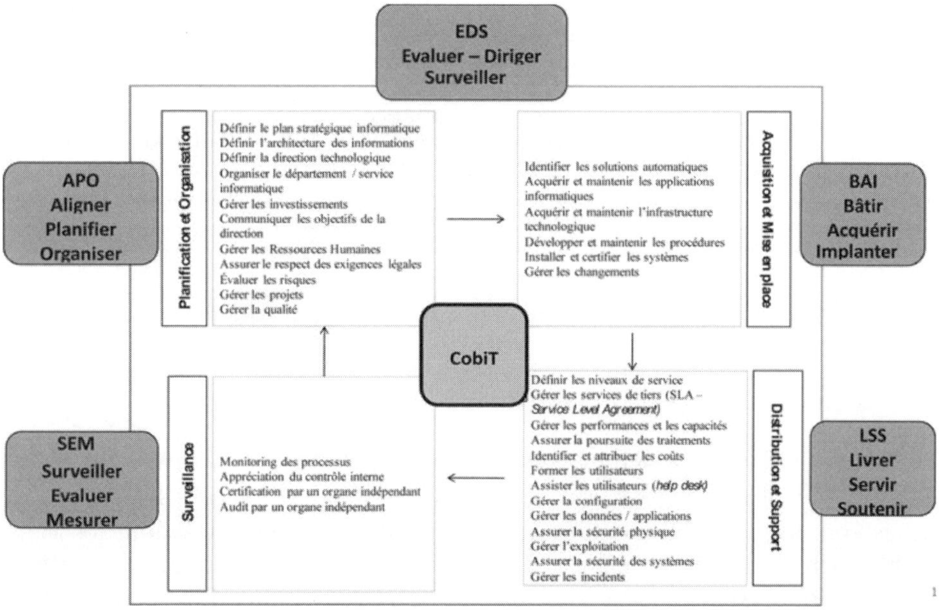

1

Figure 4.14 – **Les 5 domaines de la méthode CobiT5.**

Cela correspond au modèle **PDCA** de la norme ISO 27001 (voir la figure 4.6). À chaque processus sont définis des rôles et responsabilités selon le principe connu sous le sigle **RACI** :

- R pour *Responsible* : personne en charge de la réalisation de l'activité.
- A pour *Accountable* : personne qui porte la responsabilité de la définition de l'activité.
- C pour *Consulted* : responsable chargé de consulter les personnes impliquées par tout changement et de prendre leur avis.
- I pour *Informed* : fait référence au fait que des personnes concernées par les changements et évolutions en sont informées.

CobiT insiste sur la distinction entre la gouvernance et la gestion de l'informatique. Dans le cadre de la gouvernance, trois activités clés sont identifiées : l'évaluation de besoins et contraintes afin de fixer des objectifs réalistes et fiables ; le pilotage par priorité et prise de décision ; la surveillance de performance et de conformité par rapport à des objectifs et directions définis à l'avance. Dans le cadre de la gestion, qui est une phase plus tactique et opérationnelle, la direction de l'organisation planifie, implémente, gère et surveille les activités de l'organisation en conformité avec les objectifs globaux de celle-ci.

Pour chaque domaine de CobiT, la description des processus (nom, domaine de rattachement, objectifs du processus, ressources impliquées, RACI, **objectifs de contrôle** du processus (*control objectives*), métriques associées) permet de représenter toutes les activités de gouvernance et de gestion afin de les évaluer et de les optimiser. La méthode est accompagnée d'une boîte à outils permettant de la dérouler.

Des normes ISO constituent un autre choix que CobiT. La norme **ISO 38500** de 2015 (*Corporate Governance of Information Technology*) propose des principes généraux pour un usage efficace et efficient des technologies de l'information et pour la **gouvernance** des processus de gestion des services utilisés dans une organisation. Cela contribue à développer la confiance dans la gouvernance des technologies de l'information. La norme multi-parties **ISO 15504**, qui propose un cadre pour l'évaluation des processus, s'appuie sur des modèles de maturité, ce qui a été repris en 2015 dans la série des normes de la famille **ISO 3300x** qui concerne le développement de logiciels et l'évaluation des processus.

4.7 Mesurer l'efficacité de la sécurité

4.7.1 Métriques de sécurité

La notion de métrique est définie comme un outil pour **faciliter la prise de décision** et **améliorer la performance** des systèmes sur lesquels elle s'applique.

Elles sont à considérer comme des **paramètres de référence** dont les valeurs tangibles permettent l'appréciation des systèmes observés. Leur variation reflète la dynamique du système. Leur analyse peut servir à valider leur conformité par rapport à une situation, à un objectif ou encore à des valeurs normées.

Les **métriques** peuvent être imposées par des lois, des réglementations ou encore par des contraintes spécifiques. En sécurité informatique, les métriques peuvent être par exemple utilisées pour :

- établir un niveau de référence pour une surveillance et une amélioration continue du niveau de sécurité d'une organisation ;
- contribuer à la définition des niveaux de sécurité à atteindre, et au suivi, à l'évaluation, la validation et l'optimisation des mesures de sécurité ;
- contribuer à l'amélioration des pratiques de sécurité existantes et à l'intégration de la sécurité dans les processus business ;
- contribuer à ce que des problèmes techniques puissent être appréhendés au niveau managérial ;
- justifier les budgets liés à la sécurité.

Les métriques sont des éléments caractéristiques, observables et mesurables d'un système. Elles peuvent être de nature qualitative ou quantitative.

Les métriques de sécurité se classifient selon leur finalité et usage pour contribuer à :

- l'analyse des risques, l'estimation de la probabilité des intrusions, leurs conséquences et impacts ;
- la certification des systèmes en classes (niveau de sécurité) selon les caractéristiques et mécanismes de sécurité ;
- la mesure de l'effort requis pour s'introduire dans un système informatique (en termes de compétences, ressources, temps, etc.), ce qui contribue à déterminer indirectement le niveau de résistance aux attaques (difficulté à s'introduire, robustesse des systèmes) ;
- l'audit et l'évaluation du niveau de sécurité.

Une organisation peut s'appuyer sur différentes normes ISO ou référentiels comme CobIT par exemple pour identifier, en fonction de ce qu'elle souhaite mesurer, les métriques pertinentes à la gestion et à la gouvernance de sa sécurité.

Une approche d'évaluation de la sécurité basée sur des métriques bien définies qui permettent leur évaluation qualitative et/ou quantitative démontre que l'organisation a défini une politique de sécurité et des procédures de sécurité détaillées, a implémenté ces procédures et est en mesure de tester la conformité et l'efficience de celles-ci.

L'utilisation des métriques de sécurité confirme que l'organisation possède une **attitude sécuritaire proactive** et que la sécurité est intégrée dans sa gouvernance et dans ses opérations. Cela peut lui apporter des avantages organisationnels ou financiers.

En utilisant les métriques, le management peut identifier les contrôles techniques, opérationnels ou managériaux et évaluer s'ils sont implémentés d'une manière correcte ou non. Ainsi, l'observation de la valeur des métriques permet d'isoler les problèmes pour y remédier. De plus, les métriques constituent souvent un levier pour libérer les fonds nécessaires auprès du management décisionnel, pour réaliser l'investissement nécessaire à la sécurité.

Les métriques mesurant la **performance** peuvent se classifier en deux groupes :

- métriques **d'efficacité**, pour évaluer jusqu'à quel degré les objectifs sont atteints ;
- métriques **d'efficience**, qui permettent d'évaluer la proportionnalité entre les résultats obtenus et les ressources impliquées, par rapport à l'atteinte des objectifs fixés.

L'usage de métriques de sécurité permet également de vérifier et d'attester, que les activités de l'organisation sont en accord avec les lois applicables (notion de conformité juridique). Elles peuvent aussi constituer un référentiel commun entre un assureur et une organisation pour l'établissement de **contrats d'assurance** de son système d'information, en proposant des assurances en adéquation avec les niveaux de sécurité des ressources.

4.7.2 Modèle de maturité

Un **modèle de maturité** permet de décrire l'état d'un système pour en mesurer son niveau, en fonction de certaines caractéristiques, ou d'objectifs à atteindre. Ainsi, les métriques de sécurité sont regroupées pour pouvoir donner lieu à une **échelle** indiquant le niveau auquel, compte tenu des critères choisis, se trouve le système étudié.

Un **modèle de maturité** permet de représenter la rigueur et le formalisme avec lesquels la gestion de la sécurité d'un système d'information est appréhendée au sein d'une organisation. Celle-ci peut s'appuyer sur la **norme ISO 21827** pour spécifier le modèle de maturité des capacités de l'ingénierie de la sécurité des systèmes (*Systems Security Engineering - Capability Maturity Model*®, SSE-CMM®). Celui-ci décrit les caractéristiques essentielles du processus d'ingénierie de la sécurité d'une organisation. Le modèle propose des métriques pour les pratiques d'ingénierie de la sécurité relatives à l'ensemble du cycle de vie (activités de développement, d'exploitation, de maintenance et de mise hors service), à l'ensemble de l'organisation (activités de gestion, d'organisation et d'ingénierie) et à l'ensemble des interactions avec d'autres organisations, notamment l'acquisition, la gestion des systèmes, la certification, l'accréditation et l'évaluation.

Les éléments les plus importants d'un modèle de maturité sont :

- les niveaux prédéfinis ;
- les éléments explicatifs et mesurables décrivant chaque niveau.

Les modèles de maturité peuvent être exigés et/ou utilisés pour **différentes finalités**, à savoir :

- pour définir des objectifs tangibles, compréhensibles et clairs quant aux aspects de la sécurité à traiter, de la manière de les regrouper et de les gérer ;
- pour contrôler l'efficacité de la sécurité. Une fois l'étalon décidé, il est possible de situer l'état actuel de la sécurité de l'information par rapport à un état désiré ;
- pour constituer une échelle de comparaison entre des organisations ;
- pour prioriser les actions à entreprendre pour l'optimisation ou l'évolution du système.

En général un modèle de maturité contribue à évaluer la qualité de l'architecture, du déploiement, de l'efficience et de l'effectivité, ainsi que la viabilité des processus. Cela s'applique également au domaine de la gestion de la sécurité.

Dérivés généralement du domaine de la gestion de la qualité, différents modèles de maturité ou manières de les définir existent, comme :

- **CMMI** : *Capability Maturity Model Integration* issue du *Software Engineering Institute* de l'université Carnegie-Mellon ;
- **SPICE** : *Software Process Improvement and Capability dEtermination* intégré dans la norme ISO 15504 qui fournit un cadre pour l'évaluation des processus d'une organisation.

Le consortium *Information Security Management Maturity Model* (**ISM3**) propose un modèle « *Information Security Management Maturity Model* » de management de la sécurité qui reprend divers aspects issus des normes de gestion de la sécurité informatique **ISO 27001**, de gestion de la qualité **ISO 9000**, des méthodes **CobiT** et **ITIL** (*Information Technology Infrastructure Library* de gestion des services IT).

Généralement les modèles de maturité sont structurés en quatre catégories de processus, à savoir :

- général (audit des SI et des processus business) ;
- gestion stratégique (ressources allouées à la sécurité) ;
- gestion tactique (définition des objectifs de sécurité) ;
- gestion opérationnelle (gestion des sauvegardes).

Cinq niveaux d'appréhension de la gestion de la sécurité sont le plus souvent retenus, comme par exemple :

- **Indéfini** : investissements minimes de sécurité dans les processus essentiels. Les processus sont utilisés mais pas définis formellement. Cela correspond au premier degré de sécurité avec des pratiques informelles et des actions isolées.
- **Défini** : les objectifs de sécurité essentiels sont définis (entreprises agissant dans des environnements qui sont capables de prouver leur conformité vis-à-vis des bonnes pratiques du domaine). Les processus sont utilisés et documentés, les pratiques sont formalisées, répétables et suivies (niveau 2).
- **Géré** : ce niveau reflète la capacité de se protéger de menaces (investissements importants, processus bien définis, mis en œuvre, et leurs résultats sont mesurés dans un but d'amélioration) (niveau 3).
- **Contrôlé** : les menaces internes et externes sont prises en considération (les processus sont gérés, les objectifs sont clairs, des ressources sont allouées, la gestion des performances est réalisée et des améliorations sont apportées) (niveau 4).
- **Optimisé** : il existe un système de mesures et de métriques qui contribue aux améliorations et à une réduction effective des coûts. Le processus de sécurité est continuellement optimisé. La prise en compte de l'amélioration continue est le plus haut niveau d'un modèle de maturité (niveau 5).

Quel que soit le modèle retenu, un modèle de maturité permet **d'apprécier le niveau d'engagement d'une organisation** dans la gestion des risques et de la sécurité, d'exprimer son expérience ou encore de suivre l'évolution de la maîtrise de la sécurité. Savoir à quel niveau une organisation se situe permet de connaître la manière dont la sécurité est prise en compte et l'importance qui lui est accordée. Ainsi, cela permet des comparaisons entre organisations. Fixer des niveaux à atteindre et une feuille de route spécifiant comment atteindre ces objectifs de sécurité contribuent également à une meilleure maîtrise des coûts et des investissements en sécurité.

4.8 Certification des produits de sécurité

4.8.1 Critères communs

En 1985, le département de la Défense américain définissait des critères d'évaluation de la sécurité des systèmes informatiques (TCSEC, *Trusted Computer System Evaluation Criteria*). Côté européen, la France, le Royaume-Uni, l'Allemagne et les Pays-Bas ont aussi défini un référentiel de classification du niveau de sécurité des systèmes d'information, l'ITSEC (*Information Technology Security Evaluation Criteria*). Les critères TCSEC et leurs équivalents européens (ITSEC) et canadiens ont donné naissance à des critères communs à l'Europe et aux États-Unis : les **critères communs** (**CC**, *Common Criteria for Information Technology Security Evaluation*) (tableau 4.3).

Tableau 4.3 – Niveaux de sécurité définis par la norme ISO 15408 (CC).

Critères Communs ISO 15408	Critères ITSEC équivalents	*Critères US TCSEC équivalents*
-	**E0**	***D*** *: Protection minimale*
EAL1 Testé fonctionnellement	–	–
EAL2 Testé structurellement	**E1**	***C1*** *: Protection discrétionnaire*
EAL3 Testé et vérifié méthodiquement	**E2**	***C2*** *: Protection des accès contrôlés*
EAL4 Conçu, testé et revu méthodiquement	**E3**	***B1*** *: Protection labellisée*
EAL5 Conçu et testé semi-formellement	**E4**	***B2*** *: Protection structurée*
EAL6 Vérifié, conçu et testé semi-formellement	**E5**	***B3*** *: Domaines de sécurité*
EAL7 Vérifié, conçu et testé formellement	**E6**	***A1*** *: Conception vérifiée*

Les **critères communs** constituent une typologie des niveaux de sécurité (ou classes), reconnue par l'ensemble des acteurs du marché de la sécurité.

La norme multi-parties « critères communs » **ISO 15408** définit le modèle général de la certification (partie 1), les exigences fonctionnelles de sécurité, qui sont les éléments techniques qui vont entrer dans la définition de la cible de sécurité (partie 2) et les exigences d'assurance de sécurité, qui sont la manière d'effectuer l'évaluation menant à la certification (partie 3).

4.8.2 Acteurs concernés par les critères communs

Les critères communs ont été élaborés :

- pour assister les **développeurs** de produits de sécurité dans l'identification des exigences de sécurité afin que ces derniers soient en conformité avec la norme et pour les préparer à l'évaluation de leurs produits ;
- pour que les **utilisateurs** puissent aisément comprendre quel est le niveau de sécurité objectif offert par un produit et ainsi choisir le produit qui satisfait au mieux leurs besoins de sécurité ;
- pour que les **évaluateurs** puissent effectuer des tests de conformité des produits et leur attribuer un label de sécurité tel que spécifié dans la norme ISO 15408.

Pour les fournisseurs, un produit labellisé « critères communs » peut offrir un avantage concurrentiel par rapport à des produits qui ne le seraient pas. Le label CC permet de répondre à des appels d'offres qui l'exigent et peut également constituer un élément de marketing et de vente de produits labélisés.

Pour tout ce qui concerne, en France, la **certification** par les **critères communs** (démarche, procédure, produits certifiés, dossier d'évaluation, conditions, portée de la certification, pilotage de l'évaluation, centres de certification, etc.), il est recommandé de se rapporter au site de l'Agence nationale de la sécurité des systèmes d'information De plus, l'ANSSI propose une certification de sécurité de premier niveau (**CSPN**), qui est plus facile à obtenir que la certification « critères communs ».

Un produit certifié « critères communs » présente son niveau de sécurité et atteste un certain seuil de sécurité garantie. L'utilisateur peut alors comparer différents produits à partir d'un même référentiel d'analyse dont les critères sont connus et homogènes.

4.8.3 Principales limites des critères communs

Le **processus de certification** d'un produit débute par la rédaction des documents à déposer en vue d'une **accréditation** « critères communs », qui dépend de l'organisme agréé de certification. En effet, chaque organisme de certification a sa propre formalisation des rapports. Ces organismes offrent une formation spécifique pour l'équipe en charge du développement d'un produit afin que cette dernière puisse élaborer les rapports et les documents demandés.

Le processus d'évaluation est souvent long et coûteux. L'effort d'investissement en termes de personnes à mobiliser et le coût lui-même de la certification peuvent être rédhibitoires. De plus, du fait qu'il s'agisse d'une norme internationale, il peut exister un certain décalage entre les spécifications de la norme, figée jusqu'à une nouvelle révision, et les technologies, qui doivent être en conformité avec cette même norme mais qui possèdent un cycle d'évolution beaucoup plus rapide. Par ailleurs, les produits n'ont pas forcément besoin de répondre aux exigences de sécurité de la norme mais aux exigences des **tests de conformité**. Enfin, il s'agit d'un **label statique** attribué à un instant donné pour une version spécifique d'un produit : chaque modification, même mineure, chaque nouvelle version du produit, nécessite une réévaluation et une nouvelle certification. Celle-ci est plus facile à obtenir si l'option maintenance de la certification a été demandée.

Bien souvent le label « **certifié critères communs** » est avancé à des fins de marketing et ne reflète pas l'état de sécurité réel d'un produit. Il concerne fréquemment une version antérieure de celui-ci ou n'est relatif qu'à une sous-partie du produit (la cible de sécurité), généralement de peu d'intérêt du point de vue de l'assurance d'un niveau de sécurité du produit dans son intégralité. Se pose également le problème de la confiance dans l'organisme de certification et de son indépendance vis-à-vis de fournisseurs de solutions et autres acteurs impliqués dans la sécurité : quelle confiance accorder à un organisme de certification ? Qui certifie les organismes ?

En France les organismes d'évaluation, les **CESTI** (centres d'évaluation de la sécurité des technologies de l'information) doivent être indépendants et impartiaux et agréés par le **COFRAC** (Comité français d'accréditation), qui évalue leur impartialité et compétence. Les organismes nationaux de certification comme l'**ANSSI** n'ont pas à être validés car ils font autorité.

4.8.4 Principes de base des critères communs

L'utilisation des critères communs repose sur les principes de sécurité suivants :

- la **défense en profondeur** : la sécurité est augmentée quand une série de couches de contrôle et de contre-mesures sont implantées pour assurer la prévention, la protection et la réponse en cas d'incident. Ce concept d'origine militaire stipule que la faiblesse d'un mécanisme doit être protégée par deux ou plusieurs autres mécanismes ;
- la sécurité informatique dépend de deux types d'exigences. Les **exigences fonctionnelles** (ce qu'un système peut faire à travers sa conception) et les **exigences d'assurance** qui permettent de spécifier qu'un niveau minimum de résistance cohérent est visé, en fonction des objectifs de sécurité ;
- **la sécurité absolue n'existe pas** : les outils de sécurité permettent éventuellement de « gagner » du temps, permettant de réagir pour résoudre un problème. Les CC ne prennent pas en considération « le non-intentionnel » comme les erreurs.

Via une **terminologie** et une **taxonomie**, les critères communs (CC) définissent un référentiel de langage commun à toutes les parties intéressées à la réalisation de la certification.

Les concepts clés sont :

- ***Target of Evaluation* (TOE)** : il s'agit de l'objet à évaluer. Des classes d'objets sont définies en fonction de leur degré de sensibilité ;
- ***Protection Profile* (PP)** : un profil de protection détaille les exigences de sécurité pour une classe d'objets qui offrent les mêmes fonctions de sécurité ;
- ***Security Target* (ST)** : ensemble d'exigences de sécurité et de spécifications à utiliser comme base pour l'évaluation d'une cible d'évaluation. La cible de sécurité atteste que la cible d'évaluation est conforme aux différents profils de protection ;
- ***Evaluation Assurance Level* (EAL)** : niveau d'assurance de l'évaluation qui définit le degré de confiance que l'on peut accorder au produit certifié.

Pour comprendre les composantes des CC, il est nécessaire de les situer dans le cadre sécuritaire dans lequel la cible d'évaluation sera opérationnelle. Il s'agit :

- de l'**environnement de sécurité** dans lequel la cible d'évaluation va fonctionner (cadre juridique, politique de sécurité de l'organisation, menaces, etc.) ;
- des **objectifs de sécurité**, qui sont les mesures qui vont répondre aux menaces identifiées ;
- des **spécifications de sécurité** de la cible d'évaluation, qui sont les exigences techniques qui dérivent des objectifs de sécurité.

Ceux qui rédigent le document décrivant la cible d'évaluation vont **estimer les menaces** possibles, pour constituer une liste de menaces avec des risques potentiels pour que les objectifs de sécurité soient remplis. Cette liste va aider les entités désirant faire certifier leur produit à définir les contre-mesures pour réduire le risque à un niveau acceptable. À ce stade, il n'est pas possible d'évaluer l'efficacité des **contre-mesures**. L'approche CC permet de vérifier que les contre-mesures concernant les menaces connues sont développées et implémentées.

Les critères communs permettent de s'assurer que les exigences de sécurité sont intégrées dans un produit dès sa conception (***security by design***).

L'évaluation de la cible d'évaluation peut se faire pendant ou après le développement du produit. Ces deux activités se font d'une manière complémentaire pour pouvoir modifier le produit et corriger les failles trouvées. La confirmation que la cible d'évaluation remplit les objectifs et les spécifications de sécurité, tels qu'établis dans la cible de sécurité, est le résultat attendu de l'évaluation. L'évaluation aide le développeur à identifier les erreurs et les vulnérabilités dans la construction et dans le développement de son produit.

L'approche de certification « critères communs » commence par l'identification des hypothèses sur l'environnement auquel la cible d'évaluation sera confrontée. Toutes les menaces doivent alors être identifiées. La politique de sécurité organisationnelle pourra être établie pour pouvoir identifier la politique de sécurité et les règlements. Le résultat de cette analyse est l'expression des objectifs de sécurité.

Résumé

L'augmentation des cyberrisques, celle de la complexité technologique, organisationnelle et juridique, ont conduit les organisations à se doter d'outils de management de la sécurité. Parmi eux, retenons la politique de sécurité, véritable ligne directrice de la mission sécuritaire.

Il appartient à la direction d'une entreprise d'évaluer les risques, d'élaborer une politique de sécurité et d'établir une structure organisationnelle chargée de coordonner et de superviser la mise en œuvre de cette politique dans le respect des diverses législations et réglementations en vigueur. Faire de la gestion des risques et de la sécurité un facteur de performance de la gestion d'entreprise constitue un véritable défi pour les organisations et un levier de sa compétitivité.

L'efficacité d'une politique de sécurité ne se mesure pas au budget investi mais dépend de la politique de gestion du risque et de la qualité de l'analyse des risques. Toutefois, la qualité de la sécurité informatique dépend aussi de l'identification et de l'évaluation de la valeur du patrimoine informationnel de l'entreprise et de la mise en œuvre opérationnelle, à partir de la politique de sécurité, de mesures de sécurité adaptées. La pertinence de la politique de sécurité ainsi que l'efficacité de la gestion de la sécurité, comme l'existence d'une culture de sécurité des employés, des prestataires et des fournisseurs, constituent également un garant de l'adéquation des mesures aux besoins.

Le choix de suivre une norme ou une méthode pour spécifier une politique de sécurité se fait en fonction des besoins, de l'adéquation des méthodes existantes et des compétences et ressources disponibles pour établir la politique. Choisir une norme et une méthode comme référentiel et support, qui permet de s'appuyer sur un cadre existant, est nécessaire mais jamais suffisant.

La sécurité n'est pas seulement un problème technique mais un problème de gouvernance, de gestion et de personnes (ces dernières constituent autant une menace pour la sécurité qu'un moyen de défense contre d'éventuelles violations de cette sécurité). La politique de sécurité doit donc également mettre l'accent sur la nécessité de disposer d'une bonne infrastructure de gestion des ressources humaines.

Au vu de la complexité de la réalisation d'une mission sécurité, certaines organisations optent pour l'externalisation (*outsourcing*) de tout ou partie de leur sécurité. La stratégie d'externalisation d'une politique de sécurité peut concerner la définition, la mise en œuvre et le contrôle, les accès distants, l'hébergement de sites web ou d'applications, l'administration de systèmes de pare-feu, la télémaintenance des systèmes et réseaux, la tierce maintenance applicative, la gestion des sauvegardes, etc. Le choix d'un prestataire doit toujours s'accompagner d'une démarche de contrôle qualité et peut tenir compte, par exemple, de l'expérience du prestataire, des compétences internes, des technologies utilisées, du délai de réaction, du service support, des clauses contractuelles (engagement de résultat, etc.), ou du partage des responsabilités légales.

Exercices

4.1 Quels sont les avantages relatifs à la définition d'une politique de sécurité pour une organisation ?

4.2 Quels sont les éléments qui permettent de justifier la mise en place d'une politique de sécurité pour le système d'information d'une entreprise ?

4.3 Comment s'exprime la rentabilité d'une politique de sécurité ?

4.4 Identifiez les principales étapes d'une démarche sécurité.

4.5 Quels sont, pour une entreprise, les avantages et les inconvénients potentiels liés à l'externalisation de la sécurité informatique (*outsourcing*) par rapport à une gestion interne de la sécurité ?

4.6 Proposez une modélisation des différents éléments intervenant dans la gestion des risques.

4.7 Quelles sont les principales limites de la norme ISO 27002 pour la réalisation de la sécurité ?

4.8 Pourquoi, dans une politique de sécurité, doit-on disposer d'un plan de secours et de gestion de la continuité ?

4.9 Quelle est la principale fonction d'un modèle de maturité en sécurité informatique ?

4.10 À quels besoins répond une certification « critères communs » ?

4.11 Quelles sont les analogies et les différences entre la méthode CobiT (*Control Objectives for Information & Technology*) et les normes ISO de la série 27000 ?

4.12 De quels paramètres dépend la prise en compte des besoins de sécurité d'une ressource ?

4.13 Quelles différences existe-t-il entre la notion de protection et celle de sécurité ?

4.14 Identifiez des paramètres qui permettent de mesurer l'efficacité d'une politique de sécurité.

4.15 Pourquoi les organisations utilisent-elles des modèles de maturité de la sécurité ?

4.16 Qu'est-ce qu'EBIOS, à quels besoins cela répond ?

4.17 Quelles sont les principales caractéristiques d'une fuite de données ?

4.18 Quelles questions poser à un dirigeant d'une PME pour lui faire prendre conscience de ses besoins de sécurité informatique ?

4.19 Que signifie le concept de « *security by design* » ? À quels besoins répond-il ? Analysez les avantages, inconvénients ainsi que les difficultés d'implémentation qui lui sont associées.

4.20 Est-ce qu'une entreprise qui est en conformité réglementaire avec le RGPD possède un niveau suffisant de sécurité informatique ?

4.21 Quelles sont les principales caractéristiques des phases d'appréciation et de traitement des risques ?

4.22 Quelles sont les relations entre une politique de sécurité et la direction d'une organisation ?

4.23 Pourquoi est-il nécessaire d'organiser la sécurité ?

4.24 Quels sont les finalités et objectifs des mesures de sécurité impliquées dans la gestion des biens et des valeurs ?

4.25 Quels sont les finalités et objectifs des mesures de sécurité impliquées dans la gestion liée aux ressources humaines ?

4.26 Quels sont les finalités et objectifs des mesures de sécurité impliquées dans la sécurité physique et environnementale ?

4.27 Pourquoi des mesures permettant de sécuriser l'exploitation opérationnelle des ressources sont nécessaires ?

4.28 Pourquoi des mesures permettant de réaliser la sécurité des communications sont nécessaires ?

4.29 Comment une fonction de contrôle d'accès aux ressources contribue à réaliser une protection contre des fuites de données ?

4.30 Pourquoi la sécurité lors des phases d'acquisition, de développement et de maintenance des systèmes d'information est importante et quels sont les points forts ?

4.31 Pourquoi la gestion des incidents liés à la sécurité est une tâche importante de la gestion opérationnelle ? Quelle est la norme ISO relative à la gestion des incidents ?

4.32 Dans une démarche de sécurité, quels sont les objectifs de la gestion de la continuité des activités ?

4.33 Pourquoi dans une politique de sécurité doit figurer un chapitre lié à la conformité ?

Solutions

4.1 L'avantage principal de la **définition d'une politique de sécurité de l'entreprise** est de traiter la problématique de la sécurité informatique dans son intégralité, selon une approche systémique.

La définition d'une politique de sécurité permet de ne pas se focaliser d'abord sur les outils de la sécurité mais de s'intéresser en premier lieu au pourquoi de la sécurité (tableau 4.4). La définition d'une politique de sécurité force à avoir une réflexion stratégique sur les enjeux et les moyens de la maîtrise de la sécurité et permet d'appréhender les différentes dimensions de la sécurité (organisationnelle, managériale, humaine, juridique et technologique).

Tableau 4.4 – La politique de sécurité doit répondre à des questions simples.

<table>
<tr><th>Éléments d'une politique de sécurité</th><th>Des questions simples
Des réponses précises</th></tr>
<tr><td>Organisation de la sécurité</td><td rowspan="6">Que protéger ?
De qui, de quoi doit-on se protéger ?
Pourquoi ?
Quels sont les risques réellement encourus ?
Ces risques sont-ils supportables ?
Quel est le niveau que l'on désire atteindre ?
Quelles sont les contraintes effectives ?
Quels sont les moyens disponibles ?
Comment les mettre en œuvre ?</td></tr>
<tr><td>Attribuer des responsabilités à des personnes compétentes possédant l'autorité et les moyens nécessaires</td></tr>
<tr><td>Identifier les cibles sécuritaires de chaque domaine et de chaque composant du système d'information</td></tr>
<tr><td>Définir les menaces
Identifier les vulnérabilités</td></tr>
<tr><td>Définir les mesures de sécurité</td></tr>
<tr><td>Définir les comportements de sécurité</td></tr>
</table>

4.2 La principale justification d'une politique de sécurité est qu'il s'agit d'un **outil indispensable de la gouvernance** qui permet de traiter la sécurité comme un processus de gestion continu en fonction d'objectifs stratégiques clairement définis.

Elle reflète l'analyse des valeurs et l'appréciation des risques encourus ainsi que les plans d'action à mener pour satisfaire les besoins, les exigences, les objectifs de sécurité et définit les mesures pertinentes qui permettent de les satisfaire.

4.3 Tant qu'un sinistre qui pourrait permettre de quantifier le coût d'un défaut de sécurité n'est pas survenu, il est très difficile de mesurer la **rentabilité** comme l'efficacité d'une politique de sécurité. Des métriques objectives manquent. En revanche, on sait qu'un niveau adapté de sécurité permet à l'organisation d'être compétitive, pérenne et de ne pas perdre des valeurs. Les mesures de sécurité permettent de protéger une valeur d'un risque réel (et non théorique) dont la potentialité d'occurrence est forte et les impacts graves. Il ne faut pas faire de la sécurité pour faire de la sécurité. Les mesures de sécurité ne doivent pas avoir un coût supérieur à celui de la perte des valeurs à protéger.

4.4 Les principales étapes d'une **démarche sécurité** sont :

- l'analyse de l'existant et l'évaluation des valeurs, des besoins, des menaces, des vulnérabilités ;
- l'appréciation des risques ;

- l'identification des contraintes financière, technique, humaine, organisationnelle, juridique ;
- la définition des objectifs et de la politique de sécurité ;
- la mise en place de la structure organisationnelle et d'une culture de la sécurité ;
- la sensibilisation et responsabilisation ;
- l'identification et l'implantation des mesures (outils et procédures) de sécurité ;
- la gestion opérationnelle de la sécurité (maintenance, exploitation, surveillance) ;
- l'évaluation, l'audit et l'optimisation de la politique et des mesures de sécurité ;
- la veille technologique.

4.5 L'avantage majeur d'une **solution d'externalisation** (*outsourcing*) réside essentiellement dans le fait que le service soit fourni par des professionnels de la sécurité pouvant, du fait de leur degré de compétence et d'expérience, répondre de manière plus performante aux besoins de sécurité. En revanche, cela peut introduire de nouveaux risques pour l'entreprise. En effet, parmi les inconvénients citons par exemple ceux liés à :

- la dépendance de l'entreprise vis-à-vis de la société qui fournit le service ;
- des solutions pas forcément adaptées aux processus, aux valeurs de l'entreprise si ceux-ci sont insuffisamment identifiés ;
- une déresponsabilisation des acteurs internes de l'entreprise en ce qui concerne les problèmes de sécurité.

4.6

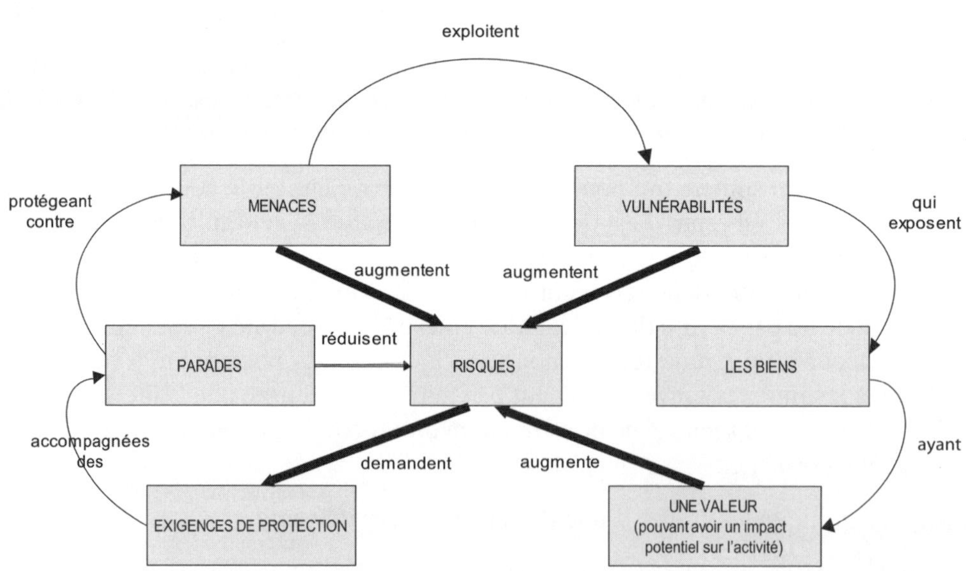

Figure 4.15 – Schéma relationnel de la gestion du risque (issu de la norme Afnor Z 74-260-1).

4.7 La **norme ISO 27002** peut être vue comme une *check-list* dont l'intérêt réside dans l'identification des points à prendre en considération lorsqu'une organisation souhaite définir une politique de sécurité. Elle permet de ne pas oublier certains aspects de la sécurité et ainsi d'appréhender la sécurité de manière exhaustive. Toutefois, tous les points identifiés dans la norme ne sont pas forcément pertinents pour une entreprise particulière. Un travail « d'appropriation » de la norme doit être réalisé, ce qui demande un certain effort.

De plus, la norme n'est ni une méthode de travail pour la mise en place de la politique de sécurité informatique, ni une méthode d'évaluation des risques. Elle ne propose pas non plus des mesures concrètes de sécurité. La norme constitue un **cadre de référence** pour appréhender la sécurité selon une approche globale. Elle est à la sécurité ce que le modèle de référence OSI pour l'interconnexion des systèmes ouverts (norme ISO 7498) est aux réseaux de télécommunication. Si on tient compte de ces faits, une des limites que l'on pourrait identifier, qui est inhérente aux normes internationales, est celle liée à la fréquence de sa révision qui peut introduire un certain décalage entre l'état d'un document statique et l'état des environnements à protéger.

4.8 Quelle que soit la finalité d'un système d'information, ses éléments constitutifs sont susceptibles de dysfonctionner ou d'être la cible d'une malveillance. Il est donc impératif de pouvoir prévenir ces incidents ou, à défaut, de pouvoir en limiter les dégâts, grâce à leur détection rapide et par une réaction appropriée afin de maintenir le système en état opérationnel ou encore permettre un retour à la normale dans les meilleurs délais.

Ainsi, des **plans de secours et de gestion de la continuité des services**, comme des directives claires, précises et compréhensibles spécifiant aux différents acteurs ce qu'ils doivent faire face à une situation d'urgence, sont primordiaux. Prévoir ces situations de crise et planifier les actions de reprise contribue à faciliter la prise de décision dans une situation critique et permet d'éviter un état de panique préjudiciable au maintien de la sécurité et à la continuité des activités lorsque les incidents surviennent.

La pérennité de l'entreprise étant l'objectif et la raison d'être des gestionnaires de celle-ci, le processus assurant la survie de l'entreprise doit être initié, géré et maintenu par les mêmes instances directrices de l'organisation. Pour ce faire, les principaux éléments à prendre en compte pour assurer la pérennité de l'entreprise seront :

- la protection des vies humaines ;
- la protection contre les événements naturels tels que les tremblements de terre, les inondations, les glissements de terrain, le feu, les actions terroristes ;
- la protection des services vitaux comme l'électricité, le gaz, l'eau, etc. ;
- la protection des actifs de l'entreprise ;
- la conformité juridique.

4.9 Un **modèle de maturité en sécurité informatique** permet, *via* des indicateurs (métriques) pertinents préalablement définis par l'organisation, d'exprimer l'état global et le niveau général d'un dispositif de sécurité.

4.10 La certification « **critères communs** » (norme ISO 15408) fournissent des briques de base permettant de spécifier la sécurité d'un produit à développer ou à acquérir. Elle définit les critères à utiliser pour l'évaluation des propriétés de sécurité d'un produit ou d'un système. Elle présente la terminologie et la définition des concepts nécessaires à l'utilisation de ces critères. Elle permet de développer la confiance des utilisateurs envers les produits dont le niveau de sécurité est certifié. Ce type de certification permet de s'assurer du fait que les processus du développement des produits ont tenu compte des exigences de sécurité (*security by design*). Ainsi, leur évaluation atteste du niveau de sécurité des produits.

4.11 **CobiT** présente un cadre de référence des bonnes pratiques en termes d'audit et de maîtrise de risques des systèmes d'information afin d'établir des liens entre les risques métiers, les besoins de contrôle et les problématiques techniques. Les normes ISO de la série 27000 proposent des codes de pratiques pour la gestion de la sécurité, basés sur la gestion des risques. Les normes définissent, entre autres, un vocabulaire standard, les exigences de sécurité d'un système de management de la sécurité, un code de bonnes pratiques de gestion, des métriques du management, la gestion du risque, etc. Les normes ISO reflètent un consensus de normalisation internationale pour la mise en place de la sécurité d'un système d'information, tandis que CobiT est issu d'une association professionnelle nord-américaine. CobiT propose un cadre pour l'évaluation des contrôles internes qui n'est pas uniquement réservé à la sécurité d'un système d'information.

4.12 La prise en compte des besoins de sécurité d'une ressource dépend des **paramètres** de classification de la ressource et de son degré de criticité (le niveau d'importance de cette ressource pour l'entreprise et le niveau de dépendance de l'entreprise vis-à-vis de celle-ci).

4.13 La notion de **protection** concerne le renforcement de la robustesse des ressources et la diminution des détériorations consécutives à la réalisation d'une menace. La notion de **sécurité** est plus large et concerne les mesures de protection ainsi que les mesures préventives, structurelles, de dissuasion, palliatives, correctives et de récupération.

4.14 L'**efficacité d'une politique de sécurité** est évaluée par rapport à sa performance vis-à-vis des objectifs à atteindre. On définit des métriques basées sur des paramètres tels que : le ratio attaques réussies/attaques stoppées ; le nombre de jours de travail perdus après des incidents ; le nombre de points relevés par les auditeurs ; le nombre d'incidents nécessitant l'implication du *senior management* ; le nombre de changements des droits d'accès effectués afin de satisfaire les besoins du business ; etc.

4.15 Les organisations peuvent utiliser des modèles de maturité de la sécurité pour :

- définir des objectifs tangibles, compréhensibles et clairs pour les aspects de sécurité à traiter ;
- contrôler le niveau de sécurité et situer l'état actuel par rapport à un état désiré ;
- suivre l'évolution du niveau de sécurité ;
- constituer une échelle de comparaison entre des organisations ;
- prioriser les actions à entreprendre pour améliorer le système.

4.16 EBIOS est une méthode française de gestion des risques, une sorte de boîte à outils facilitant la réalisation de la phase d'analyse des risques dans le cadre de la gestion de la sécurité d'un système d'information afin d'évaluer les risques et d'améliorer en continu les mesures de sécurité. Très flexible, elle peut s'adapter à différents environnements et besoins.

4.17 Pour une entreprise, chaque fuite de données est spécifique de son contexte, des acteurs impliqués et de la finalité de celle-ci. Toutefois, il est possible d'identifier quelques caractéristiques.

Une fuite de données d'origine volontaire ou involontaire est généralement imprévisible et peut ne pas être rapidement détectée. Son identification peut être complexe, les causes, facteurs déclenchants et acteurs peuvent être multiples (sous-traitance, etc.). Elle prouve l'inefficacité des mesures de sécurité d'une organisation.

Les conséquences de la fuite de données ont toujours un impact sur l'organisation, avec des effets directs et indirects, y compris sur le long terme. Même si elle a été favorisée par une vulnérabilité technique et/ou humaine, la réponse à y apporter est d'ordre global et pluridisciplinaire (technique, juridique, assurantielle, liée au métier de l'organisation, managériale, reconstruire la confiance, etc.).

Certaines fuites de données peuvent faire l'objet d'une grande médiatisation. Les impacts sont souvent difficiles à évaluer (perte d'image, de confiance, responsabilité, procès (judiciarisation), etc.) et avoir des effets en cascade (effet « boule de neige », effet systémique).

4.18 Pour sensibiliser un responsable d'une petite ou moyenne entreprise et l'aider à prendre conscience de potentiels points faibles de sa sécurité informatique, une liste non exhaustive de questions peut contribuer à lui permettre de réaliser son auto-évalution. Elles concernent les besoins de protection de son patrimoine informationnel liés à la cybersécurité et à l'intelligence économique.

Cybersécurité et sécurité informatique

1. Est-ce qu'il existe un responsable de la sécurité informatique ?
2. Est-ce qu'il existe une personne chargée de la gestion des droits d'accès ?
3. Existe-t-il des contrôles d'accès physique aux matériels informatiques (serveurs, postes de travail) ?

4. Est-ce qu'il existe une protection physique des locaux, des systèmes informatiques et des sources énergétiques ?
5. Les matériels sont-ils systématiquement et physiquement détruits lorsqu'ils sont remplacés ?
6. Existe-t-il des mesures particulières de sécurité du réseau (anti-spam, antivirus, pare-feu, etc.) ?
7. Existe-t-il un système de classification de l'information ?
8. Est-ce que les informations critiques sont classifiées et spécialement protégées ?
9. Existe-t-il une charte informatique, est-elle connue et respectée ?
10. Les logiciels de protection sont-ils mis à jour périodiquement ?
11. Les mots de passe des postes de travail sont-ils changés périodiquement ?
12. Les sauvegardes sont-elles réalisées et testées régulièrement ?
13. Existe-t-il un programme de sensibilisation du personnel aux cyberrisques ?
14. Comment sont pris en compte les besoins de sécurité des employés nomades ?
15. Est-ce que les employés utilisent leurs propres équipements informatiques pour réaliser leurs tâches professionnelles ?
16. Comment sont contrôlés les accès à Internet ?
17. Est-ce la sécurité informatique est gérée par des prestataires externes ?

Protection des valeurs informationnelles et intelligence économique

1. Existe-t-il un savoir-faire particulier ou unique qui pourrait être convoité ?
2. Le champ d'activité de l'entreprise est-il sensible (lié à des infrastructures vitales, armement, énergie, aéronautique, aérospatial, numérique, etc.) ?
3. Existe-t-il une volonté de protéger des informations stratégiques (des brevets, etc.) ?
4. Peut-il exister des contrefaçons aux produits/services proposés par l'entreprise ?
5. Existe-t-il une procédure d'habilitation pour l'accès aux données sensibles ?
6. Existe-t-il des consignes claires de rangement des documents sensibles ?
7. Existe-t-il des consignes claires d'archivage des documents sensibles ?
8. Existe-t-il des consignes claires de destruction des documents sensibles ?
9. Est-ce que des locaux ou du mobilier sécurisés pour ranger les documents sensibles existent ?
10. Est-ce qu'un broyeur de destruction de documents est disponible ?
11. Est-ce que les informations diffusées lors des congrès, les salons et les foires sont contrôlées et ne permettent pas de mettre en péril la compétitivité de l'entreprise ?
12. Est-ce que l'entreprise accueille des stagiaires ? Si oui, comment sont-ils contrôlés ? Est-ce que les rapports de stage sont vérifiés ?
13. Quels sont les prestataires externes qui peuvent accéder à des informations stratégiques (sous-traitance, y compris pour la réalisation du ménage) ?
14. Quelle sécurité est accordée aux visiteurs, aux personnes externes à l'entreprise ?
15. Existe-t-il un *turn-over* important des employés ?

4.19 Le concept de « ***security by design*** » signifie que les exigences (besoins, critères) de sécurité ont été intégrées dès la conception d'un produit, d'une solution, d'une technologie, d'un service, d'une ressource. Le produit offre des fonctions de sécurité permettant de réaliser par exemple des services d'authentification, de confidentialité, d'intégrité, ou encore la traçabilité des usages. Le produit est suffisamment bien conçu, dimensionné et géré pour être disponible, accessible et opérationnel.

Le concept de « ***security by design*** » répond au besoin de pouvoir disposer d'une sécurité en mode natif. La sécurité fait partie de l'entité et n'est pas une option (pas de sécurité –> pas de produit).

Les **principaux avantages** sont :

- de permettre de penser la sécurité de manière indissociable à la solution proposée ;
- de concevoir des produits robustes ;
- de tester la sécurité avant la commercialisation d'un produit, éventuellement de certifier le niveau de sécurité du produit (démarche de critères communs par exemple) ;
- de démontrer le souci de la prise en compte des besoins de sécurité du consommateur final ;
- de diminuer le nombre de vulnérabilités du produit ;
- d'éviter de boucher les trous de sécurité après divulgation, voire exploitation des vulnérabilités.

Les **principaux inconvénients** sont liés :

- au risque de ne pas être exhaustif dans l'appréciation des menaces et des risques ;
- à l'usage détourné du produit ;
- au risque de ne pas prendre en considération l'évolution des menaces, des risques, des savoir-faire criminels ;
- au risque d'avoir une approche statique de la sécurité et de ne pas la gérer selon un processus continu et dynamique ;
- au fait d'avoir un faux sentiment de sécurité.

C'est aussi un risque d'approche parcellaire de la sécurité si toutes les entités impliquées ne sont pas conçues en mode « *security by design* » (niveau de sécurité du maillon le plus faible) et qu'il n'y a pas d'intégration ni d'approche globale.

Quelques exemples de difficultés d'implémentation sont :

- la démarche peut être limitée à des nouveaux produits ou solutions conçus selon le principe « *security by design* » et ne peut s'appliquer aux solutions héritées (*legacy systems*) ;
- le coût de la sécurité, en termes de recherche et développement, est plus important pour le fabricant. Cela peut poser un problème éventuel de gestion et de mise à jour, de responsabilité en cas d'incident de sécurité.

4.20 Non, une entreprise qui est en conformité réglementaire avec le RGPD ne possède pas forcément un niveau suffisant de sécurité informatique. En effet cela ne concerne que les données personnelles (consentement des personnes, transparence des usages, portabilité des données, etc.). Cela ne permet pas de couvrir tous les cyberrisques, de prévenir les cyberattaques, les cyberincidents, de protéger l'intégralité des infrastructures numériques d'une organisation, ni de faire de la gestion des incidents, de la gestion de crise, de la reprise ou de la continuité des activités. Cela ne concerne pas la réalisation des critères de disponibilité, des infrastructures, de confidentialité des ressources, d'intégrité, de traçabilité, d'authentification, de contrôle d'accès par exemple. La conformité au RGPD ne protège pas par exemple contre une attaque en déni de service ou la défiguration d'un site web.

La sécurité informatique d'une entreprise passe par la définition d'une politique de sécurité, par des mesures d'ordres stratégique, tactique, opérationnel concernant les dimensions politique, économique, juridique, managériale, organisationnelle, procédurale, sociale et technique de la sécurité. La prise en considération du besoin d'être en conformité avec le RGPD peut être un levier pour effectuer une sécurité de qualité, de la sensibilisation, pour développer une culture de sécurité des données et des infrastructures numériques au sein des entreprises.

4.21 L'appréciation et le traitement du risque permettent de répondre aux questions : Qu'est-ce que la sécurité de l'information ? Pourquoi la sécurité de l'information est-elle nécessaire ? Comment établir les besoins de sécurité ? L'appréciation, en se basant sur une évaluation systématique de l'ampleur du risque, permet de définir de façon pertinente les actions à engager ainsi que les priorités en matière de gestion du risque. Le traitement permettra de décider du degré d'acceptabilité du risque.

4.22 La politique de sécurité permet l'orientation et le soutien de la direction et insiste sur le besoin de son réexamen afin de garantir sa pertinence. Elle permet d'apporter à la sécurité une orientation et un soutien de la part de la direction, conformément aux exigences métiers et aux lois et règlements en vigueur. Faire approuver la politique de sécurité par la direction, la publier et la diffuser auprès de l'ensemble des salariés et des tiers concernés et réexaminer régulièrement la politique de sécurité pour garantir son adéquation aux besoins et son efficacité.

4.23 L'objectif de l'organisation de la sécurité est de permettre la gestion de la sécurité au sein de l'organisation en établissant un cadre de gestion pour initialiser et contrôler la mise en œuvre de la sécurité. Des responsabilités doivent être assignées aux gestionnaires de l'organisation, et des instances spécifiques liées à la sécurité doivent être mises en place. Du point de vue externe, l'organisation doit s'assurer que sa politique, qui peut être structurée en sous-politiques, est bien respectée par les organisations externes, tierces, avec lesquelles elle est en relation. Son point fort consiste en la création d'une instance impliquant des représentants de tous les départements, et responsable de la sécurité des informations (le comité de sécurité) ;

définition claire des responsabilités et des modalités d'accès aux ressources et externalisation des fonctions de l'organisation.

4.24 Des mesures pour faire de la gestion des biens et des valeurs permet de mettre en place et de maintenir une protection appropriée des valeurs identifiées. Ceci passe par un inventaire des biens à protéger, leur classification et leur utilisation acceptable ainsi que par l'identification des propriétaires pour chacun des biens et l'attribution des responsabilités qui leur incombent. Cela passe par la réalisation d'un travail d'inventaire pour indiquer les besoins, les priorités et le degré de protection requis et par l'identification d'une procédure pour chaque classe d'information et d'un propriétaire pour chaque actif principal.

4.25 Pour ce qui concerne les aspects de sécurité liés aux ressources humaines, des mesures appropriées doivent prendre en compte les besoins de sécurité concernant les individus et la gestion du personnel. Elles contribuent à la réalisation d'une culture de la sécurité : contribution à la réduction du risque d'erreur et de mauvais usage des technologies et mise en place des procédures pour le signalement des incidents et la gestion des connaissances associées.

Tous les salariés, contractants et utilisateurs doivent connaître leurs responsabilités, afin de réduire le risque de vol, de fraude ou de mauvais usage des ressources. Pour cela des mesures doivent être appliquées :

- avant le recrutement, concernant la compréhension de la confidentialité et de la sécurité de l'information par les employés ;
- pendant la durée du contrat : la politique de sécurité de l'organisation doit être enseignée aux employés. Les sanctions qui pourront être prises en cas de violation doivent être explicitement présentées ;
- en cas de modification ou de fin de contrat : les droits d'accès doivent être modifiés ou, lorsqu'une personne quitte l'organisation, totalement retirés.

4.26 Les mesures permettant de réaliser de la sécurité physique et environnementale contribuent à déployer des solutions afin d'empêcher tout accès physique non autorisé, tout dommage aux locaux et systèmes de l'entreprise. Pour cela, des zones sécurisées (contrôle d'accès physique et mécanismes de protection environnementale, c'est-à-dire : feu, inondation, protection des sources énergétiques, etc.) peuvent être créées. Elles contribuent à la prévention des accès non autorisés et à l'identification des points de contrôle à respecter pour la sécurité physique, la sécurité des serveurs et de leur environnement.

4.27 La sécurité de l'exploitation est nécessaire afin d'assurer une exploitation correcte et sécurisée de l'infrastructure informatique. Cela passe par différentes fonctions et actions de la gestion de système et de réseau, comme l'assignation de responsabilités, la séparation de tâches, la gestion du changement, la surveillance et le contrôle des services fournis par des tiers, la gestion des supports amovibles, la destruction des supports, le *back-up* des informations, la journalisation des événements, etc. La sécurisation de l'exploitation de l'information liée à la gestion opérationnelle des infrastructures matérielles et logicielles constitue une assurance d'une exploitation correcte des ressources.

4.28 La sécurité des communications concerne les principes fondamentaux de la gestion de la sécurité des échanges, notamment par la mise en œuvre du chiffrement par des protocoles cryptographiques. Cela permet de réaliser la sécurisation des transactions.

4.29 Les mécanismes de contrôle de l'accès aux ressources et leur gestion contribuent à la prévention et à la détection des accès non autorisés, à la prévention de la malveillance et de la fuite des données (*Data Leak Prevention*, DLP). Dans une organisation, contrôler les accès à l'information doit tenir compte notamment des exigences métiers (les besoins du business) en fonction des impératifs de l'organisation et de la politique définie.

4.30 La prise en compte de la sécurité lors des phases d'acquisition, de développement et de maintenance des systèmes d'information, en relation avec les fournisseurs, permet de s'assurer que la sécurité est bien appréhendée de manière intégrée durant tout le cycle de vie des systèmes et des applications et que les divers acteurs concernés sont des vecteurs de la sécurité. Différentes facettes de sécurité y sont abordées telles que :

- l'exactitude des traitements applicatifs ;
- la validation des données saisies ;
- le contrôle du traitement interne ;
- l'intégrité des messages ;
- la politique de contrôle de l'usage de la cryptographie ;
- la gestion des clés ;
- la sécurité des fichiers systèmes ;
- le contrôle des logiciels opérationnels ;
- la gestion des vulnérabilités techniques.

Les points forts sont relatifs au déploiement d'infrastructures mieux sécurisées dès le départ. Cela permet la validation des données d'entrée, le contrôle du traitement, l'authentification et la validation des données de sortie ainsi que la prise en compte des besoins de sécurité dès la phase de conception du système d'information et des rôles des fournisseurs.

4.31 La gestion des incidents liés à la sécurité concerne le mode de notification des événements et des failles de sécurité pour la mise en œuvre des actions correctives dans les meilleurs délais. Cela s'appuie sur la mise en place de procédures formelles de remontée d'information et de signalement progressif. Des rapports précis et documentés de la survenance des incidents doivent exister et être tenus à jour, et tous les problèmes doivent être signalés. La gestion des incidents, l'optimisation et la documentation permettent de tirer des leçons des problèmes survenus (erreurs, malveillance, etc.) La norme ISO 27035 (*Information Security Incident*

Management) propose une approche structurée et des directives pour détecter, rapporter, gérer les incidents et les vulnérabilités de sécurité.

4.32 La gestion de la continuité a pour objectif de neutraliser les interruptions des activités et de protéger les processus métiers cruciaux. Le plan de continuité doit contribuer à réduire le plus possible l'impact des risques et à récupérer les actifs perdus à la suite d'événements. Les aspects sécuritaires de la gestion de la continuité et la manière de les inclure dans le processus de gestion des affaires sont importants. Les activités à entreprendre durant le cycle de vie du plan de continuité doivent être spécifiées en termes de développement, d'implémentation, de planification, de tests, de maintenance et de réévaluation. La gestion de la continuité permet de contribuer à la pérennité de l'entreprise, de mettre en place des réponses rapides aux interruptions et de préserver l'environnement de travail des collaborateurs.

4.33 Cela permet d'appréhender les besoins de conformité afin d'éviter la violation des obligations légales, statutaires, réglementaires, contractuelles ou d'exigences sécuritaires et la prise en compte des législations.

Trois niveaux de conformité peuvent être identifiés, à savoir :

- conformité avec les exigences légales découlant des exigences réglementaires et contractuelles qui doivent être explicitement définies pour chaque système d'information ;
- conformité avec les politiques de sécurité et les standards garantissant que les procédures de sécurité, sous leurs responsabilités, sont en accord avec les politiques de sécurité de l'organisation ;
- les procédures d'audit, avec la garantie que des audits réguliers sont entrepris pour assurer le respect des politiques de sécurité.

La sécurité par le chiffrement

5

PLAN

OBJECTIFS

- Présenter les principaux systèmes de chiffrement existants.
- Analyser la manière de mettre en œuvre des mécanismes de chiffrement pour réaliser des services de confidentialité, d'intégrité et d'authentification des ressources.
- Identifier les avantages, inconvénients et limites des solutions proposées.

5.1 Principes généraux

Le **chiffrement des données** (la cryptographie) est l'outil fondamental de la sécurité informatique. En effet, la mise en œuvre de la **cryptographie** permet de réaliser des services de confidentialité des données et des services de contrôle d'intégrité et d'authentification.

5.1.1 Vocabulaire

Le **chiffrement** est l'opération par laquelle on chiffre un message, c'est une opération de codage. Chiffrer ou, improprement dit, « **crypter** »[1] une information permet de la rendre incompréhensible en l'absence d'un décodeur particulier. Un **cryptogramme** (ou message caché) est écrit en caractères secrets, en code, en langage chiffré. On déchiffre un message chiffré avec la clé de déchiffrement, on décrypte un message chiffré quand on n'a pas la clé. Le chiffre de défense (chiffrement/déchiffrement) n'est pas synonyme du chiffre d'attaque (décryptement).

1. *Crypto* est issu du grec *kruptos*, qui signifie « caché ». Chiffrer et cryptographier sont synonymes.

Le chiffrement des données est parfois qualifié de scellement.

La **cryptographie** est la science qui consiste à écrire l'information (quelle que soit sa nature : voix, son, texte, donnée, image fixe ou animée) pour la rendre inintelligible à ceux ne possédant pas les capacités de la déchiffrer (la convention de déchiffrement).

La **cryptanalyse** comprend l'ensemble des moyens qui permettent d'analyser une information préalablement chiffrée, afin de la décrypter. Plus un système de chiffrement sera robuste, plus sa cryptanalyse sera difficile et longue.

La **rétro-ingénierie** des systèmes de communication s'apparente à la cryptanalyse dans la mesure où elle s'emploie à extraire des données, non chiffrées.

5.1.2 Algorithmes et clés de chiffrement

Les systèmes de chiffrement font appel à des **algorithmes de chiffrement** qui reposent le plus souvent sur des procédures mathématiques complexes qui, à l'aide d'une **clé de chiffrement**, modifient les données sensibles en générant des données apparemment incompréhensibles à ceux qui ne possèdent pas la clé de déchiffrement permettant d'obtenir le texte initial en clair (*plaintext*). Le texte chiffré (cryptogramme ou *ciphertext*) peut alors être transmis sur un réseau non sécurisé. La fonction miroir du chiffrement est celle de déchiffrement qui met en œuvre le même algorithme et, selon la nature de ce dernier (symétrique ou asymétrique), une clé de déchiffrement identique ou non.

Taille de la clé

Si une clé est codée sur n bits (taille de la clé), elle peut avoir 2^n valeurs différentes. Plus la taille de la clé est longue, plus le nombre de clés possibles est important et plus cela nécessite de la puissance et du temps de calcul pour trouver une clé particulière à un système de chiffrement, en testant par essais successifs toutes les permutations possibles des valeurs de la clé. De la sorte, une clé de chiffrement/déchiffrement doit avoir une **taille minimale** afin d'éviter qu'elle puisse être déterminée trop facilement par des entités non habilitée à la connaître.

Dans le cas du chiffrement symétrique, comme il est devenu relativement simple de « casser » (c'est-à-dire de trouver) des clés d'une longueur de 40 bits par force brute (environ 10^{12} possibilités de clés différentes), il est indispensable de chiffrer les informations sensibles avec des clés plus longues, de 128 (10^{38} possibilités) ou de 256 bits, par exemple. Casser de telles clés nécessite alors une très lourde infrastructure informatique et des temps de traitement importants, ce qui peut être rédhibitoire pour certains. De plus, le temps de calcul pour casser la clé pourrait être infiniment plus long que la durée de confidentialité du message à déchiffrer.

Remarquons par ailleurs que le moyen le plus simple pour obtenir une clé est de se la procurer directement auprès de l'utilisateur ou à partir du système qui la stocke, plutôt que d'essayer de la deviner par itérations successives.

Robustesse du système

La **puissance de l'algorithme**, la taille de la clé utilisée et la capacité à garder les clés secrètes de façon sécurisée déterminent la **robustesse** d'un système de chiffrement. L'algorithme n'a pas besoin d'être secret. Il est même recommandé qu'il soit public et publié afin que la communauté scientifique puisse tester sa résistance aux attaques et trouver les failles, les communiquer, les réparer, avant qu'un attaquant ne les exploite. Le secret réside alors au niveau de la clé.

Garder un algorithme secret ne renforce pas sa sécurité.

Il n'est déjà pas aisé de garder des clés secrètes alors garder confidentiel un algorithme l'est encore moins dans la mesure où les algorithmes sont utilisés par un grand nombre d'utilisateurs et durant de longues périodes. De plus, si les concepteurs d'un algorithme secret ne sont plus disponibles, cela pose un problème pour la maintenance et l'évolution de cet algorithme.

Un **système de chiffrement** est dit fiable, robuste ou sûr, s'il reste inviolable indépendamment de la puissance de calcul ou du temps dont dispose un attaquant. Il peut alors être qualifié d'**opérationnellement sécurisé** (*computational secure*) si sa sécurité dépend d'une série d'opérations réalisables en théorie, mais irréalisables pratiquement (temps de traitement trop long en appliquant les méthodes de résolution connues et en utilisant la puissance de calcul disponible).

Plus une clé est spécifique et son utilisation limitée dans le temps, voire à usage unique, meilleure est la sécurité du système de chiffrement. La question qui se pose alors est de savoir si le renouvellement fréquent d'une clé de chiffrement rend un système de chiffrement plus sécurisé. À ce jour, aucune preuve formelle n'a été fournie sur ce point. Toutefois, si la **robustesse d'un système de chiffrement** réside dans l'algorithme de chiffrement lui-même et non sur la clé (l'algorithme est incassable), changer fréquemment les clés de chiffrement le rend encore plus sûr. En revanche, si l'algorithme constitue le maillon faible du système de chiffrement, changer la clé fréquemment n'augmente pas sa robustesse.

5.2 Principaux systèmes cryptographiques

La **cryptographie** classique ou traditionnelle inclut tous les mécanismes et algorithmes basés sur des fonctions mathématiques ou logiques. Elle regroupe tous les systèmes de chiffrement utilisés depuis l'Égypte ancienne jusqu'aux principaux systèmes de chiffrement actuellement en vigueur. Elle se compose principalement de deux classes de systèmes de chiffrement : les systèmes de chiffrement symétrique et les systèmes de chiffrement asymétrique.

5.2.1 Système de chiffrement symétrique

Mode opératoire

Pour chiffrer ou déchiffrer un texte, il faut détenir **une clé** et **un algorithme de chiffrement**. S'il s'agit de la même clé pour effectuer ces deux opérations, le système de chiffrement est qualifié de **symétrique**. L'émetteur et le récepteur doivent posséder et utiliser la même clé secrète pour rendre confidentielles des données et les comprendre (figure 5.1).

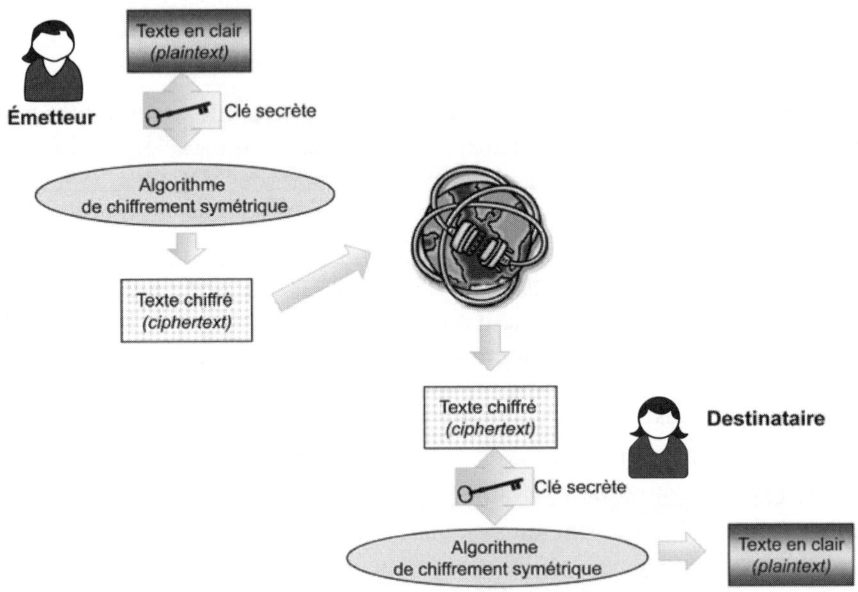

Figure 5.1 – **Le chiffrement symétrique.**

Chaque entité doit posséder autant de clés secrètes qu'elle a d'interlocuteurs. Il faut donc disposer d'autant de paires différentes de clés qu'il y a de paires de correspondants. En effet, pour N personnes désirant communiquer deux à deux, il doit exister $N(N–1)/2$ clés. Cela devient vite impossible à réaliser et inadapté aux communications multi-partenaires et aux services d'Internet : 1 000 utilisateurs nécessitant par exemple la disponibilité de 499 500 clés qui doivent être échangées mais rester secrètes !

Un système de chiffrement symétrique pose donc le problème de la gestion et notamment de la diffusion des clés secrètes. Cela constitue une faiblesse des systèmes de chiffrement symétrique. Toutefois, les algorithmes symétriques sont puissants, nécessitant des clés de taille relativement faible (128 bits par exemple) et assez peu de ressources. Ils peuvent chiffrer des données en temps réel ou en différé.

Principaux algorithmes

Les principaux algorithmes symétriques sont les suivants :

- **DES** (*Data Encryption Standard*) a été adopté par le NIST (*National Institute of Standards and Technology*) en 1977. Les données sont chiffrées par blocs de 64 bits avec une clé de 56 bits utiles. Cet algorithme est largement répandu et est souvent mis en œuvre en un mode dit de **chaînage de blocs** (CBC, *Cipher Block Chaining*), où le chiffrement d'un bloc dépend du précédent. Les différentes variantes **Triple DES**, **DESX** (*DES XORed*), **GDES** (*Generalized DES*) et **RDES** (*Randomized DES*) sont issues de l'algorithme DES, elles utilisent des clés plus longues, rendant ainsi l'algorithme plus puissant (DES avec une clé de 56 bits a été cassé en 1997). Le Triple DES tire son nom du fait que l'on réalise trois chiffrements en série, ce qui donne une clé effective de chiffrement de 168 bits ;

- **RC2**, **RC4, RC5** et **RC6** sont des algorithmes propriétaires à clé symétrique développés par Ronald Rivest et diffusés par la société RSA Security Inc. Ils utilisent des clés de longueur variable pouvant aller jusqu'à 2 048 bits. Ils sont largement utilisés pour rendre confidentiels des flux applicatifs ;
- **IDEA** (*International Data Encryption Algorithm*), développé conjointement par des chercheurs de l'École polytechnique fédérale de Zurich et de la société Ascom, utilise une clé de 128 bits pour coder les données par blocs de 64 bits en opérant huit rondes d'une même fonction. Il est notamment utilisé par le protocole de messagerie sécurisée PGP (*Pretty Good Privacy*, OpenPGP) ;
- **Blowfish** est un algorithme de chiffrement symétrique développé par l'américain Bruce Schneier en 1993 ;
- **AES** (*Advanced Encryption Standard*) a été publié pour la première fois en 1998 par deux chercheurs belges, Vincent Rijmen et Joan Daemen. Il utilise des clés de 128, 192 ou 256 bits sur des blocs de 128 bits. L'AES, normalisé par le NIST (États-Unis) en 2001 et adopté par le gouvernement nord-américain, est jugé rapide, facile à implémenter et ne requiert que peu de ressource mémoire. Jusqu'à ce jour, ce système de chiffrement reste le plus sûr des systèmes de chiffrement symétrique.

5.2.2 Système de chiffrement asymétrique

C'est pour pallier la complexité induite par la gestion et la distribution des clés des systèmes de chiffrement symétrique qu'un autre type de système de chiffrement, qualifié d'**asymétrique** ou **à clé publique** a été conçu et est actuellement largement utilisé dans le monde d'Internet.

Les algorithmes asymétriques permettent de réaliser plusieurs fonctions de sécurité relatives à la confidentialité, l'intégrité, l'authentification et à la non-répudiation.

Mode opératoire

Un système de chiffrement **asymétrique** est basé sur l'usage d'un couple unique de deux clés différentes mais complémentaires et mathématiquement liées et calculées l'une par rapport à l'autre, possédant une solidité mathématique difficile à briser.

Cette bi-clé est constituée d'une **clé publique** et d'une **clé privée**. Seule la clé dite publique doit être connue de tous, tandis que la clé privée doit être confidentielle et traitée, comme dans le cas des algorithmes symétriques, comme un secret. Les interlocuteurs connaissent les clés publiques des autres mais ne peuvent en déduire leurs clés privées. Ceci est rendu possible parce qu'il existe des problèmes difficiles à résoudre avec les calculateurs classiques, comme celui de la factorisation d'un grand nombre, produit de deux nombres premiers ou encore la résolution du logarithme discret.

Pour envoyer un message confidentiel à un destinataire, l'émetteur le chiffre avec la clé publique du destinataire. À sa réception, ce dernier le déchiffrera avec sa clé privée, qu'il est le seul à connaître. Ainsi, le message est confidentiel pour le destinataire dans la mesure où lui seul peut le déchiffrer (figure 5.2).

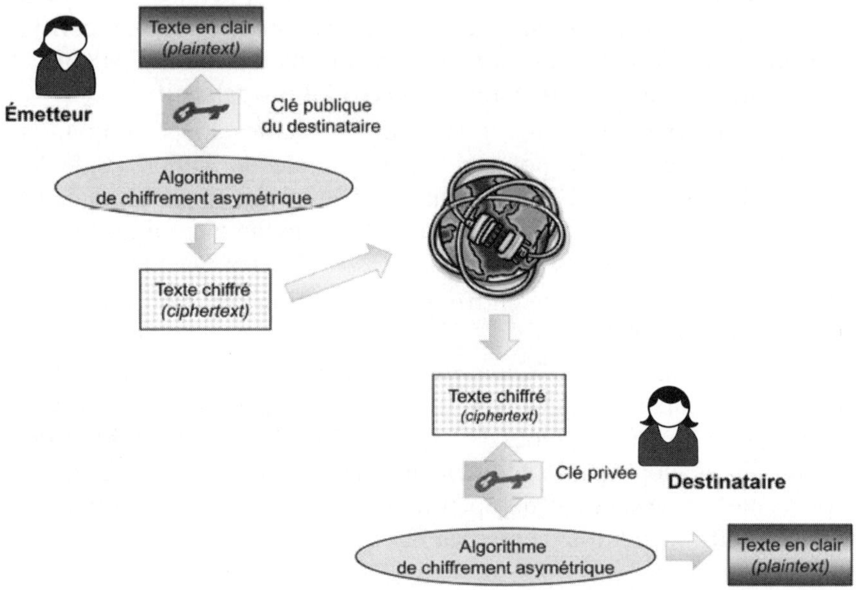

Figure 5.2 – Le chiffrement asymétrique.

Bien sûr, il reste à prouver qu'une clé publique est bien celle qui est mathématiquement liée à la clé privée détenue par son propriétaire. Ceci est réalisé par le certificat numérique du propriétaire de la clé publique, qui détient donc également la clé privée, et par la signature électronique (notions que nous décrirons par la suite).

Par ailleurs, la mise en œuvre du chiffrement asymétrique permet de réaliser la signature électronique d'un document, d'authentifier un émetteur et de vérifier l'origine d'un message et son intégrité.

L'exécution de ce type d'algorithme est consommatrice d'énergie et demande un temps de traitement processeur important, ce qui rend ces algorithmes non performants pour le chiffrement de messages longs. Les algorithmes asymétriques sont estimés de 10 à 100 fois plus lents que les algorithmes symétriques et ils nécessitent des clés également plus longues (la taille courante est de l'ordre de 1 024 bits). 2 048 bits sont aujourd'hui conseillés en France par l'Agence nationale de la sécurité des systèmes d'information (ANSSI).

Le chiffrement asymétrique est principalement utilisé pour le chiffrement de messages courts, comme la clé secrète d'un algorithme de chiffrement symétrique (voir le paragraphe 5.3.1 « Optimisation du chiffrement par une clé de session »).

Principaux algorithmes

Les principaux algorithmes de chiffrement à clé publique, dont les noms sont ceux de leurs inventeurs, utilisent le plus souvent des clés de longueur variant de 512 à 1 024 bits voire 2 048 bits. Nous retiendrons les algorithmes suivants :

- **RSA** (pour Ron **R**ivest, Adi **S**hamir, Len **A**delman), qui est basé sur la factorisation des nombres premiers. RSA utilisé avec une clé de 640 bits a été cassé en 2005 ; on l'utilise généralement avec une clé de 1 024 bits mais une clé peut comporter jusqu'à 4 096 bits. RSA est utilisé pour l'échange de clés, le chiffrement des données et les signatures numériques. La résistance de RSA est basée sur la difficulté à trouver des facteurs premiers de très grands nombres. Un algorithme de factorisation de type *Number Field Sieve* (NFS) peut être utilisé pour casser certaines implémentations de RSA ;
- **Diffie-Hellman**, inventé en 1976 par Whitfield Diffie et Martin Hellman (pionniers de la cryptographie asymétrique), et l'algorithme **Elgamal**, qui sont basés sur le calcul de logarithmes discrets. Ce dernier, conçu en 1984 par Taher Elgamal, est disponible en logiciel libre (GNU Privacy Guard, OpenPGP). Diffie-Hellman est utilisé pour la distribution de clés de chiffrement. Il peut être vulnérable à des attaques de type *Man-in-the-middle* à moins d'utiliser au préalable une authentification des correspondants *via* des certificats numériques. Elgamal, contrairement à Diffie-Helmann, peut aussi être utilisé pour effectuer des signatures digitales. Ses performances peuvent être un frein d'utilisation avec des clés de taille supérieure à 1 024 bits.

Certains algorithmes basés sur les équations de calcul de circonférences des ellipses sont à l'origine de la **cryptographie à courbe elliptique** (ECC, *Elliptic Curve Cryptography*). Bien que développé au milieu des années 1980 et relativement robuste, ce type de cryptographie reste d'un usage marginal dans l'environnement Internet. La cryptographie ECC est généralement utilisée pour les systèmes qui ne demandent pas des clés trop longues comme les cartes à puce par exemple. Son intérêt réside essentiellement dans le fait que les tailles des clés peuvent être inférieures à celles utilisées par les autres algorithmes asymétriques pour un même niveau de sécurité. Les clés sont plus courtes que celles du RSA pour une puissance de chiffrement équivalente. Par ailleurs, de grands espoirs en matière d'avancées des techniques de chiffrement sont mis sur le **chiffrement homomorphe**, qui exploite certaines particularités algébriques afin de permettre le traitement de données chiffrées sans devoir au préalable les déchiffrer. Ainsi, par exemple, si des données sensibles sont mises dans un *cloud*, il faut qu'elles soient chiffrées.

Le **chiffrement homomorphe** permet, dans un *cloud*, de faire des calculs sur des données chiffrées. Cela donne le même résultat que si le calcul (le traitement des données) avait été effectué sur des données en clair, rapatriées et déchiffrées. Le *cloud* devient ainsi non seulement un espace de stockage pour des données sensibles, mais aussi un espace de calcul où les utilisateurs gardent la maîtrise du chiffrement.

5.2.3 Quelques considérations sur la cryptanalyse

La **cryptanalyse** des systèmes de chiffrement se base généralement sur la découverte des clés de chiffrement (*related-key attack*), sur l'analyse des messages sans nécessiter la connaissance des clés (*chosen-plaintext / chosen ciphertext attacks*) ou sur l'existence de collisions[2]. Toutes les techniques de cryptanalyse ont pour objet de casser les systèmes de chiffrement ou les mécanismes qui permettent de réaliser les services de sécurité impliquant des fonctions cryptographiques.

En réalité, la plupart des systèmes de chiffrement symétrique résistent relativement bien aux attaques dites de force brute (*brute force attack*), du fait du temps nécessaire pour tester toutes les combinaisons possibles de clés. Toutefois, si nous tenons compte du progrès scientifique dans le domaine de l'informatique, de l'évolution de mise en réseau des ressources (*Grid & Cloud Computing*) et de l'électronique, les systèmes qui sont jugés actuellement sûrs ne le seront peut-être plus dans un futur proche, du fait de l'augmentation de la capacité et de la rapidité de traitement.

Le **cryptanalyste** (la personne en charge de la cryptanalyse) peut par exemple tester plusieurs clés qui ne diffèrent les unes par rapport aux autres que de quelques bits sur un seul message pour deviner le comportement du système de chiffrement. Ensuite, il tente de retrouver les messages originaux à partir des messages chiffrés sans avoir recours à l'utilisation effective de la clé de déchiffrement. Cette pratique est assez puissante et permet, par exemple, de casser les systèmes de chiffrement AES à 256 bits et en 9 rondes.

Une **ronde** (*round*) est le déroulement, une seule fois, de toutes les étapes décrites par l'algorithme. Le nombre de *rounds* minimal de l'AES est relatif à la longueur de la clé. Il est respectivement de 10, 12 ou 14 pour une clé de taille 128, 192 ou 256 bits.

La robustesse des algorithmes de chiffrement asymétrique dépend pour l'essentiel d'avancées mathématiques concernant, entre autres, la théorie des nombres, la factorisation de grands nombres entiers et la puissance informatique disponible pour effectuer des calculs.

La cryptanalyse peut se concentrer par exemple sur la résolution ou la réduction de la complexité de la factorisation des nombres.

En 1983, le mathématicien et cryptologue américain, Donald Coppersmith a d'ailleurs trouvé une méthode permettant de calculer les logarithmes discrets dans un temps polynomial qui varie linéairement avec la longueur de la clé. Celle-ci est devenue un outil incontournable pour les casseurs de l'algorithme Diffie-Hellman.

---

2. Cela fait référence au « paradoxe de l'anniversaire », qui indique que, dans une assemblée de 23 personnes, il y a plus de 50 % de chance pour que deux personnes aient leur anniversaire le même jour. Transposé dans le monde de la cryptographie, ce paradoxe peut conduire au fait que le chiffrement de données différentes par un mauvais algorithme pourrait donner le même résultat (notion de collision, à partir de laquelle les cryptanalystes savent casser les textes chiffrés).

Par ailleurs, en février 2005, une équipe chinoise dirigée par la mathématicienne et cryptologue Wang Xiaoyun, de l'Université Shandong, a démontré qu'elle avait cassé l'algorithme SHA-1 (*Secure Hash Algorithm*), mis en œuvre dans les mécanismes de signature électronique. Ainsi, l'exploit réalisé par les scientifiques chinois ébranle la confiance que l'on peut avoir dans les fonctions de sécurité réalisée avec SHA-1. De plus, c'est la première fois dans l'histoire de la cryptanalyse qu'un algorithme a été cassé sans que ceux qui l'ont démontré ne fassent connaître et partager à la communauté scientifique internationale la manière dont il a été cassé. Ce non-partage des connaissances diminue la capacité des autres scientifiques (et pays) à maîtriser le chiffrement.

Insistons sur le fait que tous les concepts de chiffrement qui exploitent les propriétés des mathématiques, qu'ils soient symétriques ou asymétriques, ne sont pas inconditionnellement sûrs. En effet, même en l'absence de la diffusion d'une méthode prouvant qu'un algorithme a été cassé, cela ne veut pas dire que la méthode n'existe pas ou que l'algorithme n'a pas été cassé. Aucune preuve mathématique ne permet d'affirmer que ce n'est pas possible, sauf pour la méthode dite du « masque jetable »[3], s'il n'est utilisé qu'une seule fois. De plus, la robustesse des algorithmes asymétriques issus de la théorie des nombres ne peut pas être garantie dans le temps. C'est pour cela que de nouveaux paradigmes de chiffrement émergent, pour baser la robustesse du chiffrement non plus sur des principes mathématiques qui, à terme, seront cassés, mais sur des principes issus de la physique quantique.

5.2.4 Cryptographie quantique

Contrairement à la cryptographie classique, qui se base sur les mathématiques, la **cryptographie** dite **quantique** exploite les lois de la physique et notamment le concept d'incertitude tel que révélé par Werner Heisenberg[4] en 1927.

Fonctionnement et principes de base

L'apport majeur des mécanismes quantiques pour le traitement de l'information réside dans le fait que les données peuvent être codées sur des photons de lumière (notion de **bit quantique** ou **qubit**), polarisés selon différentes orientations. Six types de polarisations sont possibles : horizontale (0°), verticale (90°), diagonale droite (45°), diagonale gauche (135°), circulaire droite et circulaire gauche.

Le concept d'un protocole de communication utilisant une transmission de **bits quantiques**, tel qu'énoncé par Gilles Brassard et Charles Bennett en 1984 par le

---

3. Le chiffrement inventé par G. Verman (chiffre de Verman) est basé sur l'usage unique d'une clé (le masque jetable) dont le nombre de caractères choisis de manière aléatoire doit être aussi grand que le message à chiffrer.

4. Les bases de la physique quantique ont été élaborées par Albert Einstein en 1905, ce sont les travaux du physicien Werner Heisenberg sur la mesure et l'observation des états de particules qui ont permis le développement de la physique dite quantique. Durant les années 1980, l'information a pu être codée sur des photons, cette technologie a ensuite été appliquée à la cryptographie pour générer des secrets (clés cryptographiques).

protocole BB84 avec quatre états de polarisations, est de manière schématique le suivant (figure 5.3).

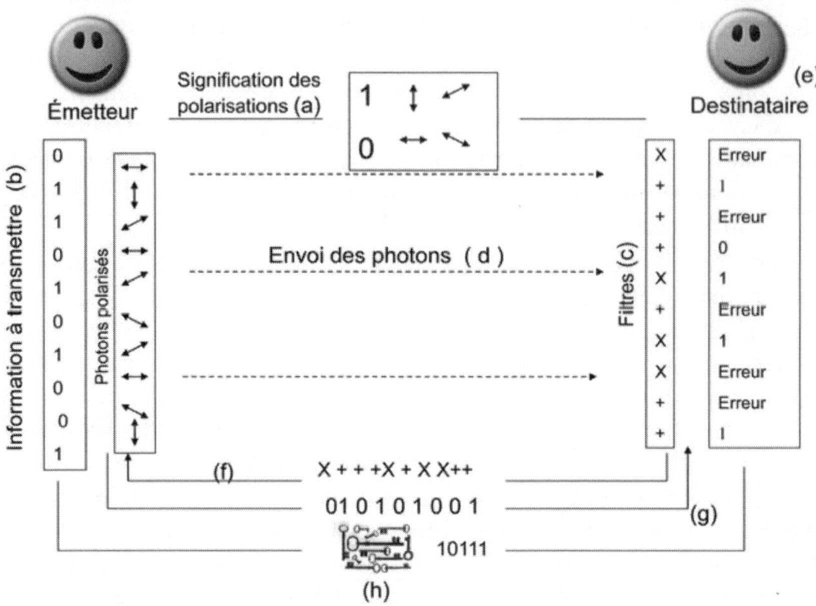

Figure 5.3 – **Principes de base en cryptographie quantique.**

L'émetteur et le destinataire communiquent à travers deux canaux : un **canal optique** (une fibre optique ou simplement l'air) et un **canal public** de communication comme Internet. Ils doivent se mettre d'accord sur la signification des polarisations des photons. Ils conviennent par exemple de retenir les **polarisations verticale** et **diagonale droite** pour coder l'information « **1** » ; **horizontale** et **diagonale gauche** pour coder l'information « **0** ». Cet accord peut être public (a).

L'émetteur génère ensuite une suite de bits aléatoires (comme 0110101001) et choisit au hasard la polarisation adéquate à chaque bit. Par exemple, le résultat est ceci « – | / – / \ / – \ | ». Il est indispensable de coder un bit sur un seul photon (b).

De son côté, le destinataire choisit au hasard une suite de bases (filtres) qui serviront à détecter le photon et à mesurer sa polarisation. Il existe deux types de filtres : un filtre « + », qui permet de mesurer les polarisations horizontale et verticale ; un filtre « X », qui permet la détection des photons ayant une polarisation diagonale. Prenons la configuration suivante « X + + + X + X X + + ». Notons qu'il n'existe pas de filtre capable de détecter à la fois les polarisations verticales ou horizontales et les polarisations diagonales (c).

L'émetteur envoie un par un les photons polarisés sur le canal optique (d). Du côté du destinataire, si la polarisation d'un photon ne correspond pas au filtre choisi, le photon est détruit (l'information portée par le photon est détruite). Dans notre exemple, le destinataire obtiendra les informations suivantes « erreur 1 erreur 0 1 erreur 1 erreur erreur 1 », il est alors en possession de la suite binaire suivante (10111) (e).

La taille de cette suite binaire est de l'ordre de 50 % de la taille du message original transmis. En effet, il existe une chance sur deux que le **filtre de réception** choisi par le destinataire corresponde à la polarisation des photons choisie par l'émetteur (le taux d'erreur relatif au fait que le filtre du récepteur soit mauvais est de l'ordre de 50 %).

Le destinataire transmet à l'émetteur les filtres qu'il a choisis *via* le canal public, qui peut être non sécurisé (f).

Parmi ces filtres, l'émetteur en sélectionne certains (tout ou partie des filtres proposés, dont l'orientation laisse passer les photons polarisés et dont l'information peut être extraite). Ce processus s'appelle la **distillation**[5] (g).

À l'issue de cette réception, le destinataire applique une opération arithmétique et logique sur l'information envoyée par l'émetteur et sur le résultat de l'échange quantique. Il obtient un secret : la clé, dite **clé quantique**. L'émetteur effectue la même opération et détient également le même secret que le destinataire (h).

Ainsi, les deux correspondants partagent un secret qu'ils sont seuls à connaître sans qu'il y ait eu la transmission du secret. Si le canal optique est espionné (écouté) durant la phase d'échange de photons, le taux d'erreur du destinataire augmente et passe d'une probabilité de 50 % à 75 %. Avec ce taux d'erreur, ce dernier sait que le canal optique est espionné et en informe l'émetteur[6].

Par ce mécanisme d'échange d'informations constituant la clé secrète de chiffrement symétrique, basé sur la polarisation de photons et le choix de filtres, on peut assurer la confidentialité de l'information secrète générée et partagée par uniquement deux interlocuteurs sans que cette information soit stockée ou transmise. Cette information secrète peut être une clé de chiffrement à utiliser dans un système de chiffrement classique (AES par exemple).

Ce mécanisme de création d'une clé commune, partagée et à usage unique, est qualifié d'**inconditionnellement sécurisé**. Il est *a priori* impossible pour un tiers de trouver la clé par un calcul mathématique, de la deviner, de l'intercepter, de la connaître. La clé ne peut donc être devinée ou soutirée à un utilisateur ou à un système. De plus, la physique quantique permet de générer des nombres vraiment aléatoires et non prédictibles qui peuvent être utilisés pour construire les clés de chiffrement des systèmes de cryptographie classique, qui verraient de ce fait leur niveau de sécurité augmenté. Du fait de la propriété du non-clonage d'un photon, la cryptographie quantique permet d'obtenir un niveau de sécurité qui peut être qualifié de robuste en ce qui concerne la génération et l'échange de clés.

---

5. La distillation est le processus qui permet d'obtenir un secret (une clé) à partir d'un échange de photons.
6. La faisabilité opérationnelle de tels mécanismes a été démontrée lors d'une première mondiale à Vienne en octobre 2008 dans le cadre du projet européen SECOQC (*Development of a Global Network for Secure Communication based on Quantum Cryptography*).

Il ne s'agit pas à proprement parler de « chiffrement quantique » mais de l'utilisation des propriétés de la physique quantique pour générer et distribuer des clés de chiffrement par une transmission quantique (distribution de clés quantiques, ***Quantum Key Distribution*, *QKD***).

La normalisation de la cryptographie quantique a débuté en 2008 à l'ETSI (*European Telecommunications Standards Institute* ; *Industry Specification Group*, (ISG) et des solutions commerciales émergent. Toutefois, leur adoption par le marché reste à faire. Outre le fait que la distribution quantique de clés ne résout qu'un des aspects de la problématique de mise en œuvre du chiffrement, des limites existent en termes de traitement des qubits, de l'industrialisation et de l'intégration de ces technologies.

5.2.5 Principaux algorithmes et techniques

Plusieurs algorithmes de cryptographie utilisant une transmission quantique de clés de chiffrement ont été publiés. Le premier fut le BB84, conçu par Gilles Brassard et Charles Bennett en 1984.

Les algorithmes de cryptographie quantique diffèrent selon le nombre d'états polarisés des photons, la sécurité apportée et la facilité d'implémentation.

Le **protocole BB84**, décrit précédemment, utilise quatre états de polarisation de pnotons. Il fonctionne d'une manière non déterministe. La sécurité de ce protocole a été démontrée à maintes reprises, entre autres par les travaux de Dominic Mayers. Ce protocole, relativement facile à implanter, est le plus commercialisé et utilisé.

Le **protocole à deux états** : Charles Bennett a annoncé, en 1992, que seulement deux états orthogonaux étaient nécessaires.

Afin d'améliorer le protocole BB84 qui utilise des polarisations symétriques (verticale, horizontale et diagonale gauche, diagonale droite), le **protocole à trois états** propose l'utilisation de trois polarisations non symétriques (par exemple : verticale, diagonale gauche et circulaire droite). Le destinataire doit utiliser trois détecteurs. Ce protocole diminue la probabilité de détecter/trouver les polarisations correctes, aussi bien pour les attaquants que pour le destinataire.

Le **protocole à six états** ressemble au protocole à trois états mais utilise les six polarisations possibles pour un photon.

Des techniques de génération de photons ont été inventées pour mettre en pratique la cryptographie quantique (la plupart sont basées sur le protocole BB84). Nous retiendrons les trois techniques principales suivantes :

- la **technique de système à source d'impulsions cohérentes atténuées** est basée sur l'atténuation de la lumière émise par un laser à impulsion. Elle a fait l'objet de plusieurs études et brevets et est implémentée dans les produits cryptographiques commercialisés actuellement ;
- la **technique dite de paires de photons intriqués** (*entangled photons*) consiste à générer deux photons intriqués. Un photon est alors envoyé à l'émetteur et l'autre au destinataire. Chaque entité mesure la polarisation du photon et, puisque les photons sont intriqués, les mesures obtenues seront corrélées. Cette technique est

supposée robuste dans la mesure où la clé de chiffrement ne sera créée que si les photons sont mesurés par les deux entités ;

- la **technique dite de variable continue** n'utilise pas la polarisation des photons pour coder l'information mais la modulation ou la phase d'une impulsion de lumière. Cela permet l'utilisation de plusieurs photons par impulsion (entre 100 et 250 photons).

Limites de la cryptographie quantique

L'application de la physique quantique à la cryptographie est actuellement **limitée à l'échange de clés cryptographiques** (QKD, *Quantum Key Distribution*) ou à la génération de vrais aléas qui entrent dans la création de clés secrètes pour le chiffrement symétrique. La génération de clés quantiques peut être mise en œuvre avec des algorithmes de chiffrement et des protocoles cryptographiques existant principalement aux niveaux liaison, réseau, session ou application de l'architecture. La distribution quantique de clés permet de réaliser des réseaux métropolitains, des réseaux de capteurs ou encore des transmissions dans l'espace pour des applications civiles ou militaires.

La Chine fut le premier pays à démontrer, en août 2016, l'usage de la distribution quantique de clés sur des longues distances intercontinentales par des satellites de communication.

L'**ordinateur quantique** est une des applications de la physique quantique qui, théoriquement, pourrait offrir une puissance de calcul considérable. S'il est un jour opérationnel, il pourrait résoudre des problèmes mathématiques très complexes non encore résolus. Cela pourrait rendre vulnérables et obsolètes tous les mécanismes de chiffrement utilisés, comme ceux liés au chiffrement asymétrique qui tire parti du fait que certains problèmes mathématiques sont très difficiles et trop longs à résoudre avec des ordinateurs classiques. La difficulté calculatoire fait qu'il est difficile de casser des cryptosystèmes, cela ne serait plus le cas avec des ordinateurs quantiques.

Le **chiffrement post-quantique** fait référence aux travaux qui permettent de développer des mécanismes de chiffrement asymétrique résistant aux ordinateurs quantiques (*quantum resistant public-key cryptographic algorithms*). Le NIST américain (*National Institute of Standards and Technology*) a initialisé en décembre 2016 un programme pour normaliser de tels algorithmes (programme PQC, *Post-Quantum Cryptography*).

5.3 Services offerts par la mise en œuvre du chiffrement

5.3.1 Optimisation du chiffrement par une clé de session

L'inconvénient majeur d'un système de chiffrement à clé publique réside dans la lenteur de traitement des messages de taille importante. Aussi, pour réduire le nombre d'informations à coder par un système à clé publique, pour s'affranchir également du problème de distribution et de gestion des clés secrètes, et pour tirer parti du meilleur des systèmes de chiffrement symétrique et asymétrique, on combine leur usage.

Pour chiffrer les messages de grande taille, on utilise une **clé de session symétrique**, valide pour les deux interlocuteurs durant la durée de l'échange et détruite à la fin de la session de travail. De cette manière, seule la clé de session est chiffrée à l'aide d'un algorithme asymétrique à clé publique, en utilisant la clé publique de son destinataire, tandis que le message, pouvant être long, est chiffré avec un algorithme symétrique à clé secrète, cette clé étant transmise chiffrée au destinataire.

L'échange sécurisé des données entre deux correspondants se déroule alors de la façon suivante (figure 5.4) :

- génération aléatoire, par un des partenaires de la communication, d'une clé secrète dite clé de session ;
- le message à émettre est chiffré avec cette clé et un algorithme à clé symétrique ;
- la clé de session est chiffrée avec la clé publique du destinataire, elle constitue alors l'**enveloppe digitale** du message ;
- le message chiffré et son enveloppe sont envoyés au destinataire ;
- le destinataire déchiffre l'enveloppe avec sa clé privée pour connaître la clé de session dont il se servira pour déchiffrer le message ;
- le destinataire peut alors utiliser cette même clé de session pour émettre des messages chiffrés à son interlocuteur.

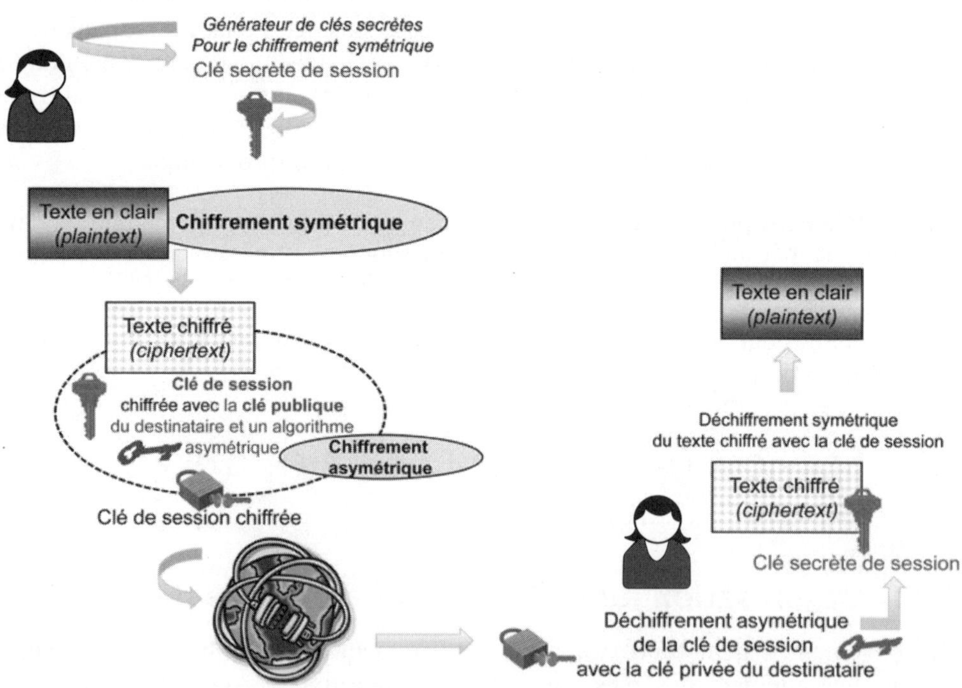

Figure 5.4 – **Notions de clé de session et d'enveloppe digitale.**

5.3.2 Vérifier l'intégrité des données

Vérifier que les données n'ont pas été modifiées lors de leur transfert est possible en y associant un **résumé** (condensat ou **empreinte**, ou encore ***hash*** en anglais) qui est émis en même temps que les données. Celui-ci est le résultat d'une fonction de calcul à sens unique appliquée aux données. Le destinataire recalcule avec la même fonction la valeur de l'empreinte à partir des données reçues. Si la valeur obtenue diffère, il en déduit que les données ont été modifiées. Si une personne qui n'est pas le destinataire intercepte le message, le modifie, recalcule l'empreinte et renvoie le tout au vrai destinataire, ceci ne prouvera donc pas que le message n'aura pas été modifié.

L'empreinte peut être chiffrée par la clé privée de l'émetteur et un chiffrement asymétrique, avant que les données ne soient émises ou stockées. Le déchiffrement de cette empreinte se fera par le destinataire avec la clé publique correspondante avant de réaliser la comparaison avec l'empreinte recalculée du message reçu. Ceci permettra de vérifier l'intégrité de ce message et prouvera également l'identité de l'émetteur.

Les systèmes de chiffrement à clé symétrique comme ceux à clé asymétrique permettent de savoir si des données transmises ont été modifiées, car leur déchiffrement devient alors impossible. Cela contribue à réaliser un **contrôle d'intégrité** mais ne permet pas de s'assurer que des données n'ont pas été complètement détruites.

Par une utilisation conjointe des mécanismes de chiffrement et de signature, on peut estampiller les messages pour garantir l'intégrité des données. Ces procédures sont consommatrices de temps de calcul et ralentissent de façon non négligeable les performances d'un environnement d'exécution, même s'il est sous-tendu par un réseau haut débit et des systèmes puissants. Il est primordial de ne les appliquer qu'en cas de nécessité et donc de bien réaliser en amont la phase d'analyse de ce que l'on désire protéger et contre quoi. En déterminant correctement le degré de sensibilité des données ainsi que les objectifs de sécurité, le chiffrement est appliqué aux seules données, applications ou transactions critiques.

5.3.3 Authentifier et signer

Principe de la signature numérique

Le système de chiffrement asymétrique propose un mécanisme implicite de **signature de messages**. L'émetteur chiffre un message avec sa clé privée. Une entité connaissant la clé publique de l'émetteur peut déchiffrer le message et le lire, cela signifie que le message a bien été créé à l'aide de la clé privée correspondante dont l'émetteur est censé être le seul propriétaire. On peut ainsi s'assurer de l'origine d'un message et en authentifier l'émetteur (figure 5.5).

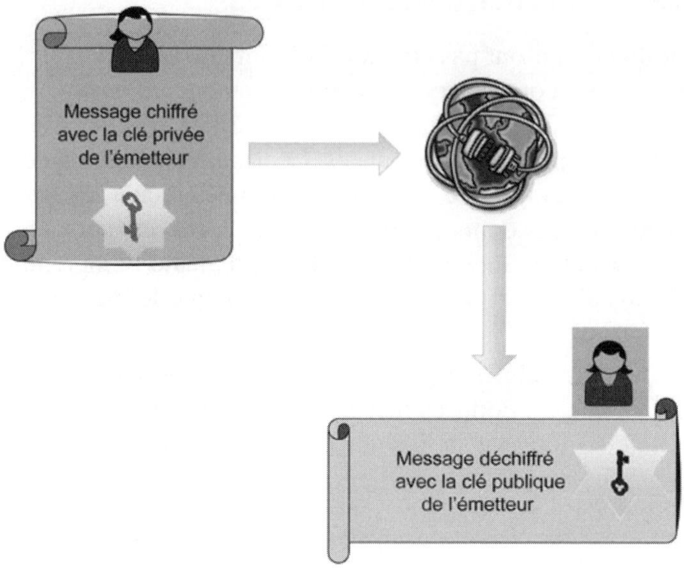

Figure 5.5 – Principe de base de la signature numérique.

Signer électroniquement un document est possible en utilisant un algorithme de chiffrement à clé publique. Pour cela, il suffit d'effectuer les actions suivantes :

- créer un message de déclaration d'identité tel que « je suis Charlie », le chiffrer avec sa clé privée pour constituer une signature que l'on attache au message à envoyer ;
- chiffrer ensuite le message et sa signature avec la clé publique du destinataire, puis émettre le message ;
- à sa réception, le destinataire déchiffre le message avec sa clé privée et détache la signature, qu'il déchiffre avec la clé publique de l'émetteur.

Cela contribue à réaliser l'authentification de l'émetteur. Lors d'un litige, la validation de cette preuve devra être faite par un organisme indépendant reconnu par les parties en contentieux.

Cependant, bien que performant, ce système de signature possède des failles. En effet, rien n'empêche de réutiliser la **signature digitale** d'un message en lieu et place de l'émetteur réel. Par ailleurs, on peut également constituer une **signature numérique** à la place d'un partenaire après lui avoir volé sa clé privée.

Augmenter le niveau de sécurité d'un mécanisme de **signature électronique** (authentification du message et de la signature) est possible en appliquant sur les données une fonction *hash* et en ayant recours à l'usage d'une infrastructure de gestion de clés offrant des services de certification (autorité de certification).

Une autre variante de mise en œuvre du mécanisme de signature consiste, pour une session de communication, à réaliser une génération aléatoire de déclaration d'identité. Cette dernière est envoyée au destinataire qui la signe avec sa clé privée et qui la retransmet à l'émetteur. Pour cela, n'importe quel algorithme de chiffrement peut être utilisé.

En 1994, aux États-Unis, le NIST (*National Institute of Standards and Technology*) et la NSA (*National Security Agency*) ont développé un algorithme dénommé **DSA** (***Digital Signature Algorithm***) pour être utilisé avec le standard DSS (*Digital Signature Standard*) sur la base d'une variante de l'algorithme Elgamal. Son origine gouvernementale a freiné considérablement son adoption par la communauté scientifique et commerciale, notamment du fait du manque de confiance et de l'absence de garantie concernant la présence éventuelle de « porte dérobée » (*backdoor*) qui autoriserait des écoutes clandestines.

5.3.4 Rendre confidentiel et authentifier

En théorie, une seule paire de clé peut servir à la fois au chiffrement du message et à l'établissement d'une signature numérique. Utiliser la même clé pour rendre confidentielles les données d'un message et pour authentifier son émetteur peut poser des problèmes de gestion et d'archivage de clés dont les besoins divergent. Il est souvent judicieux de disposer de **deux paires de clés** distinctes, l'une pour assurer la **confidentialité**, l'autre destinée à l'**authentification** et à l'**intégrité**.

En effet, pour la signature numérique, la clé privée doit être détruite à la fin de sa période d'activité. Si elle est découverte, les échanges pourraient être falsifiés, cela même après la fin de la validité de la clé privée. En revanche, si la paire de clés sert au chiffrement des messages, la clé privée doit être conservée le plus longtemps possible, car si la clé privée était perdue, il serait impossible de lire les données chiffrées avec la clé publique associée. Les deux applications de sécurité ont des exigences contradictoires sur les modalités de conservation de la clé privée.

5.3.5 Offrir un service de non-répudiation

Le service de **non-répudiation** consiste à prévenir le refus/le démenti qu'un message a été émis ou reçu ou qu'une action, transaction a eu lieu. Cela permet de prouver, par exemple, qu'une entité est liée à une action ou à un événement.

La non-répudiation est basée sur une signature unique ou sur une identification qui prouve qui a créé le message. Pour assurer ce service, on peut faire appel à un algorithme de chiffrement à clé publique. On peut également avoir recours à un tiers de confiance pour lui faire jouer un rôle de notaire. En effet, cet organisme *notarisera* et enregistrera toutes les actions et transactions réalisées entre les prestataires pour pouvoir certifier la véracité des échanges.

5.4 Infrastructure de gestion de clés

5.4.1 Clés secrètes

Les clés secrètes des systèmes de chiffrement, véritables données sensibles, nécessitent d'être gérées de manière fiable et confidentielle.

Une clé est un secret pour protéger un autre secret (secret du secret).

La sécurité du processus de chiffrement repose en grande partie sur la **sécurité**, la **confidentialité** et l'**intégrité** pour les clés publiques, attestée par les certificats numériques des clés utilisées, sur la robustesse des algorithmes et sur la sécurité des plateformes matérielles et logicielles qui les supportent.

La **durée de vie** d'une clé de chiffrement (et de déchiffrement) dépend de son utilisation.

Les fonctions d'un système de gestion de clés sont celles qui permettent de réaliser les services de :

- génération d'une clé en fonction des besoins et des systèmes de chiffrement ;
- distribution des clés aux entités (vérification, authentification des entités, etc.) ;
- stockage des clés de manière sécurisée (chiffrement des clés, sécurité du serveur, archivage fiable afin d'assurer la confidentialité et l'intégrité des clés) ;
- surveillance (*monitoring*), d'enregistrement, d'audit, de traçage, de sécurité, de test de bon fonctionnement, d'alarme de contrôle d'accès aux clés, etc. ;
- destruction des clés inutiles (destruction physique, etc.).

Dans un système d'information, plusieurs clés de chiffrement sont généralement utilisées. Il peut alors exister une certaine hiérarchie des clés (notion de clé maîtresse, physiquement protégée, et de clés « filles » générées à partir de celle-ci). Une **hiérarchisation des clés** répond au besoin de restreindre le nombre d'éléments de déchiffrement directement appréhendables. Des architectures à deux ou trois niveaux de clés sont courantes. À partir d'une clé de base (la clé maîtresse) sont dérivées, pour les architectures à deux niveaux, des clés de session et, pour celles à trois niveaux, une clé de chiffrement des clés de session. Les systèmes de chiffrement à clé publique (ou asymétrique) sont basés sur ce type d'architecture. Minimiser le risque sécuritaire au niveau des clés implique de bien gérer les relations entre les clés et de définir correctement les recommandations attachées à l'utilisation de celles-ci.

5.4.2 Objectifs d'une infrastructure de gestion de clés

Il est impossible de mémoriser l'ensemble des clés publiques de tous les correspondants potentiels d'un environnement Internet. Leur demander leur clé publique préalablement à chaque envoi ne serait pas optimal. Le recours à une **infrastructure de gestion de clés** (IGC), ou **infrastructure à clé publique** (**PKI**, *Public Key Infrastructure*), permet de répondre, d'une part, à la nécessité de disposer des clés de chiffrement afin de mettre en œuvre un système de chiffrement asymétrique à clés publiques et, d'autre part, au besoin de s'assurer de l'authenticité des clés publiques des correspondants (qui pourraient être fausses ou usurpées).

Les principales fonctions supportées par une infrastructure de gestion de clés sont :

- la génération d'un couple unique de clés (clé privée, clé publique), son attribution à une entité avec la certification de l'origine de la clé distribuée ;
- la création et la gestion de certificats numériques : signature, émission, validation, révocation, renouvellement des certificats ;

- la sauvegarde des informations nécessaires à la gestion des clés : archivage des clés, procédures de recouvrement en cas de pertes par l'utilisateur ou de demandes de mise à disposition par les autorités judiciaires ;
- la diffusion des clés publiques aux ressources qui la solliciteraient et qui seraient habilitées à les obtenir ;
- la certification des clés publiques (signature des certificats numériques par une autorité de confiance).

5.4.3 Certificats numériques

Un **certificat numérique** (certificat digital ou certificat électronique) constitue la carte d'identité numérique d'une entité. Il contient, entre autres, l'identification de son propriétaire, les dates de validité, la clé publique qui lui est attribuée ainsi que l'identification de l'organisme qui l'a délivrée. Le tout est chiffré avec la clé privée de l'organisme de certification (signature de l'organisme). Le propriétaire du certificat le déchiffrera avec la clé publique de l'organisme de certification.

Selon le degré de vérification de l'identité de l'entité effectuant la demande d'obtention de certificat, différents types de certificats avec des niveaux variables de sécurité peuvent être émis. Plus le processus d'authentification est rigoureux, plus le niveau de confiance que l'on pourra avoir dans le certificat sera important.

La recommandation **X.509** de l'UIT (Union internationale des télécommunications) propose un cadre architectural pour la réalisation d'un service d'authentification basé sur l'usage de certificats.

Sans spécifier un algorithme de chiffrement particulier, X.509 définit une structure de certificats basés sur des algorithmes à clé publique et signés par une **signature numérique**. La figure 5.6 présente les principaux champs et paramètres d'un certificat numérique selon la norme X.509v3. La structure normalisée d'un **certificat X.509** est largement adoptée et est à la base de nombreuses solutions du marché comme S/MIME (*Secure/Multipurpose Internet Mail Extentions*), IPSec (*Internet Protocol Security*), SSL (*Secure Socket Layers*), TLS (*Transport Layer Security*), SET (*Secure Electronic Transaction*).

Pour valider le certificat reçu, le client doit obtenir la clé publique de l'organisme qui a créé le certificat relatif à l'algorithme utilisé pour signer le certificat (champ 3) et doit déchiffrer la signature contenue dans le dernier champ « Signature du certificat ». À l'aide des informations également contenues dans ce champ, le client calcule la valeur du condensé (résumé, ou *hash*) et compare la valeur trouvée avec celle contenue dans le dernier champ ; si les deux valeurs correspondent, le certificat est authentifié. Ensuite, le client doit s'assurer que la période de validité du certificat soit correcte.

Attestant que la clé publique, entre autres paramètres que le certificat contient, est bien celle qui correspond à la clé privée asymétrique, que le propriétaire du certificat est le seul à connaître, le certificat numérique est le garant de l'authenticité de son possesseur dans toutes les transactions. Encore faut-il, pour établir la confiance, connaître la manière par laquelle le certificat d'un individu lui a été attribué.

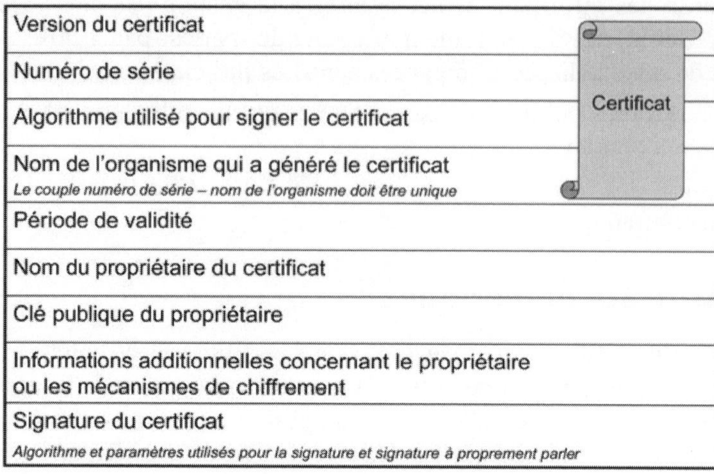

Figure 5.6 – Principaux paramètres d'un certificat numérique selon la norme X.509v3.

Pour établir la fiabilité d'un certificat numérique, différentes classes ont été définies :

- certificat de classe 1 : attribution sans vérification de l'identité du propriétaire. Cela peut garantir, par exemple, que l'adresse e-mail de son propriétaire existe mais ne dit pas qui est le propriétaire ;
- certificat de classe 2 : le propriétaire décline juste son identité mais on ne vérifie pas que c'est bien la sienne. Cela permet de vérifier qui est le propriétaire d'après des renseignements envoyés par voie postale ;
- certificat de classe 3 : le propriétaire du certificat doit être physiquement présent lors de sa remise et on vérifie qu'il est bien celui qu'il prétend être. Il peut aussi être exigé un support matériel pour lui remettre le certificat, on dit alors que le certificat est de classe 3+. Ce type de certificat implique que le propriétaire a été reçu physiquement par un employé de l'autorité de certification, qui lui a remis le certificat après avoir vérifié l'identité de son titulaire. La classe 3+ impose que le certificat ait été remis sur un support cryptographique fiable.

Le prix d'un certificat varie selon la classe. En France, seules les signatures numériques faites en utilisant un certificat de classe 3 sont reconnues équivalentes à une signature manuscrite. À l'échelle européenne, seuls les certificats de classe 3+ sont reconnus.

5.4.4 Organismes de certification

Un organisme reconnu compétent pour offrir des services de gestion de clés publiques peut être qualifié de :

- **tiers de confiance** : la confiance est accordée à cet organisme qui détient toutes les informations d'identification des utilisateurs et leurs clés de chiffrement. Toutefois, la confiance est un sentiment et non une preuve de sécurité ;

- **autorité d'enregistrement** : une clé ou un certificat sont obtenus sous réserve d'être enregistrés (notion d'inscription auprès de l'organisme) ;
- **autorité de certification** : notion de certification d'informations, l'entité signe électroniquement les certificats ;
- **autorité de dépôt et de séquestre** : données et transactions peuvent être mémorisées à des fins de preuve et de non-répudiation afin de prouver *a posteriori* que des actions particulières ont bien eu lieu.

Quelle que soit son appellation, l'organisme qui met en place une infrastructure de gestion de clés publiques a pour fonction principale de produire des certificats établissant la valeur de la clé publique attribuée à une entité (notion de certificats clients). À l'instar d'un notaire, une autorité de certification peut enregistrer et prendre acte de la réalisation d'événements.

Un client émet une demande d'enregistrement (demande de certification) auprès d'une autorité de certification (inscription du client *via* un service web). Des preuves de l'identité du client peuvent être demandées par le serveur d'enregistrement selon les procédures d'identification et d'authentification mises en place par l'autorité. Après validation des données, le serveur de certification génère les clés de chiffrement, privée et publique, et construit un certificat numérique qui contient la clé publique, au nom du client, signe avec sa clé privée le certificat (certification du certificat numérique) et envoie le certificat au client. Ce dernier utilisera la clé publique de l'autorité pour s'assurer que le certificat est bien produit par l'autorité en question.

Une entreprise peut devenir sa propre autorité de certification et émettre des certificats à usage interne. L'avantage principal est qu'elle possède un contrôle complet de la politique d'émission et de révocation des certificats. Elle est libre de déterminer la période de validité d'un certificat, d'en spécifier les attributs et de déterminer la façon dont les privilèges d'accès et les certificats sont liés.

Il sera alors nécessaire de bien sécuriser la machine dédiée à l'attribution et à la gestion des certificats, et la gestion d'un service de certification peut s'avérer complexe. La validité de tels certificats se limite aux frontières de l'entreprise et ceux-ci ne peuvent servir pour accéder à des serveurs Internet à moins que le certificat ne soit signé par une autre autorité de certification reconnue.

L'organisation peut, si elle le désire, créer une arborescence d'entités distribuées habilitées à délivrer des certificats et construire ainsi une hiérarchie de confiance. Elle **délègue** alors **la certification** à des départements ou des à sites géographiques déterminés. Le certificat de la racine est utilisé occasionnellement pour signer ou renouveler les certificats des entités qui en dépendent. Ces dernières sont ainsi responsables de la certification des clients et des serveurs qui leur sont rattachés. Si la clé privée de la racine est compromise, tous les serveurs peuvent l'être. Certaines entreprises isolent physiquement et déconnectent la machine principale du reste du réseau et la sécurisent fortement.

5.4.5 Exemple de transaction sécurisée par l'intermédiaire d'une PKI

Prenons pour exemple une entreprise et ses clients qui désirent s'échanger des données de manière confidentielle. Chacun doit s'assurer qu'il est bien en communication avec son interlocuteur (pour le client, le site web de cette entreprise ; pour l'entreprise, ce client). À cette fin, ils peuvent faire appel aux services proposés par une infrastructure à clé publique (figure 5.7).

L'entreprise doit tout d'abord s'enregistrer auprès d'une autorité d'enregistrement qui lui délivre un certificat numérique (a). Ce certificat est publié par la PKI et peut être délivré sur demande à des entités qui souhaitent communiquer avec l'entreprise.

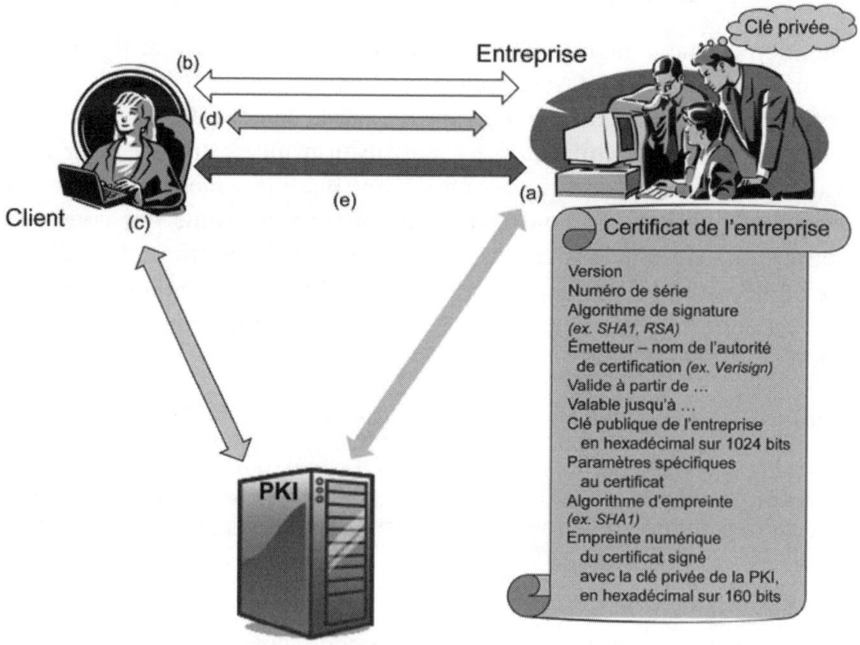

Figure 5.7 – **Exemple d'échange faisant appel aux services offerts par une PKI.**

Le certificat contient des informations sur l'entreprise, la PKI qui l'a délivré, l'algorithme de chiffrement, la fonction de hachage ainsi que sur la clé publique de l'entreprise. Ce certificat est signé avec la clé privée de la PKI. La clé privée de l'entreprise lui est transmise par la PKI par voie sécurisée (en main propre ou par la poste par exemple).

Pour réaliser une transaction Internet sécurisée entre un système « client » et le site de l'entreprise, le client, par le biais de son navigateur web, doit se connecter sur le site web de l'entreprise (b) et obtenir le nom de la PKI ainsi que la référence du certificat numérique de l'entreprise (numéro de série du certificat).

Le navigateur du client se connecte alors sur le site de la PKI et télécharge le certificat de l'entreprise (c). Il s'assure de l'authenticité du certificat en vérifiant la signature du certificat avec la clé publique de la PKI (le certificat a bien été émis par cette PKI particulière). Il s'assure de l'intégrité des données en appliquant l'algorithme de hachage (les données contenues dans le certificat sont correctes, il s'agit bien de l'entreprise). Il extrait la clé publique de l'entreprise.

Le client génère ensuite une clé de session symétrique, selon le mécanisme intégré dans le navigateur, puis l'envoie en la chiffrant avec la clé publique de l'entreprise, à celle-ci (d).

Sur réception, l'entreprise déchiffre le message avec sa clé privée et obtient la clé de session qu'elle utilisera pour chiffrer/déchiffrer les données échangées avec ce client particulier durant une session de travail déterminée (e).

5.4.6 Limites des solutions basées sur des PKI

Les limites inhérentes aux infrastructures de gestion de clés résident dans :

- la complexité, le coût du déploiement et de la gestion d'une infrastructure ;
- le haut niveau de sécurité nécessaire à la réalisation des services ;
- la validité, la durée de vie, la résiliation des certificats.

La **certification électronique** est une mesure de sécurité qui nécessite un cadre légal, une organisation particulière, des ressources technologiques, des procédures et des personnes compétentes. C'est bien une infrastructure à part entière, lourde, complexe, consommatrice de ressources, d'ordre technologique mais aussi managérial, qu'il s'agit de déployer et de faire adopter par l'ensemble des acteurs de la chaîne numérique.

Il n'est pas souhaitable de ne disposer que d'une seule autorité mondiale de certification (du fait du pouvoir étendu et excessif qui lui serait *de facto* conféré, et de la volonté des pays d'avoir un cyberespace souverain), diverses autorités de certification doivent exister. Il est alors nécessaire de déployer des mécanismes assurant leur interopérabilité. Toutefois, la multiplicité des autorités de certification pose le problème de leur reconnaissance mutuelle, de la compatibilité des certificats, qui devraient être tous en principe au format de la norme X.509v3, et du champ de leur validité en vue de délivrer un service universel et reconnu par tous.

Il peut exister un relatif manque de confiance des utilisateurs envers les autorités de certification car elles constituent des intermédiaires pour lesquels il n'y a pas vraiment de moyen de contrôle mis à disposition des utilisateurs pour bâtir la confiance envers elles. Voici quelques questions qui peuvent être posées : Quelles sont leurs capacités à pouvoir garder les clés de chiffrement de manière sécurisée ? Quelle est la robustesse des mécanismes et procédures d'authentification ? Comment sont protégées les données personnelles ? Quel niveau de sécurité est garanti pour la gestion des identités, pour la réalisation des transactions ? Quelle est la valeur réelle des certificats ? Comment peut-on avoir confiance dans une entité qui détient la clé de tous les secrets et qui, éventuellement, les enregistre pour en prouver l'existence si nécessaire ?

Cette méfiance peut être renforcée par le fait que le plus souvent les utilisateurs passent par des autorités de certification étrangères et les recours en cas de problème deviennent alors extrêmement difficiles à effectuer, voire impossibles.

En effet, pour des raisons de performances, il pourrait être tentant de passer par une seule PKI qui serait en position de *leader* mondial de ce marché. Elle serait alors devenue l'intermédiaire incontournable de toutes les transactions qui nécessitent de la sécurité et qui sont donc des transactions critiques.

De plus, si l'on tient compte du fait que les mécanismes de chiffrement mis en œuvre dans la signature électronique sont cassables, la robustesse d'une solution de sécurité basée sur la certification électronique n'est pas totale. Dans ce contexte, quelles pourraient être les garanties qui permettraient de construire la confiance dans une infrastructure de gestion de clés (PKI) ? Par ailleurs, comment peut-on avoir confiance dans des institutions publiques ou privées qui dépendent de telles infrastructures pour la gestion de leur identité et de leur secret ?

Ainsi, tout laisse à penser que l'édifice de sécurité que sont la certification et la signature électronique ressemble à des infrastructures en béton de l'époque où l'on n'avait pas encore inventé le béton armé. Impossible de faire confiance au béton seul, le béton est cassable, pour lui faire confiance il faut de l'acier ! En poursuivant cette analogie, l'urbanisation de la société de l'information nécessite d'inventer le béton armé électronique.

Il est d'usage de dire que la confiance n'exclut pas le contrôle. Mais est-il vraiment possible de développer des procédures de contrôle sur les infrastructures tentaculaires que sont les PKI ? En effet, l'interopérabilité au niveau international des certificats nécessite la mise en place de PKI de structure hiérarchique, il s'agit en fait d'une arborescence de plusieurs PKI. Une PKI peut être locale mais elle dépend le plus souvent d'une suprastructure régionale ou internationale. Il s'agit alors de filiales qui agissent par procuration et qui dépendent d'une maison mère, située dans un autre pays, voire sur un autre continent, et dont les lois sont celles du pays où est situé le siège social de celle-ci.

Lorsqu'il s'agit de définir des stratégies nationales de sécurité, il ne faut pas faire l'économie de la compréhension des différentes dimensions des problématiques **géostratégique**, technique et idéologique liées au contrôle d'Internet, et ce contrôle passe par celui de la gestion des identités, des accès et des mesures de sécurité et donc des PKI.

Toute démarche de sécurité répond à celle de la gestion des risques et donc des opportunités. La frontière entre le **risque acceptable** et celui qui ne l'est pas et qui nécessite des mesures particulières de sécurité est parfois difficile à déterminer objectivement et dépend fortement du **contexte politique** et des objectifs d'un pays. Une stratégie nationale de sécurité n'échappe pas à ce contexte. Il est donc primordial de pouvoir identifier les multiples facettes des dépendances et des interdépendances de solutions et fournisseurs de solutions et de ne pas s'arrêter uniquement aux aspects matériels, techniques et « palpables » des solutions de sécurité, ni à leur prix. La balance des intérêts doit permettre de trouver le bon équilibre entre dépendance, **souveraineté**, sécurité, qualité de service, coûts, faisabilités organisationnelles, techniques et juridiques, et aussi délais de disponibilité.

Le bon sens nous fait penser que des situations de dépendance ou de monopole en matière de sécurité ne sont pas forcément les meilleures.

5.5 Apport de la *blockchain*

La confiance en l'intégrité d'une transaction et l'authenticité de l'émetteur et du récepteur est supportée par les technologies de chiffrement et par la signature électronique. Le chiffrement asymétrique qui achemine la clé secrète symétrique, de même que la signature électronique, reposent sur l'utilisation de certificats. Les entités utilisent ces certificats parce qu'ils sont signés par une autorité à laquelle les émetteurs et les récepteurs font confiance. La confiance est donc ici centralisée chez le signataire des certificats, tout comme dans une transaction immobilière où on fait confiance à un notaire.

Il existe, depuis l'apparition des **cryptomonnaies**, une autre possibilité que le fait de faire reposer la **confiance** uniquement sur une autorité centralisatrice : la faire reposer sur l'ensemble des utilisateurs, émetteurs et récepteurs. Avec la technologie de la « ***blockchain*** » (**chaîne de blocs**), la confiance est distribuée entre tous grâce à une mise en œuvre particulière de la cryptographie.

Avec la *blockchain*, l'émetteur et le récepteur échangent des éléments sans qu'une autorité centrale n'ait à les valider. C'est le cas par exemple pour les **bitcoins** et autres monnaies virtuelles. Aucune banque, aucun État, ne doit se porter garant de cette monnaie, tous les utilisateurs sont garants de l'intégrité des transactions. Toute transaction est chiffrée (par la clé publique du récepteur) et signée. Elle est alors soumise à plusieurs nœuds du réseau (les mineurs) qui réalisent des opérations de cryptographie, avant de valider le bloc. Ce bloc est ajouté alors à un registre (le *ledger*), puis d'autres blocs viennent s'y ajouter en mode dit de chaînage de blocs par la mise en œuvre d'un procédé cryptographique. La cryptographie s'applique sur le chaînage des blocs (le lien entre les blocs) et non sur le contenu des blocs. Les informations ne sont pas nécessairement chiffrées, cela peut être réalisé par un mécanisme classique de chiffrement. Le registre est dupliqué sur tous les nœuds du réseau en mode pair à pair qui utilisent cette *blockchain*. Il est alors impossible de modifier ce registre, dont les blocs de données sont interdépendants et distribués sur plusieurs nœuds, car tous les nœuds s'en apercevraient puisque le contenu du registre qu'ils hébergent serait différent.

Avec la *blockchain*, la confiance de chacun est induite par la confiance de tous et chacun est le garant de la confiance de tous.

Il peut exister différentes *blockchains*, publiques, semi-publiques ou privées en fonction de leurs domaines d'application et usages ouverts à tous ou restreints à certaines personnes (monnaies, transactions financières, logistique, vote électronique, gestion des diplômes d'une école, etc.).

Avec cette technologie, le tiers de confiance pour les certificats numériques et la distribution des clés est toujours nécessaire pour attester que la clé publique contenue dans le certificat est bien celle qui correspond à telle clé privée. Toutefois, c'est à l'ensemble des utilisateurs que la confiance est accordée, pas à une seule autorité de confiance.

La mise en œuvre du concept de *blockchain* se multiplie et de nombreux services autour de cette technologie basée sur le chiffrement à clé publique sont proposés.

Bien que réputé fiable, ce système peut toutefois comporter des erreurs de développement et d'implémentation et être aussi piraté. L'infrastructure de support, l'environnement de la *blockchain* peuvent être non fiables, fragiles et vulnérables (réseau pair à pair (l'ensemble des nœuds), l'alimentation énergétique). Des problèmes de sécurité peuvent être générés lors de la réalisation automatique d'actions spécifiées dans la *blockchain* dans le cadre d'un *smart contract*, qui pourraient être déclenchées à distance et manipulées. Le minage illicite de cryptomonnaies, le vol de portefeuille électronique, l'usurpation d'identité sont des malveillances possibles, malgré l'existence d'une *blockchain*. Par ailleurs, les développeurs peuvent d'un commun accord modifier les propriétés de la chaîne de blocs (*hard fork*). De plus, dans un grand nombre d'implantations, l'anonymat des utilisateurs n'est pas garanti car il s'agit uniquement de pseudo-anonymat, qui permet généralement leur identification *a posteriori*. Les ordinateurs impliqués dans le chaînage de blocs peuvent recueillir des métadonnées concernant les contenus qui peuvent être exploitées et renseigner indirectement sur le contenu des blocs. L'inconvénient de la *blockchain* est lié au fait de ne pas pouvoir effacer des données, que celles-ci peuvent être non conformes à des lois et réglementations telles que le RGPD (la suppression de données personnelles peut être impossible) et être des contenus illicites ou sensibles. Le ***cryptojacking***, le minage de cryptomonnaies en utilisant de manière indue la puissance de calcul des ordinateurs est une nouvelle source de menace et de nuisance pour ceux qui en sont victimes.

Résumé

Dans un environnement informatique, la mise en œuvre des techniques de chiffrement permet de réaliser la confidentialité des données, de vérifier leur intégrité et d'authentifier des entités.

Divers algorithmes de chiffrement existent. Quel que soit leur mode opératoire, ils reposent sur l'usage de clés. Généralement, leur degré de robustesse est lié à la capacité à gérer les clés de chiffrement de manière sécurisée, à la longueur de la clé (attention la longueur minimale de la clé est fonction du type d'algorithme) et à la sécurité de la plateforme matérielle et logicielle dans laquelle les algorithmes de chiffrement sont implantés.

La confiance envers les solutions de chiffrement commercialisées ne peut être que toute relative, dans la mesure où aucune garantie, aucun moyen de vérification ne sont offerts (existe-t-il des portes dérobées – *backdoor* – dans les logiciels ? Les clés secrètes ont-elles été dupliquées, divulguées ?, etc.).

Par ailleurs, aucune preuve n'est donnée quant au fait que les algorithmes actuellement réputés fiables le seront encore dans un futur proche. Une possibilité pour pallier le défaut de sécurité inconditionnelle de la cryptographie classique est de réaliser des mécanismes de chiffrement basés sur la physique quantique.
La mise en œuvre du chiffrement asymétrique, l'usage de certificats numériques et de la signature électronique, *via* des infrastructures à clés publiques (PKI) et des tiers de confiance (autorités de certification), sont des solutions possibles mais qui pourraient être cassées lorsque les ordinateurs quantiques existeront.
Il est désormais possible d'utiliser une technique de chiffrement en mode chaînage de blocs, la *blockchain*, afin d'enregistrer des informations de manière distribuée et *a priori* non modifiable.

Exercices

5.1 Quels sont les principaux avantages, inconvénients et limites associés au chiffrement symétrique ?

5.2 Quels sont les principaux avantages, inconvénients et limites associés au chiffrement asymétrique ?

5.3 Pourquoi l'usage du chiffrement asymétrique pourrait-il être préféré à celui du chiffrement symétrique dans des transactions commerciales sur Internet ? Dans quelles circonstances le chiffrement symétrique peut-il être utilisé ?

5.4 Qu'est-ce qui permet de qualifier de robuste un algorithme de chiffrement ?

5.5 Pourquoi est-il difficile d'avoir confiance dans des produits de chiffrement commercialisés ?

5.6 À quels besoins répond une infrastructure de gestion de clés (PKI, *Public Key Infrastructure*) ?

5.7 Citez quelques inconvénients et quelques limites des infrastructures de gestion de clés (PKI).

5.8 Quel est le rôle d'un certificat numérique ? Pourquoi un certificat numérique comporte-t-il un champ « durée de validité » ?

5.9 Quels sont les principaux apports de l'utilisation de la physique quantique à la cryptographie ?

5.10 Pourquoi certains algorithmes de chiffrement possèdent-ils un mode opératoire dit de « *block cipher* » ? À quels besoins correspond-il ?

5.11 Quels sont les facteurs de faiblesse des clés de chiffrement ?

5.12 Que signifie un mode hybride de chiffrement ?

5.13 Expliquez la notion de « *digest* ». Quels services de sécurité permet-elle de réaliser ?

5.14 Quel est le principal avantage de la *blockchain* ?

5.15 Identifiez les principaux freins au déploiement de la *blockchain*.

Solutions

5.1 De manière générale, la mise en œuvre d'un système de chiffrement permet de réaliser des services de confidentialité, d'authentification et de vérification de l'intégrité des données et éventuellement de non-répudiation.

La mise en œuvre d'un procédé de **chiffrement symétrique**, basé sur l'usage d'une même clé secrète pour chiffrer à l'émission et déchiffrer des données à leur réception, peut être performante du point de vue de la rapidité des actions de chiffrement/déchiffrement. Toutefois, l'inconvénient majeur est lié au fait que chaque paire de communicants doit posséder une même clé, ce qui pose des problèmes de gestion et de distribution des clés. En effet, si tous les clients d'un même serveur web possédaient la même clé, rien ne serait confidentiel. Ces clés (véritables secrets servant à protéger des secrets) doivent être gérées, distribuées et sauvegardées de manière sécurisée.

5.2 Dans un système de **chiffrement asymétrique**, la clé de chiffrement diffère de la clé utilisée pour le déchiffrement, mais ces clés sont mathématiquement liées. Pour mettre en œuvre un système de chiffrement asymétrique, il faut utiliser une bi-clé constituée d'une clé privée (secrète, connue de son seul propriétaire) et d'une clé publique (non secrète et mise à la disposition de tous les interlocuteurs habilités à l'obtenir, dans des certificats numériques). L'avantage principal réside dans le fait qu'il n'est pas nécessaire de partager une même clé secrète. En revanche, la gestion des clés des systèmes de chiffrement asymétrique fait appel à une infrastructure de gestion de clés (PKI, *Public Key Infrastructure*) relativement complexe, dans laquelle les clients doivent avoir confiance et qui constitue un intermédiaire incontournable.

Les limites des chiffrements asymétrique et symétrique résident, d'une part, sur le fait que les algorithmes sont basés sur une logique mathématique (qui peut être cassée) et sur des clés qui doivent être gérées comme des secrets (qui peuvent être découverts) et, d'autre part, sur le fait que les systèmes de chiffrement sont mis en œuvre sur des plateformes matérielles et logicielles non fiables. La vulnérabilité essentielle des systèmes de chiffrement est liée à l'environnement informatique dans lequel ils s'exécutent, sans oublier les utilisateurs qui ne protègent pas suffisamment leurs clés privées.

5.3 L'**usage du chiffrement asymétrique** est préféré dans des transactions commerciales, du fait qu'il résout le problème de la distribution des clés, *via* l'usage de certificats numériques mis à la disposition des correspondants par une tierce partie de confiance (l'infrastructure de gestion de clés). Chaque acheteur possède sa propre clé et le vendeur ne doit pas toutes les connaître. Le chiffrement symétrique peut toutefois être utilisé dans la réalisation de contrôles d'intégrité (fonction *hash*, *digest*) pour réaliser des empreintes ou des résumés.

Pour des raisons de rapidité de chiffrement de gros volumes de données à transmettre, les chiffrements asymétrique et symétrique sont combinés et on tire ainsi parti de leurs avantages réciproques. Le chiffrement asymétrique étant utilisé pour chiffrer/déchiffrer les clés de chiffrement symétrique.

5.4 Un **algorithme de chiffrement** est qualifié de **robuste** tant que des processus de cryptanalyse n'ont pas démontré sa fragilité. Il s'agit le plus souvent de réputation au regard de la résistance des algorithmes aux diverses attaques connues. Ce qui est considéré comme robuste et relativement fiable aujourd'hui ne le sera pas forcément demain !

5.5 Il est extrêmement difficile d'avoir confiance dans les **solutions cryptographiques commercialisées** dans la mesure où il est impossible de les contrôler, de savoir si elles intègrent ou non des portes dérobées (*backdoors*), qui permettent le contrôle et la surveillance des données confidentielles à l'insu de l'utilisateur légitime, de savoir si les clés secrètes sont vraiment gardées secrètes, si elles ne sont pas prédictibles, cassables, communiquées à des tiers, etc.

Il en est de même des infrastructures à clé publique et des certificats numériques, dans lesquels les utilisateurs doivent avoir confiance sans pour autant disposer des moyens de contrôle ou de garanties de sécurité.

5.6 Une **infrastructure de gestion de clés** (PKI) permet de répondre aux besoins de disposer de clés de chiffrement pour réaliser certains services de sécurité *via* la mise en œuvre du chiffrement asymétrique entre acteurs qui *a priori* ne se connaissent pas mais font confiance à une autorité commune.

5.7 La mise en œuvre de services offerts par une **infrastructure de gestion de clés** (PKI) peut poser des problèmes d'ordres différents, comme :

- **problème politique** : la majorité des infrastructures PKI et des autorités de certification appartiennent à des entités étrangères. Cela soulève diverses questions dont :
  - ◇ celle de la *confiance* dans ces entités pour les services offerts (création, sauvegarde, distribution des clés privées et publiques, des données d'identification, notarisation des événements) et pour le manque de garantie de l'usage non abusif des données, de la neutralité dans les échanges, de moyens de recours en cas de litige avec l'autorité de certification,
  - ◇ celle des performances,
  - ◇ celle de la souveraineté ;
- **problème technologique** : les systèmes de chiffrement classiques peuvent être cassés, certains certificats numériques n'ont aucune valeur sécuritaire et ne

garantissent rien. Des fraudes sont possibles. La sécurité des infrastructures est assurée par des moyens classiques de sécurité qui peuvent être contournés. De plus, l'usage d'une infrastructure de gestion de clés déplace le problème de la sécurité des échanges mais ne le résout pas à proprement parler ;

- **problème organisationnel** : interopérabilité des infrastructures, déploiement, gestion, maintenance, sécurité, complexité, coûts.

5.8 Le **certificat numérique** peut être vu comme le passeport numérique d'une entité morale (organisation) ou physique (personne). La création et la diffusion d'un certificat contribuent à distribuer la clé publique d'une entité afin de mettre en œuvre des systèmes de chiffrement asymétrique et d'offrir des services de confidentialité, d'authentification et d'intégrité.

Toutefois, bien que contribuant à réaliser la sécurité des transactions, un certificat peut être altéré ou falsifié (par infection virale du poste de travail de l'utilisateur par exemple). La gestion d'une liste de révocation de certificats (CRL, *Certificate Revocation List*), dans laquelle les certificats périmés sont inscrits, introduit des temps de traitement additionnels et est d'une efficacité relative. Le champ « durée de validité » permet de limiter dans le temps la durée de vie d'un certificat et d'avoir, à l'occasion de son renouvellement, la possibilité de modifier, de mettre à jour certains de ses paramètres. Cela permet d'effectuer des contrôles de validité des certificats, de vérifier que le certificat est valide en fonction de sa date d'expiration et de mieux gérer les changements qui surviennent dans l'organisation représentée par le certificat.

5.9 À l'heure actuelle, la **physique quantique** permet de créer de vrais aléas qui interviennent dans la création des clés de chiffrement non prédictibles, des clés à usage unique, et permet aux utilisateurs de les obtenir sans avoir besoin au préalable de les distribuer sur un réseau non fiable.

L'usage de clé cryptographique générée de manière quantique augmente le niveau de sécurité des entités et processus qui y font appel. En effet, le mécanisme de génération et d'échange d'information pouvant être basé sur la polarisation de photons et le choix de filtres, *via* la mise en œuvre des principes de physique quantique, permet d'en assurer une meilleure confidentialité et protection. Cette information ne peut être recréée, réutilisée, écoutée ou volée. La physique quantique permet de créer et d'acheminer des secrets inviolables, qui peuvent être des clés de chiffrement utilisables dans un système de chiffrement classique (AES par exemple).

5.10 Le *Cipher Block Chaining* (chaînage de blocs) est un mode où le chiffrement d'un bloc de données dépend du précédent. Cette technique permet de renforcer le niveau de robustesse des algorithmes en augmentant le niveau de difficulté du déchiffrement de l'ensemble des données (des blocs de données isolés ne pourront pas être déchiffrés).

5.11 Les facteurs de faiblesse des clés de chiffrement sont liés à leur nature, à leur durée de vie et à leur utilisation. Le processus de création, distribution, sauvegarde, destruction doit être fiable, produire des clés intègres, non cassables, non devinables, non prévisibles. Les clés corrompues ou inutiles doivent pouvoir être non réutilisées et détruites. Chacune de ces activités pose des problèmes de sécurité, de gestion et de logistique. La faiblesse majeure liée aux clés sécrètes réside dans le fait qu'elles doivent rester secrètes et donc elles aussi être sécurisées (notion de récursivité de la sécurité).

5.12 Dans un mode hybride de chiffrement, plusieurs techniques de chiffrement sont combinées. Généralement, on établit une session de travail *via* un mécanisme de chiffrement asymétrique afin de pouvoir déterminer quel sera l'algorithme de chiffrement symétrique et la clé à utiliser durant cette session de travail. Cela résout dans une certaine mesure les problèmes de lenteur du chiffrement asymétrique et de l'établissement d'une clé commune secrète liée au chiffrement symétrique qui peut alors être transmise de manière sécurisée.

5.13 Un *digest* est l'empreinte digitale d'un message, c'est un condensé obtenu par l'application d'une fonction à sens unique sur le contenu des données. Celui-ci est une chaîne de bits et ne permet pas de retrouver le message initial (notion de fonction à sens unique) mais permet, selon sa mise en œuvre, de s'assurer qu'un message n'a pas été altéré. Ainsi, un *digest* contribue à réaliser un service d'intégrité. Combiné au chiffrement asymétrique, il peut également contribuer à offrir un service d'authentification de l'émetteur.

5.14 Le principal avantage de la chaîne de blocs (*blockchain*) réside dans l'existence d'un registre distribué qui permet de sauvegarder des informations de manière non modifiable.

5.15 Les freins au déploiement de la chaîne de blocs sont liés au fait qu'elle n'est pas inconditionnellement sécurisée, que le mécanisme est très consommateur de puissance de calcul et donc d'énergie et qu'il nécessite la mise en œuvre du chiffrement asymétrique.

LA SÉCURITÉ DES INFRASTRUCTURES DE TÉLÉCOMMUNICATION

6

PLAN

OBJECTIFS

➤ Analyser les protocoles cryptographiques les plus utilisés dans les environnements Internet.
➤ Identifier les points critiques de la sécurité des réseaux.
➤ Présenter les principaux mécanismes mis en œuvre pour sécuriser les infrastructures de télécommunication.

6.1 PROTOCOLE IPv4

La version 4 du **protocole Internet** (IPv4) définie par l'IETF (*Internet Engineering Task Force* – RFC 0791), qui existe depuis l'origine du réseau, est encore utilisée et n'intègre aucun mécanisme de sécurité. Le protocole IP s'exécute en mode sans connexion dit de *best effort*. Il offre un service non fiable de remise de paquets IP. IPv4 ne garantit pas :

- la remise des données (perte possible de données, pas de mécanisme de reprise sur erreur) ;
- la livraison de données au bon destinataire ;
- l'ordonnancement (séquencement) correct des données à leur réception ;
- la confidentialité et l'intégrité des données transmises (les données peuvent être interceptées, copiées, modifiées ou détruites lors de leur transfert) ;
- l'authentification de la source ou de la destination des données.

La structure d'un paquet IP formaté par le protocole IPv4 est présentée par la figure 6.1.

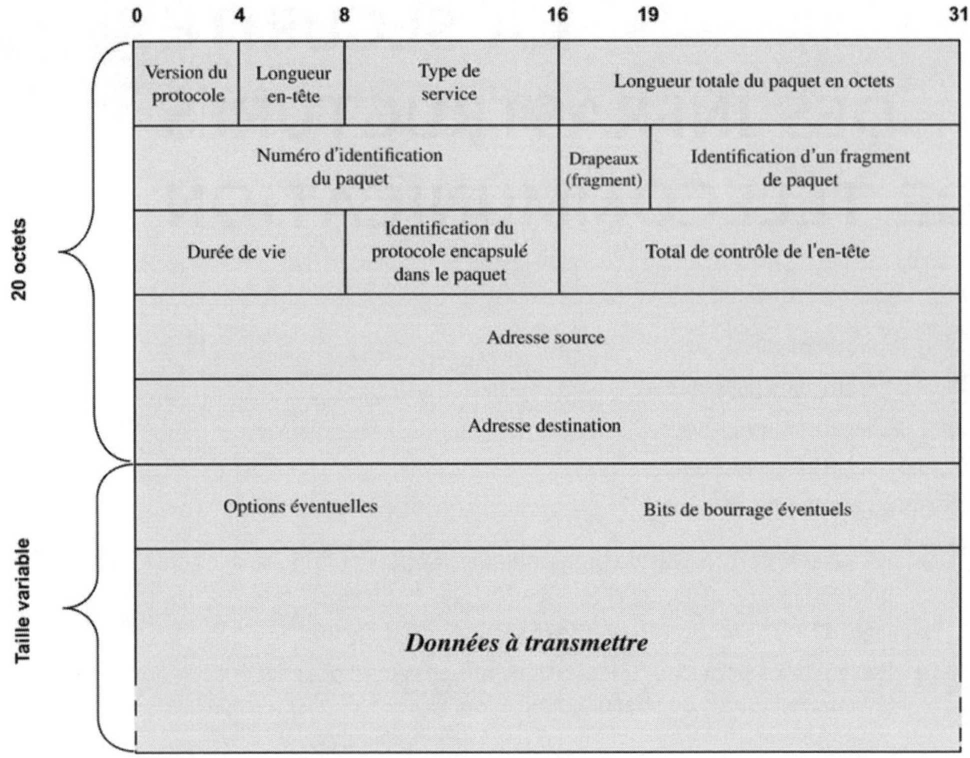

Figure 6.1 – **Structure d'un paquet IP formaté par le protocole IPv4.**

Dans le mode non connecté, les paquets IP peuvent être perdus, modifiés, dupliqués, fabriqués (forgés) ou être remis hors séquence. Pour pallier cet inconvénient, le **protocole TCP** (*Transmission Control Protocol*, RFC 0793) est implanté sans les systèmes d'extrémité. Il offre un service de transport fiable en mode connecté (niveau 4 de l'architecture OSI) sans pour autant offrir de service de sécurité à proprement parler (figure 6.2).

Prise en compte de nouveaux besoins

Dans le milieu des années 1990, la révision de la version 4 du protocole Internet a fait l'objet d'une refonte complète, connue sous le nom d'**IPnG** (*Internet Protocol next Generation*) ou **IP version 6** (IPv6). Cela répondait au besoin de :

- rendre confidentiel le contenu des paquets, authentifier leur source et leur destination, s'assurer de l'intégrité des paquets ;
- disposer d'une plage d'adresses plus importante et d'augmenter le nombre d'adresses Internet disponibles pour identifier un plus grand nombre de systèmes ;
- faire une allocation dynamique de bande passante en fonction des besoins de performances des applications multimédias.

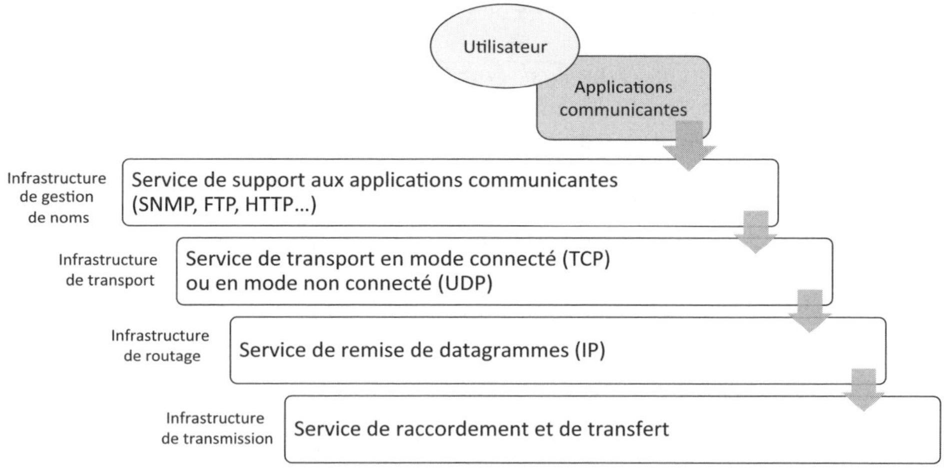

Figure 6.2 – L'architecture TCP/IP.

La version 5 du protocole IP, encore appelée *Internet Stream Protocol* version 2 (ST2), a bien existé au début des années 1980 mais est restée au stade de l'expérimentation. IPv5 n'a jamais été implanté dans les réseaux commerciaux. Il apportait la notion de qualité de service de bout en bout dans les transferts en flux continu, notamment pour la voix sur IP (VoIP). L'Internet « *Next Generation* » s'est parallèlement soucié de résoudre la pénurie des adresses IPv4 en étendant l'en-tête IP de 4 à 16 octets. Mais l'IPnG n'était pas compatible avec l'IPv5. L'IPnG a été renommé IPv6, ce qui explique le saut direct entre IPv4 et IPv6.

6.2 Protocoles IPv6 et IPSec

6.2.1 Principales caractéristiques d'IPv6

Les principales évolutions d'**IPv6** portent sur les points suivants (RFC 2460) :

- le support d'un adressage étendu et hiérarchisé. Les adresses sont codées sur 128 bits (16 octets) et non plus sur 32 bits (4 octets). La représentation des adresses s'effectue en nombres hexadécimaux séparés par des deux-points tous les deux octets et non plus en notation décimale pointée[1] ;
- l'allocation dynamique de bande passante pour le support d'applications multimédias ;
- la création des réseaux IP virtuels ;
- le support de procédures d'authentification et de chiffrement ;
- des en-têtes des paquets simplifiés afin de faciliter et d'accélérer le routage.

1. Alphabet d'un système de numération hexadécimal (base 16) : 0 1 2 3 4 5 6 7 8 9 A B C D E F. Exemple d'adresse IPv6 : 0123:4567:89ab:cdef:0123:4567:89ab:cdef.
Exemple d'adresse IPv4 : 130.223.0.0.

La structure d'un paquet de données formatées avec IPv6 est présentée par la figure 6.3.

L'**IETF** (*Internet Engineering Task Force*) a établi en 1995 plusieurs documents (RFC 1825 à 1829) spécifiant les manières de sécuriser une infrastructure Internet, qui traitent respectivement des thèmes suivants : aperçu général d'une architecture de sécurité pour IP ; facilité d'authentification et de chiffrement ; mécanisme d'authentification et de chiffrement. Le support de ces services est obligatoire dans la version 6 du protocole Internet (IPv6) et facultative dans la version 4.

La migration de la version 4 vers la version 6 du protocole IP sur l'ensemble des routeurs du réseau Internet soulève des problèmes économiques et technologiques, liés à son déploiement, car l'adoption d'IPv6 impose notamment :

- la modification du schéma d'adressage et de la gestion des adresses (RFC 1886) ;
- le support des versions 4 et 6 pendant la période de transition ;
- la synchronisation à grande échelle de la migration des versions.

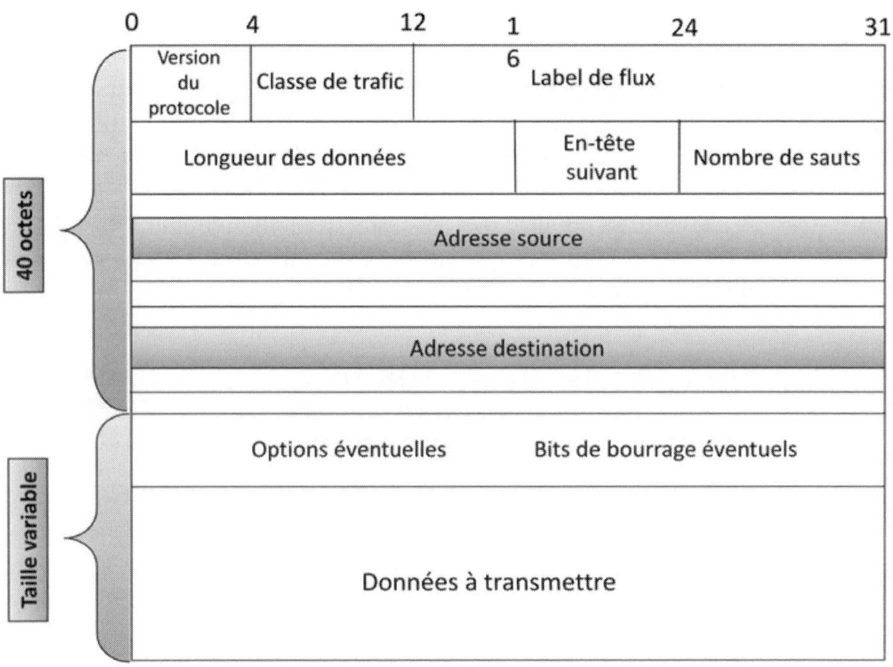

Figure 6.3 – **Format d'un paquet IPv6.**

La version 6, bien que spécifiée en 1995, n'est toujours pas largement implantée et aucune incitation gouvernementale ou recommandation internationale ne semble pouvoir imposer son adoption sur la totalité des systèmes. Certaines infrastructures, notamment privées, intègrent IPv6 en mode natif, et les pays n'ayant pas une infrastructure IPv4 très développée, comme la Chine, sont passés directement à l'IPv6.

6.2.2 Principales caractéristiques d'IPSec

Toutefois, pour répondre aux besoins de sécurité sans pour autant devoir modifier tout l'environnement Internet en implantant IPv6 sur tous les routeurs et systèmes d'extrémité, une solution intermédiaire dénommée **IPSec** (RFC 2401), compatible avec IPv6 et IPv4 est largement adoptée.

IPSec permet de rendre confidentiel le contenu des paquets véhiculés par le protocole IPv4, d'authentifier mutuellement la source et la destination des paquets et de s'assurer de l'intégrité des données véhiculées.

Ces services de sécurité sont implantés *via* des en-têtes IPSec, devant l'en-tête IP principale : l'en-tête d'authentification (*Authentication Header* [AH]) et l'en-tête de confidentialité-authentification (*Encapsulating Security Payload* [ESP]).

6.2.3 En-tête d'authentification (AH)

L'**en-tête d'authentification** (**AH**) offre des services d'authentification et d'intégrité des paquets IP. Cela permet de garantir que les données n'ont pas été modifiées lors de leur transfert et que l'adresse source est bien celle qui figure sur le paquet. Cela apporte une parade aux attaques basées sur le **leurre d'adresses** (*IP spoofing*) et sur celles utilisant le **rejeu** de paquets IP (*replay attack*).

Le rejeu est évité en utilisant un numéro de séquence. Il existe un champ de valeur de vérification d'intégrité (ICV, *Integrity Check Value*). Des variantes des algorithmes MD5 ou SHA-1 (HMAC-MD5 et HMAC-SHA-1) permettent d'assurer l'authentification et l'intégrité.

L'authentification est basée sur l'utilisation d'un code d'authentification de message ou MAC (*Message Authentication Code*). Le format de l'en-tête d'authentification tel que spécifié par la RFC 2402 est présenté par la figure 6.4.

6.2.4 En-tête de confidentialité-authentification (ESP)

L'**en-tête de confidentialité-authentification** (**ESP**, *Encapsulating Security Payload*) permet la réalisation de mécanismes de chiffrement pour rendre confidentiel le contenu du paquet. En option, l'ESP propose des services d'authentification similaires à ceux proposés par l'AH (*Authentication Header*). Le format de l'en-tête ESP est présenté par la figure 6.5 (RFC 2406).

L'émetteur du paquet encapsule les données, ajoute des bits de bourrage si nécessaire, chiffre l'ensemble en utilisant un algorithme de chiffrement symétrique comme DES, Triple DES, RC5, AES ou IDEA. En fait, comme ESP assure aussi l'authentification des paquets, le champ AH est rarement utilisé.

6.2.5 Association de sécurité

Les services de sécurité offerts par les en-têtes d'extension permettent de réaliser le contrôle d'accès, l'intégrité des données, l'authentification de l'origine des données,

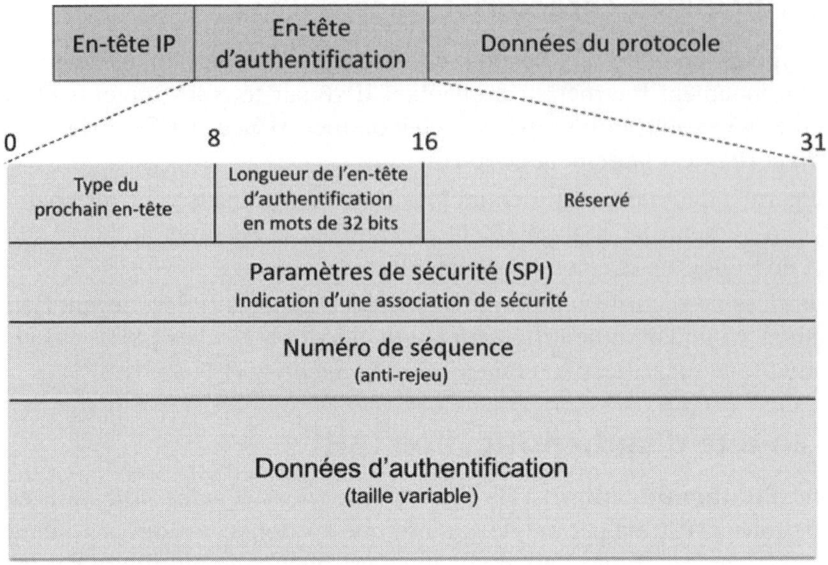

Figure 6.4 – **Format de l'en-tête d'authentification (AH).**

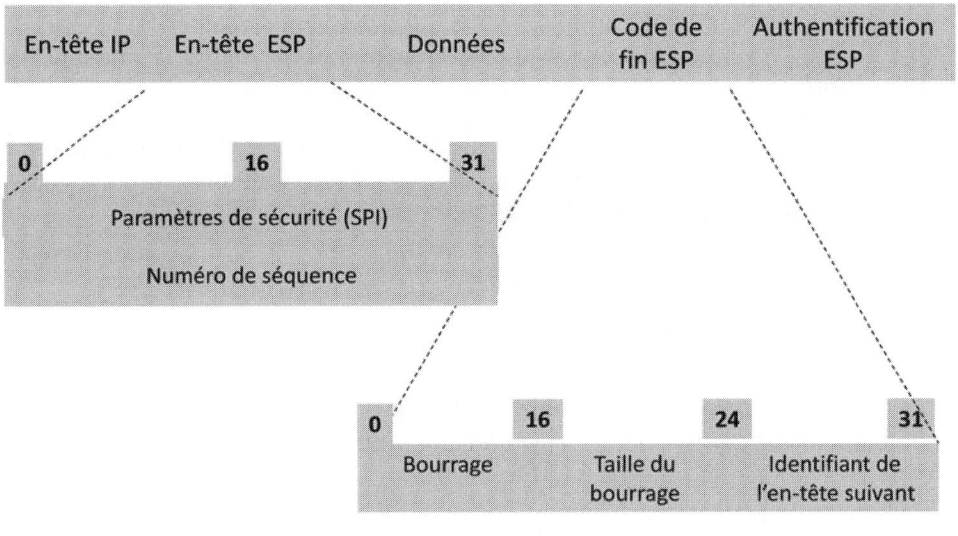

Figure 6.5 – **Format de l'en-tête de confidentialité (ESP).**

le rejet de paquets réémis (anti-rejeu), la confidentialité des données et une relative confidentialité des flux.

Tous ces services reposent sur l'usage d'une **association de sécurité** (SA, *Security Association*) préalablement établie entre les correspondants. En effet, on ne peut assurer la sécurité que dans un mode connecté et on ne peut chiffrer/déchiffrer que si l'émetteur et le destinataire utilisent les mêmes algorithmes. L'établissement de l'association de sécurité permet d'identifier et d'authentifier les extrémités de la connexion logique (c'est-à-dire les ports d'accès au réseau) et de négocier les mécanismes de sécurité à utiliser (choix de l'algorithme de chiffrement par exemple). En fait, l'association de sécurité est **unidirectionnelle**, deux associations de sécurité sont donc nécessaires pour supporter un échange bidirectionnel. Trois paramètres l'identifient de manière unique, à savoir :

- l'**index des paramètres de sécurité**, ou SPI (*Security Parameters Index*) : il s'agit d'une chaîne binaire de signification locale (propre au système qui génère l'association), véhiculée par les en-têtes AH et ESP, qui permet au système destinataire de sélectionner l'association à travers laquelle le paquet reçu va être traité ;
- l'**adresse Internet de destination** de l'association (*IP Destination Address*) : il peut s'agir d'un système d'extrémité ou d'un système intermédiaire, routeur ou pare-feu ;
- l'**identificateur de protocole de sécurité** (*Security Protocol Identifier*) : il indique la nature de l'association de sécurité (association AH ou association ESP).

6.2.6 Implantation d'IPSec

La réalisation d'IPSec dans un système suppose l'**implantation d'une base de données** permettant de définir le contexte des associations de sécurité (*Security Association Database*). En effet, chaque association est caractérisée par un certain nombre de paramètres dont on peut mentionner les suivants :

- *Sequence Number Counter* : valeur de 32 bits utilisée pour générer le champ *Sequence Number* des en-têtes AH et ESP ;
- *Sequence Counter Overflow* : drapeau indiquant si le dépassement du *Sequence Counter Number* va entraîner un événement à enregistrer (auditable) et prévenant la transmission future de paquets sur cette association ;
- *Anti-Replay Window* : permet de déterminer si un paquet AH ou ESP est rejoué ;
- *AH Information* : toutes les informations relatives à la mise en œuvre de la procédure d'authentification sont consignées (algorithme utilisé, clés, durée de vie des clés, etc.) ;
- *ESP Information* : les informations relatives aux procédures de confidentialité et d'authentification, comme les algorithmes ou les clés, sont regroupées sous ce paramètre ;
- *Lifetime of this Security Association* : ce paramètre permet de limiter la durée de vie d'une association. Au-delà de la valeur spécifiée, et si nécessaire, une nouvelle association doit être établie avec un nouveau SPI (*Security Parameters Index*) ;
- *IPSec Protocol Mode* : il existe plusieurs modes opératoires d'IPSec, ce paramètre permet d'identifier celui utilisé sur l'association ;
- *Path MTU* : taille maximale des paquets supportée sans fragmentation.

Ces paramètres, sauvegardés dans une base de données, permettent de qualifier le mode opératoire d'une association. Ainsi, on sait créer des contextes particuliers aux associations. Il reste à définir la manière dont on peut les utiliser pour transporter des flux applicatifs. C'est le rôle de la **politique de sécurité** (**SPD**, *Security Policy Database*) de spécifier la correspondance possible entre un trafic IP et son support par une association de sécurité déterminée.

Une entrée de la base SPD est un ensemble de sélecteurs composés des adresses IP source et destination, de l'UserID, du niveau de sécurité requis, de l'identification du protocole de transport ou des protocoles de niveau supérieur, de l'identification du protocole IPSec, des numéros des ports source et destination, de la classe et du label du flux d'un paquet IPv6 (issus de l'en-tête), du type de service d'un paquet IPv4. À une entrée de la base SPD correspondent une ou plusieurs associations de sécurité. La figure 6.6 résume les composants d'une architecture IPSec.

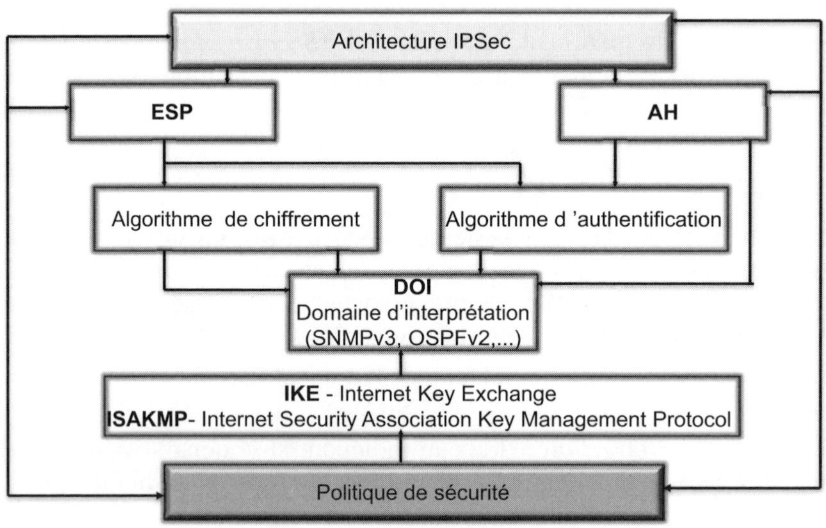

Figure 6.6 – **Architecture IPSec.**

6.2.7 Gestion des clés de chiffrement

La confidentialité est assurée par la réalisation d'algorithmes de chiffrement qui utilisent des clés qui sont à générer et à diffuser. La **gestion des clés** de chiffrement est donc une tâche importante à réaliser lors de la mise en œuvre de solutions basées sur IPSec. Deux possibilités ont été identifiées pour cela. L'une, manuelle, est effectuée par l'administrateur système. Elle est valable uniquement pour de petits environnements statiques. La seconde, adaptée aux grands environnements à configuration évolutive, invoque un **protocole d'échange de clés**, comme :

- *Oakley Key Determination Protocol* (RFC 2412), qui est basé sur l'algorithme d'échange de clés Diffie-Hellman ;
- ISAKMP (*Internet Security Association and Key Management Protocol*, RFC 2408), qui définit les procédures et les formats des paquets pour établir,

négocier, modifier, terminer ou détruire une association de sécurité. Les formats sont indépendants du protocole d'échange de clés, des algorithmes de chiffrement et des mécanismes d'authentification qui peuvent être utilisés ;

- IKE (*Internet Key Exchange*, RFC 2409), qui est une implémentation de ISAKMP. IKE permet de réaliser l'échange de clés (clés authentifiées) et de négocier les services de sécurité pour une association de sécurité. IKE n'est pas spécifique à IPSec et peut être également utilisé pour négocier des services de sécurité pour d'autres protocoles comme des protocoles de routage par exemple (RIPv2, *Routing Information Protocol*).

Tous les mécanismes de confidentialité appliqués au niveau des paquets nécessitent un temps de traitement non négligeable et augmentent le volume des paquets à véhiculer. Ils affectent de ce fait les performances globales du réseau.

6.2.8 Modes opératoires

Deux modes d'utilisation des services d'authentification et de confidentialité existent. Il s'agit des **modes** dits **de transport** (*transport mode*) et **de tunnel** (*tunnel mode*) (figure 6.7).

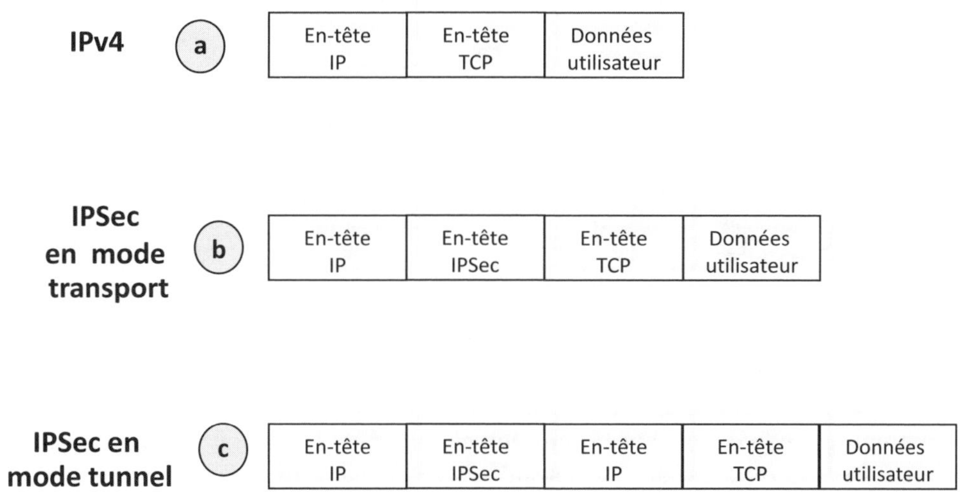

Figure 6.7 – **Modes opératoires d'IPSec : format d'un paquet IPv4 (a), d'un paquet IPSec en mode transport (b) et d'un paquet IPSec en mode tunnel (c).**

La principale différence entre ces deux modes réside dans le fait que seule la partie « données » du paquet est sécurisée en mode transport, tandis qu'avec le mode tunnel tout le paquet, en-tête y compris, l'est. Ainsi, dans ce mode, il est possible de créer entre deux entités distantes un canal de communication sûr dénommé tunnel, en encapsulant dans un nouveau paquet IP le paquet IP que l'on veut rendre confidentiel et dont on veut éventuellement pouvoir authentifier l'origine. Aucun système intermédiaire ne peut accéder au paquet IP encapsulé à l'intérieur du nouveau paquet ainsi construit. Cette facilité est largement mise en œuvre pour protéger des communications sur Internet et permet de créer des **réseaux privés virtuels**. Dans le mode tunnel, le VPN se construit entre deux passerelles VPN IPSec (puisque seules les adresses IP de ces passerelles sont en clair, le reste étant chiffré, y compris l'adresse de destination). Dans le mode transport, le tunnel peut se faire directement entre le client et le serveur d'application puisque leurs adresses restent en clair.

6.2.9 Réseaux privés virtuels

L'implantation du protocole IPSec, au niveau des points d'accès au réseau Internet, permet de créer entre ces points un canal de communication dont les extrémités sont mutuellement authentifiées. De plus, selon l'option retenue, les données véhiculées sur cette connexion logique pourront être chiffrées. Ainsi on peut établir, *via* un protocole cryptographique, un chemin sécurisé entre deux points d'une infrastructure de réseau non fiable (notion de réseau privé virtuel). La mise en œuvre d'un tel mécanisme permet aux entreprises de **relier en mode point à point**, *via* un **tunnel sécurisé**, des sites distants par Internet, pour transmettre des informations confidentielles (figure 6.8).

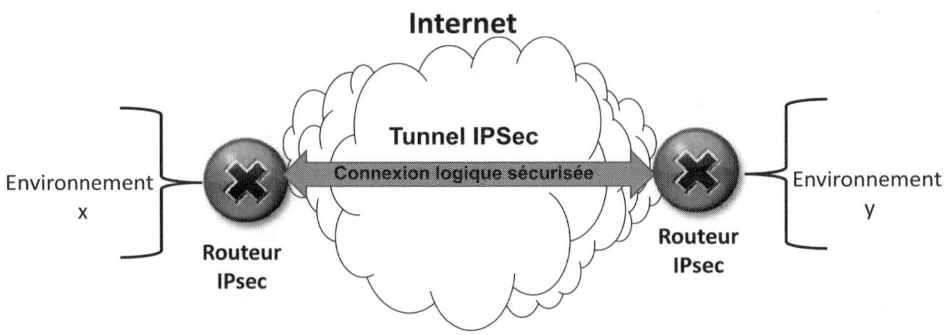

Figure 6.8 – **Exemple de réseau privé virtuel réalisé par IPSec.**

IPSec permet de sécuriser des paquets de données transférés par le protocole IP. Les extrémités de la connexion IPSec sont authentifiées (preuve de l'origine et de la destination) et se trouvent dans des systèmes de l'organisation, à l'abri derrière des pare-feu, et sont donc physiquement protégées. L'usage de l'association IPSec est privé et les données qui y transitent peuvent être chiffrées.

Dans l'expression « réseau privé virtuel », le terme « réseau » est abusif puisque seule une connexion logique (virtuelle) est créée ; il ne s'agit pas d'une liaison physique spécialisée mais d'une connexion logique.

Chaque application, quelle que soit la nature du trafic qu'elle génère, peut utiliser ces services de sécurité sans être modifiée. Comme IPSec fonctionne en mode point à point (on sécurise les données entre un émetteur et un récepteur *via* une association de sécurité), il n'est pas approprié pour des transferts de données multidestinataires. IPSec n'a pas été conçu pour supporter des trafics *multicast*.

6.3 Sécurité du routage

6.3.1 Contexte

Il est important de pouvoir **sécuriser les processus d'acheminement** des données à l'intérieur des réseaux de télécommunication. Les fournisseurs de services « réseau » doivent protéger toutes les entités qui interviennent dans ce processus, notamment les routeurs et les serveurs de noms, afin que la qualité du service d'acheminement satisfasse les critères de disponibilité (le service est opérationnel), de confidentialité (les données sont délivrées aux bons destinataires et ne sont ni écoutées ni détournées) et d'intégrité (les données ne sont pas modifiées lors de leur transfert). Toutefois, la remise de données aux ayants droit n'est pas garantie par un service réseau et, puisque les données ne sont pas chiffrées, si elles sont interceptées, elles sont alors compréhensibles par des tiers non autorisés.

La sécurité des transmissions peut éventuellement être réalisée en effectuant du **brouillage de ligne**, en envoyant de l'information non significative pour masquer un flux de données pertinentes dans un flux ininterrompu de données sans importance. S'il fallait protéger les transmissions contre des écoutes passives réalisées par capture des **rayonnements électromagnétiques** induits par le signal véhiculé sur les supports de transmission, il faudrait isoler complètement ces derniers dans des cages de Faraday. Une telle mesure de protection ne sera mise en œuvre qu'en cas d'absolue nécessité car sa réalisation est coûteuse. De plus, la **sécurité physique** des supports de transmission, des boîtiers de raccordement et des équipements de connectique doit être assurée correctement.

La grande difficulté de la sécurisation des échanges au niveau de leur **acheminement** tient au fait que les données utilisateurs sont encapsulées dans celles de contrôle du protocole. Il est alors nécessaire de les distinguer pour faire un chiffrement sélectif car, dans un VPN en mode tunnel, si l'on chiffre tout, y compris les adresses, l'acheminement devient impossible. Idéalement, il faudrait pouvoir disposer d'équipements de chiffrement qui chiffreraient sélectivement uniquement les champs de données utilisateurs et qui, en plus, offriraient des services de notarisation, d'horodatage, d'intégrité et de confidentialité.

6.3.2 Principes généraux d'adressage

Notion d'adresses

Une entité, pour communiquer dans un réseau, doit être identifiée par une adresse. On distingue les adresses logiques que l'on désigne par le terme générique de nom, des adresses physiques dépendantes des matériels.

Une **adresse physique**, adresse **matérielle** ou **MAC**, est inscrite sur un équipement de connectique (carte réseau, coupleur ou contrôleur) de raccordement d'un système à un réseau. L'adresse MAC correspond le plus souvent à un numéro de série d'un constructeur et possède une signification pour le protocole de liaison.

Une adresse de messagerie est une **adresse logique** : « popeye@unil.ch » identifie l'utilisateur « popeye » dans le système de messagerie électronique de l'université de Lausanne (Unil), qui dépend du système de nommage suisse (ch). Il s'agit d'un nom ayant une signification particulière dans un domaine de dénomination (domaine de désignation ou domaine de nommage).

L'**adresse IP** est une adresse « réseau » attribuée à un système pour lui permettre d'être raccordé à Internet, d'émettre et de recevoir des paquets IP. Dans la version 4 du protocole IP, l'adresse est codée sur 32 bits. Par souci de simplification de leur expression et de leur manipulation par des personnes, les 32 valeurs binaires sont représentées sous une forme décimale pointée. Avec 32 bits, il est possible de coder seulement 2^{32} adresses différentes lorsque l'on utilise un adressage à plat. Pour augmenter les possibilités d'adressage, un **adressage hiérarchique** est utilisé. Ainsi, l'adresse IP est structurée en deux parties, l'une identifie un réseau, l'autre un système dans ce réseau. En fonction du nombre de bits alloués à la désignation de l'un ou l'autre de ces champs, différentes classes d'adresses IP ont été spécifiées. Par ailleurs, quelques bits sont réservés à l'identification de la classe à laquelle une adresse appartient.

Les routeurs qui effectuent le routage en se basant sur l'identifiant du réseau sont dépendants de cette structure. Un système relié à plusieurs réseaux aura donc plusieurs adresses IP (*multi-homed system*). En fait, une adresse IP n'identifie pas une machine mais un point d'accès à un réseau.

L'unicité des **identifiants réseau** est garantie par le fait que ce sont des autorités internationales d'adressage qui les allouent, alors que c'est du ressort de l'administrateur système d'une organisation d'attribuer des identifiants uniques aux systèmes du réseau dont il a la responsabilité.

Mise en correspondance et acquisition des adresses

Les adresses IP sont attribuées indépendamment des adresses matérielles des machines connectées à un réseau local. Pour envoyer un paquet sur le **réseau local**, le logiciel réseau doit convertir l'**adresse IP** (de niveau 3) d'un système en son **adresse MAC** (de niveau 2). Un paquet IP est encapsulé dans une trame MAC puis transmis sur le réseau local (seule l'adresse MAC est nécessaire au transfert de données dans un réseau local). La traduction (@IP – @MAC) est effectuée dynamiquement par le protocole **ARP** (*Address Resolution Protocol*). ARP permet aux machines de résoudre ce problème de **mise en correspondance** d'adresses (*address resolution*) sans utiliser une table statique[2].

---

2. Un système utilise ARP pour déterminer l'adresse physique (MAC) du destinataire en diffusant, sur le sous-réseau, une requête ARP qui contient l'adresse IP à traduire. La machine possédant l'adresse IP concernée répond en renvoyant son adresse MAC. Pour rendre ARP plus performant, chaque machine tient à jour, en mémoire, une table des adresses résolues, réduisant ainsi le nombre d'émissions de requêtes en mode diffusion. Au moment de son **initialisation** (*bootstrap*), une machine sans mémoire de masse (*diskless*) doit contacter un serveur pour déterminer son adresse IP et pouvoir utiliser les services TCP/IP. Le protocole **RARP** (*Reverse ARP*) permet à un système d'utiliser son adresse MAC pour déterminer son adresse IP. Le mécanisme RARP permet par exemple à une machine de se faire identifier comme cible en diffusant sur le

Dans la version **IPv6**, les protocoles ARP et RARP sont remplacés par un protocole de découverte des voisins, **NDP** (*Neighbor Discovery Protocol*), qui est un sous-ensemble du protocole de contrôle **ICMP** (*Internet Control Message Protocol*).

Toute machine, pour communiquer sur Internet, doit au préalable disposer d'une adresse IP. Celle-ci peut lui être attribuée manuellement ou dynamiquement par des protocoles dits « d'amorce ».

Les protocoles **BOOTP** (*BOOTstrap Protocol*) et **DHCP** (*Dynamic Host Configuration Protocol*) permettent aux systèmes d'obtenir une adresse IP sans utiliser le protocole RARP. DHCP, qui s'exécute en mode client/serveur, est considéré comme une version plus performante du protocole BOOTP. Un client DHCP est implanté dans les machines qui se connectent au réseau d'accès à Internet (réseau local ou infrastructure du fournisseur d'accès Internet). Ce client émet des requêtes d'information de configuration à son serveur. Ce dernier lui retourne l'ensemble des données nécessaires à la configuration réseau de la machine (adresse IP, adresse de la passerelle par défaut pour accéder à Internet, adresse du ou des DNS dont elle dépend).

Lors de la configuration d'un **serveur DHCP**, il lui est attribué un certain nombre d'adresses IP qu'il pourra allouer dynamiquement à ses clients. Ces adresses ont en général une durée de validité limitée. Les clients DHCP n'ont pas, dans l'absolu, toujours la même adresse IP, ni une adresse IP fixe. Cela permet de déplacer des systèmes dans un réseau, d'autoriser la mobilité des utilisateurs sans avoir à mettre systématiquement en œuvre des procédures de configuration réseau.

6.3.3 Gestion des noms

Notion de serveur de noms

La dénomination et l'adressage doivent répondre au double besoin de pouvoir désigner sans ambiguïté les éléments des réseaux et de les rendre accessibles *via* un processus de routage. Ainsi, il est essentiel de connaître les relations entre nom, adresse et localisation géographique des systèmes. En effet, connaissant le nom d'une application, d'un service, d'un document à atteindre, une route doit pouvoir y être associée. Cette fonction de **mise en correspondance**, ou **mappage** (*mapping*), est accomplie en une ou en plusieurs étapes. Parfois les routes peuvent changer en fonction du trafic ou de l'évolution de la configuration du réseau et de sa topologie.

Les noms assurent aux applications la transparence de l'infrastructure de transport, qui peut alors évoluer sans modifier l'infrastructure applicative. Par ailleurs, une application gérée par un système hôte possédant plusieurs points d'accès réseau (*Host Multi-Homed*) pourra être atteinte *via* la meilleure route (*via* l'une ou l'autre des adresses IP du système) de manière transparente.

---

réseau une requête RARP. Les serveurs recevant cette demande examinent leur table de correspondance et répondent au client. Une fois l'adresse IP obtenue, la machine la stocke en mémoire vive et n'utilise plus RARP jusqu'à sa réinitialisation.

Mémoriser ou même saisir des adresses IP dans le corps d'un message par exemple est impossible. C'est la raison pour laquelle l'adressage utilise des noms de structure hiérarchique, beaucoup plus simples à manipuler et à mémoriser.

Un **serveur de noms** (*Directory Services*) procure la possibilité de manipuler des noms mnémotechniques en effectuant une correspondance dynamique entre le nom d'un objet et son adresse. Les **recommandations de la série X.500** de l'UIT (équivalentes à la norme multi-parties **ISO 9594**) définissent le modèle fonctionnel, les services et les protocoles permettant de réaliser un **système d'annuaire électronique de gestion de noms**.

Un processus invoque l'exécution d'une requête de traduction d'un nom en adresse réseau, le serveur de noms exécute cette demande et lui restitue le résultat (mode client/serveur). Les processus de communication interrogent un serveur de noms, pour obtenir les informations d'adressage et de localisation nécessaires pour réaliser la mise en relation des correspondants, processus ou utilisateurs. La réalisation de ce service peut être distribuée et un serveur de noms peut devenir le client d'un autre serveur de noms.

Les données d'un serveur de noms sont organisées de manière hiérarchique selon un arbre renversé, appelé **DIT** (*Directory Information Tree*). Elles constituent la base d'information du serveur, ou **DIB** (*Directory Information Base*). Les noms des nœuds ou feuilles de l'arbre, ainsi que les attributs les caractérisant, sont exprimés en langage **ASN-1** (*Abstract Syntax Notation One*) à l'aide du type ***Object Identifier***, dont la valeur est constituée par la concaténation des numéros d'ordre des branches de l'arbre, à partir de la racine de l'arbre. Chaque numéro est séparé par un point (figure 6.9).

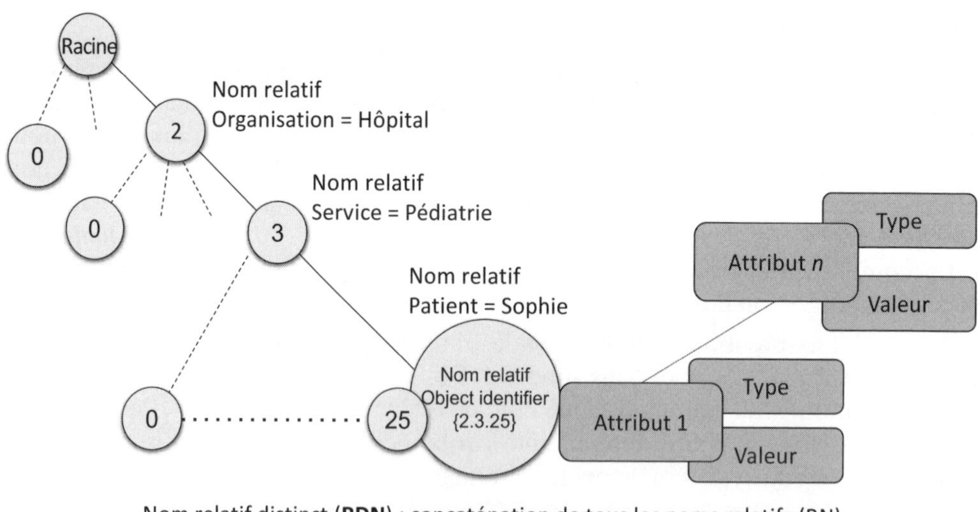

Nom relatif distinct (**RDN**) : concaténation de tous les noms relatifs (RN)
RDN = {Organisation=Hôpital, Service=Pédiatrie, Patient=Sophie}

Figure 6.9 – **Exemple de structure arborescente d'une base d'information d'un serveur de noms.**

ASN-1 (*Abstract Syntax Notation-1*) : c'est en 1984 que fut normalisé par le CCITT (renommé depuis UIT, Union internationale des télécommunications) le premier langage de description de données manipulées lors d'un transfert. Il s'agit d'une notation de description de données et des règles d'encodage associées (recommandation X.409). Cela répondait au besoin de pouvoir décrire le contenu d'un message de façon universelle, indépendamment de sa sémantique et de son utilisation. En 1987, pour satisfaire les impératifs communs aux applications réparties de représentation des données transférées, l'ISO, sur les bases du travail du CCITT, a défini une notation abstraite de représentation des données : ASN-1. Cette première et unique notation de syntaxe abstraite fut normalisée à l'ISO et enregistrée sous le label **ISO 8824**. Le type prédéfini « *Object Identifier* » de ce langage est très largement utilisé pour identifier sans ambiguïté une entité. À la notation ASN-1 sont associées des règles de base d'encodage des données dénommées BER (*Basic Encoding Rules*) (norme **ISO 8825**), qui masquent aux données les diverses représentations internes liées aux caractéristiques matérielles des systèmes.

Noms de domaine

La mise en œuvre de communications nécessite de pouvoir attribuer un identificateur unique dans un domaine de dénomination déterminé. Pour assurer l'unicité des noms au niveau international, il existe des procédures d'enregistrement, auprès d'autorités compétentes dont le rôle est d'attribuer un identificateur non ambigu et unique à l'objet que l'on désire identifier.

La **norme ISO 9834** a spécifié des autorités d'enregistrement et les a organisées selon une structure hiérarchique arborescente. De la racine de l'arbre partent trois branches aboutissant à des nœuds distincts de premier niveau qui représentent le domaine de dénomination de l'**UIT**, de l'**ISO** et d'un comité joint **ISO-UIT**, qui constituent les autorités internationales d'enregistrement. Le niveau immédiatement inférieur à l'ISO autorise, entre autres, l'enregistrement :

- des diverses normes ISO (*standard* [0]) ;
- des membres de l'ISO (*member body* [2]), parmi lesquels on trouvera l'Afnor (208), la France (250), l'ANSI (310), etc. ;
- des organisations (*organization* [3]), parmi lesquelles se trouve par exemple le département de la Défense nord-américain (DoD) (6).

La figure 6.10 propose un extrait de l'arbre international d'enregistrement. Un nœud de l'arbre est identifié par un **numéro unique** attribué par l'autorité d'enregistrement de niveau immédiatement supérieur et par une chaîne de caractères alphanumériques déterminée par l'organisation qui propose l'enregistrement de l'objet. Le nom de l'objet doit être unique dans ce domaine d'enregistrement. Cette unicité est garantie par le procédé d'enregistrement.

Grâce à la structure arborescente retenue pour enregistrer les objets, on peut aisément les dénommer de façon non ambiguë en concaténant les numéros des branches (arcs) parcourues à partir de la racine de l'arbre jusqu'à l'objet en question. Ainsi, on peut attribuer un identificateur d'objet unique de type *Object Identifier*, qui représente le **nom relatif de l'objet** (RDN, *Relatif Distinguish Name*). La concaténation de tous les noms relatifs forme le **nom distinct** (DN, *Distinguish Name*), qui est également de type *Object Identifier.*

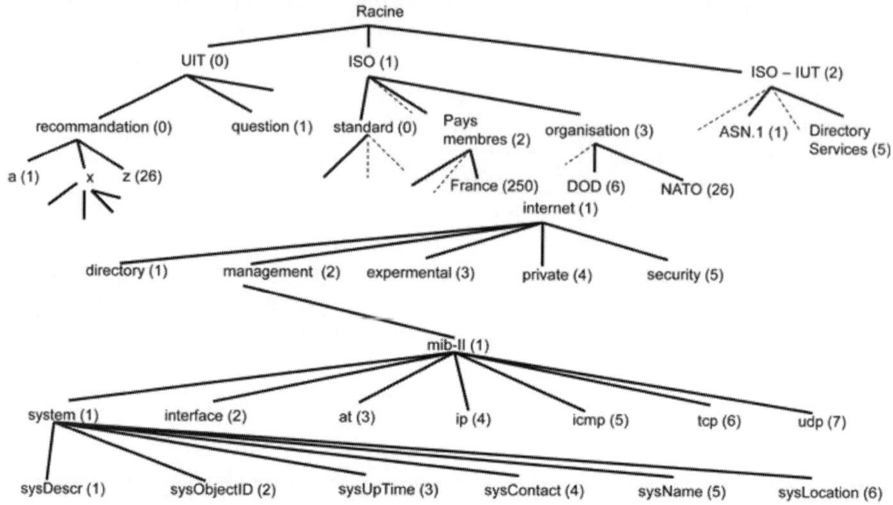

Figure 6.10 – Autorités et arbre d'enregistrement.

Noms de domaine génériques

Les **noms de domaine** génériques d'Internet sont enregistrés dans cette structure logique d'enregistrement. La partie de l'arbre d'enregistrement dont le nœud constitue la racine des noms de domaine les plus élevés, qualifiés de **TLD** (*Top-Level Domains*), identifient des pays indiqués par deux lettres (fr, it, uk, ch, nl, de, etc.) et des domaines fonctionnels comme par exemple :

- **.com** : organisations commerciales ;
- **.edu** : institutions académiques d'Amérique du Nord ;
- **.org** : organisations ;
- **.gov** : gouvernement américain ;
- **.gouv** : administrations françaises ;
- **.mil** : organisations militaires américaines ;
- **.net** : opérateurs de réseaux ;
- **.int** : entités internationales ;
- **.biz** : pour ce qui concerne le monde des affaires ;
- **.info** : pour tous les usages ;
- **.name** : pour les individus.

De ces grands domaines de désignation, en dépendent d'autres (notion de sous-domaines). Enregistrer un nom de domaine consiste à insérer une entrée dans un **annuaire de désignation**. Cela revient à créer un nouvel arc dans l'arbre d'enregistrement géré par une organisation habilitée.

L'ICANN (*Internet Corporation for Assigned Names and Numbers*)[3] est responsable au niveau international de l'attribution des noms et des adresses d'Internet et doit s'assurer de leur unicité. Cette responsabilité peut être déléguée à des sous-domaines hiérarchiques, les autorités d'enregistrement accréditées (ARD, *Accredited Registrar Directory*) par l'ICANN. Pour la France et les territoires d'outre-mer il s'agit de l'**Afnic** (Association française pour le nommage Internet en coopération (noms de domaine en.fr (France), .re (Île de la Réunion), .yt (Mayotte), .wf (Wallis et Futuna), .tf (Terres Australes et Antarctiques), .pm (Saint-Pierre-et-Miquelon), .pf (Polynésie française) et nouveaux noms gTLD comme .paris par exemple).

Depuis 2012, l'ICANN autorise l'enregistrement de nouvelles extensions personnalisées de noms de domaine génériques (gTLD). Ainsi une entité peut selon certaines conditions acheter, pour un montant en dollars s'exprimant sur six chiffres, un TLD à son nom (un TLD personnalisé possède une valeur marketing appréciable). Cette nouvelle facilité constitue une source d'enrichissement pour l'ICANN.

Pour l'attribution des TLD, il existe d'autres possibilités que l'ICANN, comme Open-Root qui constitue une racine ouverte indépendante de l'ICANN. Cela permet de s'affranchir des conditions et contraintes imposées par l'ICANN. De plus, Open-Root autorise des noms de domaine racines constitués de caractères autres qu'anglo-saxons (caractères cyrilliques, chinois, lettres accentuées, etc.).

Le critère de sécurité relatif à la disponibilité (des infrastructures, services, données) qui passe par l'accessibilité au réseau Internet ne peut être ni contrôlé ni maîtrisé par les organisations qui utilisent Internet. Elles sont tributaires d'entités externes pour l'attribution des adresses IP et des noms de domaine permettant leur accès à Internet.

Serveurs DNS

Un **serveur DNS** (*Domain Name Server*) est un serveur de noms qui gère la relation entre un nom logique et l'adresse IP du système dans lequel la ressource nommée est implantée. Toutes les applications font appel, directement ou non, aux services DNS[4]. Organisés de manière hiérarchique, les DNS jouent un rôle capital dans la réalisation des communications. C'est à partir des informations qu'ils détiennent concernant l'identification, l'adressage et la localisation des entités que les transferts de données s'effectuent. Une quinzaine de **serveurs racines DNS** (*root Domain Name Servers*) sont coordonnés par l'ICANN et la grande majorité des serveurs racines se situe sur le territoire nord-américain. Ils gèrent les noms de domaine et les adresses IP de plus haut niveau (*top-levels domains*) comme, entre autres, les 244 noms de domaine des différents pays.

D'autres serveurs, non gérés par l'ICANN, sont répartis dans le monde. Ces **serveurs DNS locaux** dits de résolution (*resolvers*) possèdent une copie des infor-

3. L'ICANN est une association basée en Californie qui attribue et gère les adresses IP et les noms TLD (*Top Level Domain*, domaine de plus haut niveau dans la hiérarchie des serveurs de noms directement rattaché à la racine). De ce fait, elle contrôle indirectement l'accès à Internet.

4. Les premières implantations DNS se sont effectuées sur une plateforme Unix BSD, connues sous le nom **BIND** (*Berkeley Internet Name Domain*) ou sous l'appellation *name daemon.*

mations contenues dans les serveurs racines. Souvent associés à des points stratégiques d'accès au réseau ou liés à des fournisseurs d'accès Internet (ISP, *Internet Service Providers*), ils permettent de répondre aux requêtes des utilisateurs relatives à la traduction d'un nom de domaine en une adresse IP.

Le **protocole LDAP** (*Lightweight Directory Acces Protocol*) permet d'accéder à un service DNS. Il est une version simplifiée de la norme X.509 et constitue une interface d'accès aux serveurs de noms d'Internet (RFC 4511).

6.3.4 Principes généraux de l'acheminement des données

Notion de route

Pour acheminer des données entre deux systèmes distribués connectés à Internet, il est nécessaire de connaître leur adresse réseau. Ainsi l'envoi d'un message électronique de l'utilisateur « moi@unil.ch » à « toi@dunod.com » passe par l'association de ces noms d'utilisateurs de messagerie électronique à des noms de systèmes informatiques raccordés au réseau Internet et connus de ce dernier par leurs adresses IP. Ce sont les adresses IP des serveurs de messagerie qui sont connues du réseau Internet et non directement les noms des utilisateurs. C'est à partir de ces **adresses IP** que pourront être mis en œuvre les processus d'acheminement.

Une entité possède un nom qui permet de la désigner parmi d'autres indépendamment de sa localisation et une adresse qui identifie son point d'entrée dans un réseau. Une **route** désigne le chemin entre deux entités. C'est une liste de noms d'entités intermédiaires représentant le chemin d'une source vers une destination.

Fonctions de commutation et de routage

Les **fonctions de commutation** et de **routage** sont complémentaires et répondent à deux problématiques qui sont respectivement :

- l'optimisation du partage des ressources réseaux, qui sont en nombre inférieur par rapport au nombre d'utilisateurs (fonction de commutation) ;
- l'acheminement des données d'un émetteur vers un ou plusieurs récepteurs (fonction de routage).

Les **commutateurs** prennent en charge une fonction d'aiguillage et de mise en relation des lignes de transmission. C'est de leur architecture interne que dépend la façon dont la connexion physique est réalisée à l'intérieur des commutateurs. Plusieurs techniques de commutation existent selon le mode de partage des ressources retenu, le niveau de commutation souhaité et des critères de qualité de service que l'on désire privilégier.

Indépendamment de la structure interne d'un commutateur, mais en s'appuyant sur la fonction de commutation, la fonction de routage a pour objet de déterminer la « meilleure » route pour acheminer les données entre leur source et leur destination. Elle est supportée par des **routeurs**.

Le routage est effectué par chaque système intermédiaire (routeur, passerelle d'interconnexion), à partir de l'identifiant du réseau de l'adresse IP du système de destination, en fonction des informations contenues dans sa table de routage, de la politique et de l'algorithme de routage. Les informations relatives à la route à suivre par un paquet IP pour atteindre sa destination sont contenues dans une **table de routage**. Celle-ci contient, pour chaque réseau à atteindre, l'adresse IP du prochain routeur auquel il faut envoyer le paquet. Une des difficultés majeures de la mise en œuvre d'un processus de routage provient de l'initialisation, de la mise à jour, de la gestion des tables de routage de l'ensemble des systèmes intervenant dans l'acheminement.

Le rôle du protocole IP est d'encapsuler des données pour construire un paquet IP (dont l'en-tête contient les adresses IP de la source et de la destination) afin que les données puissent être véhiculées. Un paquet IP arrive dans un nœud intermédiaire *via* une ligne d'entrée. Après lecture des adresses IP du paquet et de celles contenues dans sa table de routage, l'algorithme de routage détermine, en fonction de la destination finale du paquet et de l'état du réseau, la ligne de sortie la plus adaptée pour atteindre le nœud suivant. Celle-ci devient alors une ligne d'entrée du système auquel elle aboutit.

La fonction de routage est déterminée par une politique de routage, des tables de routage, des algorithmes de routage et par la gestion du réseau.

La **politique de routage** est un choix de stratégie d'acheminement reflétant la façon dont un administrateur de réseau gère le mode de fonctionnement de son réseau. Elle dépend, entre autres, de la capacité des routeurs à supporter ces choix de gestion. On distingue les politiques **statiques**, où les routes sont prédéfinies une fois pour toutes quel que soit l'état du réseau, des politiques **dynamiques**, ou **adaptatives**. Ces dernières permettent d'ajuster les informations contenues dans les tables de routage pour que les routeurs puissent prendre une décision de routage en fonction des caractéristiques effectives du réseau, du trafic en cours, de l'état des lignes et des systèmes (disponibilité, performances, encombrement, etc.).

La mise à jour des **tables de routage** des grands réseaux est un casse-tête opérationnel pour les administrateurs de réseaux, dans la mesure où les différentes modifications des valeurs des tables doivent être synchronisées pour éviter les dysfonctionnements et les pertes de données en transit. Les **protocoles de gestion de réseau** permettent, entre autres, de mettre à jour les tables de routage.

Idéalement, un routeur devrait être capable d'accepter tous les paquets qui lui sont remis. Ceci veut dire qu'un routeur adjacent ne lui achemine pas de données, s'il ne peut les traiter. La meilleure route n'est pas forcément la route la plus courte mais celle qui passe par des lignes et des routeurs capables de prendre en compte le trafic. Un routeur ne doit pas perdre ni détériorer des données ou les mobiliser trop longtemps. Pour cela, il doit disposer de mémoire suffisante et d'une **gestion des files d'attente** efficace.

C'est de l'intelligence des routeurs, des facilités qu'ils ont à adapter leurs décisions de routage en fonction de l'état du réseau et des demandes d'acheminement du trafic, que dépendent en grande partie les performances, la qualité de service, la disponibilité et la fiabilité d'un réseau.

L'administration de réseau peut contribuer à la sécurisation des routeurs en y effectuant des accès sécurisés lors de leur configuration, en générant des alarmes lors de tentatives d'intrusion, et en sécurisant les centres de gestion et de supervision des routeurs.

6.3.5 Sécurité des routeurs et des serveurs de noms

Tous les éléments matériels et logiciels intervenant dans l'acheminement des données peuvent faire l'objet de dysfonctionnements (pannes, etc.), de détournements ou d'attaques ciblées (dénis de service, reroutage, *spoofing*, etc.).

Sécurité des routeurs

La **fonction de routage** est primordiale dans les activités du réseau dans la mesure où l'objet d'un réseau est de mettre en relation des correspondants et d'acheminer leurs données. Il est donc crucial de savoir la protéger en empêchant tout un chacun de l'altérer, en prévenant ou détectant, entre autres, les actions suivantes :

- modification des adresses contenues dans les tables de routage, dans les paquets IP, etc. ;
- modification des routes, copies illicites des données transportées ;
- surveillance des flux ;
- détournement, modification et destruction de paquets de données ;
- déni de service, effondrement des routeurs, inondation du réseau, etc.

Sécurité des serveurs de noms – DNSSEC

Bien que les serveurs de noms ne supportent pas les processus de routage à proprement parler, ils contribuent activement à la réalisation de l'acheminement des informations. Ils constituent des points sensibles de l'architecture de communication, ils sont donc à protéger. La mise en place de **mesures de sécurité** (contrôle d'accès, authentification, surveillance, redondance, chiffrement, etc.) est nécessaire pour éviter, entre autres, la modification mal intentionnée des données, les dénis de service ou encore la création de faux serveurs, afin de prévenir par exemple :

- un routage des informations vers des destinataires différents de ceux prévus initialement (détournement) ;
- l'obtention de réponses erronées dans le processus de conversion d'adresses conduisant à des erreurs de routage ;
- l'intrusion ;
- l'indisponibilité, l'effondrement du réseau, le déni de service ;
- l'impossibilité de réaliser un mécanisme de contrôle d'accès lorsque celui-ci est basé sur des certificats sauvegardés dans des DNS.

Le **DNSSEC** (*Domain Name System Security Extensions*), défini par les RFC 4033 à 4035, apporte aux protocoles gérant les noms de domaine des aspects sécurité, en particulier pour garantir l'intégrité des enregistrements concernant les noms de domaine. En utilisant le chiffrement asymétrique et le calcul d'empreinte, le

DNSSEC signe électroniquement les enregistrements du DNS, leur conférant ainsi leur intégrité. Le DNSSEC peut, en cascade, transférer les signatures vers des DNS hiérarchiquement inférieurs au DNS racine. Ceci permet de faire face aux attaques dites « d'empoisonnement du DNS », qui permettent, en modifiant les enregistrements des noms de domaine par exemple dans les routeurs, d'inciter de fausses conversions « adresses noms de domaine – adresses IP », de détourner le trafic vers les serveurs des attaquants et de mener des attaques en *phishing* afin d'usurper les paramètres des victimes.

6.4 Sécurité et gestion des accès

La **gestion et le contrôle des accès** aux ressources informatiques constituent la pierre angulaire de la mise en œuvre de la sécurité. De la qualité de leur réalisation dépend, pour beaucoup, le niveau de protection des environnements.

6.4.1 Degré de sensibilité et accès aux ressources

C'est en fonction du degré de sensibilité des ressources que sont déterminées leurs exigences de sécurité, sur lesquelles se base la mise en œuvre du contrôle d'accès (tableau 6.1).

Tableau 6.1 – **Niveaux de sensibilité et de protection.**

Niveaux de sensibilité des ressources	Actions de sécurité
Classification des données	Identifier les exigences de sécurité
Classifications des personnes	Affecter des permissions de manipulation au couple personne/ressource Contrôle d'accès
Classification des flux informationnels	Affecter des niveaux de protection aux flux Chiffrement – Contrôle d'intégrité

6.4.2 Principes généraux du contrôle d'accès

Un mécanisme de **contrôle d'accès logique** aux ressources informatiques est basé sur l'identification des personnes, leur authentification et sur les permissions ou droits d'accès qui leur sont accordés.

C'est sur la base d'une identification et d'une authentification que le mécanisme de contrôle d'accès accorde ou non, en fonction du profil de l'utilisateur, l'accès aux ressources sollicitées (figure 6.11). Cela suppose que l'**identification de l'usager** (gestion des identités, *Identity management*), que les **preuves de son identité** (authentification, gestion des preuves de l'identité, *Identity proof management*) et que ses **droits d'accès** (gestion des autorisations, *Authorization management*) soient correctement gérés.

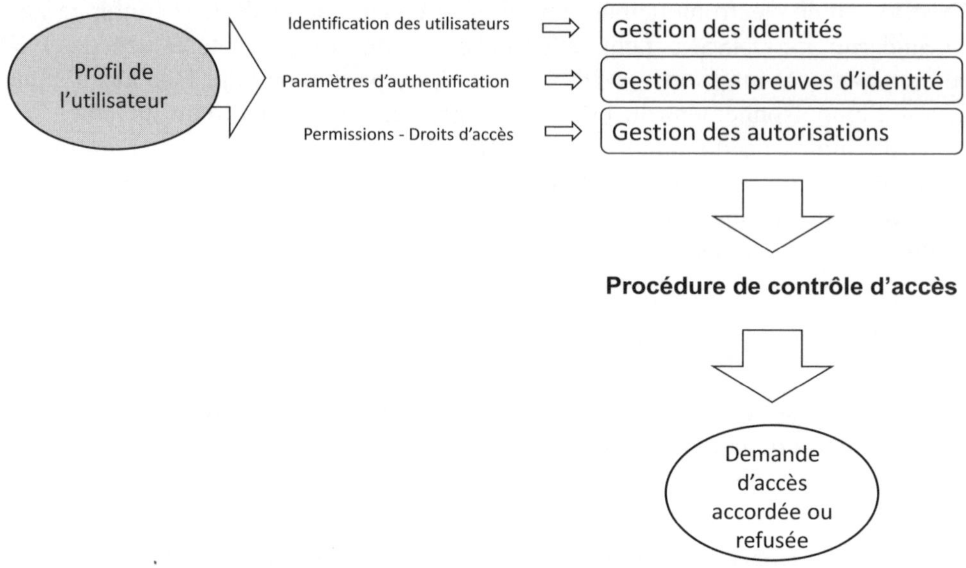

Figure 6.11 – **Élément du contrôle d'accès aux ressources.**

Le **profil de l'usager** (*user profile*) regroupe toutes les informations nécessaires aux décisions d'autorisation d'accès. Il doit être défini avec soin et résulte de la définition de la politique de gestion des accès.

Pour autoriser un usager à utiliser un service demandé, le système de contrôle d'accès procède à une vérification des droits de l'usager, en fonction de la cohérence du service sollicité, de l'équipement, de la date et de l'heure de la demande. Le **contrôle de cohérence** revient à comparer le profil du service avec celui de l'utilisateur et avec celui du système à partir duquel la requête est émise.

L'autorisation est accordée quand l'usager possède des droits sur le service et que les besoins en équipement terminal d'accès et en composants logiciels indispensables au service sont supportés.

Le **service d'authentification** a pour objectif de vérifier la véracité de l'identité (notion de preuve de l'identité). Cela dépend généralement d'un ou de plusieurs des facteurs suivants :

- d'un secret qu'une entité détient (ce qu'elle sait), mot de passe ou numéro d'identification personnel (PIN, *Personal Identification Number*) ;
- de ce qu'elle possède (carte, jeton, etc.) ;
- de ce qu'elle est (empreinte digitale, vocale, rétinienne, etc.).

Une authentification forte peut résulter de la combinaison d'au moins deux de ces trois facteurs.

Une **carte à puce**, par ses capacités à mémoriser des données et à effectuer des traitements, peut jouer un rôle dans le processus d'identification et d'authentification des utilisateurs lors de leur accès aux ressources. Elle implique que les systèmes soient munis d'un lecteur de cartes, ce qui a limité son usage.

La **vérification de l'identité** dépend d'un scénario où le demandeur d'accès donne son identité et une preuve qu'il est censé être le seul à connaître ou à posséder (mot de passe, clé confidentielle, empreinte, code PIN). Le service d'authentification procède à une comparaison de ces informations avec des données préalablement enregistrées dans un **serveur d'authentification**. Ce serveur doit être hautement protégé et sécurisé par des mécanismes *ad hoc* de contrôle d'accès, de gestion sécurisée de systèmes et par le chiffrement des données qu'il stocke. Un serveur d'authentification ne doit pas être défaillant ou vulnérable car de sa robustesse dépend le niveau de sécurité globale de l'infrastructure informatique et télécoms.

Les solutions de sécurité ont aussi besoin d'être protégées et sécurisées afin qu'elles puissent offrir un certain niveau de confiance dans la sécurité (notion de récursivité de la sécurité).

La sécurité informatique obtenue par une succession de barrières (des mesures de sécurité), qui augmentent le niveau de difficulté que de potentiels attaquants doivent franchir pour accéder aux ressources, peut contribuer à réaliser une **sécurité en profondeur** (notion de sécurité en pelure d'oignon).

6.4.3 Rôle et responsabilité d'un fournisseur d'accès dans le contrôle d'accès

Un **fournisseur d'accès Internet** (FAI) tient à jour la liste des clients avec leurs droits respectifs, établit les règles de contrôle d'accès et d'authentification et supporte la sécurité de son environnement (anti-spam, antivirus, etc.). Le **contrat** entre un fournisseur de services et ses clients est important et permet d'établir, entre autres, les responsabilités, droits et devoirs de chacun, notamment en termes de procédures d'identification, d'authentification et de consommation des ressources, de coûts et de facturation. Le fournisseur d'accès doit pouvoir garantir le respect des droits des clients au regard des services souscrits, tout en protégeant ses ressources contre leur utilisation abusive et délictueuse par des mesures de sécurité performantes. Le client est seul responsable de l'usage malveillant ou détourné de l'infrastructure du fournisseur, ainsi que le stipule généralement le contrat de services.

6.4.4 Certificats numériques et contrôles d'accès

Pour des applications web, le contrôle d'accès à certains serveurs web est possible *via* une infrastructure à clé publique (**PKI**) et des **certificats numériques**. Ainsi, le système de vérification est externalisé et n'a pas besoin d'être centralisé sur le serveur web, cela autorise également un nombre élevé d'utilisateurs. Ce mécanisme comporte des limites, dépendant de la véracité des certificats, de la façon dont ils sont attribués et gérés. S'il est aisé d'allouer un certificat à un utilisateur, il est en revanche plus difficile de le révoquer. Ceci peut être nécessaire lorsque les informations contenues dans le certificat sont devenues obsolètes, lorsque la clé privée de l'utilisateur a été compromise, ou encore par exemple si l'utilisateur ne fait plus partie de l'entreprise.

Lorsqu'un certificat est devenu invalide, il est alors inscrit dans une **liste de certificats révoqués** (liste de révocation ou CRL, *Certificate Revocation List*).

C'est du ressort de l'**autorité de certification** de gérer les listes de révocation qui contiennent les numéros de tous les certificats invalides et de la consulter à chaque demande. La lourdeur d'une consultation systématique de cette base de données altère considérablement les performances d'un tel système de contrôle d'accès.

Rôle des certificats clients

Un **certificat** contient la clé publique de son propriétaire, son nom, le nom de l'autorité de certification qui l'a signé, un numéro de série et divers attributs additionnels. Ces derniers peuvent qualifier des informations numériques ou textuelles comme les adresses électronique ou postale, l'employeur, la fonction, le département, les numéros de bureau, de téléphone, la date de naissance, le sexe, la nationalité, etc. Ces attributs permettent une grande flexibilité d'utilisation pour assurer le contrôle d'accès et restreindre les accès en fonction de la valeur d'un attribut particulier ou d'une combinaison de valeurs.

Certificat, côté serveur

Pour contacter un serveur dont l'accès est basé sur des certificats, le navigateur client doit lui fournir un certificat et prouver qu'il en est bien le propriétaire. Si l'authentification s'avère positive, le serveur contrôle alors les droits de l'utilisateur aux ressources sollicitées, soit directement en fonction des informations contenues dans le certificat, soit en consultant une base de données.

Dans ce dernier cas, le certificat sert seulement à authentifier le client, et les droits d'accès sont sauvegardés dans une base de données externe. Si cette approche permet de **distinguer l'identité d'un utilisateur de ses privilèges**, elle pose des problèmes de conception, de partage, de mise à jour, d'accès et de performance de la base de données. En revanche, si **les droits d'un utilisateur sont associés à son identité** dans son certificat, c'est-à-dire indépendamment d'une base de données précise, un serveur peut accepter des certificats provenant de diverses autorités de certification. La durée de vie d'un certificat, la mise à jour des informations du certificat, de leur pertinence et leur validité restent un problème. De plus, il faut également savoir gérer une liste de révocation des certificats, ce qui revient à devoir accéder à une base de données externe, annulant par là même les avantages de cette solution (voir le chapitre 5).

Limites et validité des certificats

La puissance d'un mécanisme de contrôle d'accès basé sur des certificats repose sur le fait que seul le propriétaire du certificat possède la clé privée mathématiquement liée à la clé publique contenue dans un certificat. Un problème majeur de la certification est lié au fait que les utilisateurs oublient ou divulguent leur mot de passe de protection de leur clé privée. D'autres désagréments sont relatifs à l'altération du certificat ou de la clé privée, à la suite d'un incident du poste de travail de l'utilisateur ou à une mise à jour du navigateur. Il est donc nécessaire de se doter des moyens de retrouver une clé privée.

À ces inconvénients, ajoutons la possibilité de fabriquer de fausses signatures numériques en devinant la clé privée ou l'algorithme de chiffrement (l'algorithme n'est pas un secret et en général il s'agit de l'AES). Ainsi, la confiance que l'on peut avoir dans un certificat (qui reflète son degré de sûreté) est limitée, d'une part, par la robustesse de l'algorithme de chiffrement employé et, d'autre part, par la sûreté de la clé privée de l'utilisateur. Cette dernière est généralement archivée sous forme chiffrée sur un PC et est déverrouillée par un mot de passe à chaque fois que le navigateur en a besoin.

Le **degré de fiabilité du certificat** dépend de la capacité de l'autorité à valider la véracité de l'identification de l'utilisateur demandant un certificat. Les procédures d'authentification d'un demandeur varient d'une autorité à une autre. C'est de la responsabilité de l'autorité de certification de vérifier et de contrôler l'identité d'un demandeur. Selon le degré de vérification qu'elle effectue lors de l'établissement d'un certificat, différents types de certificats de divers niveaux de sécurité existent.

La **sécurité globale** du système dépend de la sécurité de la clé privée de l'autorité de certification qui permet de signer un certificat pour en garantir son authenticité. En effet, s'il arrivait qu'elle soit volée, le détenteur pourrait se substituer à la véritable autorité de certification et fabriquer de faux certificats.

6.4.5 Gestion des autorisations d'accès *via* un serveur de noms

Le service d'annuaire qu'offre un **serveur de noms** peut être exploité pour réaliser la gestion des autorisations d'accès aux ressources informatiques mises en réseau. Il constitue alors une véritable plateforme de réalisation du contrôle d'accès. Pour des raisons de disponibilité et de sécurité du serveur, celui-ci devrait être correctement protégé et dupliqué avec un système de secours constamment opérationnel. Cette mesure de ***back-up*** est rarement implantée du fait de son coût de maintenance opérationnelle.

Généralement, les serveurs sont physiquement protégés et font l'objet de procédures d'accès renforcées. S'ils sont plusieurs à contribuer à rendre ce service, leur usage pose le problème de leur **synchronisation** et de leur **coopération**. Même s'ils sont plus ou moins conformes à la recommandation X.509 de l'UIT et que l'on y accède *via* le même protocole (LDAPv3, *Lightweight Directory Access Protocol*), des implantations divergentes sont toujours possibles si l'on n'utilise pas la même plateforme. La coexistence d'annuaires différents imposerait de développer des interfaces de gestion distinctes. Une autre possibilité serait, pour disposer d'une seule interface de gestion, de développer un méta-annuaire les intégrant.

Quelle que soit la plateforme retenue, le fait qu'elle soit unique ou distribuée, de nature homogène ou non, et le fait que ce serveur soit hautement sollicité imposent au réseau une charge de trafic supplémentaire. Cela renvoie à un problème d'architecture et de dimensionnement du réseau pour assurer la disponibilité des ressources.

6.4.6 Contrôle d'accès basé sur des données biométriques

L'application de la **biométrie** au contrôle d'accès permettrait de se soustraire de l'usage de mots de passe en les substituant par une caractéristique physique dont une donnée binaire peut être extraite. Associée à des mécanismes « classiques » d'authentification basée sur des mots de passe, la biométrie renforce le niveau de sécurité de ces derniers (notion de double contrôle).

D'après le *Petit Robert*, la biométrie est la « science qui étudie à l'aide des mathématiques les variations biologiques à l'intérieur d'un groupe déterminé ». On constate une distorsion de l'usage du sens initial de ce mot. En fait, on devrait lui préférer le mot « **anthropométrie** », qui fait référence à une « technique de mensuration du corps humain et de ses diverses parties » qui peut alors conduire, par une méthode appropriée, à individualiser une personne (la différencier d'une autre) puis éventuellement à l'identifier.

Afin d'utiliser des **caractéristiques physiques** des personnes pour les identifier et valider leur identification, il est nécessaire d'extraire et d'enregistrer au préalable les **caractéristiques biométriques** des individus (notion de **gabarit**) (figure 6.12). Ces enregistrements doivent être réalisés d'une manière fiable et sauvegardés de façon sécurisée.

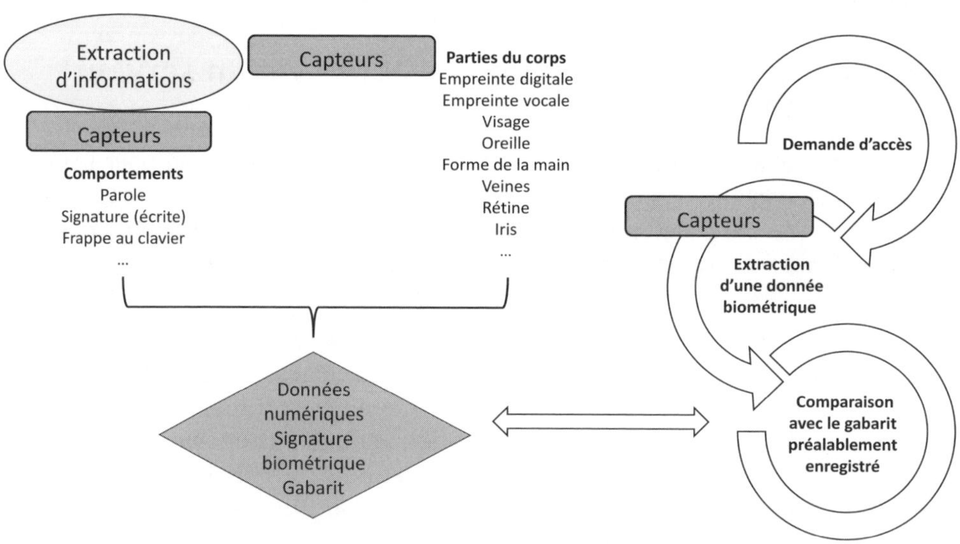

Figure 6.12 – **Authentification basée sur des données biométriques.**

La durée du processus d'authentification peut être longue car la phase de comparaison doit tenir compte des variations inhérentes à la caractéristique vivante, donc mouvante, de la donnée testée. Ainsi, par exemple, comme deux échantillons vocaux d'une même personne ne sont jamais strictement les mêmes, la comparaison est basée sur un **traitement statistique et probabiliste** de la donnée biométrique. Cette part de flou introduite dans le système d'authentification ne permet pas d'avoir des résultats d'authentification avec un degré d'exactitude certain (le système ne peut pas certifier à 100 % qu'il s'agisse de la personne « *x* »). Le **taux d'erreur** de ces systèmes reste encore élevé.

Associées à leur manque de précision, aux incertitudes sur la capacité à sécuriser correctement une base de données biométriques et aux coûts d'acquisition, de déploiement et de contrôle, les solutions de contrôle d'accès basées sur l'usage de données biométriques sont rarement optimales. Toutefois, ce type de solution est retenu pour identifier un citoyen au moyen de son passeport biométrique. Cela pose de nombreux problèmes, notamment de sécurité, en ce qui concerne la base de données contenant les gabarits biométriques.

L'individualisation biométrique peut servir à contrôler l'identité d'un individu afin de réaliser un contrôle d'accès à des ressources ou dans le cadre d'un contrôle judiciaire (police, etc.). La numérisation d'une caractéristique biométrique pose le problème de son stockage « *Où, par qui et comment sera-t-elle manipulée et sécurisée ?* ». Le processus de numérisation engagé, pourquoi se limiter aux empreintes digitales, à celle de l'iris, de la rétine, de l'ADN, et ne pas y ajouter des données comportementales, des données relatives à la santé, aux goûts, aux orientations sexuelles, aux opinions politiques, à la religion, etc. ? C'est ce qui est appelé la **biométrie multimodale**.

Si une donnée numérisée, telle que l'empreinte digitale, venait par exemple à être altérée ou modifiée dans la base de données, par erreur ou intentionnellement, la personne victime devra prouver qu'elle est bien la personne qu'elle est, avec de vraies empreintes, qui seront différentes de celles codées en binaire… Par ailleurs, une base de données centralisée comporte les risques suivants :

- agrégation, croisement de données relatives à un individu ;
- évolution de l'usage de la base de données par les pouvoirs publics, par des entités privées ou encore criminelles (États autres que celui dont la personne est ressortissante, compagnies aériennes, cyberattaques, etc.).

L'usage étendu du contrôle biométrique soulève de nombreux problèmes d'ordres éthique, ergonomique, économique, technologique et juridique. Pour n'en citer que quelques-uns :

- la **confidentialité**, l'**intégrité** et la protection de données biométriques ;
- la possibilité de ne pas avoir des **données biométriques uniques** (cas des vrais jumeaux) ;
- les capteurs de données biométriques sont souvent perçus, et à juste titre, comme étant intrusifs. Ils peuvent également constituer une **menace pour la protection de l'intimité** dans la mesure où il pourrait exister une prolifération de capteurs (caméras vidéo à reconnaissance faciale, lecteurs de puce RFID sans contact, etc.) disséminés dans des environnements publics, qui agiraient à l'insu des individus (surveillance, traçabilité) ;
- les cas d'**usurpation** ou d'usages abusifs, frauduleux de données biométriques.

6.5 Sécurité des réseaux

La sécurité des réseaux de télécommunication fait partie de la gestion des réseaux mis en œuvre et gérés par les entreprises et dépend de l'entité organisationnelle qui en a la responsabilité et l'autorité. Utilisateurs et clients, abonnés de ces réseaux, sont également administrés par cette autorité. Les fonctions et services de sécurité répondent alors à une politique de sécurité déterminée. Cette approche centralisée et globale de la sécurité, qui pourrait apporter une cohérence et une protection de bout en bout, ne peut pas être mise en œuvre dans une infrastructure Internet publique multiréseaux. C'est aux utilisateurs (personnes physiques ou morales) de mettre en place des mesures de sécurité sur leurs systèmes et dans leur environnement.

6.5.1 Protection de l'infrastructure de transmission

L'**infrastructure de transmission** est à protéger physiquement et logiquement contre les vols[5], destructions, attaques passives ou actives, accidents ou événements naturels. Il faut également protéger les transmissions d'éventuels rayonnements qui pourraient compromettre leur qualité.

Il existe des **boîtiers de chiffrement** (chiffreurs) que l'on dispose entre le point d'accès à l'infrastructure et l'équipement de l'abonné. Un chiffreur exécute un algorithme de chiffrement à partir de clés. Certains sont capables d'auto-générer des clés de chiffrement (élaboration automatique de clés à partir d'un secret donné lors de son initialisation) et de les diffuser. Les équipements de chiffrement programmés pour changer de clés toutes les *x* secondes s'échangent des informations qui leur permettent de calculer une clé de session. Si les chiffreurs ne sont pas capables de s'auto-synchroniser, le problème complexe du maintien de leur synchronisation, ou plutôt de la resynchronisation après interruption, se pose. Les équipements des abonnés doivent détecter cette désynchronisation, la signifier au chiffreur et la traiter. Certains chiffreurs peuvent également s'auto-protéger en détruisant leur contenu en cas de détection d'intrusion. Une intervention manuelle est alors indispensable pour relancer leur activité car ils ne sont plus téléchargeables.

6.5.2 Protection du réseau de transport

Il est impératif de savoir **protéger les raccordements** des utilisateurs et leurs données. Pour cela, il faut les identifier (qui sont les usagers ?), les localiser (où sont-ils ?) et connaître leurs besoins (quels sont les flux applicatifs transportés ?).

En tenant compte de la problématique de la sécurité lors du transfert de données et en sachant que tout peut être facilement intercepté sur un réseau, la confidentialité et l'intégrité des données des usagers passent également par le **chiffrement des flux applicatifs** (voir le chapitre 9).

---

5. Le vol des câbles en cuivre (pour la revente du cuivre) affecte la disponibilité du réseau.

La protection d'un réseau de transport s'obtient par l'adoption dans le réseau de **routeurs chiffreurs** intelligents ayant la possibilité d'effectuer de façon intégrée et sélective des procédures de chiffrement. Elle s'appuie aussi sur des mesures de sécurité physique et logique des systèmes, sur la détection des incidents et des programmes malveillants, et sur le cloisonnement des environnements réseau par des systèmes pare-feu (voir le chapitre 8).

6.5.3 Protection des flux applicatifs et de la sphère de l'utilisateur

La protection des données au niveau de l'équipement **de l'utilisateur** qui met en œuvre une application distribuée ne dépend plus du transporteur de données mais bien de son **environnement direct**, en fonction de l'application traitée, du service sollicité et de la plateforme informatique sur laquelle il s'exécute. La difficulté de la protection des applications réside dans le fait qu'il faille protéger tout l'environnement applicatif matériel et logiciel (et non pas seulement l'application elle-même) et par extension son environnement physique (locaux, énergie, etc.). Le système d'exploitation de l'équipement de l'utilisateur joue un rôle prépondérant dans sa protection (impossibilité de prendre la main lors d'une session, déconnexion automatique après un certain temps, etc.). Cela passe également par la **protection des cartes réseaux**, par le support de **protocoles d'application cryptographiques**, par des opérations de ***mirroring*** et de ***duplexing*** (protection des informations en les dupliquant sur des disques, redondance des opérations d'écriture et des équipements, etc.). Pour rendre confidentielles les données et assurer leur intégrité, il faut mettre en œuvre des procédures de chiffrement. Chaque applicatif peut nécessiter un équipement de chiffrement/déchiffrement particulier. Il en est de même au niveau du raccordement au réseau de transport et au niveau de l'infrastructure de support.

Pour la visioconférence, par exemple, on utilise la technique de **codage MIC** (modulation par impulsions codées) pour véhiculer les données. On constitue alors des trames d'information, basées sur l'utilisation judicieuse d'intervalles de temps. Pour chiffrer ce type d'application, on doit pouvoir disposer de chiffreurs capables de chiffrer indépendamment les intervalles de temps (on chiffre intervalle de temps par intervalle de temps).

Le plus compliqué n'est pas de réaliser des matériels de chiffrement (les équipementiers savent très bien le faire) mais de les mettre en œuvre et de les gérer de façon optimale et performante. Il n'est pas nécessaire de tout chiffrer car toutes les données ne sont pas des informations sensibles et, de plus, les temps de traitement additionnels induits par les processus de chiffrement sont importants. Ainsi, il faut pouvoir distinguer les données qui doivent absolument être chiffrées des données non confidentielles (notion de **discrimination des données**). Ceci doit être réalisé en amont de l'implantation de mesures techniques et opérationnelles de chiffrement, notamment lors de la définition de la politique de sécurité.

6.5.4 Protection optimale

Une offre complète de sécurisation des échanges consiste à assurer :

- la sécurité physique des équipements et des infrastructures ;
- la sécurité des télécommunications au niveau de leur transmission ;
- la sécurité des échanges au niveau du transport ;
- la sécurité des données et des applicatifs.

Trois domaines de **responsabilités** interviennent lors des échanges : celui de l'utilisateur final, celui du transporteur et celui de l'entité qui offre le service de support au transport (à moins que ces deux derniers ne soient la même entité). Il se pose alors le problème de gestion (au sens « gestion de réseau ») de l'interface de raccordement (appartenance, boîtier de chiffrement, universalité).

Pour sécuriser le transfert de données, diverses options complémentaires existent. Des mécanismes d'authentification et de chiffrement peuvent être directement intégrés au niveau des **protocoles « réseau »**, comme le proposent les protocoles Internet IPv6 ou IPSec. Le trafic applicatif est alors protégé sans que l'application ne s'en préoccupe. Arrivées à destination, les données reçues sont automatiquement déchiffrées avant d'être délivrées à l'application.

Cela revient à intégrer les processus de sécurité **au niveau de l'infrastructure de communication**. Cette dernière doit donc être à même de les supporter dans leur intégralité. Cela nécessite le plus souvent la mise à jour de l'ensemble des routeurs la constituant, pouvant parfois conduire à des problèmes d'interopérabilité de ceux-ci et de gestion du changement.

L'avantage principal du chiffrement au niveau de l'infrastructure du réseau réside dans l'indépendance de l'application et des mécanismes de chiffrement liés au transfert, qui sont alors complètement transparents pour l'utilisateur.

Par ailleurs, chiffrer les données au niveau « réseau » génère des paquets de données de taille supérieure à des paquets non chiffrés ; leur transfert monopolise donc plus de bande passante et de ressources de communication. Associées au fait que le processus de chiffrement augmente le temps de traitement des paquets, les performances du réseau peuvent considérablement être affectées par la mise en œuvre de la sécurité à ce niveau.

En revanche, la sécurité des transactions **au niveau applicatif** modifie l'application elle-même, et les données sont chiffrées avant d'être livrées au protocole de réseau qui en effectuera l'acheminement. Elles sont ensuite déchiffrées par le serveur d'application destinataire. C'est lors de la phase d'établissement du dialogue entre des entités applicatives (un client et un serveur par exemple) que l'on réalise l'authentification et la négociation d'une clé de session. La complexité de cette phase peut varier et demande un délai d'établissement lui aussi variable.

Sécuriser l'infrastructure de transport ou sécuriser l'application revient à traiter, à des niveaux différents, un même type de problème :

- les processus et les utilisateurs doivent être identifiés et authentifiés ;

- l'émetteur et le récepteur doivent utiliser un même algorithme de chiffrement/déchiffrement (ce dernier doit pouvoir éventuellement être négocié) ;
- les clés de chiffrement/déchiffrement doivent être gérées, distribuées et attribuées à chaque entité communicante.

6.5.5 Sécurité du *cloud computing*

Désormais, certains fournisseurs de services proposent aux organisations et aux individus d'externaliser tout ou une partie de leur informatique (capacité informatique, traitement et stockage de données) sur leurs propres infrastructures et ressources, dont ils assurent la sécurité. L'informatique en nuage (***cloud computing***) est révélatrice de l'évolution de l'infrastructure du réseau et des services, et de la manière d'appréhender les traitements sur une communauté de ressources mises en commun, partageables selon les besoins des utilisateurs et consommables à la demande.

Le *cloud* offre des services génériques, configurables ou spécifiques, à la demande : *Software as a Service* (SaaS) ; *Platform as a Service* (PaaS) ; *Infrastructure as a Service* (IaaS) ; *Mobile "backend" as a service* (MBaaS) ; *Function as a service* (FaaS), informatique sans serveur (*serverless computing* où les serveurs, les ressources matérielles sont consommées comme un service).

Cela permet, en théorie, de disposer d'une infinité de ressources et d'une puissance de calcul quasi illimitée, durant un laps de temps déterminé, sans pour autant avoir à acquérir et à financer une infrastructure mais en payant uniquement le service rendu. En fait, le nombre des ressources *cloud* impliquées est fonction des besoins de l'organisation (mise à l'échelle – *scaliability*) et peut donc s'adapter à ceux-ci (notion d'élasticité, augmentation ou réduction du nombre de ressources en fonction des traitements et besoins). Il s'agit alors de payer spécifiquement la consommation des ressources, selon des modèles économiques variables (forfaitairement, à l'usage, etc.) des propriétaires des ressources. Cela permet de répondre également au besoin de réduction ou de rationalisation des coûts en personnel de l'organisation qui externalise son informatique. L'usage de l'infrastructure informatique est alors considéré comme un service fourni par un prestataire tiers. Cela peut conduire des entreprises à externaliser des applications informatiques vues comme des services pour les métiers concernés (notion de **virtualisation des ressources**). L'informatique en nuage s'appuie sur une grande quantité de serveurs de stockage et de traitement des données (fermes de serveurs) ainsi que sur une infrastructure de télécommunication basée sur des technologies Internet.

Cette vision de l'informatique n'est pas sans poser des questions technologiques, économiques, juridiques, sécuritaires et environnementales. Elle renforce considérablement l'importance du réseau, puisque sans réseau il devient impossible d'accéder à l'information et aux services délocalisés dans le nuage informatique. Elle accroît la dépendance vis-à-vis des fournisseurs de ces services, des opérateurs de centres de données (*datacenters*) et du réseau dans son ensemble. Au **niveau géopolitique**, on commence à prendre conscience de ces nouveaux risques et **enjeux stratégiques**.

Il faut être attentif aux enjeux de la **perte de la maîtrise des données** sur le long terme et ne pas regarder uniquement les avantages économiques que procurent, à court terme, voire immédiatement, des solutions d'externalisation dans une infrastructure en nuage. La **dépendance** à un seul fournisseur de *cloud* est également un problème, ce dernier se trouve en situation de monopole vis-à-vis des données et des traitements d'une institution ou d'une personne. La possibilité de diversifier son externalisation sur différents fournisseurs est quasi impossible, comme l'est d'ailleurs le retour à des solutions de « non-*cloud* ».

Par principe, lorsque l'informatique ou les données sont sensibles, stratégiques et vitales pour l'organisation, le bon sens serait de ne pas les externaliser.

Les **principaux risques** lors d'une externalisation *cloud* sont :

- la perte de la maîtrise (de la gouvernance) de ses données ;
- la difficulté à assurer et à vérifier que les contraintes de conformité réglementaire auxquelles les données sont soumises sont satisfaites ;
- les données sont potentiellement localisées dans des pays différents de celui où se trouve le siège de l'entreprise à qui appartiennent les données, dans d'autres juridictions où d'autres lois s'appliquent. Par ailleurs, même localisées sur un territoire national, des lois extraterritoriales existent qui autorisent certaines autorités à accéder aux données partout dans le monde, cas par exemple du Cloud Act (*The Clarifying Lawful Overseas Uses of Data Act* [USA, 2018]) ;
- la défaillance du réseau entraînant l'indisponibilité d'accès au *cloud*, aux traitements, aux données (incapacité de travailler) ;
- le droit excessif et les privilèges d'accès accordés aux gestionnaires du *cloud* (et aux prestataires qui travaillent pour eux), possibilité d'usage abusif de ces droits (risque interne au fournisseur) ;
- la difficulté à assurer des audits de ses propres données et traitements dans un *cloud* de prestataire externe ;
- le *cloud* héberge l'informatique de multiples entreprises. Il peut y avoir des problèmes liés au fait que les environnements et données qui appartiennent à des entreprises différentes, et qui doivent être en principe disjoints, ne soient pas bien séparés (risque de perte de confidentialité, d'intégrité, de disponibilité des données) ;
- le *cloud* peut être la cible de cyberattaques ;
- il est difficile de s'assurer que les données que l'entreprise veut détruire (effacer du *cloud*) soient effectivement bien effacées.

Analogie : Est-il envisageable de donner la seule clé de la porte blindée de son appartement à un prestataire externe qui va l'héberger ailleurs, on ne sait où : peut-être dans un endroit où il y a une réglementation qui demande de copier les clés, de les utiliser pour vérifier que le ménage est bien fait (contrainte légale du pays de l'hébergeur) ? Est-il imaginable d'être obligé de demander à un prestataire sa clé à chaque fois que l'on souhaite entrer chez soi ? *Quid* si ce dernier n'est pas disponible pour des problèmes techniques, ou qu'il sous-traite la garde des clés à un autre prestataire ? Il s'agit d'un problème de **confiance** envers le prestataire et les contrats ne protègent pas de tout ! L'Agence nationale française de sécurité des systèmes d'information (ANSSI) propose un service de qualification des prestataires de *cloud*.

Pour qu'une donnée sensible ait sa place dans un *cloud* extérieur, il faudrait qu'elle soit chiffrée. Se pose alors ce problème : qui gère les clés de chiffrement ? D'autre part, pour faire des calculs sur des données chiffrées résidant dans le *cloud* et obtenir le bon résultat quand on le déchiffre, il faudra attendre que le **chiffrement homomorphe** (capacité à pouvoir réaliser des traitements sur des cryptogrammes sans avoir accès aux données en clair) puisse prévoir tous les cas de calcul et se généralise.

Avant toute décision d'externalisation de données ou de traitement de celles-ci, il faut déterminer s'il s'agit de données sensibles et identifier les principaux risques. Décider d'externaliser ou non est un choix stratégique qui doit être effectué en toute connaissance de cause.

Ainsi, une analyse des risques qui tient compte notamment du type et de l'importance des informations à externaliser et des contraintes légales et réglementaires auxquelles l'organisation est soumise doit impérativement être réalisée. S'il est décidé d'opter pour des solutions d'**infogérance**, il sera alors possible d'exprimer des exigences de sécurité qui pourront être intégrées dans un contrat de services afin d'engager la responsabilité du fournisseur à les satisfaire.

Au regard de la complexité et des ressources que nécessite la mise en place d'un processus continu de gouvernance des risques et de la sécurité, certaines entreprises choisissent d'externaliser cette fonction. Pour autant, l'*outsourcing* n'est pas synonyme de déresponsabilisation, et la dépendance à un fournisseur n'introduit généralement pas de nouveaux risques.

Les conséquences des risques induits par l'informatique sont toujours à la charge de l'organisation qui dépend du bon fonctionnement, de la disponibilité, de l'intégrité des ressources et des infrastructures informationnelles et parfois de la nécessaire confidentialité de ses données. Si, en amont d'un processus d'externalisation, l'institution n'a pas été en mesure d'assurer un niveau de cybersécurité cohérent au regard de ses actifs informationnels et des menaces qui peuvent les mettre à mal, comment peut-elle être en mesure de garantir la sécurité de son patrimoine informationnel en dehors de son périmètre ?

Quel est son niveau de sécurité avant le passage au *cloud* ? Ceci revient à se poser d'autres questions : comment sont protégés les actifs à l'intérieur de l'organisation ? Comment le seront-ils hors du contrôle de celle-ci ? Est-ce que le fournisseur de *cloud* peut résoudre tous les problèmes de sécurité, sachant que ces derniers peuvent être augmentés par des accès à distance de l'infrastructure qui peut même être localisée dans un autre pays ? Est-ce que le passage au *cloud* ne va pas favoriser des mécanismes parallèles d'usage d'outils informatiques non contrôlés (***shadow IT***) ? Comment s'assurer que les clauses contractuelles ne sont pas préjudiciables au contrôle de la maîtrise de la sécurité par un fournisseur ? Quelles sont les garanties sur le lieu d'hébergement des données et de transit, sur la manière dont les données sont exploitées, traitées et maintenues ? Peut-il y avoir de *l'outsourcing* de *l'outsourcing*, quelle est alors la chaîne de responsabilité ? Comment la sécurité est-elle réalisée (quel chiffrement, qui maîtrise les clés de chiffrement, comment les mises à jour de sécurité sont-elles effectuées, etc. ?), maintenue, auditée, vérifiée et optimisée ?

La confiance dans une infrastructure *cloud* se bâtit sur des faits et des clauses contractuelles.

S'il peut paraître aisé de démontrer un avantage économique à court terme de passer à une solution *cloud*, qu'en est-il sur le long terme ? La vigilance est requise notamment pour ce qui concerne des offres globales « *package* tout-en-un », bien évaluer ce qui est réellement proposé est incontournable. Il ne suffit pas de se fier uniquement à l'expérience d'un prestataire ou au nombre de ses clients.

Les experts sécurité qualifiés ne sont pas légion, certaines entreprises n'hésitent pas à étiqueter comme experts de jeunes diplômés sans expérience (qui construisent leurs compétences sur le dos des clients) ou recourent à des experts auto-proclamés. Le marché s'arrache les personnes d'expérience, leur nombre est limité.

L'entreprise qui externalise son infrastructure IT peut avoir tendance à penser que la sécurité informatique n'est plus son problème. Cela serait oublier le fait qu'externaliser n'est pas synonyme de se défaire de ses responsabilités envers notamment les données de ses clients. Les risques de perte de disponibilité, d'intégrité ou de confidentialité occasionnés par un défaut de sécurité lors de traitements informatiques à l'intérieur de l'organisation existent toujours. Elle n'est pas à l'abri de fraudes, d'escroqueries, d'actions d'ingénierie sociale, de fuites ou de compromission de ses données par exemple.

L'organisation, quels que soient son type (commerciale, hospitalière, gouvernementale, etc.) et sa taille, ne peut pas se défausser de sa responsabilité de développer en interne une culture de la cybersécurité, de sensibiliser et de former tous les acteurs qui interagissent avec des systèmes d'information, même s'ils sont hébergés dans des *clouds* externes.

Rares sont les institutions qui ont compris les risques de sécurité inhérents à la phase de migration vers le *cloud*. Comment sont-ils pris en compte lors de la phase de migration, qui est responsable, qui en supporte les coûts cachés ? La transition vers une externalisation de l'infrastructure et des services nécessite une préparation minutieuse sans oublier de vérifier la résilience et la sécurité de l'infrastructure du réseau local. Or cet aspect est généralement passé sous silence par les fournisseurs de *cloud*, cela augmenterait le coût de leur offre et est rarement exprimé correctement dans des appels d'offres.

6.5.6 Souveraineté et *cloud computing*

Pour un pays, le recours à des infrastructures numériques basées sur des **plateformes informatiques en nuage étrangères** (*cloud*) questionne sa capacité à assurer sa **souveraineté numérique** et son indépendance vis-à-vis des acteurs et des États dont ces derniers sont ressortissants. En étant contrôlées par des acteurs émanant de superpuissances, la non-maîtrise d'infrastructures numériques essentielles au bon fonctionnement d'un pays, à sa stabilité et à son économie induit une **dépendance** et *de facto* une perte de contrôle de ses **territoires numériques**.

L'**asymétrie du pouvoir** entre les acteurs qui fournissent des services « *cloud* » et ceux qui les utilisent est telle qu'il y a **assujettissement** aux règles imposées par les acteurs les plus forts. Cela pourrait être identifié comme une **mise sous tutelle numérique**. Cet état de fait contribue à faciliter des actions d'intelligence économique mais aussi d'espionnage et de surveillance numérique. Cela affaiblit les actions d'un pays dans les domaines économique, politique, diplomatique, militaire et culturel, tout en renforçant le pouvoir des acteurs dominants. Ces derniers « se nourrissent » des activités numériques de leurs clients. En effet, ils savent exploiter la captation de données et de métadonnées, autorisée par le mode de fonctionnement du numérique et par le cadre contractuel de l'acceptation des conditions générales d'utilisation de leurs services. Leur développement, leur puissance et leurs capacités financières démontrent que les géants du Net ont compris comment tirer parti de leurs modèles d'affaire basés sur l'exploitation des données pour disposer d'avantages concurrentiels, être en position hégémonique et en croissance permanente, pour accroître leur offre de services (y compris ceux basés sur l'intelligence artificielle).

Les multinationales du numérique qui offrent des services d'informatique en nuage sont des acteurs hégémoniques extra-européens[6] qui possèdent une envergure et une **position monopolistique** uniques. Elles sont en mesure de faire pression sur les prix sur un marché qu'elles contrôlent et de faire du sponsoring ou de casser les prix pour remporter des appels d'offres, mais aussi de les augmenter après la fidélisation du client. Elles sont de plus capables de proposer une palette étendue de services et des offres intégrées à des **écosystèmes fermés**, ce qui constitue un argument supplémentaire de persuasion.

En général, les offres « *cloud* » des multinationales paraissent très concurrentielles. Toutefois des coûts indirects sont souvent cachés. Cela concerne notamment des coûts de migration ou de services complémentaires de sécurité, qui s'avèrent ensuite indispensables mais qui ne sont ni annoncés ni compris dans l'offre initiale et qui alourdissent considérablement la facture sur le long terme.

Une fois captif d'une solution *cloud*, la **dépendance** peut générer des problèmes de pérennité et de coûts, car les fournisseurs peuvent à leur gré modifier les conditions d'utilisation et augmenter leurs tarifs. Comment être sûr sur le long terme de la stabilité de l'environnement, de la disponibilité des données et de leurs traitements ? Le retour en arrière ou la migration vers d'autres plateformes sont généralement difficiles voire impossibles. Les choix « *cloud* » sont en fait non réversibles car trop coûteux et trop difficile techniquement. *De facto*, cela dissuade ou empêche le passage à la concurrence. Il est souvent impossible, ou alors à des coûts additionnels exorbitants, de savoir ce que deviennent données et traitements confiés à une plateforme.

Lorsqu'il est quasi impossible d'effectuer des contrôles et des audits indépendants, comment avoir confiance dans l'intégrité et la confidentialité des données et des traitements ?

6. Il s'agit notamment des GAMAM (Google, Apple, Meta [Facebook], Amazon, Microsoft [États-Unis]) et des BATX (Baidu, Alibaba, Tencent, Xiaomi [Chine]).

Un des problèmes critiques est celui de la dimension juridique qui émane de pays étrangers de ces multinationales. Ceci est particulièrement vrai avec l'existence des lois extraterritoriales qui autorisent leurs autorités à accéder aux données captées partout dans le monde, y compris sur des serveurs situés en Europe. La nationalité du prestataire de services et du développeur des logiciels qui traitent les données est encore plus importante que celle de la localisation géographique des serveurs. L'argument tentant de justifier la sécurité par le fait que les serveurs sont en Europe est souvent d'ordre marketing et publicitaire. Il induit un sentiment de sécurité non fondé. Les lois extraterritoriales comme les lois américaines *Foreign Intelligence Surveillance Atc* (FISA) (1978), PATRIOT Act (*Uniting and Strengthening America by Providing Appropriate Tools Required to Intercept and Obstruct Terrorism Act*) (2001), Cloud Act (2018) s'appliquent aux fournisseurs de logiciels américains qui stockent et traitent les données hébergées partout dans le monde. Être un partenaire ou intermédiaire de plateformes américaines ou chinoises ne suffit donc pas à réaliser la **cybersouveraineté**.

Du côté de l'Europe, le projet Gaia-X rassemble des acteurs internationaux issus de différentes entreprises du domaine, d'institutions de recherche, d'associations, d'administrations publiques et du monde politique pour définir et réaliser une infrastructure numérique globale (un *cloud* de *clouds* interconnectés selon les standards définis par le consortium (Gaia-X standard) pour tenter d'être compatible avec la notion de souveraineté européenne. Ce projet soulève de nombreux défis et reste très critiqué du fait du poids des gros fournisseurs étrangers sur les décisions du conseil d'administration.

Aujourd'hui, la **souveraineté technologique** conditionne toutes les autres formes de souveraineté. Si l'État n'est pas en situation de maîtriser sa souveraineté numérique et celle de ses données, comment l'entreprise et le citoyen pourraient-ils l'être ? Il faut une volonté politique claire et assumée de développer et soutenir la cybersouveraineté. Il est particulièrement important que le secteur public donne l'exemple en évitant de recourir à des acteurs hégémoniques étrangers surtout dans les domaines de la santé, de l'éducation ou de la défense par exemple.

La question du **respect des droits humains** devrait être au cœur des préoccupations des développements numériques et de l'intelligence artificielle (droit à la vie privée, à la protection des données, à l'intégrité numérique, à la e-reputation, à l'accès au numérique, à la déconnexion, à ne pas être sous surveillance informatisée…). La souveraineté, c'est aussi la capacité à faire respecter des lois dans un espace donné et seule une souveraineté numérique peut contribuer à définir les lois et à les faire respecter dans le **domaine numérique**.

Résumé

La sécurité des infrastructures de communication est primordiale à la sécurité des organisations. Afin de sécuriser les infrastructures de communication, il est obligatoire de passer par l'utilisation de protocoles cryptographiques offrant des servicesde sécurité (authentification, intégrité, confidentialité et non-répudiation) et de mettre en œuvre des mécanismes efficaces de contrôle des accès logiques et physiques.

IPSec permet de remédier à certaines failles sécuritaires de IPv4. Il assure ainsi les critères de sécurité mentionnés précédemment par l'intermédiaire des en-têtes AH (*Authentication Header*) et ESP (*Encapsulating Security Payload*). L'utilisationd'IPSec reste optionnelle dans le protocole IPv4 mais obligatoire dans le protocoleIPv6, qui apporte, en plus de la sécurité, des services additionnels (adressage étendu, étiquetage de flux d'information, allocation dynamique de bande passante, etc.).
D'autres mesures de sécurité doivent être réalisées pour protéger les transferts de données. Il est primordial que les adresses, les processus, les systèmes impliqués dans la gestion des noms et des adresses et dans l'acheminement des donnés soient disponibles, intègres, fiables et sécurisés.
Il est de la responsabilité des entités en charge des infrastructures de télécommunication et des fournisseurs de services de *cloud* de protéger, sécuriser et de gérer efficacement leurs environnements et ressources partagées afin d'offrir des niveaux de sécurité satisfaisant les exigences et les besoins des utilisateurs. Comme toutes les organisations, celles qui proposent des infrastructures et services « *cloud* » doivent réaliser leur gestion des risques en tenant compte de leurs spécificités et exposition aux cybermenaces et mettre en œuvre des mesures stratégiques et opérationnelles de cybersécurité pour prévenir, détecter et réagir. Elles peuvent également s'appuyer sur les recommandations et les bonnes pratiques proposées par la *Cloud Security Alliance* (CSA).

Exercices

6.1 Est-ce que le protocole TCP permet de pallier le défaut de sécurité du protocole IPv4 ?

6.2 À quels besoins répond la version 6 du protocole IP (IPv6) ? Quelles sont les principales caractéristiques du protocole IPv6 ?

6.3 Quelles différences et relations existe-t-il entre IPv6, IPSec et IPv4 ?

6.4 Comment garantir l'authentification des paquets IP et leur intégrité ?

6.5 Comment s'effectue la gestion des clés de chiffrement dans le protocole IPSec ?

6.6 À quels besoins répondent les modes opératoires « mode transport » et « mode tunnel » du protocole IPSec ?

6.7 Quels sont les risques sécuritaires liés au routage dans un réseau Internet ?

6.8 Pourquoi doit-on particulièrement bien protéger les serveurs de noms (DNS) dans une infrastructure de réseau ? Comment ?

6.9 Quelles sont les limites des certificats numériques utilisés pour le contrôle d'accès ?

6.10 Quelles sont les limites de l'usage de données biométriques pour le contrôle d'accès ?

6.11 Quelles relations existe-t-il entre la gestion des identités et le contrôle d'accès ?

6.12 Quel protocole permet de créer un réseau privé virtuel (VPN) ?

6.13 À partir de quels types de données biométriques peut-on développer un mécanisme de contrôle d'accès ?

6.14 Qu'est-ce qu'un mot de passe robuste ?

6.15 Quels sont les différents niveaux de sécurisation d'une infrastructure de télécommunication ?

6.16 Réalisez un tableau indiquant des directives élémentaires à suivre concernant la gestion des mots de passe.

6.17 Proposez une démarche de mise en place d'un mécanisme de contrôle d'accès au sein d'une organisation.

6.18 Proposez une définition de l'externalisation.

6.19 Quels sont les enjeux de la souveraineté numérique ?

Solutions

6.1 Non, le protocole TCP ne permet pas d'offrir des services de sécurité contribuant à la disponibilité, l'intégrité, la confidentialité des données ou encore à l'authentification des émetteurs/récepteurs. Il autorise seulement une certaine qualité de service du fait qu'il fonctionne en mode connecté alors que le protocole IPv4 fonctionne en mode non connecté et qu'il ne permet pas de réaliser l'authentification de la source ou de la destination des paquets, ni la confidentialité des données véhiculées, ni un contrôle d'intégrité, ni la non-répudiation des transactions.

6.2 La **version 6 du protocole IP** (IPv6 [RFC 2460]) répond aux besoins d'intégrer en mode natif, dans le protocole, des capacités qui permettent : (a) de développer des services de sécurité (support de procédures d'authentification et de chiffrement, *via* des en-têtes à options, et capacité à créer des réseaux IP virtuels) ; (b) d'étendre l'espace des adresses IP disponibles (support d'un adressage étendu et hiérarchisé : les adresses sont codées sur 128 bits (16 octets) et non plus sur 32 bits (4 octets) comme dans la version 4) ; et (c) de pouvoir faire de l'allocation dynamique de bande passante pour le support d'applications multimédias.

Dans cette version, les adresses IP sont représentées en nombres hexadécimaux et non plus en notation décimale pointée.

L'utilisation d'IPv6 impose, entre autres, la modification du schéma d'adressage, de gestion des adresses, la mise en place dans tout l'environnement Internet de systèmes supportant cette version du protocole, des systèmes fonctionnant avec les deux versions, la synchronisation à grande échelle de la migration des versions, etc.

6.3 **IPv6** supporte toutes les facilités décrites dans la réponse de l'exercice 6.2, tandis que IPSec fait référence uniquement aux en-têtes de sécurité ESP et AH du protocole IPv6. La mise en œuvre d'**IPSec** nécessite le protocole IPv4 pour transporter les paquets IPSec (ce qui n'est pas le cas de IPv6). De plus, IPv6 constitue la dernière génération du protocole **IPv4** et IPSec une version intermédiaire entre les deux qui évite de devoir modifier l'adressage des systèmes et tables de routage des routeurs.

6.4 **L'authentification et l'intégrité des paquets IP** échangés entre deux entités peuvent être réalisées *via* le protocole IPSec et notamment en utilisant l'en-tête d'authentification (AH).

Après que l'émetteur et le destinataire se sont mis d'accord sur les différents paramètres de l'association de sécurité IPSec (SA) qu'ils utiliseront, la source et le récepteur partagent une clé secrète qu'ils sont seuls à connaître. L'algorithme utilisé pour la vérification est également spécifié par l'association de sécurité. Cet algorithme n'est autre qu'une fonction de hachage comme HMAC-MD5 ou HMAC- SHA-1. Cette fonction est alors appliquée sur le message et prend la clé secrète comme paramètre. Le résultat de cette fonction est une valeur de contrôle d'intégrité (ICV). Elle est intégrée dans l'en-tête du paquet transmis. À sa réception, la même fonction de hachage est exécutée. Si le résultat correspond à l'ICV envoyé par la source alors l'authenticité ainsi que l'intégrité du message sont vérifiées, sinon le paquet est rejeté.

6.5 La **gestion de clés de chiffrement du protocole IPSec** peut invoquer des protocoles d'échange de clés comme *Oakley Key Determination Protocol*, ISAKMP (RFC 2408) et IKE (RFC 2409) ; ce dernier est une implémentation pratique de ISAKMP. Ces protocoles présentent des faiblesses surtout lors de la génération et de la distribution de la première clé de chiffrement. De plus, les mécanismes employés par ces protocoles sont basés sur la cryptographie classique et sur des fonctions mathématiques à sens unique (*one-way functions*). Ces mécanismes ne sont pas inconditionnellement sécurisés et leur fragilité a été prouvée par divers cryptographes, notamment pour ce qui est de l'algorithme Diffie-Hellman (sur lequel se basent ces mécanismes pour assurer la distribution et la génération de clés) et pour ce qui est des fonctions de hachage telles que SHA-1, qui est largement utilisé dans les mécanismes de signature électronique. L'apport du quantique dans la distribution des clés de chiffrement a été démontré et son usage devrait s'intensifier dans le futur.

6.6 Le mode « **transport** » du protocole IPSec permet de sécuriser uniquement la partie « données » et non l'en-tête du protocole. Cela peut être suffisant pour assurer la confidentialité des données mais non celle du flux. Encapsuler un paquet IP dans un paquet IPSec lui-même encapsulé dans un autre paquet IP, en utilisant un mode « **tunnel** », permet de masquer toutes les informations y compris celles d'adressage du paquet initial et ainsi de créer un canal de communication sûr *via* l'usage d'un canal sécurisé dont les extrémités ont été authentifiées (notion de réseaux privés virtuels).

6.7 Les principaux **risques sécuritaires liés au routage** des paquets au travers du réseau Internet sont liés aux menaces d'attaques passives ou actives dont les conséquences peuvent être les suivantes :

- **détournement des données par infection ou modification des tables de routages** ayant une origine criminelle (virus, programmes malveillants) ou accidentelle (défaut lors de la programmation des logiciels des routeurs, mauvaises configurations, variation inattendue du courant électrique alimentant les routeurs) ;

- **atteintes à la confidentialité et à l'intégrité des données par destruction, modification et copie des données** : étant donné que les informations contenues dans les paquets IP sont véhiculées en clair et sans contrôle d'intégrité, il est toujours possible de les altérer ou simplement de les écouter et de les copier lors de leur acheminement ;
- **déni de service** : un refus de service peut être occasionné par la saturation de la mémoire d'un routeur ou par une surcharge de requêtes. Cela entraîne des dysfonctionnements pouvant conduire à l'arrêt des routeurs et à l'indisponibilité de l'infrastructure. La perte des données en transit est alors possible. L'inondation d'un réseau peut avoir lieu si certaines fonctions des routeurs sont activées comme la fonction de *broadcasting* (diffusion) des messages d'information (ICMP) ou même par les messages de configuration des routes. Ce nombre de messages, s'il dépasse un certain seuil, diminue l'efficacité des routeurs et réduit la bande passante du réseau puisque celle-ci est alors utilisée pour l'échange de messages de signalisations.

6.8 Il est impératif de pouvoir **protéger physiquement les serveurs de noms et d'assurer la sécurité des données et des processus de traitement** qu'ils supportent. En effet, il s'agit de systèmes cruciaux dans la réalisation et la mise en œuvre non seulement des communications mais aussi de la sécurité.

Les serveurs de noms, annuaires électroniques ou DNS (*Domain Name Server*) constituent une famille d'outils indispensables et incontournables dans la mesure où ils permettent la réalisation de la plupart des applications et des services Internet et des services liés à la gestion des certificats numériques, à l'authentification, à la gestion des profils d'utilisateurs par exemple. Du fait que les serveurs de noms peuvent mémoriser des données sensibles, les identifications et les adresses des entités et des utilisateurs du réseau, les accès à ces serveurs doivent être contrôlés, certaines informations peuvent être chiffrées, des processus de surveillance et d'enregistrement des actions à des fins de traçabilité et d'imputation doivent également être assurées. Protéger un serveur de noms de l'entreprise est primordial si l'on désire garantir un certain niveau de sécurité.

Des procédures de chiffrement, de contrôle d'accès, d'authentification sont donc à mettre en place. Le positionnement du serveur de noms dans l'architecture du réseau et plus particulièrement par rapport aux pare-feu, comme sa configuration, sont également très importants. Sa gestion, notamment *via* le protocole de gestion SNMP, doit satisfaire à des contraintes d'authentification forte.

6.9 La mise en œuvre de **certificats numériques** pour effectuer le contrôle d'accès aux ressources trouve ses limites dans la validité des informations contenues dans le certificat (véracité, authentification de l'information, durée de vie de la certification) et également dans le fait qu'il puisse exister de « vrais-faux » certificats (vol, falsification de certificats).

6.10 Le contrôle d'accès réalisé à partir de **données biométriques** des utilisateurs nécessite :

- d'enregistrer et de stoker la signature biométrique des individus sous forme numérique afin d'avoir un échantillon de comparaison ;
- de prélever et de collecter à chaque demande d'accès un échantillon des données biométriques.

Cela pose divers problèmes relevant notamment du caractère numérique, donc fragile, de l'échantillon de référence (qui est à protéger comme un secret), du caractère vivant et évolutif des données prélevées (la variabilité ne permet pas de garantir la fiabilité du système). Il est erroné de penser qu'un système basé sur la biométrie est sûr. Selon les systèmes, la probabilité d'avoir des faux positifs ou des faux négatifs peut être importante. Cette probabilité dépend de la technique et de la qualité d'enregistrement des données biométriques.

6.11 Pour pouvoir effectuer le contrôle d'accès aux ressources, il faut au préalable **avoir effectué l'identification des utilisateurs et leur avoir affecté leurs droits d'accès** (ou permissions). Ainsi, la gestion des droits et le contrôle d'accès passent par la gestion des identités des utilisateurs. Cela peut être parfois compris dans ce que certains dénomment la gestion des profils des utilisateurs.

6.12 La création d'un réseau virtuel sur Internet (VPN) qui offre une connexion sécurisée dont les deux extrémités sont authentifiées est possible *via* la mise en œuvre du protocole IPSec.

6.13 En fait, il est possible de développer des mécanismes de contrôle d'accès biométrique à partir de caractéristiques morphologiques uniques, qui permettent de distinguer, de différencier des personnes, comme : l'empreinte digitale, l'empreinte vocale, l'empreinte rétinienne, la forme de la main, la taille et la forme du visage ou des oreilles.

6.14 Un mot de passe robuste est un mot de passe qui ne cède pas facilement à des tentatives de découverte par des attaques par dictionnaire ou par la récolte d'informations sur l'utilisateur. Un tel mot de passe devrait normalement être long et intégrer des caractères spéciaux.

6.15 Les infrastructures de télécommunication peuvent être sécurisées à plusieurs niveaux en passant par la sécurité physique des locaux et des matériels sensibles à la sécurité logique. La sécurité logique peut être réalisée à différents niveaux protocolaires (protection du signal de transmission, chiffrement aux niveaux liaison, réseau, transport et application) mais aussi *via* des mécanismes de contrôle d'accès et de sécurité des plateformes logicielles (système d'exploitation, programmes et données).

6.16

Tableau 6.2 – Directives élémentaires relatives à la gestion des mots de passe.

Mot de passe	Action de sécurité
Mot de passe par défaut	À modifier immédiatement après installation
Choix des mots de passe	Mots longs intégrant des caractères spéciaux
Modification des mots de passe	Modification périodique
Mots de passe « invités »	Règles identiques + vérification de l'annulation dès qu'ils ne sont plus utiles
Mots de passe partagés	À proscrire
Transmission/stockage des mots de passe	Ni divulgation ni affichage « Post-it »

6.17 La démarche de mise en place d'une solution globale de gestion sécurisée des accès aux ressources informatiques de l'entreprise peut être structurée en cinq phases :

- identification des besoins de gestion des permissions d'accès aux ressources ;
- recherche et analyse de scénarios possibles en fonction des besoins et des exigences de sécurité ;
- proposition et validation d'un scénario ainsi que spécification de ses caractéristiques fonctionnelles, organisationnelles et techniques ;
- réalisation d'un plan d'actions ;
- mise en œuvre de la solution.

6.18 Externaliser (*outsourcer* en bon franglais) signifie confier à un tiers la réalisation de tout ou partie des traitements informatiques nécessaires à la réalisation des objectifs d'une organisation. Certains fournisseurs d'infrastructures et de services en nuage (*cloud*) peuvent apporter une réponse globale au besoin d'informatisation des organisations et offrir des prestations techniques qui intègrent des éléments de la sécurité informatique et de celle des réseaux de télécommunication.

6.19 Pour un pays, le recours à des infrastructures numériques basées sur des plateformes informatiques en nuage étrangères (*cloud*) questionne sa capacité à assurer sa souveraineté numérique et son indépendance vis-à-vis des acteurs et des États dont ces derniers sont ressortissants. En étant contrôlées par des acteurs émanant de superpuissances, la non-maîtrise d'infrastructures numériques essentielles au bon fonctionnement d'un pays, à sa stabilité et à son économie induit une dépendance et, *de facto*, une perte de contrôle de ses territoires numériques.

LA SÉCURITÉ DES RÉSEAUX SANS FIL

7

PLAN

OBJECTIFS

➤ Présenter les principaux problèmes de sécurité posés par l'usage des réseaux sans fil ainsi que les techniques et services de sécurité offerts pour y remédier.

7.1 MOBILITÉ ET SÉCURITÉ

Les réseaux qui autorisent la mobilité des utilisateurs sont ceux qui s'appuient sur une interface radio pour transmettre des données à partir ou vers les systèmes utilisateurs. Parmi les réseaux sans fil, les **réseaux cellulaires**, les **réseaux locaux sans fil de type 802.11** (Wi-Fi, *Wireless Fidelity*) ainsi que les **réseaux personnels** utilisant la technologie **Bluetooth** sont les plus répandus.

L'usage de l'interface radio induit trois problèmes de sécurité caractéristiques des réseaux sans fil :

- l'écoute et l'interception du trafic sur le lien radio ;
- le déni de service, l'indisponibilité du réseau et la sensibilité au brouillage ;
- l'utilisation des ressources radio par des utilisateurs non autorisés.

Les mesures de sécurité mises en œuvre dans les réseaux sans fil ont pour objectif de permettre d'atteindre un niveau de sécurité similaire à celui existant dans les réseaux filaires. Au-delà des problèmes de sécurité posés par la technologie de réseau, la mobilité des employés d'une entreprise génère des risques liés au fait que les données sortent du périmètre statique de l'organisation et qu'il peut également s'agir de données non structurées, ce qui augmente la complexité de la mise en œuvre de la sécurité. La sécurité du système d'information d'une entreprise doit être complétée par celle de son écosystème mobile qui est, par nature, dynamique et multi-acteurs, qui peut comporter diverses vulnérabilités matérielles et logicielles et être la source de menaces additionnelles.

Un grand nombre d'objets, capteurs, puces RFID, étiquettes ou poussières intelligentes peuvent être connectés *via* des technologies sans fil. À travers leurs caractéristiques physiques (peu de puissance et de mémoire), ils ne peuvent pas supporter des logiciels de traitement sophistiqués, ni des mécanismes de chiffrement ou une consommation électrique trop importante. La mise en œuvre de protocoles cryptographiques est quasi impossible. Différentes techniques de raccordement au réseau existent comme **NFC** (*Near Field Communication*), Bluetooth LE (*Low Energy*), IEEE 802.11 ou encore **5G**.

7.2 RÉSEAUX CELLULAIRES[1]

7.2.1 Concepts de base

Le découpage de la surface géographique en **cellules** pour une utilisation efficace de la ressource radio a donné naissance aux réseaux cellulaires, qui n'ont cessé d'évoluer depuis les années 1990.

Les systèmes de première génération étaient analogiques et n'ont plus cours. Les systèmes de deuxième génération, numériques, étaient dédiés essentiellement au transfert de la voix et fonctionnaient en commutation de circuit, il s'agit des réseaux GSM (*Global System for Mobile*).

Le **réseau GPRS** (*General Packet Radio Service*) est considéré comme étant un réseau de génération deux et demie (2.5G). Les systèmes de troisième génération (3G, 3G+ pour des débits plus importants, 4G puis 5G pour le haut débit) sont basés sur la commutation de paquets IP. Le **réseau UMTS** (*Universal Mobile Telecommunication System*) offre un accès large bande pour les services voix, données et multimédias. Le passage à la 4G ou à la 5G s'inscrit dans une évolution des infrastructures des opérateurs sur le long terme et est connu sous le sigle **LTE** (*Long Term Evolution*). La **5G** correspond à une transformation structurelle du réseau pour offrir plus de connectivité aux utilisateurs et aux objets connectés, plus de haut débit et moins de temps de latence durant les transmissions. Dans un réseau cellulaire, l'espace géographique est divisé en cellules. Chaque cellule est desservie par une **station de base** (**BTS**, *Base Transceiver Station*) qui permet aux terminaux mobiles situés dans la cellule de communiquer. Afin d'optimiser l'usage des fréquences radio et ainsi augmenter le nombre d'utilisateurs potentiels, une bande de fréquence utilisée dans une cellule peut être réutilisée dans une autre cellule non adjacente.

1. Certaines parties de ce chapitre ont été réalisées avec la collaboration initiale de Thi Mai Trang Nguyen.

Les stations de base (BTS) sont connectées à d'autres éléments du réseau cellulaire par les moyens filaires pour offrir les services de la mobilité et des accès aux réseaux fixes. Ces éléments sont spécifiques au type de réseau cellulaire.

Dans le réseau **GSM**, plusieurs stations de base sont connectées à un **contrôleur** (**BSC**, *Base Station Controller*) qui contrôle l'allocation des canaux radio, prend la décision de changement de cellule (***handover***) du terminal, et concentre les trafics venant des stations de base vers le centre de commutation (MSC, *Mobile Switching Centre*).

Le **MSSC** (*Mobile Services Switching Center*) est un commutateur qui connecte le réseau GSM au réseau téléphonique fixe et gère la communication entre un mobile et un autre centre de commutation (MSC).

Pour permettre l'accès au réseau et gérer la mobilité d'un utilisateur, deux types de bases de données sont utilisés :

- le **HLR** (*Home Location Register*), qui mémorise les informations des abonnés du réseau GSM d'un opérateur ;
- le **VLR** (*Visitor Location Register*), qui contient des informations des abonnés actuellement présents dans une zone géographique gérée par un ou plusieurs centres de commutation (MSC) d'un opérateur. Il peut s'agir des abonnés de l'opérateur ou d'abonnés d'un autre opérateur (lors du *roaming*).

Dans la phase 2+ du GSM, l'ETSI (*European Telecommunications Standards Institute*) a ajouté une fonction **GPRS** permettant l'utilisation des réseaux de données en plus de l'utilisation du réseau téléphonique fixe.

7.2.2 Principes de sécurité des réseaux GSM

Dans un réseau GSM, les **services de sécurité** ainsi que les moyens de les réaliser sont les suivants[2] :

- la confidentialité de l'identité de l'abonné par l'attribution d'une identité temporaire ;
- l'authentification de l'identité de l'abonné par la mise en œuvre d'un processus d'authentification basé sur une technique de défi-réponse (*challenge-response*) ;
- la confidentialité des données des utilisateurs et de certaines informations de signalisation par chiffrement.

Lors de la souscription au service, l'opérateur fournit à l'abonné une **carte SIM** (*Subscriber Identity Module*) qu'il faut adjoindre au terminal pour pouvoir communiquer. Il s'agit d'une carte à puce qui contient l'identité de l'abonné sous la forme d'un **IMSI** (*International Mobile Subscriber Identity*), qui est unique. L'IMSI est utilisé par le réseau pour identifier un abonné.

Le numéro de téléphone est un numéro **MSISDN** (*Mobile Station ISDN Number Integrated Services Digital Network*). La correspondance IMSI-MSISDN est stockée dans le **HLR**. En cas de perte ou de vol de la carte SIM, l'opérateur peut bloquer l'IMSI, et la carte SIM ne sera plus utilisable. Une autre carte SIM (c'est-à-dire une

2. ETSI, *Recommendation* GSM 02.09, 1993.

autre identité IMSI) sera allouée à l'abonné qui pourra conserver son numéro de téléphone (le même MSISDN).

Pour que l'identité de l'abonné soit **confidentielle**, l'IMSI ne doit pas être intercepté par des entités non autorisées lorsqu'elle est transmise dans les messages de signalisation. La solution retenue consiste à limiter le plus possible l'envoi de cette identité sur le lien radio et à utiliser une identité temporaire, le **TMSI** (*Temporary Mobile Subscriber Identity*). Ainsi, l'IMSI n'est envoyé qu'une seule fois, quand le terminal s'allume pour s'attacher au réseau. Il lui est ensuite attribué un TMSI, qui a seulement une signification locale entre le terminal et le MSC/VLR. Le TMSI est attribué par le réseau et envoyé à la **station mobile** (MS, *Mobile Station*) en mode chiffré. De plus, du fait de la signification locale du TMSI, sa taille est inférieure à celle d'un IMSI, ce qui contribue à réduire la taille des messages de signalisation transmis sur le lien radio.

Chaque fois que le terminal change de **VLR**, une autre identité temporaire TMSI est attribuée. La correspondance IMSI-TMSI est gérée au niveau du VLR.

Quand la station mobile se connecte au réseau, elle envoie son IMSI au MSC/VLR. Si la station mobile possède déjà un TMSI et change de MSC/VLR (en cas de *handover*), la valeur du TMSI est envoyée au nouveau MSC/VLR à la place de l'IMSI.

Le MSC/VLR contacte le HLR/AuC (*Home Locator Register/Authentication Center*) pour l'authentifier et obtenir une clé de chiffrement. Le MSC attribue un TMSI et le transmet à la station mobile en mode chiffré.

L'**authentification** de l'identité d'un abonné contribue à le prévenir d'une facturation abusive et à protéger également l'opérateur contre un usage non autorisé de ses ressources.

Le processus d'authentification est en partie basé sur une **clé secrète d'authentification** (Ki). Cette dernière est attribuée à la station mobile lors de la souscription de l'abonné et est stockée dans la carte SIM. Du point de vue du réseau, la clé (Ki) est stockée dans un centre d'authentification (AuC, ***Authentication Center***) qui peut être implémenté avec le HLR. Cette clé **Ki** n'est jamais transmise sur le réseau, elle ne peut donc pas être interceptée.

Le MSC est l'entité qui authentifie directement les stations mobiles[3].

Lorsqu'une station mobile a besoin d'être authentifiée, le MSC envoie l'identifiant IMSI de la station au HLR/AuC. Ensuite, le centre d'authentification (AuC) :

- génère un nombre aléatoire (RAND) ;
- calcule une réponse (XRES) à partir de ce nombre aléatoire (RAND), de la clé (Ki) et d'un algorithme d'authentification (A3) ;
- génère une clé de chiffrement (Kc, qui sera utilisée pour chiffrer les données à transmettre) à partir du nombre (RAND), de la clé (Ki) et d'un algorithme (A8) ;
- envoie au MSC/VLR le triplet [RAND, XRES, Kc].

3. ETSI, *Recommendation* GSM 03.20, 1992.

À la réception du triplet, le MSC/VLR envoie le RAND comme un challenge à la station mobile.

La station mobile calcule alors, à partir de ce nombre RAND reçu, de la clé Ki qu'elle possède et de l'algorithme (A3) qui est également intégré dans la carte SIM, une réponse (RES) qui est transmise au MSC/VLR.

Le MSC/VLR vérifie si la réponse (RES) reçue possède la même valeur que celle envoyée par le HLR/AuC (XRES) dans le triplet. Si oui, la station mobile est authentifiée. Transmettre un triplet d'authentification et non une clé d'authentification permet de réaliser le ***roaming*** entre opérateurs différents. En effet, les algorithmes d'authentification sont présents uniquement dans la carte SIM et dans le HLR/AuC mais pas au niveau du MSC/VLR. De ce fait, ce dernier n'a pas besoin :

- de supporter un algorithme d'authentification identique à celui de l'opérateur auprès duquel l'usager est inscrit (chaque opérateur peut avoir son propre algorithme d'authentification spécifique) ;
- de connaître la clé d'authentification (Ki).

Seule la connaissance du nombre aléatoire (RAND) et de la réponse (XRES) dans le triplet suffit pour authentifier une station selon le mode « *challenge-response* ».

La **confidentialité** des données de l'utilisateur et de certaines informations de signalisation comme les numéros d'appelé et d'appelant, l'identité du terminal, l'identité de l'abonné, est réalisée par leur chiffrement à partir de la clé de chiffrement (Kc) précédemment obtenue et de l'algorithme de chiffrement (A5).

Le processus d'obtention de la clé (Kc) à partir de la clé d'authentification (Ki), du nombre aléatoire (RAND) et de l'algorithme (A8) est dénommé ***key setting*** (établissement de la clé) et peut être invoqué soit par la procédure d'authentification, soit par le réseau à n'importe quel moment.

Une fois la station mobile authentifiée, le MSC/VLR envoie la clé de chiffrement (Kc) au BTS. Le chiffrement des **données de l'utilisateur** et des **données de signalisation** est réalisé par le BTS pour assurer leur confidentialité uniquement sur le lien radio. Dans la partie fixe du réseau, les données sont envoyées en clair.

Bien que le réseau GSM soit considéré comme étant sécurisé (et cela uniquement sur la partie sans fil), les limitations de la sécurité GSM sont essentiellement liées aux points suivants :

- le leurre des systèmes est possible ;
- le triplet d'authentification est envoyé en clair ;
- les algorithmes d'authentification et de cryptographie A3, A5, A8 sont confidentiels et non publics, et leur robustesse n'a pas été démontrée par des techniques classiques de cryptanalyse.

7.2.3 Principes de sécurité des réseaux GPRS

Les services de sécurité disponibles dans le réseau GSM comme la confidentialité de l'identité de l'abonné, l'authentification de l'abonné et la confidentialité des données sont également supportés par le réseau **GPRS**.

Comme dans le GSM, l'identité de l'abonné, l'**IMSI**, est rarement envoyée sur le lien radio. Une identité temporaire, le **P-TMSI** (*Packet-Temporary Mobile Subscriber Identity*), est utilisée pour identifier un abonné à des fins de gestion par le **GMM** (*GPRS Mobility Management*) lors les procédures d'attachement et de détachement du mobile au réseau. La correspondance IMSI-P-TMSI est gérée dans la base de données associée à chaque nœud **SGSN** (*Serving GPRS Support Node*).

Le rôle de P-TMSI est identique à celui du TMSI dans un réseau GSM. Une fois alloué, le P-TMSI est envoyé chiffré à la station mobile. Une autre identité temporaire, dérivée du P-TMSI, est utilisée dans le GPRS pour identifier un mobile particulier au niveau du lien radio (niveau LLC, *Logical Link Control*). Il s'agit du **TLLI** (*Temporary Link Layer Identity*).

De manière similaire au **processus d'authentification** du GSM, une authentification de l'identité de l'abonné basée sur le mode « *challenge-response* » est utilisée entre le SGSN et la station mobile. L'entité qui authentifie le mobile est le **SGSN** et non le MSC.

La **confidentialité des données de l'utilisateur et de signalisation** est assurée par le chiffrement de données entre la station mobile et le SGSN. L'algorithme de chiffrement est l'**algorithme GEA** (*GPRS Encryption Algorithm*) dérivé de l'algorithme A5 dont plusieurs variantes existent (GEA0, GEA1, GEA2, GEA3). La clé de chiffrement est générée à partir de la clé d'authentification, d'un nombre aléatoire et de l'algorithme. Les données peuvent alors être chiffrées et transmises entre la station mobile et le SGSN. Le principe de chiffrement du GPRS est identique à celui du GSM avec en plus une information de trame qui dépend du type de trame. Cela peut être un numéro de trame ou une valeur établie pendant l'établissement de la connexion LLC (*Logical Link Control*).

L'opérateur d'un réseau GPRS a la responsabilité de la sécurité du « cœur » de son réseau GPRS. Il s'agit de **protéger le réseau** des écoutes illicites et de la modification des informations de l'utilisateur ou de signalisation. Pour cela, on utilise les techniques de *tunelling*, d'adressage IP privé et on met en place des systèmes pare-feu.

7.2.4 Principes de sécurité des réseaux UMTS

Les services de sécurité offerts dans un réseau **UMTS** sont[4] :

- La confidentialité de l'identité de l'abonné :

  Une identité temporaire **P-TMSI** est attribuée à l'utilisateur pour limiter l'échange de l'identité IMSI. L'allocation d'un P-TMSI est faite par le **3G-SGSN** (*Third Generation (UMTS)-Serving GPRS Support Node*). Le centre 3G-SGSN, à la réception d'un IMSI (ou d'un ancien P-TMSI) envoyé par la station mobile, contacte le HLR/AuC pour obtenir des vecteurs d'authentification.

4. 3GPP, *TS 33.102 3G Security: Security architecture (Release 6)*, 2004.

- L'authentification mutuelle :
  Une authentification mutuelle entre l'abonné et le réseau est possible dans un réseau UMTS. D'une part, l'authentification de l'abonné permet au réseau de vérifier si le mobile est autorisé à utiliser ses ressources. D'autre part, l'authentification de réseau offre à l'abonné la possibilité de vérifier s'il est servi par un réseau autorisé par le réseau de son opérateur et de valider s'il est connecté à une entité « réseau » légale.
- La confidentialité et l'intégrité des données utilisateurs et de la signalisation :
  Une fois que le mobile et le réseau se sont authentifiés, les communications peuvent être sécurisées par le chiffrement des données des utilisateurs et de signalisation. La clé de chiffrement est calculée à partir de la clé d'authentification et d'un nombre aléatoire. L'UMTS utilise la technique de **chiffrement par flot** (*stream cipher*).

Les procédures d'authentification assurent l'identité des entités seulement durant le temps de l'authentification. Un attaquant peut capter les messages et les délivrer jusqu'à ce que l'authentification soit terminée. Ensuite, il peut manipuler les messages pour contrôler les ressources radio. Pour contrer cette attaque de type *Man-in-the-middle*, l'UMTS utilise un service d'intégrité pour authentifier chaque message de contrôle de ressources radio (RRC, *Radio Resource Control*). Comme les messages sont protégés individuellement, les faux messages de contrôle peuvent être détectés et éliminés.

La protection de l'intégrité est basée sur le calcul d'un **MAC-I** (*Message Authentication Code – Integrity*). Afin d'éviter les **attaques de type rejeu** (*replay attacks*), il a été introduit le **mode de commande sécurisé** (*secure command mode*).

7.2.5 Réseaux 5G

Les évolutions des infrastructures des réseaux cellulaires portent sur le cœur du réseau de transport (partie opérateur) et sur les possibilités d'y accéder (réseau périphérique qui autorise la mobilité des usagers).

L'architecture du réseau 5G intègre des ressources virtualisées dans le *cloud* qui permettent de mieux contrôler l'usage des ressources réseaux (*handover*, charge des antennes, etc.) selon le concept de réseau SDN (*Software Defined Network*) pour offrir une connectivité à très haut débit des utilisateurs mobiles, des objets, (capteurs, voitures, etc.), des applications critiques avec des plateformes de traitements virtualisées dans une infrastructure *cloud*. Les bandes de fréquence de la 5G se répartissent en trois catégories :

- supérieures à 20 GHz (ondes millimétriques) pour extrêmes hauts débits ;
- comprises entre 1 et 6 GHz pour des très hauts débits ;
- inférieures à 1 GHz pour le haut débit en mobilité.

En fonction du type de ressources connectées et du type d'applications, les méthodes d'accès au réseau varient selon qu'il s'agit de la voie montante (de l'utilisateur vers l'antenne) ou descendante (de l'antenne vers l'utilisateur) et selon les bandes de fréquence accédées.

Les principales menaces de sécurité qu'introduisent les infrastructures de 5e génération sont relatives aux nouveaux usages générés par l'hyperconnectivité qui étend, *de facto*, la surface d'attaque et les opportunités d'intrusion à tous les objets connectés. Ainsi, la pluralité et le nombre des acteurs et des équipements, toujours conçus sans sécurité par conception (*security by design*), impliqués dans les applications qui utilisent une infrastructure 5G pour communiquer et la diversité de ces dernières fragilisent tout l'édifice numérique. Que cela soit au niveau des objets eux-mêmes, au niveau des infrastructures réseau, au niveau du *cloud* ou encore au niveau des techniques d'optimisation sous-jacentes (*edge computing*, *network slicing*, *software defined networking* (SDN), partages des fréquences…), de nouvelles vulnérabilités et des vecteurs d'attaques additionnels existent. Les évolutions technologiques des réseaux de la mobilité (passage de la 4G à la 5G et suivantes) peuvent également ouvrir de nouveaux risques liés aux changements de génération, à la gestion des réseaux et de leurs performances, à la continuité des services, etc.

Par rapport à la procédure d'authentification existante avec la 4G, l'IMSI est remplacé par un **identifiant permanent de souscription** (SUPI, *Subscription Permanent Identifier)* et, en 5G, la procédure d'authentification est chiffrée (il n'y a pas de transmission en clair sur le lien radio du SUPI). Toutefois, les mécanismes mis en œuvre dans la procédure d'authentification peuvent être détournés (des exploits et des écoutes existent pour récupérer les données relatives à l'établissement de la connexion). Comme dans tout accès au *cloud*, la question du contrôle d'accès est primordiale, comme l'usage de la 5G est intrinsèquement lié à celui du *cloud* et donc à la manière de le mettre en œuvre et d'optimiser les services *cloud* (notamment par des techniques de réseau à la périphérie [*edge computing*]), des services spécifiques de sécurité intégrés peuvent exister. Ils peuvent être regroupés sous la notion de *Secure Access Service Edge* (SASE).

La sécurité consiste toujours à mettre en œuvre des fonctions qui permettent d'assurer la disponibilité, l'intégrité et la confidentialité des ressources en fonction d'une analyse des risques, avec les outils de la sécurité précédemment présentés. Les techniques de contrôle d'accès et de chiffrement des données sont à la base de la sécurité mais leurs usages s'opposent aux faibles capacités des objets connectés et à aux exigences d'instantanéité. Ainsi par exemple, il existe des attaques consistant à vider la batterie des objets connectés pour rendre indisponible le service attendu ou encore à forcer l'usage de service réseau de génération inférieure afin de contourner les mesures de sécurité de la 5G.

Les questions de savoir qui est en charge de la sécurité, qui en porte la responsabilité, comment la cohérence et un niveau global de sécurité peuvent être atteints au regard du nombre d'intermédiaires impliqués dans l'usage de la 5G, sont problématiques.

Cela est particulièrement vrai pour tous les services consommateurs de gros volumes de données, de flux à haut débits, d'interactivité en temps quasi réel et pour lesquels la 5G est promue.

La 5G est aussi à considérer dans sa dimension géopolitique.

Une **polémique** porte sur l'usage d'équipements réseau d'origine étrangère qui pourraient intégrer des portes dérobées (***backdoors***) et ainsi offrir des possibilités d'écoute et de détournement de données. En effet, une fois mis en œuvre, les équipements constitutifs d'un réseau de transmission restent en général connectés à leur fournisseur, pour en faciliter leur gestion opérationnelle et leur mise à jour régulière. Ce lien légitime est susceptible d'être doublé par des dispositifs qui le sont moins, des systèmes d'écoute parfois intégrés par les constructeurs dès la conception de leurs appareils. Quand de telles portes dérobées existent, l'accès aux données qui les traversent et la fuite non désirée par le propriétaire du système est toujours possible. Dès lors, pour une entité (ou un pays) qui possède une infrastructure de télécommunication reposant sur des équipements étrangers dont la fabrication n'est pas maîtrisée, il est nécessaire d'être au moins en capacité de maîtriser tous les flux de gestion des systèmes et d'être en mesure de décider quelles données doivent être autorisées à transiter au travers des équipements (vers et en provenance de quels équipements). Cela est du ressort des entités en charge de l'administration des systèmes et de la **gestion de réseau**.

Puisqu'il n'y a pas de maîtrise absolue de la neutralité des équipements constitutifs d'un réseau de transmission, il est tout aussi impératif de maîtriser le chiffrement des données qui y transitent. Pour renforcer la sécurité des données, il est possible de chiffrer un échange de données à plusieurs niveaux de l'architecture de communication, *via* différents **protocoles cryptographiques**. Ce type d'approche permet de reprendre le contrôle des échanges de données réalisés au travers d'une infrastructure dont le niveau de confiance est faible. Dans un tel contexte, il redevient possible de s'intéresser aux équipements fournis par des entreprises étrangères. Si des produits d'origine chinoise sont plus performants et moins onéreux que leurs concurrents américains, alors toutes choses étant égales par ailleurs, pourquoi ne pas les utiliser ? Avec les économies réalisées dans l'achat des équipements, il est possible d'investir dans le chiffrement des données pour reprendre le contrôle au niveau logique puisqu'il n'est pas garanti au niveau du matériel.

L'enjeu majeur de la bataille que se livrent les équipementiers des infrastructures de réseaux mobiles est celui de la maîtrise de l'infrastructure, de la **surveillance** de l'Internet des objets (*Internet of things*, IoT) et de la surveillance des flux, des personnes, des organisations privées et publiques, de l'économie et des activités d'un pays. Edward Snowden révélait, en 2013, la surveillance de masse réalisée à l'échelle mondiale par les États-Unis, du fait de leur maîtrise d'Internet. Désormais, ces derniers doivent composer avec un nouvel acteur mondial capable de les concurrencer sur le marché de la surveillance et de l'espionnage.

Au-delà de la **fiabilité** et de la **robustesse** des composants électroniques, se pose désormais la question de savoir s'ils sont fabriqués et commercialisés pour **espionner** leurs utilisateurs. Une option qui tient compte de la vulnérabilité par conception (*vulnerability by design*) des matériels et logiciels est de concevoir, développer et utiliser des solutions de chiffrement sans *backdoors*, au-dessus (c'est-à-dire en plus) des éléments matériels et logiciels dans lesquels la confiance n'a pas pu être démontrée.

Généralement, les forces de police, ou les services de renseignement, n'apprécient guère ce genre d'approches parce qu'elles les empêchent d'accéder (facilement) aux données et que les utilisateurs disposent alors de techniques de chiffrement qu'eux-mêmes ne maîtrisent pas forcément. Pour lutter contre ce problème, il faut alors trouver une solution de mise en œuvre de techniques de chiffrement fiables et de confiance qui permette de déposer les clés de chiffrement auprès d'une certaine autorité de confiance, laquelle doit pouvoir livrer les clés à des investigateurs, sur demande justifiée et accréditée des forces de justice dans le cas d'une enquête par exemple. Cela traduit la dualité du compromis à faire entre la **confiance**, l'**assurance de confiance** offerte aux utilisateurs *versus* la facilité à intercepter des données et à contrôler les systèmes et les utilisateurs à des fins de sécurité et de lutte contre la criminalité ou le terrorisme par exemple.

7.3 Réseaux locaux sans fil 802.11

7.3.1 Concepts de base

Les **réseaux locaux sans fil de type 802.11** sont utilisés dans les entreprises ou dans des lieux publics pour la réalisation de points d'accès à Internet (points d'accès « ***hot spots*** », dans des gares, aéroports, hôtels, cafés, salles de conférences, etc.). Le nom commercial de Wi-Fi (*Wireless Fidelity*) désigne à la fois les équipements qui intègrent une carte réseau permettant un accès sans fil à Internet et le mode de transmission des données. Le Wi-Fi utilise une bande de fréquence étroite, entre 2,41 et 2,484 GHz, dite « industrielle, scientifique et médicale » (ISM).

Les **stations mobiles**, les **points d'accès** et le **système de distribution** sont les éléments constitutifs d'un réseau local sans fil en mode infrastructure. Les stations mobiles envoient et reçoivent des données *via* des points d'accès par le lien radio. Différents points d'accès sont reliés par le système de distribution, permettant aux stations mobiles attachées à différents points d'accès de communiquer. Outre le mode infrastructure, la norme 802.11 autorise également des **réseaux dits *ad hoc*** dans lesquels les stations mobiles communiquent directement entre elles sans passer par des points d'accès et un système de distribution.

Comme dans les réseaux cellulaires, le lien radio présente un point critique pour la sécurité du réseau. Afin de protéger les informations envoyées sur le lien radio contre les écoutes illégales et de protéger le réseau contre les utilisations de ressources radio par les personnes non autorisées, les normes 802.11 et 802.11i définissent des mécanismes pour réaliser l'authentification et la confidentialité.

7.3.2 Principes de sécurité 802.11

La **norme 802.11**[5] définit deux services de sécurité pour les réseaux locaux sans fil qui permettent d'assurer l'authentification et la confidentialité des données de l'utilisateur.

5. Norme IEEE 802.11 (ISO/IEC 8802-11). Cette norme originale a été amendée plusieurs fois. Les amendements liés à des fonctionnalités supplémentaires sont identifiés par une lettre (par exemple, 802.11a identifie la méthode d'accès au réseau **OFDM**, *Orthogonal frequency-division multiplexing*).

L'utilisateur est authentifié afin de lui permettre d'accéder ou non au réseau. Comme il s'agit d'une authentification au niveau liaison, seuls deux équipements directement reliés par un lien physique peuvent s'authentifier.

Dans un réseau sans fil en **mode infrastructure**, une station mobile s'authentifie auprès d'un point d'accès. Lorsqu'il s'agit d'un réseau 802.11 **en mode *ad hoc***, deux stations mobiles directement reliées par le lien radio peuvent s'authentifier.

L'authentification de bout en bout ou d'utilisateur à utilisateur n'est pas proposée dans la norme 802.11. Pour cela, des mécanismes d'authentification additionnels doivent alors être implantés.

Deux types d'authentifications sont définis : l'authentification dans un système ouvert et l'authentification à clé partagée.

L'**authentification dans un système ouvert** permet à un équipement (un point d'accès dans le mode infrastructure ou une station mobile dans le mode *ad hoc*) d'accepter tous les utilisateurs dans sa zone de couverture. Ce type d'authentification de système ouvert est souvent utilisé pour donner gratuitement accès à Internet dans certaines zones géographiques. Tout portable équipé d'une carte 802.11 peut alors accéder à Internet.

L'**authentification dite à clé partagée** se base sur une clé secrète possédée par la station mobile et le point d'accès, et sur un algorithme de chiffrement symétrique, selon un mode « *challenge-response* ».

Quand le point d'accès reçoit une requête d'authentification, il envoie un *challenge* à la station mobile. L'utilisateur chiffre le *challenge* avec l'algorithme de chiffrement symétrique WEP et sa clé secrète puis transmet le résultat (la réponse – *response*) au point d'accès. Le point d'accès déchiffre la réponse à l'aide de la même clé secrète et du même algorithme et compare la valeur obtenue (*challenge* reçu) avec celle du *challenge* envoyé. Si les deux valeurs sont identiques, l'utilisateur est authentifié.

L'**algorithme de chiffrement**, **WEP** (*Wired Equivalent Privacy*), est utilisé pour chiffrer les données avant leur envoi sur le lien radio d'un réseau 802.11. Il est basé sur l'algorithme de chiffrement symétrique (RC4) dont l'abandon, du fait de sa faiblesse, est recommandé depuis 2015. Le principe de chiffrement est le suivant :

Le vecteur d'initialisation de 24 bits est concaténé avec la clé secrète de 40 bits pour former une sous-clé ou *seed* de 64 bits. Ce *seed* est utilisé par l'algorithme RC4 pour générer une séquence de clé. De plus, afin d'assurer l'intégrité du texte en clair, une **valeur d'intégrité ICV** (*Integrity Check Value*) de 32 bits est calculée sur le texte en clair (P) en utilisant l'algorithme CRC-32. La valeur de l'ICV est concaténée au texte en clair et constitue avec la séquence de clé obtenue, les opérandes de l'opération logique OU exclusif (XOR) pour obtenir le texte chiffré (C) qui est envoyé au récepteur. Le vecteur d'initialisation (IV) est transmis en clair avec le message dans son en-tête pour que le destinataire puisse l'utiliser lors du déchiffrement. Le récepteur calcule la valeur d'intégrité du texte en clair reçu (ICV') et le compare à l'ICV reçu. Si les deux valeurs sont équivalentes, le texte sera considéré comme n'ayant pas été modifié.

7.3.3 Sécurité renforcée (norme 802.11i)

La norme 802.11 comporte plusieurs points faibles de sécurité. Pour les renforcer, la **norme 802.11i**[6] a introduit les concepts de **RSN** (*Robust Security Network*) et d'association de sécurité **RSNA** (*Robust Security Network Association*) ainsi que deux nouveaux algorithmes de chiffrement **TKIP** (*Temporal Key Integrity Protocol*) et **CCMP** (*Counter with CBC-MAC Protocol*). Cette version est le plus souvent connue sous l'appellation **WPA** (*Wi-Fi Protected Access*, qui correspond à la norme IEEE 802.11.i). La version 2 (**WPA2**) utilise l'algorithme de chiffrement symétrique **AES** (*Advanced Encryption Standard*, dit de Rijndael). La version **WAP3**, proposée en 2018 par l'organisation Wi-Fi Alliance, améliore le niveau de sécurité du processus d'échange de clés. Quelle que soit la version retenue, le protocole d'accès protégé du Wi Fi (WPA) se base sur les trois services de sécurité proposés par la norme 802.11i : le contrôle d'accès *via* le port 802.1X, l'authentification et la confidentialité des données.

Un **réseau sans fil** qualifié de **robuste** (RSN, *Robust Security Network*) est défini comme un réseau dans lequel les stations communiquent d'une manière sécurisée au travers d'**associations de sécurité** dénommées **RSNA** (*Robust Security Network Association*). Une association RSNA est basée sur l'architecture **IEEE 802.1X.**

Chaque station utilise un port 802.1X pour la transmission des données. Ce concept de port défini dans la norme IEEE 802.1X est utilisé pour fournir le contrôle d'accès dans 802.11i. Le port 802.1X est plus précisément un **IEEE 802.1X PAE** (*Port Access Entity*). Dans un réseau 802.11 en mode infrastructure, le PAE implanté dans une station mobile est de type *supplicant* (demandeur) tandis que le point d'accès supporte un PAE de type *authenticator.*

La communication entre les deux ports *supplicant* et *authenticator* se réalise *via* le **protocole EAP** (*Extensible Authentication Protocol*).

Chaque port 802.1X se compose d'un port contrôlé et d'un port non contrôlé. Le port non contrôlé est utilisé pour passer les données d'authentification et le port contrôlé est utilisé pour passer d'autres types de trafics. Le port contrôlé est bloqué jusqu'à ce que la procédure d'authentification *via* le port non contrôlé soit complétée.

Une association de sécurité RSNA est établie entre deux ports 802.1X de deux entités du réseau. Quatre types d'associations de sécurité existent :

- l'**association PMKSA** (*Pairwise Master Key Security Association*) est une association de sécurité établie entre un *supplicant* et un *authenticator* (entre une station mobile et un point d'accès) qui supporte la clé primaire **PMK** (*Pairwise Master Key*) et d'autres informations comme la durée d'utilisation de la clé primaire, l'adresse MAC de l'*authenticator*, le protocole d'authentification et de gestion de clé, etc. La clé primaire est utilisée pour dériver les clés temporaires utilisées pour le chiffrement des données ;

6. Standard IEEE 802.11i, 2004.

- l'**association PTKSA** (*Pairwise Transient Key Security Association*) est une association de sécurité établie entre un s*upplicant* et un *authenticator* qui contient la clé temporaire **PTK** (*Pairwise Transient Key*) et d'autres informations comme l'algorithme de chiffrement des données. Ce type d'association est utilisé pour sécuriser les trafics *unicast* entre le s*upplicant* et l'*authenticator* ;
- l'**association GTKSA** (*Group Temporal Key Security Association*) est une association de sécurité établie entre les membres d'un groupe de stations. Dans un réseau 802.11 en mode infrastructure, une GTKSA est établie entre un point d'accès et des stations mobiles et supporte la clé temporaire **GTK** (*Group Temporal Key*) et d'autres informations nécessaires pour le chiffrement des trafics *broadcast* ou *multicast* envoyés du point d'accès vers les stations mobiles. Dans un réseau 802.11 en mode *ad hoc*, chaque station établit une GTKSA avec chaque voisin pour pouvoir chiffrer les trafics *broadcast* ou *multicast* ;
- l'**association STAKeySA** (*Station Key Security Association*) est une association de sécurité établie entre deux stations mobiles qui sont associées à un même point d'accès. Une STAKeySA contient un STAKey (*Station Key*) permettant le chiffrement de données directement envoyées entre ces deux stations.

L'**authentification de type système ouvert** est utilisée pour les réseaux ouverts au public et pour l'établissement d'une association de sécurité RSNA afin de pouvoir associer une station mobile à un point d'accès et négocier les mécanismes d'authentification et de gestion de clé. Deux autres types d'authentifications sont également possibles : l'authentification 802.1X et l'authentification à clé secrète partagée.

Dans l'**authentification 802.1X**, un serveur d'authentification est utilisé. Le lien entre le serveur d'authentification et l'*authenticator* est supposé sécurisé. L'authentification 802.1X est basée sur le protocole **EAP** (*Extenxible Authentication Protocol*).

Le fait que l'authentification soit mutuelle ou non dépend de la méthode EAP utilisée. La méthode EAP-TLS (*Transport Layer Security*) permet une authentification mutuelle tandis que l'EAP MD5-CHALLENGE ne permet que l'authentification du *supplicant* auprès du réseau.

Dans l'**authentification à clé partagée**, il n'y a pas de serveur d'authentification. Une clé d'authentification est configurée dans la station mobile et le point d'accès. Un mécanisme de mot de passe associé à une fonction *hash* peut être utilisé pour générer la clé (l'utilisateur doit se souvenir uniquement du mot de passe).

Pour assurer la **confidentialité**, le standard 802.11i introduit deux nouveaux protocoles pour le chiffrement des données, le **protocole TKIP** (*Temporal Key Integrity Protocol*), qui est une amélioration de l'algorithme WEP, et le protocole **CCMP**, qui est basé sur l'algorithme de chiffrement symétrique AES (*Advanced Encryption Standard*) en mode CCM (*Counter with CCB-MAC Protocol*).

7.4 Réseaux personnels sans fil

Les réseaux personnels sans fil (**WPAN**, *Wireless Personal Area Network*) permettent de relier, *via* des ondes hertziennes (bande de fréquence 2,4 GHz)[7], des équipements (souris, clavier, imprimante, oreillettes, téléphone portable, appareil photo, équipement GPS (*Global Positionning System*), etc.) et des systèmes sur une distance faible comprise entre une dizaine de mètres et au maximum cent mètres. La distance est directement liée à la puissance d'émission et à la sensibilité de réception des équipements.

La technologie **Bluetooth** a été normalisée par le groupe d'intérêt spécial *Bluetooth Special Interest Group*[8], essentiellement composé des représentants de l'industrie, et permet l'interopérabilité d'équipements différents. La série des normes 802.15.x de l'IEEE, qui spécifient des débits variant de 1 à 20 Mbits/s, sont équivalentes.

Les équipements Bluetooth peuvent être classés selon trois niveaux de sécurité. Le niveau 1 indique qu'aucun service de sécurité n'est intégré, l'équipement n'est pas protégé et accepte toutes les connexions tandis que les niveaux 2 et 3 offrent des services de sécurité respectivement au niveau applicatif et au niveau de la liaison de données (connexion avec authentification et chiffrement au moyen d'une clé).

Comme toute technologie, celle-ci peut faire l'objet de détournements et d'**attaques** passives (écoutes) et actives qui exploitent les failles matérielles et logicielles des équipements Bluetooth et les vulnérabilités humaines.

Ainsi par exemple, des dénis de services, du spam, des virus, des intrusions, des écoutes, le détournement de session, les leurres, le cassage de code PIN, peuvent exister et affecter tous les types d'équipements. Ils peuvent être compromis et commandés à distance, bloqués, leurs données peuvent être copiées, modifiées, détruites, ou des nouvelles données (photos, SMS, contacts, etc.) peuvent aussi être introduites. De plus, des écoutes environnementales sont possibles.

Outre des atteintes à la confidentialité de ses données, l'utilisateur peut également voir sa facture de téléphonie exploser et devoir supporter les coûts induits par un **usage abusif** et non autorisé de son équipement Bluetooth.

Le détournement de trafic fait partie des attaques courantes dans la mesure où il est possible de désactiver le signal d'un point d'accès pour le neutraliser (*via* un déni de service) ou d'en émettre un plus puissant (*via* une antenne de plus forte puissance) afin que l'attaquant se substitue au point d'accès légitime (attaque du type *Man-in-the-middle*) et détourne à son profit tous les trafics.

Bien que la sécurité des équipements Bluetooth ait été progressivement renforcée, certains restent toutefois très vulnérables. Parmi les principales raisons retenons les

7. Norme IEEE 802.16, nom commercial **WiMax**.

8. Initialement conçu par Ericsson en 1994, Bluetooth doit son nom à un roi viking, Harald II, père de l'unification des pays scandinaves ayant vécu vers le milieu du Xe siècle, surnommé « la dent bleue » du fait de son goût pour les myrtilles.

suivantes : implémentations défaillantes, existence de **portes dérobées** (*backdoors*), protocole Bluetooth toujours activé (même si cela n'est pas nécessaire), valeur des codes PIN toujours par défaut (0000 ou 1234), acceptations inconsidérées des demandes de connexion, etc.

La généralisation et la banalisation des technologies de la mobilité et de la géolocalisation contribuent au développement de la captation des données à caractère personnel, des services personnalisés (Big Data et intelligence artificielle), et donc à la surveillance, à la **traçabilité** des individus, à leur profilage, que cela soit dans des espaces publics, privés, au plus proche de leur corps, voire dans leur corps. À l'heure de la miniaturisation des équipements, de la mobilité, de la prolifération des assistants numériques, des *coach* électroniques de toutes sortes, des applications de bien-être ou de la santé connectée (e-santé), des services de **géorepérage** (*geofencing*), des QRCodes, des services personnalisés ou encore des applications censées rendre la ville « intelligente » (*smart city*) par exemple, il convient d'être vigilant sur les potentialités d'usages abusifs, détournés ou criminels des données et des infrastructures numériques.

Résumé

Ce chapitre a présenté les services et les techniques de sécurité supportés dans les réseaux cellulaires GSM, GPRS et UMTS (WWAN, *Wireless Wide Area Network*) et dans les réseaux locaux sans fil 802.11 (WLAN, *Wireless Local Area Network*). Le principe de la sécurité de ces réseaux est de chiffrer les données pour la confidentialité des données envoyées sur le lien radio et d'authentifier l'utilisateur (ou l'abonné) pour éviter les utilisations de ressources radio non autorisées. Les réseaux cellulaires offrent la confidentialité de l'identité de l'abonné *via* l'utilisation d'une identité temporaire.

Les nouvelles générations des réseaux cellulaires et des réseaux locaux sans fil disposent d'une authentification mutuelle permettant à l'utilisateur d'authentifier le réseau qui le sert.

La sécurité physique et logique des points d'accès au réseau local sans fil est primordiale tout comme le fait de mettre en œuvre des protocoles cryptographiques afin de se protéger des écoutes passives.

La faiblesse du protocole WEP (*Wired Equivalent Privacy*) au regard des besoins de confidentialité et d'intégrité a été démontrée. Une clé de chiffrement WEP est cassable facilement et les outils disponibles pour le faire existent sur Internet. De plus, une même clé WEP est commune à tous les utilisateurs d'un réseau partagé Wi-Fi. Pour pallier cette limite, le protocole WPA (*Wi-Fi Protected Access*) tend à remplacer le WEP et est l'objet de la norme IEEE 802.11.i. Celle-ci est connue sous le sigle de WPA 2 et se base sur l'algorithme de chiffrement AES (*Advanced Encryption Standard*) avec des clés de 128 bits et un vecteur d'initialisation de 48 bits. La version 3, WPA 3, renforce la sécurité du mécanisme d'échange de clés.

Il est également possible de créer des réseaux privés virtuels via l'implantation d'IPSec pour sécuriser un échange de données en Wi-Fi.

Dans un monde hyperconnecté et dans un contexte de dépendance numérique, les enjeux des équipementiers des infrastructures de la téléphonie mobile de cinquième génération (5G) dépassent largement les questions technologiques. Ils sont d'ordre politique, géostratégique, géopolitique et au final souvent économique. C'est une question que seules quelques superpuissances peuvent se poser et sur laquelle elles s'affrontent dans le but d'asseoir toujours plus leur suprématie. L'adoption des technologies issues de l'informatique, des sciences cognitives et des télécommunications nécessite un accompagnement politique, économique et juridique. Les ruptures technologiques sont des ruptures stratégiques auxquelles il faut répondre de manière stratégique, c'est-à-dire politique, y compris en matière de cybersécurité. La fuite en avant technologique, y compris dans des infrastructures de télécommunication, ne peut pas être une réponse viable sans la redéfinition de nouvelles priorités dans une politique de sécurité nationale qui aborderait tous les nouveaux risques engendrés par la dépendance au numérique et à la mobilité.

Exercices

7.1 Quel est le principal point faible de l'algorithme WEP de la norme 802.11 ?

7.2 Quelle est la différence fondamentale, pour ce qui concerne la confidentialité des données utilisateurs, entre l'algorithme WEP défini par la norme 802.11 et l'algorithme CCMP défini par la norme 802.11i ?

7.3 Pourquoi la norme 802.11i définit-elle, en plus de l'algorithme CCMP, l'algorithme TKIP ?

7.4 Quelles sont les principales vulnérabilités d'un réseau Wi-Fi et les principales recommandations en matière de sécurité ?

7.5 Quels sont les rôles des protocoles WAP et WPA ?

7.6 Est-il vraiment possible de protéger l'accès à un réseau sans fil ?

7.7 Quelles sont les nouvelles menaces posées par l'usage de la 5G ?

Solutions

7.1 Le principal point faible de l'**algorithme WEP** est que le vecteur d'initialisation (IV) qui est transmis en clair sur le lien radio est utilisé directement comme une partie du *seed* WEP (clé WEP). L'algorithme WEP peut être cassé par l'interception des communications.

7.2 La différence fondamentale entre l'**algorithme WEP** (*Wired Equivalent Privacy*, défini par la norme 802.11) et l'**algorithme CCMP** (*Counter with CBC [Cipher Block Chaining]-MAC Protocol*, défini par la norme 802.11i pour renforcer la confidentialité des données utilisateurs) est que WEP est basé sur l'algorithme de chiffrement RC4 tandis que le protocole CCMP est basé sur l'algorithme AES, qui est beaucoup plus difficile à casser.

7.3 Comme l'implémentation du protocole CCMP demande une mise à jour au niveau du matériel (*hardware*), la norme 802.11i a défini le **protocole TKIP** comme une solution temporaire, compatible avec les cartes réseau WEP, pour la transition vers le protocole CCMP. En effet, le support du protocole TKIP nécessite uniquement une mise à jour logicielle des équipements configurés avec le protocole WEP.

7.4 La facilité de déploiement, le faible coût d'installation comme la mobilité autorisée par un **réseau Wi-Fi** sont des avantages qui toutefois peuvent être de peu d'utilité dans la mise en œuvre de services de sécurité efficaces. En effet, comme dans toute transmission sans fil, les données émises peuvent être interceptées ou écoutées. Il existe des possibilités de déchiffrer les données véhiculées par le protocole WEP (*Wired Equivalent Privacy*), des logiciels de cassage sont disponibles sur Internet ou en vente dans le Darknet. De plus, il est difficile de maîtriser le périmètre radio (réflexion, diffusion des ondes, brouillage, usurpation des bornes, tous les équipements connectés à une borne reçoivent les données, etc.). Le réseau peut faire l'objet d'intrusion, de vol ou de détournement de session. L'obtention et l'usage illicite des mots de passe peuvent également mettre à mal la sécurité des systèmes raccordés.

Les points d'accès au réseau peuvent faire l'objet de destruction physique, de dénis de service par une surcharge volontaire des trames transmises et inondation du réseau, occasionnant ainsi l'indisponibilité du service réseau. De plus, un malveillant peut se substituer à un point d'accès en émettant un signal plus puissant que celui du point d'accès. En fait, différentes attaques connues mettant en défaut les critères de confidentialité, d'intégrité et d'authentification sont possibles.

Parmi les possibilités existantes pour renforcer la sécurité d'un réseau Wi-Fi, citons les suivantes :

- configurer et activer les options de sécurité des points d'accès ;
- utiliser les protocoles cryptographiques qui permettent de réaliser la confidentialité et l'intégrité des données ainsi que l'authentification des clients ;
- réaliser la sécurité physique des points d'accès ;
- ne pas utiliser des mots de passe par défaut ;
- désactiver les services disponibles non utilisés ;
- installer les correctifs de sécurité au fur et à mesure de leur disponibilité ;
- gérer, surveiller, auditer le réseau et les activités ;
- analyser régulièrement les journaux d'activité afin de comprendre la nature des incidents survenus pour les corriger ;
- sensibiliser et responsabiliser les utilisateurs aux besoins et mesures de sécurité.

7.5 Le protocole WAP (*Wireless Application Protocol*) est un protocole d'accès à Internet pour des équipements mobiles (périphériques sans fil, comme des téléphones) possédant des capacités d'affichage, de traitement et d'autonomie réduites, par rapport à un poste de travail fixe. Le protocole WPA (*Wi-Fi Protected Access* [WPA et WPA2]) permet quant à lui de renforcer la sécurité des réseaux Wi-Fi (norme IEEE 802.11.i) en remplacement du protocole WEP.

7.6 Oui et non. S'il est possible d'authentifier des clients d'un réseau sans fil, l'authentification mutuelle (y compris celle du point d'accès) n'est pas toujours mise en œuvre. La protection des accès à un réseau sans fil passe également par une protection physique, ce qui est difficilement réalisable dans un lieu public. Diverses attaques existent pour leurrer ou détourner les mécanismes de sécurité. Aussi, les notions de protection et de sécurité, quelle que soit la technologie employée, sont toujours relatives.

7.7 Les nouvelles menaces liées à la 5G peuvent se classer en 3 catégories par rapport :

- aux nouveaux usages, à l'hyperconnectivité, au nombre d'objets et d'acteurs connectés, à leurs diversités ;
- à la gestion des ressources et performances des infrastructures de télécommunication et du *cloud computing* ;
- à la procédure d'authentification des usagers (même si elle est en principe sécurisée par chiffrement, elle peut être corrompue).

LA SÉCURITÉ PAR PARE-FEU ET LA DÉTECTION D'INTRUSION

8

PLAN

OBJECTIFS

- Mettre en évidence la manière dont les besoins de sécurité d'un système d'information peuvent être satisfaits par des techniques de cloisonnement des environnements et de filtrage des flux.
- Présenter et analyser les fonctions et caractéristiques d'un système pare-feu (*firewall*).
- Montrer comment des mesures architecturales contribuent à renforcer la sécurité des environnements privés ouverts sur l'Internet.
- Présenter et analyser les fonctions et caractéristiques d'un système de détection d'intrusion (IDS).

8.1 SÉCURITÉ D'UN INTRANET

Un **Intranet** est le réseau « Internet » privé, intégré au système d'information d'une organisation et qui est généralement raccordé à l'Internet, donnant accès à un environnement externe *a priori* hostile.

8.1.1 Risques associés

Les services offerts par un intranet nécessitent le plus souvent une évolution de la capacité de transmission de l'infrastructure interne du réseau pour supporter les flux générés. L'architecture du réseau doit tenir compte des besoins de contrôle d'accès, de protection et de cloisonnement des environnements. Tout le système d'information doit être préalablement bien préparé au déploiement et au support des applications et des flux de l'intranet afin de ne pas dégrader les performances globales du système d'information et de ne pas introduire de nouvelles brèches de sécurité.

La sécurité d'un environnement privé « intranet » passe par un bon **dimensionnement** et une **gestion du réseau** appropriée au système d'information.

8.1.2 Éléments de sécurité

La mise en place d'un intranet doit s'accompagner de la mise en œuvre de mesures et de procédures de sécurité spécifiques pour notamment contrôler l'accès aux ressources informatiques internes d'une organisation et les flux entrants et sortants. Une politique de contrôle des accès aux ressources et de contrôle des flux entre les environnements privé et public doit exister. Elle a pour objet de déterminer les conditions d'autorisation d'accès et de les légitimer. Les exigences de sécurité exprimées dans la politique de sécurité de l'organisation doivent se traduire, au niveau du réseau, par des mesures architecturales et des configurations appropriées.

Cette démarche peut faire appel :

- aux différents **services de l'entreprise** (expression des besoins) ;
- au **responsable de la sécurité** (gestion globale, intégration des différents impératifs de sécurité) ;
- au **directeur informatique** ou au **responsable réseau** (qui eux connaissent les véritables capacités du réseau existant à supporter des flux Internet-intranet sans pour autant fragiliser l'édifice en place) ;
- au **responsable juridique** (si nécessaire déclaration de fichiers nominatifs auprès de la CNIL pour la France, respect des contraintes juridiques liées à l'usage du chiffrement, etc.) ;
- au **responsable des ressources humaines** (diffusion, acceptation de la charte de sécurité, sensibilisation à une certaine éthique d'utilisation des ressources, ratification par le personnel de clauses de sécurité, les autorisations d'accès ne devant être accordées qu'après la responsabilisation des utilisateurs concrétisée par la signature d'une charte d'utilisation).

Les outils de la sécurité d'un intranet sont peu différents de ceux permettant de réaliser la sécurité des télécommunications au sens large. Ils sont basés sur l'adoption d'un ensemble de mesures cohérentes de sécurité qui reposent sur le contrôle d'accès, le filtrage, l'authentification, le chiffrement, l'exploitation, la surveillance, la gestion et le cloisonnement d'environnements.

Ainsi, la **sécurité d'un intranet** s'appuie sur l'installation d'un ou plusieurs systèmes **pare-feu**, ou ***firewalls***, séparant, pour le protéger, le système d'information de l'organisation du réseau Internet. La mise en place d'un pare-feu tend à créer un sas de sécurité isolant physiquement et/ou logiquement le système d'information de l'organisation de l'Internet (figure 8.1). On sépare ainsi l'infrastructure interne (privée) de celle externe (publique). Il peut s'agir de séparation physique (pare-feu matériel, machine dédiée avec une interface spécifique à chaque partie du réseau à cloisonner) ou logique (pare-feu logiciel, programme de filtrage, notion de pare-feu virtuel ou virtualisé) des environnements.

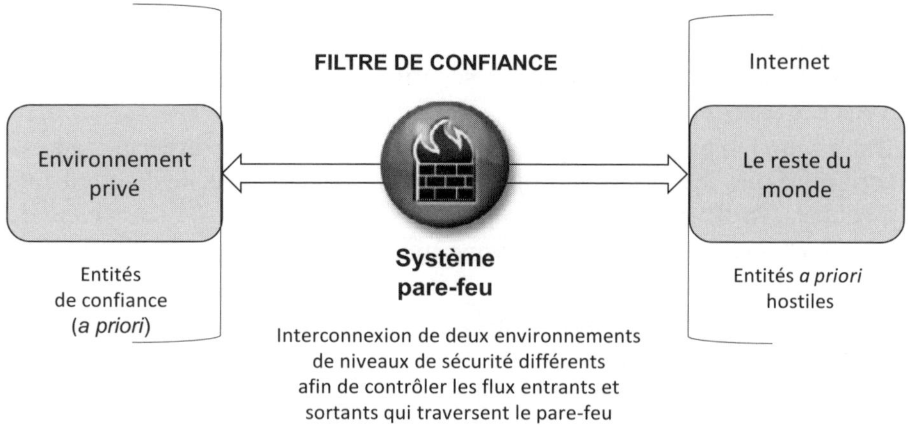

Figure 8.1 – Rôles d'un système pare-feu (*firewall*).

La sécurité d'un intranet est principalement :

- un problème organisationnel lié à l'adoption d'un mode de travail collaboratif, des services et applicatifs d'Internet, qui reflète l'évolution des besoins des entreprises et du contexte dans lequel elles s'intègrent ;
- un **problème d'architecture de réseau** (positionnement du/des pare-feu dans l'architecture du réseau, dimensionnement du réseau et des systèmes, configuration, paramétrage, gestion, capacité d'évolution pour supporter l'évolution des flux, etc.) ;
- un **problème de choix organisationnels**, **techniques** et **procéduraux** pour réaliser une politique de sécurité appropriée.

L'implantation et la configuration d'un **pare-feu** résultent d'un choix d'architecture de réseaux pour répondre aux besoins de sécurité et de contrôle des entités d'un système d'information. Le pare-feu constitue un des outils de réalisation de la politique de sécurité et n'est qu'un des composants de sa mise en œuvre. En effet, un pare-feu ne suffit pas à bien protéger le réseau et les systèmes d'une organisation. Il doit être également accompagné d'outils, de mesures et de procédures répondant à des objectifs de sécurité préalablement déterminés par la politique de sécurité. De plus, si l'utilisateur malveillant est un acteur interne et se trouve déjà dans le périmètre protégé par le pare-feu, ce dernier ne peut le détecter. L'efficacité d'un pare-feu dépend essentiellement de son positionnement par rapport aux systèmes qu'il doit protéger, de sa configuration et de sa gestion.

Un pare-feu ne peut pas protéger l'environnement à sécuriser contre des attaques ou des accès illicites qui ne passent pas par lui. Il n'est d'aucune efficacité pour prévenir des délits perpétrés par des personnes habilitées à accéder aux ressources.

Sans vouloir être exhaustif, les **recommandations suivantes** contribuent à sécuriser un environnement intranet :

- un pare-feu doit être protégé et sécurisé contre des accès non autorisés (notion de système de confiance, spécialement protégé, surveillé et audité, correctement géré et possédant un système d'exploitation sécurisé) ;

- tous les trafics (entrants et sortants) doivent passer par le pare-feu (pas de contournement possible du pare-feu) ;
- seul le trafic défini par la politique de sécurité comme étant valide et autorisé peut traverser le pare-feu ;
- détruire tous les paquets IP qui proviennent de l'extérieur avec une adresse IP interne ainsi que ceux utilisant l'option « *source route* » ou celle de fragmentation des paquets, en IPv4 ;
- configurer le pare-feu de telle sorte que tout ce qui n'est pas explicitement autorisé soit interdit ;
- un pare-feu ne peut pas être également le serveur web de l'entreprise, il peut éventuellement supporter des fonctions de VPN ;
- si les données du réseau interne sont vraiment sensibles, il faut alors accéder à Internet par des machines détachées de ce réseau interne ;
- un pare-feu n'est pas un antivirus : il faut donc le protéger de manière complémentaire contre des infections virales. Dans l'absolu, un antivirus devrait résider sur tous les systèmes, serveurs et postes de travail des utilisateurs, mais attention aux performances.

8.2 Principales caractéristiques d'un pare-feu

L'objet du réseau est d'offrir aux utilisateurs connectivité et accès aux ressources. L'objet de la sécurité est de limiter ces accès. Ces deux objectifs concurrents et contradictoires se trouvent être ceux d'un pare-feu. Pour cela, et afin de satisfaire les objectifs de sécurité attendus du pare-feu, ce dernier réalise quatre fonctions basiques qui sont le **cloisonnement**, le **filtrage**, le **masquage** et le **relais**. Des fonctions additionnelles comme celles de contrôle des utilisateurs et des comportements et l'équilibrage de charge peuvent également être supportées.

8.2.1 Fonction de cloisonnement

Un pare-feu contrôle les flux de données qui le traversent (en entrée et en sortie). Il permet de **filtrer les communications**, de les analyser et de les autoriser si elles remplissent certaines conditions, de les rejeter sinon. Ces conditions sont exprimées selon un certain nombre de règles reflétées par la configuration du pare-feu (figure 8.2).

La séparation physique des environnements

En s'interfaçant entre les systèmes du réseau d'une organisation et Internet, un pare-feu permet de cloisonner le réseau et, en principe, de le masquer aux utilisateurs d'Internet.

Cloisonner un réseau revient à le concevoir de telle manière que l'on puisse, en fonction d'impératifs de sécurité, séparer physiquement et logiquement des systèmes afin de mieux les contrôler et de prévenir et de limiter la propagation ou l'impact de cyberattaques.

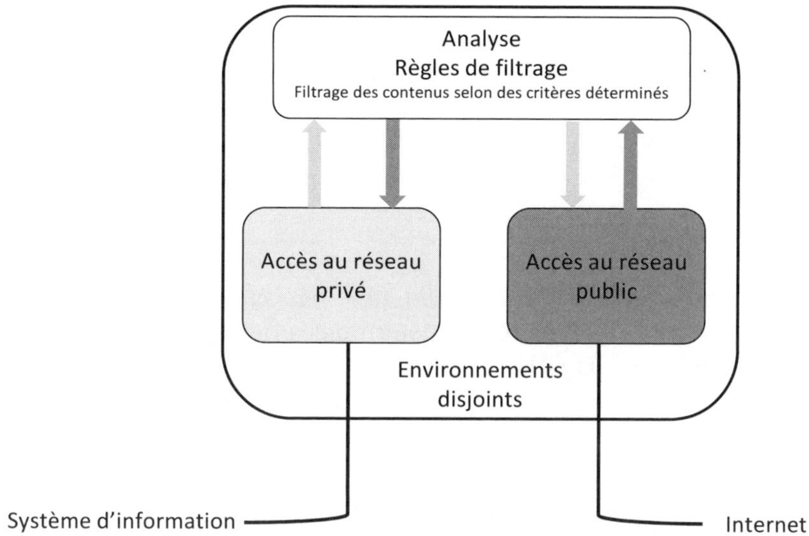

Figure 8.2 – Fonctions de cloisonnement et de filtre d'un pare-feu.

Le principe de cloisonnement repose sur la segmentation du système d'information en composants de sécurité homogènes (domaines de confiance mutuelle). Le contrôle d'accès des flux d'information échangés entre les divers composants du système d'information doit être rigoureux pour garantir la sécurité et la séparation totale et filtrante des entités cloisonnées.

Le cloisonnement d'un réseau permet de constituer des **environnements IP disjoints** en rendant physiquement indépendants les accès des réseaux que l'on désire isoler. Cela permet d'interconnecter deux réseaux de niveaux de sécurité différents. Ainsi, on peut contrer les flux qui pourraient engendrer la compromission des systèmes et des données (modification, destruction, altération, perte, fuite d'informations), l'atteinte aux critères d'intégrité, de disponibilité et aux performances (déni de service, détournement, prise de contrôle à distance, etc.).

Dans la figure 8.2 par exemple, toutes les demandes d'accès à Internet qui parviennent au pare-feu depuis un système du réseau interne sont préalablement analysées et traitées avant d'être émises sur Internet (pour limiter la fuite de données par exemple) et inversement, selon les spécifications de la politique de sécurité de l'organisation.

Ce type de pare-feu possède deux cartes réseau, l'une pour le réseau de l'entreprise, l'autre pour l'accès au réseau Internet. La configuration du pare-feu est telle que les données arrivant sur l'une des cartes ne sont pas transmises directement sur l'autre mais de manière sélective, selon des critères de filtrage déterminés lors de sa configuration. Il n'est pas suffisant de filtrer uniquement les flux entrants, le filtrage doit se faire dans les deux sens.

8.2.2 Fonction de filtre

Selon la nature de l'analyse et des traitements effectués par un pare-feu, différents types de pare-feu existent. Ils se distinguent le plus souvent en fonction du niveau de filtrage des données auquel ils opèrent et des protocoles de communication analysés (protocole IP, protocoles TCP, UDP ou encore protocoles FTP ou HTTP, par exemple).

Stateless packet filtering

Un **pare-feu** dit ***stateless packet*** (*stateless packet filtering*) analyse chaque paquet, selon un ensemble de règles déterminées qui constituent le filtre et les informations contenues dans le paquet (adresse IP de l'émetteur, adresse IP du destinataire, numéros de ports TCP ou UDP, nature du protocole véhiculé dans le paquet, etc.).

Dans un système, pour un processus de communication donné, les différents points d'entrée et de sortie des protocoles sont identifiés par des numéros de port codés sur 16 bits[1]. L'adresse IP de l'ordinateur et le numéro de port du processus de communication constituent un identifiant unique. Un serveur de communication reçoit une requête de demande de service *via* un port connu en fonction de l'application demandée (HTTP, SMTP, etc.), le client reçoit la réponse à sa demande de service sur un numéro de port assigné par son système d'exploitation en fonction de ceux disponibles.

Une fonction de filtrage d'un pare-feu peut être paramétrée en fonction des numéros de ports. Tous les échanges notifiés avec un numéro de port non identifié comme explicitement autorisé devront être bloqués de manière à empêcher les connexions.

La performance et la souplesse d'un pare-feu agissant au niveau IP (sa capacité à être déployé dans presque tout type d'infrastructure) sont les principaux avantages de ce type de pare-feu. En revanche, les flux applicatifs malveillants peuvent ne pas être détectés et bloqués par ce type de pare-feu.

Pour pallier le filtrage individuel des paquets indépendamment les uns des autres (de niveau 3), qui ne tient pas compte du mode de fonctionnement de TCP ou des sessions de travail, les systèmes pare-feu peuvent effectuer un filtrage sur les niveaux 3 et 4 simultanément, c'est-à-dire un filtrage du flux entre un client et un serveur (*stateful packets filtering*, notion de filtrage de paquets avec état, *stateful inspection*).

1. Avec 16 bits, on peut identifier 2^{16} numéros de ports différents. Parmi les ports connus et réservés à certains protocoles (ports de 0 à 1023 – *Well Known Ports* – attribués par IETF, RFC 6335), retenons par exemple les suivants : protocole FTP – port 21 ; protocole SMTP – port 25 ; protocole HTTP – port 80 ; protocole HTTPS – port 443, etc. Les autres numéros de ports correspondent à des ports enregistrés et à des ports qualifiés de dynamiques et/ou privés.

Stateful packet filtering

Un pare-feu dit ***stateful packet*** permet de filtrer les paquets en se basant sur la couche transport du modèle OSI (filtrage au niveau des ports de communication TCP-UDP). Il maintient une table d'état des connexions correspondant aux ports logiques du niveau 4 et à tous les ports dont le numéro est supérieur à 1 024 (les ports utilisés par les applications de l'utilisateur) pour un meilleur suivi des communications afin d'éviter entre autres les vols de session (session *hijacking*). Ainsi, si une connexion est autorisée, tous les paquets constitutifs de l'échange seront implicitement acceptés. Toutefois, certains attaquants savent détourner ce mode de fonctionnement et exploiter les failles dues aux applications communicantes, d'où l'intérêt de pouvoir faire du filtrage de flux au niveau applicatif.

8.2.3 Fonctions de relais et de masque

Un **pare-feu applicatif** joue un rôle de filtre des flux applicatifs. Pour le paramétrer correctement, il faut connaître l'ensemble des applications qui le traversent. Il peut également jouer le rôle de passerelle applicative, de **proxy** (serveur **relais**, pare-feu proxy). Il établit, en lieu et place de l'utilisateur, le service invoqué par celui-ci en masquant certaines informations et en validant chaque contenu, ce qui nécessite des ressources et des temps de traitements plus longs (figure 8.3). Pour rendre l'environnement informatique de l'entreprise complètement opaque, toutes les adresses IP internes de l'entreprise doivent être invisibles de l'extérieur (notion de masquage d'adresse) *via* des systèmes pare-feu proxy, afin qu'on ne puisse les connaître et les utiliser pour détourner les règles de filtrage du pare-feu depuis l'extérieur. Par exemple des attaques dites d'*IP spoofing* consistent à utiliser une adresse IP interne pour leurrer un pare-feu qui considérerait le paquet IP comme provenant d'une source valide. Il ne le bloquerait pas et une intrusion dans le système d'information en résulterait.

L'objectif d'un système qualifié de proxy est de réaliser un **masquage d'adresse** par relais applicatif. Il est censé constituer un point de passage obligé pour toutes les applications qui nécessitent un accès Internet. Cela suppose qu'une application « relais » soit installée sur le poste de travail de l'utilisateur et sur le pare-feu.

Ainsi, à chaque demande de connexion Internet, le fait de lancer un navigateur active également ce programme relais qui demandera au proxy de réaliser la connexion externe à sa place. Le proxy contacte alors le serveur externe sollicité sur Internet, avec sa propre adresse et non pas avec celle du système de l'utilisateur final, et effectue les échanges de données nécessaires. Le proxy cache de la sorte toute l'infrastructure du réseau interne et ne dévoile en aucun cas les adresses des systèmes. Il agit comme une passerelle applicative. Ce type de serveur est systématiquement mis en œuvre lors de l'utilisation d'un plan d'adressage privé afin de réaliser une translation d'adresses IP (NAT, *Network Address Translation*), ce qui permet également de pallier l'insuffisance d'adresses IPv4 (adresses IP internes « non routables » converties en une adresse externe publique).

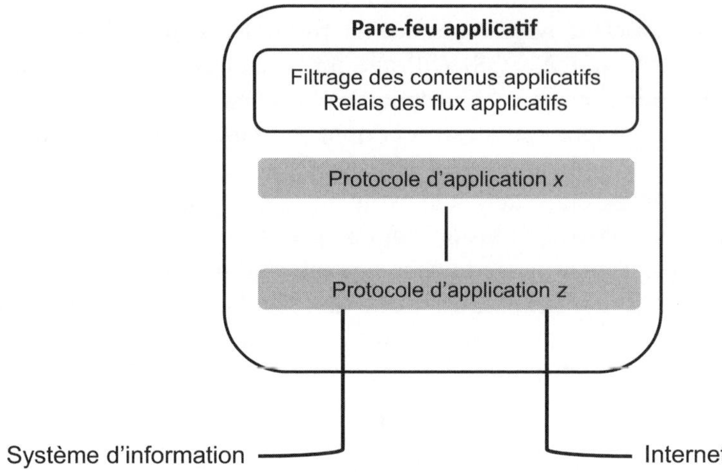

Figure 8.3 – Exemple de pare-feu proxy.

Une possibilité pour effectuer un masquage d'adresse est de le réaliser au « fil de l'eau », au fur et à mesure que les paquets arrivent au pare-feu. Depuis le poste de travail de l'utilisateur final, les paquets de données sont transmis au pare-feu qui retire alors l'adresse source du paquet en transit pour la substituer et y mettre soit sa propre adresse, soit une adresse issue d'un *pool* d'adresses IP libres.

Un pare-feu applicatif web (WAF, *Web Application Firewall*) filtre le trafic véhiculé par le protocole HTTP. Il agit comme un bouclier entre l'application web et l'Internet et contribue à minimiser le risque de survenue de certains types de cyberattaques : falsification de sites croisés (*Cross-Site Request For*gery, CSRF), script site à site (*Cross-Site Scripting*, XSS), injection SQL (SQL *injection*, SQLi).

Certains systèmes pare-feu réalisent également des **fonctions de répartition et d'équilibrage** de charges entre les systèmes qu'ils desservent. Ils contribuent à détecter des attaques en déni de service distribués (DDoS *attacks*).

Pour une organisation, de plus en plus d'employés ont des besoins de mobilité et doivent se connecter au système d'information de cette dernière en dehors de son périmètre, souvent depuis un environnement externe *a priori* hostile. Ainsi, un pare-feu devient l'élément essentiel de la sécurité en supportant des VPN (IPSec, TLS) avec authentification mutuelle et chiffrement des données. Ceci nécessite que le pare-feu soit configuré en conséquence et que les flux entrants et sortants autres que ceux nécessaires à l'établissement des VPN soient bloqués. Toutefois, la fonction VPN peut être également réalisée en dehors du pare-feu par un routeur dédié.

Une infrastructure *cloud* peut offrir des services de filtrage de trafic : notion de ***firewall as a Service*** (FWaaS).

8.2.4 Critères de choix d'un pare-feu

Les façons de configurer un pare-feu et de le gérer sont tout aussi importantes que les capacités intrinsèques qu'il possède. Toutefois, lorsque le choix s'impose, on prendra en considération, entre autres, les **critères** suivants :

- la nature, le nombre des applications appréhendées (FTP, messagerie, HTTP, HTTP/S, SNMP, vidéoconférence, etc.) ;
- le type de filtres, le niveau de filtrage (niveau applicatif, niveau TCP, niveau IP, possibilité de combiner ces niveaux) ;
- les facilités d'enregistrement des actions à des fins d'audit, l'enregistrement complet des paramètres de connexion, l'existence d'outils d'analyse, d'audit actif et de détection d'activités suspectes ;
- les outils et facilités d'administration (interface graphique ou lignes de commandes, administration distante après authentification du gestionnaire, etc.) ;
- la simplicité du système, proxy facile à comprendre et à vérifier (facilité de configuration, etc.) ;
- la capacité à supporter un tunnel chiffré permettant de réaliser, si nécessaire, un réseau privé virtuel (VPN, *Virtual Private Network*) ;
- la disponibilité d'outils de surveillance, d'alarmes, d'audit actif ;
- la possibilité d'effectuer de la répartition et de l'équilibrage de charge avec un autre coupe-feu ;
- l'existence dans l'organisation de compétences en matière d'administration du système d'exploitation du pare-feu.

Le pare-feu est, comme tout système, sujet à des **menaces** d'origine accidentelle ou non ainsi qu'à des erreurs ou des négligences. Il peut s'agir d'**intrusions** dans un pare-feu avec, pour conséquences, la modification de sa configuration, des accès, l'effacement ou la modification des traces de journalisation ou encore la propagation de programmes malveillants.

Vu l'importance et le rôle critique des systèmes pare-feu dans la réalisation de la sécurité des réseaux, il est important de pouvoir s'assurer de leur qualité *via* un processus de certification des produits qui évalue leur mode de fonctionnement et leur degré de robustesse à des cyberattaques et leur attribue un certificat (voir le paragraphe 4.8 « Certification des produits de sécurité »). Des produits certifiés avec un niveau d'assurance 5 augmenté (EAL5+) selon les « critères communs » sont considérés comme bons, mais il faut savoir quelles sont les fonctions de sécurité certifiées.

8.3 Positionnement d'un pare-feu

8.3.1 Architecture de réseaux

Plusieurs architectures et configurations de réseaux intégrant des pare-feu peuvent être mises en place en fonction des besoins, du type et du nombre de ressources à protéger ou de l'architecture du système d'information.

Un pare-feu, véritable passerelle Internet sécurisée, doit être placé en amont des serveurs sur lesquels des services indispensables (serveurs de noms, de messagerie, etc.) sont implantés. Un pare-feu peut être précédé d'un **routeur filtrant** qui s'assure que les paquets entrants à partir d'Internet sont exclusivement à destination du pare-feu (et non à destination des systèmes de l'entreprise). Le routeur n'admettra du réseau interne que les paquets IP provenant du pare-feu.

Le pare-feu effectue les fonctions de filtre, de proxy, d'authentification. Ainsi, on réalise deux mécanismes complémentaires de filtrage, l'un au niveau du routeur, l'autre au niveau du pare-feu qui doit aussi pouvoir physiquement cloisonner, séparer les environnements (*dual-homed bastion*). Ceci est particulièrement important car le routeur filtrant peut être compromis. Généralement, disposer d'un seul pare-feu n'est pas suffisant, des pare-feu en cascade offrent un meilleur niveau de sécurité et de résistance aux attaques.

Augmenter le nombre et la nature des systèmes à pénétrer, des pare-feu à traverser, avant d'accéder au réseau interne de l'organisation, renforce la sécurité par une complémentarité et une diversité des solutions. La diversification technique des pare-feu (système d'exploitation, procédés de filtrage, matériel...) demande au malveillant de posséder des connaissances des divers systèmes et donc un effort qui pourra peut-être, être rédhibitoire. Cela permet également de réduire la dépendance à un seul fournisseur de pare-feu mais demande de disposer en interne des compétences nécessaires.

8.3.2 Périmètre de sécurité

Bien préserver les ressources informatiques internes consiste à les isoler, à ne pas les rendre directement accessibles. Comme certains traitements doivent quand même être réalisés avec une certaine fluidité, il est nécessaire de les localiser dans un sas de sécurité particulièrement limité par des pare-feu. Ainsi il peut exister, au sein de l'architecture du réseau interne, un ou plusieurs **périmètres de sécurités**, dits **zones démilitarisées** (**DMZ**, *DeMilitarized Zone*) (figure 8.4). Toutes les machines internes de l'organisation sont complètement masquées.

Cela permet de créer un sous-réseau isolé relativement sûr. Le réseau interne est invisible d'Internet et les systèmes de l'entreprise ne peuvent accéder directement à Internet. On pourra configurer les systèmes en interdisant toute forme de routage automatique entre Internet et le réseau interne ou encore n'utiliser par exemple pour le réseau de l'entreprise que des adresses IP à usage interne (de signification locale), telles que définies par la RFC 1918 (*Address Allocation for Private Internets*). En principe, aucun routeur ne devrait transmettre des paquets ayant pour origine ou destination de telles adresses.

Le périmètre de sécurité ne vaut que si on l'utilise. Il faut donc faire en sorte qu'il ne puisse être contourné *via* des technologies sans fil par exemple et qu'un utilisateur ne puisse établir des connexions directes à Internet notamment *via* ses équipements privés.

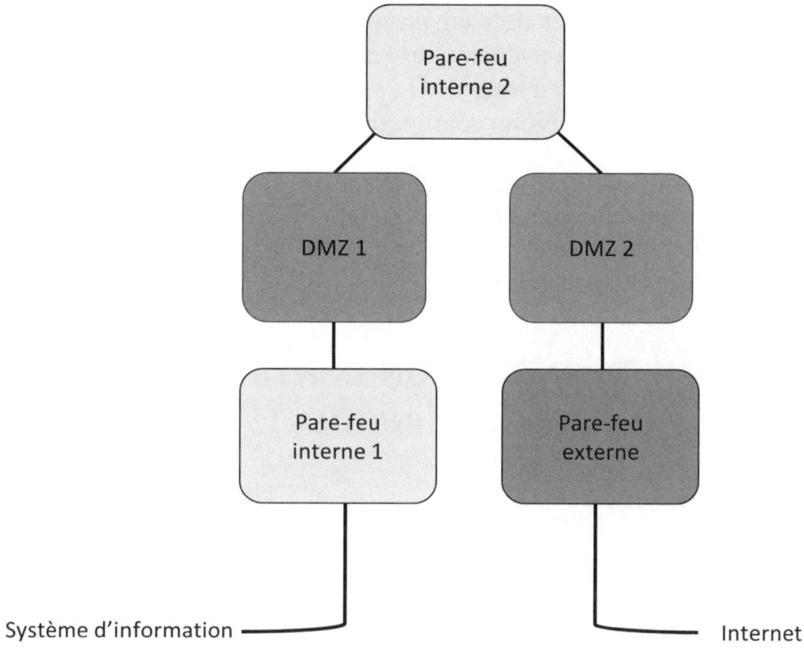

Figure 8.4 – Exemple de périmètre de sécurité.

Il est nécessaire de définir une **politique d'usage des équipements personnels** et des connexions externes dans l'entreprise de manière rigoureuse et réalisable.

La localisation d'un serveur web, dans l'architecture de réseau de l'entreprise, dépend du degré de protection et d'interaction avec les autres éléments du système d'information que l'on souhaite obtenir. Diverses **configurations** sont envisageables, les plus courantes sont résumées ci-après :

- dans la **configuration dite de « l'agneau sacrifié »**, le serveur web est placé entre le pare-feu et le point d'accès au réseau Internet. Il n'a de ce fait aucune interactivité directe avec le reste des ressources informatiques de l'entreprise. Si cela offre un bon isolement des environnements, cela pose, entre autres, des problèmes de gestion des contenus, des mises à jour, du partage de fichiers et d'intégration des traitements. Le serveur web a toutes les chances d'être défiguré par des attaques venant de l'extérieur (*defacement attack*) ou subir des attaques en déni de service. Cette configuration est peu retenue. C'est sur ce modèle de « rendre attractif » un système pour leurrer des malveillants que se base le principe du système ***honeypot*** (« pot de miel »), afin de diriger les attaques potentielles sur le système sacrifié et non sur les systèmes plus critiques de l'organisation ;
- une possibilité est de placer le **serveur « derrière » le pare-feu**, entre le réseau de l'entreprise et le pare-feu visible d'Internet. L'exploitation, le suivi et la mise à jour sont facilités, et le serveur web est bien protégé des attaques externes mais

pas du tout de celles provenant de l'intérieur de l'entreprise. De plus, une prise de contrôle du serveur permet de s'en servir comme relais pour une attaque ultérieure. Pour pallier cet inconvénient, les ressources de l'entreprise sont isolées du serveur web, par un pare-feu interne. Un serveur web peut résider dans l'enceinte d'un périmètre de sécurité (zone démilitarisée et politique de sécurité appropriée).

Une application logicielle offrant des services de pare-feu, implantée sur un poste de travail, peut également définir un périmètre de sécurité en analysant, par exemple, les demandes d'accès au réseau et/ou aux applications à l'insu de l'utilisateur et limiter la prise de contrôle à distance des systèmes.

8.4 Système de détection d'intrusion et de prévention d'incidents

8.4.1 Définitions

Des **systèmes de détection d'intrusion** ou, d'une manière générique, de détection d'intrusion (IDS) ou de **prévention d'incident** (IPS) contribuent à renforcer la sécurité en identifiant, au plus tôt de leur survenue, les événements pouvant porter atteinte au bon fonctionnement des systèmes et aux critères de la sécurité informatique.

Une **erreur** peut être à l'origine d'un incident. Si l'erreur se répète parce qu'aucun dispositif n'a été mis en place pour la corriger, il ne s'agira plus d'une erreur mais d'une **faute** imputable à une personne. Une **anomalie** est une exception, elle peut induire un fonctionnement anormal du système et conduire à une violation de la politique de sécurité. Elle peut être d'origine accidentelle (par exemple une erreur de configuration) ou volontaire (une attaque ciblée du système d'information). Une **intrusion** résulte de la pénétration non autorisée dans un système, elle constitue généralement la première phase d'une cyberattaque et peut être considérée comme un incident ou une anomalie délibérée.

Incidents, anomalies et intrusions doivent si possible être évités, sinon détectés et identifiés au plus tôt de leur survenue, maîtrisés et corrigés afin d'assurer le fonctionnement normal des systèmes et leur sécurité.

La **détection d'intrusion** est définie comme étant l'ensemble des pratiques et des mécanismes utilisés qui permettent de détecter des problèmes pouvant conduire à des violations de la politique de sécurité.

L'étude des intrusions dans les systèmes s'est beaucoup développée à partir des années 1980 où l'accent a d'abord été mis sur l'importance et la nécessité de l'automatisation des analyses (détection des attaques potentielles *versus* usage normal des ressources) et des réponses. Désormais, de nombreux produits mettent en œuvre des applications de l'intelligence artificielle.

À la détection d'intrusion certains préfèrent des systèmes de prévention d'incident, mais il semble que cette vue ne soit pas partagée par ceux qui considèrent que les **systèmes de prévention d'incident** sont simplement des outils pour la détection d'intrusion. Un système de détection d'intrusion travaille de manière complémentaire à celle d'un pare-feu. Les mesures architecturales en tiennent compte. Il est généralement situé à l'intérieur d'un périmètre de sécurité, d'une zone démilitarisée. Un IPS peut être considéré comme un IDS qui sert à quelque chose, parce qu'il peut réagir à une attaque, alors qu'un IDS ne peut que la signaler (la gestion des incidents est complétée au chapitre 10).

8.4.2 Fonctions et mode opératoire

Un **système de détection d'intrusion** (IDS, *Intrusion Detection System*) analyse les données pour détecter celles qui pourraient conduire à des incidents ou à des intrusions. Selon la localisation (sur l'infrastructure réseau ou dans un système hôte) et le champ d'action, les systèmes de détection d'intrusion se distinguent en deux types :

- **IDS_Réseaux** (N-IDS, *Network Based Intrusion Detection System*), qui constituent des sondes de manière assez similaire aux *sniffers* et autorisent la surveillance du trafic afin d'identifier des activités suspectes ;
- **IDS_Hôtes** (H-IDS, *Host Based Intrusion Detection System*), qui sont fonction des systèmes d'exploitation et des systèmes surveillés. Ils peuvent déterminer les processus, utilisateurs et données à l'origine d'un problème et analyser des logs.
- Un IDS se compose généralement de trois blocs fonctionnels essentiels :
  - ◊ la collecte des informations, *via* des capteurs (*sensors*),
  - ◊ l'analyse des informations récupérées, la détection des intrusions et les réponses à donner à la suite d'une intrusion décelée,
  - ◊ la restitution des résultats (interface utilisateur).

Collecte des informations

La **collecte des informations** et des événements est la fonction principale d'un système de détection d'intrusion. Elle est réalisée à deux niveaux : au niveau de la machine hôte et/ou au niveau du réseau du système d'information.

Les informations obtenues **au niveau de la machine hôte** le sont généralement par le biais de son système d'exploitation. La plupart des systèmes d'exploitation actuels réalisent des fonctions d'audit des événements et les enregistrent : au niveau du noyau et des applications de l'utilisateur. Ces informations ne sont généralement pas exploitables par d'autres programmes que le système d'exploitation lui-même, ce qui constitue un problème de compréhension de ces informations. Toutefois, certaines applications sont commercialisées afin d'enregistrer et d'exploiter les informations sur les machines hôtes. Les données enregistrées par ces programmes sont, par exemple, l'identification de l'objet responsable d'un événement et tout autre objet lié à celui-ci, du processus qui a lancé l'événement, de l'utilisateur associé à cet événement, la date de l'événement et parfois certaines données issues directement du noyau du système d'exploitation comme les variables et les arguments d'entrée et de sortie. L'audit au niveau de la machine hôte permet d'observer directement le comportement d'un système et les événements qui surviennent. Il peut être efficace même si les applications sont chiffrées. La difficulté essentielle réside dans le déploiement d'une telle solution. En effet, il faudrait, pour une efficacité optimale, installer ce système de collecte d'informations dans chaque machine du réseau. Or une telle application est spécifique à un système d'exploitation donné. Elle n'est pas multi-plateformes puisqu'elle opère à bas niveau, directement sur le noyau du système d'exploitation. Enfin, ces programmes d'audit affectent généralement les performances des machines hôtes du fait des ressources nécessaires à leur exécution.

Les antivirus sont un exemple de système de collecte d'informations fonctionnant sur les machines hôtes. Ils collectent des informations et détectent celles possédant un potentiel de malveillance préalablement déterminé.

La majorité des systèmes de détection d'intrusion réalisent la **collecte des informations au niveau du réseau**. Le système de détection d'intrusion est un point de contrôle obligé (notion de *check point*) par lequel transitent toutes les données qui sont alors enregistrées dans le système. L'audit des données au niveau du réseau permet de détecter certaines attaques qui ne sont pas visibles par les systèmes de détection installés sur les machines hôtes.

Un système IDS de niveau réseau n'est généralement pas un routeur et sa localisation dans l'architecture de réseau dépend de la topologie de ce dernier.

La collecte des informations au niveau du réseau ne pose pas de problème particulier de performance dans la mesure où le système de détection lit simplement les données au moment où elles lui parviennent de manière indépendante des autres systèmes connectés au réseau, ce qui n'affecte pas leurs performances. Le système de collecte des informations au niveau réseau est transparent à l'utilisateur interne du réseau, totalement invisible depuis l'extérieur, et il ne constitue pas une cible attractive pour des attaquants potentiels.

La maintenance et le coût de déploiement de ce type de système de détection d'intrusion sont relativement bas, ce qui favorise leur mise en place au sein des réseaux d'entreprise. Leurs points faibles sont relevés dans des architectures de réseau intégrant des commutateurs, supportant des données chiffrées, et dans les cas de trafics élevés. Ceci restreint donc le champ d'application des IDS de niveau réseau et en limite l'usage à des configurations de réseau particulières.

Méthodes d'analyse

La phase d'**analyse des données** fait suite à celle de leur collecte afin d'identifier des activités suspectes qui peuvent alors être isolées au moment où elles se produisent ou ultérieurement. Dans certains cas, d'autres examens sont effectués afin d'affiner les résultats des analyses. Deux catégories de méthode d'analyse sont distinguées : celles basées sur les signatures et celles basées sur les profils.

- *Méthodes basées sur les signatures*

Les méthodes d'analyse des événements collectés **basées sur des signatures d'intrusion** consistent à les comparer à des scénarios d'attaques déjà connus. L'analyseur parcourt les données et les transforme en une suite d'actions selon un modèle particulier. Une fois la transformation accomplie, une étape de comparaison est alors effectuée pour identifier les événements connus par l'analyseur. Cette méthode est rapide et facile à implanter. Le nombre de fausses alarmes est relativement faible voire nul. Son défaut majeur réside dans la nécessité de mettre régulièrement à jour, comme pour un antivirus, sa base de signatures afin de faire face aux nouvelles attaques. Cette méthode est inefficace pour contrer des attaques dont la signature n'a pas été précédemment enregistrée dans le système de détection d'intrusion.

Le fait de disposer d'un IDS ne garantit pas une protection absolue, totalement efficace contre les attaques, puisque celles non reconnues ne sont pas identifiées, ce qui ne signifie pas qu'elles n'existent pas. De manière identique, un antivirus non comportemental ne détecte que les virus qu'il connaît.

- *Méthodes basées sur les profils*

Les méthodes de détection d'intrusion sont **basées sur la comparaison des événements collectés par rapport à des profils de comportements normaux** associés à des utilisateurs ou à des applications. Comme dans la méthode précédente, les événements enregistrés sont convertis en une série d'actions particulières et comparés à des profils prédéfinis. En se basant sur une méthode statistique et sur les profils identifiés comme normaux (c'est-à-dire autorisés), le système de détection évalue chaque comportement et parvient à distinguer les actions ou les traitements étranges qui se distinguent des profils enregistrés.

Ces systèmes n'ont pas besoin de maintenance coûteuse et aucune connaissance antérieure des attaques n'est requise. Néanmoins, ce type de système génère un nombre assez important d'alarmes qui se révèlent souvent être de fausses alarmes. La phase d'apprentissage des comportements est indispensable et doit être réalisée dans un environnement stable et non hostile. Cette méthode ne peut pas être mise en place dans un environnement dynamique où les systèmes, les utilisateurs et les applications changent fréquemment.

La pertinence et l'efficacité de la méthode d'analyse reposent sur la qualité et sur la justesse de la définition des profils d'actions autorisées. Ainsi, le système de détection d'intrusion agit comme un filtre qui doit laisser passer exclusivement les événements reconnus comme étant habituels. Si le filtre est trop permissif, des intrusions ne seront pas détectées (notion de **faux négatif** : un incident, pouvant engendrer des problèmes de sécurité, n'est pas identifié). Si le filtre est trop restrictif, de fausses alertes seront générées (notion de **faux positif** : une anomalie est identifiée alors que l'événement qui l'a déclenchée ne porte pas préjudice à la sécurité).

Réponses aux intrusions détectées

À la suite de la collecte des informations sur les systèmes hôtes ou au niveau du réseau et suite à l'analyse qui a conduit à la détection d'une intrusion, une réponse est donnée. Plusieurs considérations entrent en jeu au moment de la mise en place des réponses aux intrusions et tiennent compte des choix de sécurité exprimés dans la politique de sécurité.

Les réponses des systèmes de détection d'intrusion peuvent être classées selon deux types non exclusifs de réponses : les réponses actives ou passives.

Les **réponses actives** impliquent une action à entreprendre par le système à la suite d'une détection d'intrusion. Ces actions se regroupent en trois catégories :

- **Restructurer l'architecture du réseau**, isoler le système attaqué, modifier les paramètres d'environnement qui ont permis à l'intrusion d'avoir lieu. C'est probablement la réponse la plus répandue actuellement et la plus efficace pour stopper la propagation d'une attaque et en limiter les impacts.
- **Surveiller le système attaqué**, collecter des informations additionnelles pour tenter de comprendre l'origine et la finalité de l'intrusion, identifier l'auteur de la malveillance, la démarche utilisée et les failles des mesures de sécurité en place. L'obtention d'un maximum d'informations relatives à l'intrusion permet éventuellement d'améliorer l'IDS en y intégrant des mesures pour contrer des tentatives d'intrusion semblables. De plus, cela facilite l'investigation des services de police, si l'organisation dépose une plainte.
- **Entreprendre une action agressive contre l'intrus**, ceci vise à le traquer, à contre-attaquer en le localisant et en l'intimidant ou en endommageant son environnement informatique dans l'optique de faire cesser l'attaque (**notion de sécurité offensive**). Illégale (sauf dans certaines conditions où elle est autorisée, pour des organismes définis en France par la loi de programmation militaire 2014-2019), cette mesure ne doit être mise en œuvre qu'en dernier recours.

Un *honeypot* permet de mener des actions afin de leurrer l'attaquant dans le but de collecter des informations sur ses tactiques, techniques et procédures ou encore de le gêner, de modifier son comportement et d'empêcher son action.

Les **réponses passives** présentent à la personne en charge de la gestion des incidents (administrateur, responsable de la sécurité du système) toutes les informations récoltées ayant conduit à la détection de l'intrusion. Cette personne entreprend ensuite les mesures qui lui semblent pertinentes. La plupart des IDS intègrent des fonctions automatiques de réponse active ou une réponse active assistée par une personne, et sont des IPS. Certains, toutefois, ne fonctionnent qu'en mode passif par le biais de génération d'alarmes (fenêtres d'attention, alarme sonore, etc.) et de notifications à l'administrateur par l'envoi d'un message électronique ou d'un SMS par exemple.

Les **systèmes de prévention d'incident** (IPS) sont censés détecter et prévenir les intrusions de sorte qu'elles n'aient pas lieu. Si un début d'intrusion est identifié, les données sont bloquées. L'analyse et l'arrêt des données peuvent être effectués à différents niveaux protocolaires : au niveau Application s'il s'agit d'un programme malveillant, ou au niveau Transport si des ports interdits par la politique de sécurité sont utilisés. Le filtrage et le blocage peuvent également être effectués au niveau Réseau.

8.4.3 Attaques contre les systèmes de détection d'intrusion

Les **systèmes de détection d'intrusion** sont, comme tous les autres systèmes informatiques, la cible d'attaques qui exploitent leurs vulnérabilités.

Outre les attaques tirant parti des possibilités de faux positifs induits par les défaillances des méthodes d'analyse, les **dénis de service** sont les principales attaques contre les systèmes de détection d'intrusion. Les malveillants visent non seulement à pénétrer dans les systèmes mais aussi à effacer leurs traces en inondant les ressources du système de détection d'intrusion. En portant atteinte aux capacités de traitement du processeur central de l'IDS, le processeur n'est plus capable d'analyser suffisamment rapidement le trafic. L'attaquant dispose alors d'un laps de temps durant lequel il ne sera pas détecté.

Si le système de détection d'intrusion n'arrive plus à collecter les données qui transitent dans le réseau, ce qui peut être occasionné par une modification des tables de routage ou par une attaque directe aux interfaces réseau de ce système, alors ce dernier n'est plus efficace.

Les systèmes de détection d'intrusion utilisent de la **mémoire volatile** afin de stocker les états des événements qui sont en train de se réaliser et des données utiles à la détection comme les signatures ou les profils normaux. Si cette mémoire est saturée, l'IDS est alors dans l'incapacité d'analyser correctement les événements. De plus, des supports de mémorisation (disques, supports de stockage secondaire) sont également sollicités pour sauvegarder les fichiers de journalisation des événements collectés. Si cet espace mémoire est insuffisant ou non disponible, les données sont alors perdues et aucun historique des actions et des faits ne pourra être réalisé.

Résumé

L'usage généralisé du web et les services en ligne ont contraint les organisations à ouvrir leur système d'information à Internet. Un système pare-feu permet d'isoler des environnements, de masquer des ressources, de filtrer des flux entrants et sortants et d'autoriser ou non des accès. Placé judicieusement dans l'architecture du réseau de l'entreprise, un pare-feu permet de renforcer la protection des systèmes internes en réalisant des périmètres de sécurité. Bien configuré, il contribue à permettre le nomadisme des employés sans mettre en danger le système d'information.

Par ailleurs, il faut identifier les accès non autorisés à un système d'information et les événements qui conduisent à des intrusions et qui portent atteinte aux critères de sécurité. Différents types de systèmes de détection d'intrusion existent pour cela mais leur efficacité n'est jamais totale. Si les systèmes pare-feu ou de détection d'intrusion contribuent à réaliser certains services de sécurité, ils ne suffisent pas à eux seuls à accomplir la protection des ressources informationnelles d'une organisation.

Exercices

8.1 Qu'est-ce qu'un pare-feu (*firewall*) ? Quels sont son rôle, sa fonction et les services qu'il offre ?

8.2 Un pare-feu est un outil de sécurité nécessaire mais pas suffisant, pourquoi ?

8.3 Sur quels paramètres peut s'effectuer le filtrage de paquets IP ?

8.4 Qu'apporte le filtrage effectué au niveau applicatif ?

8.5 Comparez les systèmes de détection d'intrusion dont la collecte d'informations est basée sur les machines hôtes (*host based*) et le réseau (*network based*).

8.6 Quels sont les avantages et les inconvénients d'un système de détection d'intrusion utilisant la méthode d'analyse par signature ?

8.7 Quels sont les services de sécurité offerts par un système de détection d'intrusion ? À quels critères de sécurité un système de détection d'intrusion répond-il ? Peut-on avoir confiance en un système de détection d'intrusion ?

8.8 Pourquoi qualifie-t-on un système pare-feu de « mesure de sécurité architecturale » ?

8.9 Est-ce qu'un système pare-feu peut offrir un service de répartition de charge ?

8.10 Quels sont les points communs entre un système pare-feu et un système de détection d'intrusion (IDS) ?

8.11 Quel est l'intérêt principal de masquer les adresses IP internes à une organisation ? Quel type de système permet de le faire ?

8.12 Définissez la notion de « zone démilitarisée » (DMZ).

8.13 Pourquoi une méthode de détection d'intrusion basée sur l'observation des comportements n'est pas à 100 % fiable ?

8.14 Qu'est-ce qu'un « faux positif » et un « faux négatif » ? Quels concepts cela recouvre-t-il ?

8.15 Proposez un schéma de structure fonctionnelle d'un pare-feu.

8.16 Proposez une liste de recommandations pour que le nomadisme des employés soit possible et ne mette pas en danger la sécurité du système d'information.

Solutions

8.1 Un **pare-feu** (*firewall*) est une entité matérielle et logicielle ou simplement logicielle qui permet de contrôler les données qui la traversent en les filtrant selon des paramètres (critères, règles de filtrage) fixés lors de sa configuration, et implémentant la politique de sécurité de l'organisation.

Un système pare-feu contribue à réaliser la protection des environnements informatiques en réalisant une sécurité périmétrique. Il permet de masquer, séparer, isoler des ressources en servant d'intermédiaire dans la réalisation des connexions internes et externes.

Le **rôle principal** d'un pare-feu est de créer un sas de sécurité permettant de séparer et d'isoler certaines entités, de définir des zones de confiance dans lesquelles des ressources verront leur accès contrôlé par des pare-feu. La définition, par des systèmes pare-feu, d'un **périmètre de sécurité** ou **zone démilitarisée** (DMZ) permet d'isoler des systèmes et de masquer des ressources.

Pour assurer ce rôle, un pare-feu peut supporter des fonctions de filtrage, de relais et de masquage.

La fonction de **filtre** analyse les communications passant par le pare-feu et ceci dans les deux sens (sortant ou entrant). Cette fonction de filtrage peut être assurée à tous les niveaux du modèle OSI, pour tout type de protocole.

Les fonctions de **relais** et de **masque** sont généralement associées dans un pare-feu qualifié de proxy qui masque les ressources internes du système d'information. Chaque application passe alors par le pare-feu proxy et envoie sa requête non pas au serveur qu'elle désire atteindre mais au pare-feu, qui la retransmettra. Inversement, les communications émises depuis Internet à destination des systèmes internes ne les atteignent pas directement mais sont préalablement traitées par pare-feu. On parle alors de *reverse proxy.*

8.2 Un pare-feu est un outil de sécurité **nécessaire mais pas suffisant** dans la mesure où, à lui seul, il ne peut réaliser l'ensemble des mesures de sécurité identifiées dans une politique de sécurité. Il peut contribuer à effectuer un contrôle d'accès aux ressources d'un système d'information et à en limiter la visibilité mais il ne peut en aucun cas se substituer à des mesures de chiffrement de données, ou de vérification d'intégrité par exemple. Comme tout autre outil de la sécurité, il doit être utilisé de manière cohérente et complémentaire pour satisfaire des objectifs de sécurité préalablement déterminés dans une politique de sécurité résultant de l'analyse des risques liés au système d'information.

Un pare-feu unique constitue un point de passage obligé pour toutes les communications entrantes et sortantes et, comme il ne doit pas être contourné, il peut dégrader considérablement les performances du réseau. Il peut également constituer un point central de vulnérabilité (*single point of failure*). Dans un réseau, le fait de disposer des pare-feu comme seule mesure de sécurité peut introduire un faux sentiment de sécurité, préjudiciable à la protection réelle des systèmes et des données.

8.3 Le **filtrage de paquets IP** s'effectue sur toutes les données contenues dans l'en-tête du protocole (typiquement adresses IP source et destination, type de protocole encapsulé, options, etc.) et non sur le contenu des paquets.

8.4 Contrairement à un filtrage de niveau IP, le **filtrage** effectué **au niveau applicatif** permet d'analyser et éventuellement de bloquer des flux applicatifs ne répondant pas aux critères autorisés. Toutefois, des applications de messagerie instantanée ou de partage de fichiers en point à point peuvent ne pas être filtrées par un pare-feu. En encapsulant ce type de communication dans des protocoles applicatifs autorisés, on peut créer un tunnel applicatif invisible par le pare-feu.

8.5 La **collecte d'informations** est primordiale pour les systèmes de détection d'intrusion (IDS) afin qu'ils puissent identifier les événements qui relèveraient d'une tentative d'intrusion. Cette récupération des données peut s'effectuer soit au niveau des machines hôtes, soit au niveau du réseau.

La collecte d'informations directement sur les machines s'opère *via* le système d'exploitation, ce qui permet d'observer le comportement et les événements d'un système particulier et peut être efficace même si les données sont chiffrées. Cette solution de collecte d'informations est difficile à déployer surtout pour des grands environnements informatiques. De plus, les performances et l'espace disque des **machines hôtes** sont affectés par ce traitement additionnel. La collecte d'informations **au niveau du réseau** consiste à récupérer les données lors de leur transit. Cela permet d'être indépendant du système d'exploitation des systèmes, de surveiller le trafic, de détecter certaines attaques impossibles à déceler par la collecte d'informations au niveau des machines hôtes (attaques basées sur les paquets mal formés et certains dénis de service par exemple). Les coûts de maintenance et de déploiement d'une telle solution sont relativement bas comparés à ceux des IDS basés sur la collecte d'informations au niveau des machines hôtes. Néanmoins, cette solution reste inefficace si les données transitant sont chiffrées ou s'il s'agit d'un réseau commuté ou fortement segmenté.

8.6 Les systèmes de détection d'intrusion **basés sur la méthode d'analyse par signature** permettent d'identifier des attaques et des événements d'une manière rapide voire en temps réel. Cette méthode autorise un nombre de fausses alarmes relativement faible et ce type d'IDS est relativement facile à déployer. Les inconvénients de cette méthode d'analyse par signature sont identiques à ceux des logiciels antivirus. Comme eux, ils ne détectent que les événements dont la signature est préenregistrée. Les nouveaux scénarios d'attaques, les nouvelles formes d'intrusion et les nouveaux virus ne sont pas repérés. De ce fait, des mises à jour de la base de données de signatures doivent être effectuées fréquemment afin d'augmenter le degré d'efficacité des IDS qui, de toute manière, seront impuissants pour détecter une attaque de signature inconnue.

8.7 Un **système de détection d'intrusion** contribue à réaliser la disponibilité, l'intégrité des ressources et la confidentialité des données en évitant la destruction, la modification, le vol de données, l'infection virale, la mise en place de chevaux de Troie ou la prise de contrôle des systèmes par exemple. Cela renforce les critères de disponibilité, d'intégrité, de confidentialité. Il est toutefois difficile de faire totalement confiance aux systèmes de détection d'intrusion, du fait de leur mode de fonctionnement, ils peuvent être détournés et aucune garantie n'est donnée sur leur efficacité absolue. Il est impératif de surveiller leur fonctionnement, d'auditer leurs logs afin de valider leur adéquation aux besoins ou de les adapter pour qu'ils soient toujours performants.

8.8 On qualifie un système pare-feu de « mesure de sécurité architecturale » parce que l'implantation et la configuration du pare-feu résultent d'un choix d'architecture de réseau en fonction des besoins de sécurité. Son efficacité dépend de son positionnement par rapport aux systèmes qu'il doit protéger, de sa configuration, de sa gestion et des outils, mesures et procédures qui l'entourent.

8.9 Il est possible d'utiliser un système pare-feu, notamment les pare-feu applicatifs et proxy, pour, en plus de leur fonction initiale, répondre aux besoins de répartition et d'équilibrage de charge des serveurs sollicités. Des offres commerciales existent dans ce sens. Un responsable réseau devra alors choisir si une telle configuration est appropriée ou s'il serait plus judicieux de séparer les fonctions et d'avoir des systèmes dédiés à la gestion de charge.

8.10 Les principaux points communs sont la collecte des données qui les traversent, l'analyse de données et le filtrage avec blocage éventuel des données selon des critères préalablement définis.

8.11 Le masquage des adresses IP internes à une organisation a l'avantage de cacher au monde extérieur les informations qui pourraient être utilisées pour réaliser des attaques, accéder à des ressources, leurrer des systèmes (y compris les pare-feu) ou détourner les mesures de sécurité. Si une organisation n'est visible sur Internet que par une seule adresse IP et ne laisse rien deviner de son plan d'adressage privé ou de ses adresses IP du fait de l'usage de systèmes proxy bien configurés, elle dresse un rempart entre son environnement informatique et Internet, plus facile à surveiller et à défendre. On parle ici de NAT (*Network Address Translation*).

8.12 Une DMZ est la partie d'un système d'information qui se situe physiquement et logiquement entre le réseau interne de l'organisation et Internet et dont les accès sont spécialement protégés par des systèmes pare-feu et des routeurs filtrants, formant ainsi un sas de sécurité.

8.13 Parce que dans la plupart des situations il existe une zone de recouvrement où les comportements « normaux » à la marge (qui se situent en dehors de la moyenne des comportements observés) peuvent correspondre également à ceux observés pour des profils de comportements d'intrusion.

8.14 La notion de « faux positif » fait référence au fait qu'une alarme de sécurité soit générée à tort (il n'y a pas d'incident de sécurité) alors que celle de « faux négatif » est relative à un incident de sécurité non détecté. Dans ces deux cas, le système de sécurité à l'origine de la détection ou non d'incidents de sécurité réels n'est pas efficace.

8.15 La structure fonctionnelle d'un pare-feu est présentée par la figure 8.5.

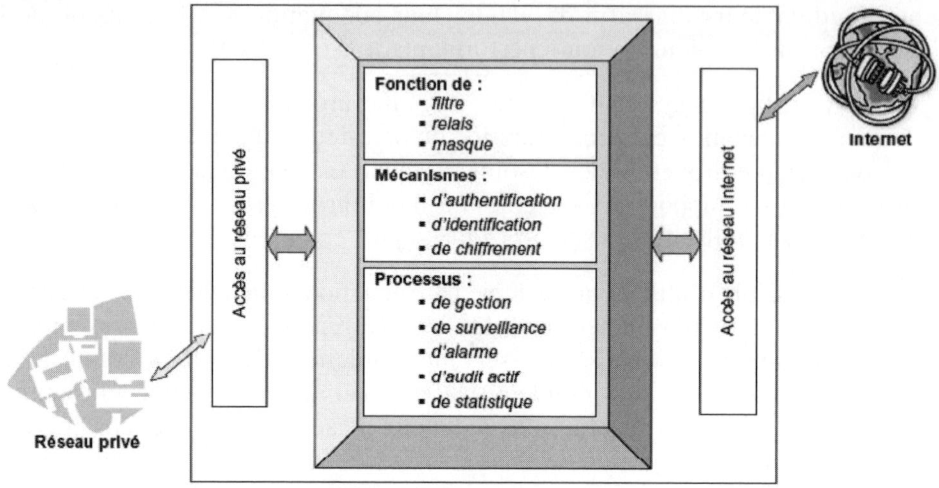

Figure 8.5 – Structure fonctionnelle d'un pare-feu.

8.16 Exemple de recommandations permettant de préserver la sécurité d'un système d'information lors du nomadisme :

- au niveau stratégique :
  - ◊ intégrer l'expression des besoins de nomadisme et de sécurité dans la politique de cybersécurité,
  - ◊ identifier les acteurs et activités concernés,
  - ◊ proposer des règles et conditions d'usage,
  - ◊ former les utilisateurs ;
- au niveau opérationnel :
  - ◊ disposer d'un équipement sécurisé, régulièrement contrôlé et mis à jour,
  - ◊ gérer l'authentification forte des utilisateurs et des points d'accès,
  - ◊ mettre en place des mécanismes de chiffrement assurant la confidentialité des données,
  - ◊ réaliser et utiliser des VPN,
  - ◊ configurer et gérer les systèmes pare-feu en conséquence,
  - ◊ localiser les systèmes accédés par les utilisateurs nomades dans une zone démilitarisée et cloisonner logiquement les différents environnements,
  - ◊ journaliser les événements liés au nomadisme afin de pouvoir comprendre *a posteriori* les incidents,
  - ◊ améliorer le niveau de sécurité.

LA SÉCURITÉ DES APPLICATIONS ET DES CONTENUS

9

PLAN

OBJECTIFS

- Présenter les outils, les mécanismes et les mesures de protection pour la messagerie électronique, ainsi que pour le support de diverses applications Internet.
- Aborder certains aspects de la sécurité de la téléphonie Internet.
- Examiner les problèmes et les éléments de solution de la sécurité du commerce électronique et des paiements en ligne.
- Considérer la sécurité des documents XML et des contenus.
- Traiter de la sécurité sous l'angle de la gestion des droits et des politiques électroniques.
- Étudier les problématiques de sécurité et de confiance liées aux pratiques des réseaux sociaux et à la désinformation.

9.1 MESSAGERIE ÉLECTRONIQUE

9.1.1 Une application critique

Bien que les messages électroniques circulent généralement en clair sur le réseau et que l'authenticité et l'intégrité des messages ne soient pas garanties, la messagerie électronique (e-mail, courriel) est une application vitale par les organisations. Dans ce contexte, il est impératif qu'elle soit disponible, performante, fiable et sûre.

9.1.2 Risques et besoins de sécurité

Les **risques de sécurité** encourus par l'usage d'un système de messagerie sont principalement liés :

- à la perte, l'interception, l'altération, la destruction de messages ;
- à la divulgation d'informations confidentielles, à la fuite de données ;
- à l'infection des systèmes par le biais de messages contenant des codes malveillants ;
- à l'ingénierie sociale, au *phishing*, à l'usurpation d'identité ;
- au harcèlement des utilisateurs, au spam, à l'inondation de messages (*junk mail*) ;
- au refus de service par défection d'un élément de la chaîne du système de messagerie ;
- à la répudiation (un acteur du système nie avoir envoyé ou reçu un message).

À ceux-ci sont associés tous les risques liés aux réseaux et à leurs modes de fonctionnement (attaques au niveau du routage, des serveurs de noms, etc.). Des **messages non sollicités** peuvent être le support d'escroqueries et d'arnaques de toute sorte, de campagnes de marketing agressif ou promouvant des produits interdits ou contrefaits. Virus et dérivés peuvent infecter les systèmes par le biais de la messagerie et porter atteinte à la confidentialité, à l'intégrité, à la disponibilité et aux performances des ressources.

Les impératifs de sécurité des systèmes de messagerie s'expriment en termes :
- de confidentialité et d'intégrité des messages ;
- de non-répudiation (preuve de l'émission, preuve de la réception, signature, certification des messages) ;
- d'authentification de l'identité de tous les acteurs du système de messagerie (utilisateurs, éléments intermédiaires, agents de transfert de messages, etc.).

Une parade à mettre en place consiste à installer de manière complémentaire, sur les serveurs et les postes de travail, des anti-spam et des **antivirus** afin d'identifier et d'éliminer les messages/programmes non sollicités.

Installer un serveur de messagerie de désincubation qui examine systématiquement, *via* plusieurs antivirus, tous les messages et leurs pièces jointes est parfois nécessaire.

9.1.3 Cas particulier du spam

L'anti-spam

Au sens large, le spam désigne l'envoi de messages électroniques non sollicités de manière massive et répétée, dans un objectif commercial ou très souvent à des fins malveillantes (*phishing*, prise de contrôle de l'ordinateur, introduction de programme malveillant, déni de service). Le plus souvent, le contenu des messages est illégal, trompeur ou préjudiciable et les adresses des destinataires sont obtenues à l'insu de leur propriétaire (en violation des lois relatives à la protection des données à caractère personnel). Le Règlement général de protection des données (**RGPD**), entré en vigueur le 25 mai 2018 dans toute l'Union européenne (UE) contribue, dans une certaine mesure, à limiter le spam.

Se prémunir contre le spam passe par l'installation d'un logiciel anti-spam. Le principe de base du filtrage du spam consiste à filtrer et à analyser chaque message électronique selon des critères particuliers préalablement fixés par le responsable du service de messagerie. Si le message correspond au critère de filtrage, il est alors considéré comme étant « polluant » et potentiellement indésirable, puis traité en conséquence. La fonction de filtrage du spam est réalisée avec plus ou moins d'efficacité au niveau des fournisseurs d'accès Internet et des serveurs de messagerie.

Le spam ne concerne pas uniquement la messagerie électronique, il touche aussi les messageries instantanées et la téléphonie par le biais de la voix sur IP et des SMS. Comme le *phishing* d'ailleurs qui se décline en ***smishing*** (*SMS phishing*) qui s'est généralisé sur les *smartphones*.

Contexte et nuisances

- *Spam, publicité et concurrence déloyale*

La publicité sur Internet, ne disposant pas d'un cadre légal spécifique, se réfère au droit de la publicité en général et doit respecter les règles applicables au commerce « classique » et au e-commerce.

Cela concerne la protection des jeunes internautes, le respect de la personne humaine, d'une publicité loyale, véridique et honnête, de l'intimité numérique des internautes et le confort de la navigation.

Le spam peut poser un problème du point de vue de la concurrence déloyale quand il est utilisé dans un but publicitaire. En effet, il peut être considéré comme une politique de vente ou de publicité agressive.

- *Spam et intention criminelle*

Lorsque les spammeurs agissent avec une intention criminelle, cette dernière peut être placée sur le plan du droit pénal. Même si les messages peuvent revêtir un caractère commercial, le contenu peut faire l'objet de poursuites.

- *Spam et pornographie*

Une grande majorité des messages de spam invitent à visiter des sites pornographiques. Cette action, notamment le fait de rendre accessibles de tels contenus à des personnes qui ne le désirent pas ou à des mineurs, est le plus souvent réprimée par le droit pénal des pays.

- *Spam, escroquerie, virus et vente de produits prohibés*

Le spam constitue souvent le moyen d'introduire des programmes malveillants et de prendre le contrôle des systèmes ciblés. L'introduction de virus peut être considérée comme une détérioration de données et est réprimée par le droit pénal, pour autant que ce virus ait provoqué des dégâts (modification, effacement ou mise hors d'usage des données). De plus, si le spam est le support à une escroquerie, celle-ci est aussi réprimée (délit classique réalisé *via* un nouveau support).

Régulation du spam

Deux visions s'opposent pour la régulation du spam : l'***opt-in*** « permission marketing » avec **consentement explicite préalable** de l'internaute pour recevoir du spam et l'***opt-out*** « désinscription », qui est en fait un droit d'opposition *a posteriori* de recevoir de tels courriers électroniques.

La Communauté européenne et la Suisse soutiennent la solution de l'*opt-in*, se basant sur la directive n° 2002/58/CE concernant le traitement des données à caractère personnel et la protection de la vie privée dans le secteur des communications électroniques (directive vie privée et communications électroniques), tandis que les États-Unis sont plutôt favorables à l'option *opt-out*.

Seule la complémentarité des approches technico-juridiques permet de lutter contre le phénomène du spam. Un spammeur de moins, découragé par une règle de droit ou empêché efficacement par une solution technique, contribue à faire diminuer le nombre de spams circulant sur Internet.

Une véritable économie souterraine s'est développée autour de la collecte, du commerce d'adresses e-mail et du profilage des internautes. Sur le Darknet, tout s'achète et tout se vend, y compris les adresses de messagerie exploitées à des fins de *phishing*, de *spamming*, d'escroqueries ou de relations commerciales. Les vols massifs des données relatives aux comptes utilisateurs de la majorité des fournisseurs de services en ligne en témoignent.

9.2 Protocoles de messagerie sécurisés

Pour pallier les principales limites sécuritaires inhérentes au mode de fonctionnement de la messagerie, de nouvelles versions de logiciels de messagerie intègrent des capacités de chiffrement et de signatures électroniques pour assurer la confidentialité, l'intégrité et l'authenticité des informations échangées et des correspondants. Le **protocole initial de messagerie SMTP** (*Simple Mail Transfer Protocol*) de l'environnement Internet a été enrichi au cours du temps, d'une part, pour supporter des contenus de messages multimédias et, d'autre part, pour intégrer des mécanismes de sécurité. Plusieurs sont disponibles actuellement, parmi eux, citons :

- le **protocole S/MIME** (*Secure Multipurpose Internet Mail Extensions* [RFC 3369, 3370, 3850 et 3851]) est une extension sécurisée du protocole de messagerie MIME qui intègre un processus de certification, orienté support de messages multimédias ;
- le **protocole PEM** (*Privacy Enhancement for Internet Electronic Mail*) est un standard proposé par l'IETF (*Internet Engineering Task Force* [RFC 1421, 1422, 1423, 1424]) pour chiffrer des messages électroniques. Il combine l'usage des algorithmes RSA et DES. Assez complexe, ce système est relativement peu utilisé ;
- le **protocole PGP** (*Pretty Good Privacy*) est une solution pour rendre confidentielle la transmission de messages et authentifier l'émetteur. Elle fut développée et mise à disposition sur Internet dès 1991, et une version OpenPGP existe également.

9.2.1 S/MIME

Un message est composé d'une enveloppe et d'un contenu. C'est sur l'enveloppe que sont spécifiées toutes les informations nécessaires au transfert du message et à sa remise. Le contenu, quant à lui, est structuré en en-tête dont l'objet est précisé par une ligne blanche, suivi du corps du message. Un identifiant unique du message (*Message-Id*) est associé à l'en-tête. À partir de cette définition de format de message a été développé le protocole de messagerie **SMTP** (*Simple Mail Transfer Protocol*).

Les limitations suivantes sont inhérentes au protocole SMTP :

- SMTP ne peut transmettre que des messages « texte » en ASCII 7 bits. Ainsi, les particularités des alphabets de certains langages ne peuvent être véhiculées par des messages SMTP, comme également les fichiers exécutables ou les objets binaires associés à un message ;
- des problèmes de conversion de formats ASCII-EBCDIC et de compatibilité de format des messages SMTP-X.400 peuvent survenir au niveau des passerelles de messagerie ;
- le rejet de message dont la taille est trop importante peut arriver au niveau des serveurs SMTP.

MIME (*Multipurpose Internet Mail Extensions*) répond aux restrictions précédentes (RFC 2045 à 2049), tout en étant compatible avec les spécifications de la RFC 822 (définissant le format des messages texte Internet ARPANET). Ainsi sont spécifiés :

- cinq nouveaux champs d'en-tête qui permettent de préciser le corps du message ;
- le support de contenus de type multimédia ;
- des facilités de conversion de formats.

S/MIME (*Secure Multipurpose Internet Mail Extensions*) en est une extension sécurisée qui propose, comme PGP d'ailleurs, des services d'authentification par signature et de confidentialité par chiffrement. L'usage du chiffrement permet également de vérifier l'intégrité des messages et d'assurer un service de non-répudiation. Ainsi, S/MIME, qui s'appuie sur un service de certification numérique (certificat X.509, voir le chapitre 5) permet de chiffrer tout type de contenu ainsi que les clés de chiffrement à destination d'un ou de divers destinataires.

La signature du message est réalisée par chiffrement, *via* la clé privée de l'émetteur (RSA, DSS), d'un résumé du message (*message digest*) créé par une fonction à sens unique SHA-1 ou MD5. Les clés de session sont générées *via* l'algorithme Diffie-Hellman. Les algorithmes de chiffrement RSA, DES, Triple DES, RC2/40, AES sont supportés par S/MIME.

9.2.2 PGP

Pour répondre au besoin de confidentialité et d'authentification de la messagerie électronique, certains utilisent les services offerts par **PGP** (*Pretty Good Privacy*). Il s'agit d'une solution s'exécutant sur un grand nombre de plate-formes et disponible gratuitement ou commercialement. Un de ses avantages réside dans le fait qu'elle n'a pas été développée par une agence gouvernementale ou par un organisme de normalisation, ce qui rassure certains internautes. De plus, ses sources sont disponibles, ce qui permet de s'assurer de l'absence de **porte dérobée** (*backdoor*) qui pourrait permettre l'espionnage ou la prise de contrôle à distance.

Cette solution se base sur l'algorithme IDEA pour le chiffrement de messages, sur MD5 pour le *hash* du résumé, sur RSA pour le chiffrement du résumé et pour l'échange de la clé privée nécessaire à IDEA. Cette dernière est générée de façon aléatoire au moment du chiffrement et utilisée une seule fois. PGP utilise optionnellement la compression (ZIP) d'un message avant son chiffrement. On mémorise localement la ou les clés secrètes de l'utilisateur, qui sont elles-mêmes chiffrées. Cet ensemble de fonctions est relativement facile à mettre en œuvre et bien documenté.

PGP propose cinq types de services permettant de renforcer la sécurité des messages transférés, à savoir : l'authentification par signature digitale, la confidentialité, la compression ZIP, la compatibilité, ainsi que la segmentation et le réassemblage.

Lors de l'**authentification** par signature digitale, l'émetteur crée un message à partir duquel un résumé (*hash*) d'une longueur de 160 bits est généré en utilisant l'algorithme SHA-1. Ce *hash* est ensuite chiffré avec la clé privée de l'émetteur et l'algorithme RSA. Il est alors transmis au destinataire avec le message. À la réception, le récepteur décode le *hash* avec la clé publique de l'émetteur. Il génère un nouveau *hash*, par la même fonction à sens unique SHA-1, et le compare avec celui reçu et déchiffré. S'ils correspondent, le message est authentifié.

La **confidentialité** des messages est assurée par chiffrement. Divers algorithmes de chiffrement symétrique et à clés publiques sont applicables : CAST, IDEA, Triple DES, Diffie-Hellman ou RSA. Les clés de chiffrement symétrique ne sont utilisées qu'une seule fois et pour un seul message.

Pour répondre au problème de la distribution des clés de sessions, on utilise le chiffrement à clé publique. La clé de session est un nombre aléatoire de 128 bits généré par l'émetteur. Elle est chiffrée en utilisant la clé publique du destinataire et RSA. Le message est chiffré par l'algorithme CAST-128, IDEA, DES ou AES par exemple. Le destinataire décode la clé de session avec sa clé privée et cette clé de session est ensuite utilisée pour déchiffrer le message original.

Les services d'authentification et de confidentialité peuvent être associés.

La **compression ZIP** des données est faite après la réalisation de la signature du message et avant son chiffrement. Certains mécanismes de conversion de formats sont effectués par PGP pour assurer la compatibilité entre systèmes de messagerie. Enfin, des fonctions de fragmentation de message et de réassemblage sont mises en œuvre pour une adaptation aux diverses restrictions de taille des messages supportée par les systèmes.

Le chiffrement des messages par la solution OpenPGP est défini par le *OpenPGP Working Group* de l'*Internet Engineering Task Force* (IETF) sous la RFC 4880

OpenPGP Message Format et est largement supporté par les différentes plateformes de messagerie et systèmes d'exploitation.

9.2.3 Recommandations pour sécuriser un système de messagerie

Parmi des directives élémentaires qui contribuent à protéger un système de messagerie, retenons :

- du côté du serveur :
  - ◊ implanter des logiciels antivirus et anti-spam,
  - ◊ configurer correctement le serveur et assurer une gestion opérationnelle de qualité (gestion des incidents et des performances) pour en assurer disponibilité et fiabilité, surveiller les activités (*monitoring*),
  - ◊ éviter les comptes de maintenance par défaut,
  - ◊ assurer une protection physique du serveur ;
- du côté de l'utilisateur :
  - ◊ installer, gérer et imposer l'usage de logiciels antivirus,
  - ◊ définir des règles d'utilisation de la messagerie,
  - ◊ sensibiliser suffisamment les utilisateurs aux risques encourus,
  - ◊ faire s'engager les utilisateurs sur un usage approprié des ressources informatiques (établir, faire connaître et respecter une charte d'utilisation des ressources, programmes de sensibilisation, etc.),
  - ◊ configurer correctement le poste de travail de l'utilisateur et son application de messagerie,
  - ◊ implanter des versions de messagerie sécurisées,
  - ◊ utiliser des procédures de chiffrement pour les messages confidentiels et réaliser l'authentification des sources.

Messagerie instantanée : Au sein des organisations, une analyse des risques, une politique d'usage et un plan de sensibilisation doivent encadrer les pratiques de messageries instantanées.

9.3 Sécurité de la téléphonie Internet

9.3.1 Contexte et éléments d'architecture

La voix sur IP (**VoIP**, *Voice over IP*) permet à des équipements IP de téléphoner en s'affranchissant des opérateurs téléphoniques classiques. Les données vocales sont paquétisées, mises en paquets IP. Ces derniers doivent être livrés au destinataire, dans le bon ordre et sans perte, avec une certaine qualité de service, pour que la communication soit fluide, sans délai excessif ni écho. Bien que la téléphonie soit appréhendée comme une application comme une autre, elle s'appuie sur des protocoles additionnels de session pour supporter la synchronisation des données et l'interactivité des interlocuteurs en temps réel.

Le plus souvent, cela passe par la mise en œuvre de protocoles d'**établissement de session SIP** (*Session Initiation Protocol*) ou **H.323**[1] tel que défini par l'Union internationale des télécommunications. Les protocoles sous-jacents de niveau Transport peuvent être TCP ou UDP. En fait, plusieurs protocoles interviennent, notamment dans le contexte d'une architecture H.323 (ils correspondent à diverses mises en œuvre, caractéristiques et divers modes de communication [H.245, H.225, H.332, H.246]), ou dans le contexte de profils de sécurité (série H.235) nécessaires à la réalisation de la transmission de la voix.

Des vulnérabilités existent au niveau des protocoles liés à la téléphonie mais aussi à celui des logiciels de gestion des appels et des équipements eux-mêmes (téléphones IP mobiles ou non), ce qui affecte la sécurité des applications de téléphonie sur le réseau Internet. Aux vulnérabilités spécifiques s'ajoutent toutes celles liées aux infrastructures et aux protocoles d'Internet et la malveillance. Ainsi par exemple, les attaques en déni de service, en particulier, impactent la disponibilité des services de gestion des appels et de réalisation des communications, ce qui peut être très grave si l'on considère que la téléphonie doit obligatoirement permettre de joindre les **services d'urgence**.

Non seulement la voix sur IP nécessite du réseau des performances particulières en termes de temps de réponse, délai, synchronisation des données et qualité de service, mais elle impose aussi qu'il puisse être en mesure de supporter les trafics relatifs aux appels vers les numéros d'urgence (pompier, police, etc.). Cela demande une **disponibilité** et une capacité de transport permanente de l'infrastructure (24h/24, 7 jours sur 7), ce qui, théoriquement, n'est pas garanti pour des applications de transmission de données en commutation de paquets IP. De plus, des routeurs, les passerelles d'interconnexion ou des systèmes pare-feu peuvent considérablement altérer la qualité de la téléphonie en introduisant des variations de délai (gigue), en retardant les appels, en les bloquant, détruisant ou perdant certains paquets par exemple. En fait, la téléphonie sur IP nécessite également des systèmes pare-feu ou de détection d'intrusion spécialement adaptés à son support.

Des problèmes de performances peuvent survenir du fait que la téléphonie sur IP manipule divers types d'adresses (adresses IP assignées le plus souvent de manière dynamique, adresses MAC, adresses téléphoniques), qu'il existe, dans une architecture IP, des systèmes d'allocation dynamique des adresses IP (serveur DHCP, *Dynamic Host Configuration Protocol*) et des convertisseurs d'adresses (NAT, *Network Address Translation*).

Du fait du caractère interactif et relativement « temps réel » du dialogue téléphonique entre deux ou plusieurs correspondants simultanément (notion de conférence téléphonique à plusieurs interlocuteurs), le réseau doit être en mesure de supporter ce type de flux apparenté à des flux multimédias.

Comme toutes les applications supportées par Internet, la téléphonie peut elle aussi subir les conséquences d'attaques ou d'incidents touchant l'infrastructure Internet. Le

1. H.323 v7 : H SERIES: *Audiovisual and multimedia systems*; *Infrastructure of audiovisual services – Systems and terminal equipment for audiovisual services*.

spam affectant la téléphonie sur IP (**SPIT**, *Spam over Internet Telephony*) est courant, tout comme l'est d'ailleurs le spam ciblant les messageries instantanées (**SPIM**, *Spam over Instant Messaging*), pouvant non seulement convoyer des messages publicitaires non sollicités mais aussi des codes malveillants. Contrairement aux filtres anti-spam qui peuvent bloquer des spams relatifs à la messagerie électronique, il est beaucoup plus difficile de contrer le SPIT du fait de la notion de conversation en « temps réel ». Par ailleurs, les écoutes sont possibles *via* des analyseurs de protocoles, des outils de capture de paquets IP, et des atteintes à l'intégrité des messages peuvent se réaliser par des attaques de type *Man-in-the-middle*. Le reroutage de paquets permet également d'intercepter des conversations téléphoniques.

9.3.2 Éléments de sécurité

Le chiffrement des données peut être effectué au niveau du protocole IP (en utilisant IPSec, mais cela ne permet plus de faire de la téléphonie à plusieurs) ou au niveau Transport. La mise en œuvre de la version sécurisée du protocole RTP (*Real-time Transport Protocol*, RFC 3550), ***Secure Real-time Transport Protocol*** (SRTP, RFC 3711), permet le chiffrement des données transmises, l'authentification des messages, l'intégrité et la protection contre les attaques de type « rejeu » des paquets IP, pour des flux unicast et multicast, y compris pour des communications sans fil.

Un paquet est rejoué lorsqu'il est stocké puis réinjecté dans le réseau, ce qui peut être évité avec l'authentification du message car chaque SRTP récepteur maintient une liste de paquets déjà reçus.

La version sécurisée du protocole *Real time Transport* (SRTP) peut également renforcer la sécurité du protocole RTCP (*Real-time Transport Control Protocol*, RFC 3350). SRTP intègre aussi un service de gestion de clés de chiffrement et de génération de clés de session, à partir d'une clé maîtresse, qui peuvent être « rafraîchies » (changées) périodiquement, limitant ainsi la durée de vie d'une clé, ce qui augmente globalement la robustesse du système de chiffrement.

SRTP peut être utilisé pour supporter tous types de sessions multimédias et d'échanges de données, indépendamment du protocole de session (SIP ou H.323). Son usage n'est donc pas limité à la téléphonie et il existe différents profils de sécurité et variantes de sécurité.

Par ailleurs, l'IETF propose un **mécanisme de gestion de clés de chiffrement**, *Multimedia Internet Keying* (MIKEY, RFC 3830), qui tient compte des besoins des applications multimédias (*streaming*, temps réel, unicast, multicast) et qui peut être mis en œuvre avec SIP ou STRP. Cela permet d'établir des associations de sécurité, éventuellement multiples, avec une négociation possible des clés de chiffrement et des paramètres de sécurité. MIKEY autorise l'authentification des utilisateurs selon trois options, à savoir : la distribution de clés symétriques, de clés asymétriques ou de signatures digitales *via* l'algorithme Diffie-Hellman.

Par défaut, ce sont les algorithmes AES/SHA-1 et les certificats X.509v3 qui sont mis en œuvre. La taille de la clé d'authentification est fixée également par défaut à 160 bits.

SIP (*Session Initiation Protocol*) est un protocole d'application de contrôle de la signalisation, spécifié par l'IETF (RFC 3261 ; RFC 3265) pour créer, modifier et terminer des sessions entre un ou plusieurs participants pour supporter de la téléphonie, la distribution de contenus multimédias ainsi que des conférences multimédias. L'établissement d'une session SIP permet de négocier certains paramètres et passe par des serveurs proxy qui supportent, entre autres, l'enregistrement des utilisateurs, l'établissement des routes entre émetteurs et destinataires, l'authentification des utilisateurs et l'autorisation de l'accès aux services.

Souvent considéré comme plus simple que l'architecture H.323, SIP est un protocole de niveau applicatif qui peut s'exécuter au-dessus de TCP, de SSL/TLS, d'UDP ou de SCTP (*Stream Control Transmission Protocol*, RFC 2960). TLS peut être mis en œuvre au-dessus de SCTP (RFC 3426) et également au-dessus de IPSec (RFC 3554). La RFC 3261 spécifie également les services de sécurité pour le protocole SIP.

Aux différents points d'une architecture SIP, des mécanismes d'authentification peuvent être mis en œuvre, généralement sous la forme d'un « *challenge-response* », qui est une version améliorée du *digest* d'authentification HTTP (RFC 2617 (*HTTP Authentication: Basic and Digest Access Authentication*). Cela fait intervenir un *nonce* (*number used once*), qui permet de calculer le *digest* (résumé) du mot de passe selon l'algorithme MD5 afin que le mot de passe ne soit jamais transmis en clair sur le réseau. Cela permet également d'éviter les attaques par dictionnaire ou de type rejeu.

Les messages SIP peuvent inclure des messages MIME. Aussi, la version sécurisée S/MIME peut être utilisée pour offrir des services de confidentialité et d'intégrité des contenus transférés, basés sur l'usage de certificats numériques. Pour protéger en plus les en-têtes SIP, il est proposé que les messages SIP soient véhiculés *via* des « tunnels » S/MIME (*tunneling* des messages SIP), ce qui alourdit considérablement les performances et fait que, dans la majorité des usages, aucun service de sécurité n'est mis en œuvre pour supporter les dialogues téléphoniques.

Par ailleurs, des mécanismes additionnels de sécurité continuent à être régulièrement proposés au sein de l'IETF pour renforcer la sécurité des flux multimédias. Le chiffrement des données augmente leur taille et introduit des délais de traitement souvent incompatibles avec les exigences de qualité de service requises par des applications en temps réel. Ainsi, force est de constater qu'en pratique aucune sécurité n'existe, que la prise de contrôle à distance des ordinateurs « clients », comme l'interception des communications ou encore le détournement des capacités des systèmes et des réseaux, sont une réalité qu'aucun mécanisme cryptographique ne peut empêcher. En effet, ces derniers peuvent être cassés ou contournés.

Les principales mesures de sécurité de la voix sur IP sont les suivantes :

- l'usage du chiffrement de bout en bout et de VPN ;
- la surveillance en temps réel et permanente du serveur VoIP : installer des correctifs de sécurité dès leur disponibilité, assurer la qualité du service, activer un antivirus approprié et utiliser des pare-feu applicatifs spécialisés ;
- la conversion d'adresses pour masquer les adresses IP des téléphones ;

- l'authentification des utilisateurs et de leurs appareils.

Une politique de sécurité concernant la téléphonie et les applications de téléconférence doit exister et être régulièrement validée.

9.4 Mécanismes de sécurité des applications Internet

Répondre aux besoins d'**authentification des applications** communicantes *via* Internet est nécessaire pour effectuer des transactions de manière fiable. Être sûr d'une source et d'un destinataire permet d'établir la confiance nécessaire à la réalisation d'une communication. Des protocoles cryptographiques, comme l'usage de certificats numériques, permettent de répondre à ce besoin.

9.4.1 *Secure Sockets Layer* (SSL) – *Transport Layer Security* (TLS)

SSL (*Secure Sockets Layer*) permet d'assurer la sécurité des échanges applicatifs indépendamment du protocole (figure 9.1). La majorité des navigateurs Internet intègrent SSL, dont l'usage est transparent à l'utilisateur ; seule l'icône d'un cadenas fermé figure la mise en œuvre de SSL.

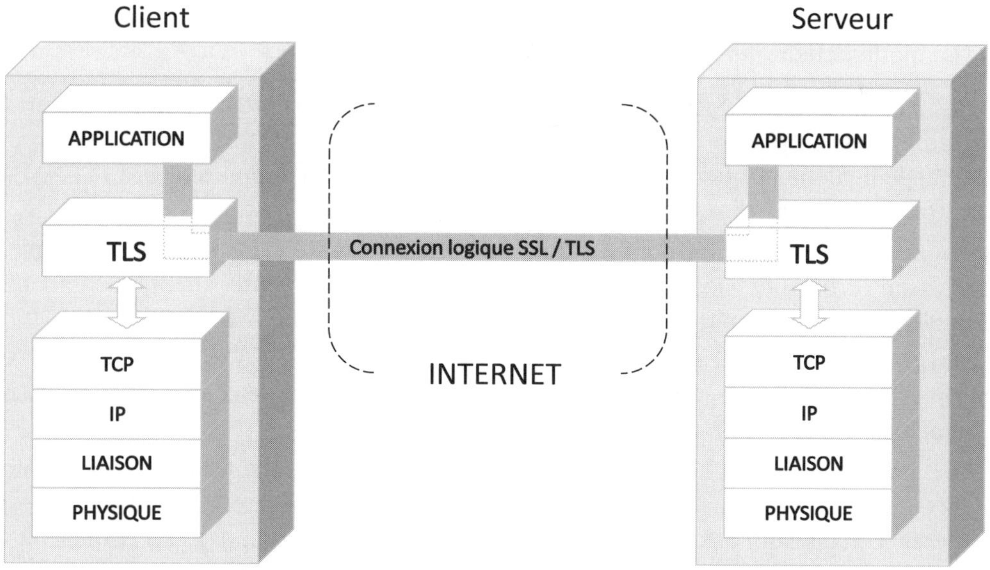

Figure 9.1 – La sécurité des flux applicatifs par SSL.

SSL permet de chiffrer les communications entre deux machines et d'assurer la confidentialité des données, l'authentification de l'utilisateur et du serveur, ainsi que l'intégrité des données par signature électronique (*via* des certificats numériques et la mise en œuvre du chiffrement asymétrique).

Le protocole SSL initialise une connexion logique avec une machine distante par un mécanisme dit de **poignée de main** (*handshake*). Les deux entités communicantes peuvent s'authentifier *via* une procédure et une autorité de certification. Le niveau de sécurité à appliquer au transfert est en fonction des algorithmes de chiffrement et de la longueur des clés supportées par les deux entités communicantes.

Sur requête d'un client, un serveur envoie un certificat, signé par l'autorité de certification, avec sa clé publique. Le client, en vérifiant la validité du certificat, authentifie le serveur, puis génère une clé de session, la chiffre avec la clé publique du serveur et l'envoie à ce dernier. Client et serveur peuvent alors chiffrer/déchiffrer les données avec la clé de session qu'ils sont seuls à connaître.

Les données sont chiffrées et transmises *via* un canal de communication logique « SSL » qui opère entre les couches Application et Transport. SSL offre ainsi un service d'authentification du serveur (et éventuellement du client avec la version 3), de confidentialité et d'intégrité des données échangées.

Il a été démontré que SSLv2 (chiffrement avec une clé de 40 bits) était vulnérable à des attaques de type *Man-in-the-middle*, qui interceptent l'échange lors de l'établissement de la connexion sécurisée avec substitution du serveur, et a été remplacé par SSLv3 qui utilise une clé de 128 bits. **SSLv3** a été repris et transformé par l'IETF pour donner le protocole **TLS** (***Transport Layer Security***, RFC 5246, 8446). Le protocole DTLS (*Datagram Transport Layer Security*) en est l'équivalent en mode datagramme (RFC 6347, 5746, 7025).

L'implantation de SSL/TLS a un fort impact du côté du serveur du fait de la certification. Cela implique un dialogue avec une autorité de certification reconnue et demande également que les relais applicatifs des pare-feu supportent SSL/TLS. La certification est parfois considérée comme un frein.

Lors d'une transaction commerciale sur Internet, SSL/TLS peut, par exemple, sécuriser la transmission du numéro de carte de crédit entre client et vendeur. L'authentification du numéro de la carte de crédit reste à faire hors Internet.

TLS offre des services de sécurité équivalents à ceux de **SSLv3** et remplace ce dernier. La couche de transport sécurisée met en œuvre deux protocoles : ***TLS Record Protocol*** et ***TLS Handshake*** *via* le protocole TCP.

Le premier offre un service de connexion logique privée entre deux correspondants et sécurisée *via* un chiffrement symétrique (DES, RC4, etc.). La clé secrète est générée à chaque connexion par le protocole (de poignée de mains) *TLS Handskake*. Le protocole *TLS Record* supporte également un service de vérification d'intégrité *via* la mise en œuvre d'une fonction de hachage comme SHA ou MD5 par exemple.

Par ailleurs, l'implémentation du **protocole SSH** (*Secure Shell*) autorise également un échange de données chiffrées et l'authentification d'un client et d'un serveur (notion de canal de transport sécurisé).

9.4.2 *Secure*-HTTP (S-HTTP)

L'extension au protocole HTTP, S-HTTP (*Secure*-HTTP), offre un service de sécurité uniquement pour les flux de données HTTP. Il s'agit d'un protocole applicatif et non de transport (contrairement à SSL/TLS). Toutefois, **S-HTTP** offre de manière complémentaire, mais au niveau applicatif, les mêmes facilités de sécurité que TLS, avec les mêmes contraintes de certification. Cette solution peut se trouver également implantée au niveau des navigateurs Internet. Un même serveur web peut supporter les protocoles S-HTTP et TLS, qui interviennent à différents niveaux de la communication. La sécurité d'une transaction peut alors être augmentée en invoquant les services de S-HTTP et de TLS, mais attention aux performances.

Attention de ne pas confondre S-HTTP avec **HTTPSecure** (**HTTPS**), qui est une implémentation de HTTP sur TLS.

9.5 Sécurité du télétravail

Travailler depuis l'extérieur de son entreprise nécessite généralement de pouvoir accéder à distance à son système d'information *via* Internet. Ainsi toutes les mesures stratégiques et opérationnelles précédemment présentées s'appliquent.

L'organisation doit être en mesure de fournir à ses collaborateurs un logiciel qui permet notamment de créer une connexion sécurisée, dont l'origine et la destination sont authentifiées, entre le poste de travail de ces derniers et son système d'information dont l'architecture a été adaptée pour supporter le télétravail. Un grand soin devrait être apporté au choix des outils de communication, surtout pour ce qui concerne l'usage de solutions de visioconférence pour lesquelles il n'y a pas de service de sécurité ni de confidentialité des données.

Les principales mesures à mettre en œuvre du côté du collaborateur sont les suivantes :

- Disposer si possible d'un ordinateur exclusivement réservé à l'activité professionnelle.
- Bien séparer les usages privés et professionnels.
- Utiliser la messagerie professionnelle (et non une messagerie privée gratuite).
- Éviter de laisser l'ordinateur à disposition de tous et en interdire l'accès.
- Paramétrer la mise en veille de l'ordinateur.
- Ne pas laisser de connexions ouvertes durant de longues périodes.
- Éteindre l'ordinateur dès que possible après usage.
- Utiliser des connexions sécurisées par une technologie VPN fournie par l'employeur.
- Choisir des mots de passe robustes y compris pour l'accès au Wi-Fi domestique.
- Utiliser les services de chiffrement des données et des protocoles cryptographiques.
- Désactiver l'option « partage de fichiers ».

- Faire des sauvegardes sur le cloud de l'entreprise, sur des clés USB mais non des solutions de cloud privé.
- Éviter d'être en situation où le vol physique est possible.
- Suivre les recommandations de sécurité de l'employeur.

9.6 Sécurité du commerce électronique et des paiements en ligne

9.6.1 Contexte du commerce électronique

La question du **commerce électronique** (e-commerce) peut être envisagée sous l'angle de la problématique du commerce avec les **consommateurs** (*Business to Consumer*, B2C), ou celle **interentreprises** (*Business to Business*, B2B). Seront classées dans la même catégorie les variantes associées par exemple à la **cyber-administration (e-administration)**, sorte de commerce électronique entre le citoyen et les institutions publiques. Cette distinction peut avoir son importance, d'une part, au niveau juridique puisque le droit commercial différencie en général les transactions interentreprises de celles opérées avec le consommateur et, d'autre part, au niveau de la problématique, car les transactions sont en général structurées différemment. Dans tous les cas, la sécurité est primordiale.

Le commerce électronique pose des problèmes de sécurité informatique semblables à ceux rencontrés avec les applications stratégiques d'une entreprise avec en plus un risque élevé de fraude. Des mesures antifraudes peuvent être sous-traitées par des sociétés spécialisées pour accompagner la mise en place de solutions de commerce en ligne.

La **protection des transactions commerciales** sur Internet repose sur une **démarche globale de gestion de la sécurité**, de protection des valeurs de l'entreprise et du consommateur, de la maîtrise des risques, et sur la mise en place de procédures et d'outils de sécurité du côté des clients et des marchands, y compris pour assurer la sécurité des paiements en ligne. Elle exige aussi la sécurisation du transfert de données entre le client et le serveur. La difficulté de mise en œuvre de solutions efficaces de sécurité provient du fait qu'elles doivent être à la fois d'ordre technologique, procédural, réglementaire, organisationnel, humain et managérial. Ces multiples facettes sont donc à intégrer de façon cohérente et doivent être acceptées et gérées efficacement par l'ensemble des acteurs intervenant dans une transaction commerciale ou financière.

9.6.2 Risques particuliers

Les problèmes de sécurité se posent au niveau du client, du réseau et du site informatique de l'entreprise commercialisant des produits ou des services.

Les **risques encourus par le client** sont relatifs à la divulgation d'informations confidentielles ou d'ordre privé et à leur usage illicite (fichage, détournement, usurpation d'identité, atteinte à la vie privée, etc.), au leurre et à l'infection virale. D'autre part, il faut ajouter ceux liés aux escroqueries et à la non-livraison de produits commandés et payés (produit contrefait, ne correspondant pas à la commande, etc.).

D'un point de vue purement informatique, un **risque majeur pour l'entreprise** est celui de l'intrusion de son environnement informatique à partir de son site marchand, autorisant toute une série de malveillances. Cela peut engendrer des pertes financières, d'exploitation, de production, d'image et de savoir-faire qui peuvent être importantes, pouvant aller jusqu'à mettre en péril la compétitivité et la survie de l'entreprise. Le risque de détérioration de réputation et d'image par défiguration de site web est considéré comme grave, il doit donc être pris en considération. Les risques de fraudes et d'escroqueries ne sont pas négligeables, des mesures de contrôle et de validation parfois lourdes à mettre en place sont nécessaires.

9.6.3 Sécuriser la connexion entre l'acheteur et le vendeur

Assurer la sécurité des transactions commerciales revient souvent à sécuriser la **connexion Internet entre le client et le vendeur**, en négligeant parfois de sécuriser le poste client lui-même et de renforcer la sécurité de l'environnement informatique du vendeur.

Une connexion Internet peut être établie de manière sécurisée entre un navigateur et un serveur web *via* l'usage de TLS. Cela assure, de façon transparente pour l'utilisateur, le chiffrement des données et l'authentification du serveur. Ainsi, un niveau de sécurité suffisant est atteint pour transmettre, par exemple, un numéro de carte de crédit sur le réseau. Le risque pris alors par le client n'est pas plus grand que celui qu'il prendrait dans le monde réel en payant avec sa carte de crédit, mais cela ne répond pas aux problèmes d'usages frauduleux de cartes de crédit ou de fausses cartes.

Rendre confidentielle uniquement la transmission d'un numéro de carte de crédit n'est pas suffisant pour protéger la transaction commerciale. Il faut que les informations sensibles le soient tout au long de la chaîne de traitement et de leur durée de vie.

Le vendeur doit assurer la confidentialité des données lors de leur stockage et durant les **demandes d'autorisation de paiement**. Celles-ci peuvent être réalisées en ligne par le biais de connexions sécurisées également par TLS.

Les principaux opérateurs de cartes de crédit (Visa, MasterCard, American Express) et de nombreux acteurs du monde Internet ont tenté de promouvoir le déploiement de **SET** (*Secure Electronic Transaction*), qui ne s'est jamais réellement imposé et qui, depuis 2008, a été remplacé par des solutions permettant de mieux contribuer à limiter les fraudes liées à de fausses cartes de crédit ou à des cartes volées, comme, pour ne donner que deux exemples, **3-D Secure** (service « *Verified by Visa* ») ou ***MasterCard SecureCode***.

Lors de l'achat en ligne par carte de crédit, le site marchand demande à la banque de l'internaute acheteur d'authentifier celui-ci afin de s'assurer que l'achat est réellement émis par le détenteur de la carte et que la carte est bien réelle. Cela reporte la responsabilité de l'authentification sur la banque du consommateur, qui doit être en mesure de recourir à des solutions d'authentification robustes. Ainsi, la sécurité des achats est renforcée si le détenteur de la carte est inscrit par exemple au service « *Verified by Visa* » ou « *MasterCard SecureCode* », qui utilisent Internet et un canal de communication séparé, comme le téléphone portable (notamment *via* des SMS), pour obtenir un code à usage unique que l'usager doit fournir pendant la procédure de paiement en ligne.

De nouvelles manières de payer et de s'authentifier émergent comme le paiement par reconnaissance faciale par exemple (notamment en Chine) ou encore *via* des puces électroniques implantées sous la peau. L'usage étendu du téléphone portable pour accéder à des moyens de transport, associé à des paiements par mobile, préfigure une société sans argent liquide (*cashless society*) mais où la surveillance et la traçabilité des flux et des personnes sont réelles. Le paiement sur Internet, à partir du téléphone portable (m-paiement) se développe, comme également les solutions qui reportent les montants dépensés sur Internet sur la facture de l'opérateur téléphonique de l'acheteur.

9.6.4 Sécurité des paiements en ligne

Caractéristiques

Bien qu'il ne faille pas restreindre la notion de commerce électronique au paiement en ligne, celui-ci constitue souvent le facteur de risque prépondérant.

Dans le domaine du **commerce électronique interentreprises**, l'essentiel des transactions est réglé par des moyens de paiement traditionnels, par virement bancaire par exemple. Des solutions de présentation électronique des factures (**EBPP**, *Electronic Bill Presentment and Payment*) existent. La facture est dématérialisée et peut être transmise directement à la banque du client. Celui-ci peut alors la consulter en ligne et en valider le règlement *via* une interface de ***e-banking***. Le paiement se fait par virement direct de banque à banque.

Dans le domaine du **commerce électronique avec le consommateur**, le mode de paiement par **carte de crédit** est encore très répandu en termes à la fois de nombre de cartes en circulation mais aussi de nombre d'entreprises déjà autorisées à recevoir des paiements par carte, que ce soit en présence du client ou par téléphone. Sur Internet, comme dans la vente à distance, la transaction commerciale est réglée sur présentation des informations indiquées sur la carte. Ces informations doivent être traitées de façon confidentielle, c'est pourquoi les sites de commerce sécurisent la communication avec leurs clients, le plus souvent par une connexion TLS. Dans la plupart des cas, le compte du client est débité immédiatement, néanmoins le vendeur peut aussi réserver un certain montant sur la carte, pour le débiter ensuite, par exemple lors de l'expédition des produits.

Mode opératoire

Le **principe de fonctionnement** du paiement est simple. Le vendeur qui a préalablement passé un contrat de type vente à distance avec les sociétés émettrices des cartes de crédit établit un autre contrat avec un opérateur de passerelle de paiement. Une fois ces éléments contractuels établis, le vendeur dispose d'un accès sécurisé à des **interfaces applicatives** (**API** ou service web) permettant de réaliser différentes opérations comme le paiement, la réservation d'un montant ou la vérification de la carte. Le vendeur construit une application web capable de demander à l'acheteur les informations sur la carte en mode sécurisé. Il récupère ces informations et appelle ensuite, en mode sécurisé, l'interface applicative proposée par la passerelle de paiement. Il lui transmet les paramètres de la transaction (information sur la carte, montant et devise). La passerelle exécute la transaction et renvoie un code permettant de prouver que la transaction a bien eu lieu. En cas de problèmes (insolvabilité, carte bloquée, informations incorrectes, etc.), la passerelle renvoie un code d'erreur que l'application devra gérer.

Certaines passerelles proposent aussi un mode de fonctionnement dans lequel l'utilisateur est en fait **redirigé sur leur site web** dès lors qu'il s'agit d'exécuter le paiement. L'avantage de cette solution en termes de sécurité est que le vendeur n'aura pas connaissance des informations liées à la carte de crédit. Il s'affranchit ainsi des risques associés au stockage de ce type d'information (et au piratage éventuel de cette base). La limite de ce système est qu'en général la conception de l'application de paiement diffère de celui du site du commerçant. En termes de communication et d'image, ce changement de *design* n'est pas idéal car il peut inquiéter le client utilisateur.

Les opérateurs de carte ont ajouté un code, le **CVV** (*Card Verification Value Code*), de trois ou quatre chiffres imprimés sur la carte. À la différence des autres informations présentes sur la carte, il n'est pas en relief et n'est donc pas reproduit sur les facturettes. Les opérateurs dénomment ce code de différentes façons : CVV2 chez Visa, CVC2 chez MasterCard, et CID chez American Express. Il s'agit d'un cryptogramme visuel de sécurité qui se trouve au recto ou au verso de la carte afin de s'assurer que seul le détenteur de la carte physique est en mesure de lire cette information. Ainsi, si un fraudeur possède uniquement le numéro de la carte et sa date de validité, il ne sera pas autorisé à finaliser la transaction.

Les opérateurs ont rédigé des recommandations vis-à-vis des vendeurs en ligne. Ces meilleures pratiques, comme celles exprimées par le ***Payment Card Industry Data Security Standard*** (PCI DSS), permettent, si elles sont respectées, d'améliorer la sécurité des paiements par carte de crédit.

Certains opérateurs ont également développé des **processus d'audit** permettant de contrôler la sécurité des infrastructures mises en place par les vendeurs. Ainsi, le programme *Verified by Visa* prévoit l'enregistrement des données relatives à la carte de crédit chez Visa. Ces données sont associées à un nom d'utilisateur et à un mot de passe. Les vendeurs ayant adhéré à ce programme acceptent des paiements par carte de crédit sans toutefois manipuler les données de la carte. Celles-ci restent chez l'opérateur émetteur de carte. Elles y sont protégées par le mot de passe de l'utilisateur. Ce nouvel élément que le porteur « connaît » est essentiel, car il ne figure pas sur la carte. S'il devait se généraliser, il permettrait d'éviter qu'un tiers trouvant ou dérobant une carte ne puisse s'en servir pour réaliser des achats en ligne. Par ailleurs, le système de paiement en ligne mis en place par la société américaine PayPal, fondée en 1998 permet le **micropaiement** et les **transactions entre consommateurs.** En créant un compte PayPal, l'utilisateur fournit ses coordonnées bancaires (cartes de crédit, de débit, comptes bancaires). La solution offre l'avantage de ne pas divulguer les informations de paiement au vendeur. Depuis pléthore d'offres d'argent dématérialisé, de cryptomonnaies, de possibilités de paiement, y compris sans contact (NFC, *Near Field Communication*), de porte-monnaie électroniques existent (Google Pay, Apple Pay, Twint, Bitcoin...).

9.6.5 Sécuriser le serveur

Sécuriser le serveur revient à contrôler les requêtes qui lui sont adressées et à renforcer la sécurité de la plateforme matérielle et logicielle du serveur et celle du système d'information avec lequel il interagit pour réaliser le service demandé. Au-delà de la stricte configuration de la machine appelée à héberger le serveur, il est généralement recommandé de protéger les environnements de support au commerce électronique par des mesures de cloisonnement et de détection d'intrusion (voir le chapitre 8).

Protéger les données consiste aussi à en limiter les accès et à les rendre disponibles. Ce dernier point est important et relève plus du génie logiciel, de la gestion des configurations et des sauvegardes (*back-up*), du dimensionnement et de la redondance des serveurs, des capacités du réseau, de la gestion de réseau que des outils de sécurité à proprement parler.

9.6.6 Notion de contrat dans le monde virtuel

Au-delà des aspects organisationnel et technique liés à la mise en place de toute activité commerciale, il est important de pouvoir **matérialiser la notion de contrat** lors d'échanges commerciaux électroniques. Dans le monde immatériel, l'information transmise, qu'elle soit relative à la déclaration de volonté amenant à la conclusion d'un contrat, ou qu'elle soit le bien lui-même, constitue un bien juridique dont la diffusion et l'appropriation doivent être juridiquement réglées.

La facilité avec laquelle il est possible d'effectuer des achats sur Internet peut favoriser des comportements de consommation relevant d'une décision irréfléchie. Le droit de révocation, comme le droit des consommateurs sont des éléments de protection. En général, dans un contrat à distance, le consommateur dispose d'un délai d'au moins sept jours ouvrables pour se rétracter sans pénalités et sans indication du motif.

En cas de litige

Dès lors qu'un contrat est valablement conclu, la question de la preuve se pose lors d'un litige, qu'il s'agisse d'Internet ou non : il est nécessaire d'apporter des preuves. Ainsi, il est toujours judicieux de garder des traces de la transaction (copie d'un message électronique, copie d'écran, etc.). Les lois nationales relatives au commerce spécifient quels sont les types de documents admissibles auprès d'un tribunal comme moyen de preuve.

Si les contrats comportent des conditions générales, elles doivent être facilement accessibles, consultables en ligne, et le client doit être clairement informé qu'elles font partie du contrat.

Le concept d'ODR (***On-line Dispute Resolution***) est issu de la volonté de pouvoir trouver des solutions immédiates à des conflits liés au non-respect de contrats passés *via* Internet. Ce type de plateforme constitue une autre possibilité que le dépôt de plainte devant des tribunaux, démarche qui peut être longue et complexe du fait de la nature souvent internationale du commerce électronique. La résolution des litiges se base sur la capacité de conciliation des entités en litige et s'appuie sur les notions de négociation, de médiation et d'arbitrage. En principe, cela est plus rapide, plus accessible financièrement et convivial pour les internautes. En revanche, du fait que cela se base sur des **codes de conduite** ou des recommandations qualifiées de « ***soft law*** », leur force contraignante est limitée. La majorité des services de paiement en ligne comme ceux précédemment cités proposent des mécanismes de résolution de conflits en ligne.

Un ***smart contract*** est lié à l'usage de la *blockchain* dans laquelle les termes et conditions d'exécution du contrat sont enregistrés de manière infalsifiable. Le contrat est réalisé sans interventions humaines, sans autorité juridique ou tiers de confiance classique.

9.7 Sécurité des documents

9.7.1 Documents XML

La navigation web est possible du fait de l'implémentation du protocole HTTP (*HyperText Transfert Protocol*), mais aussi parce que les documents appréhendés sont construits de manière à autoriser des contenus de nature multimédia, marqués et reliés entre eux par des liens logiques (liens hypertextes). Ces documents hypertextes sont conçus, architecturés et structurés en utilisant le langage de marquage **XML** (*eXtended Markup Language*). Il s'agit d'un métalangage de marquage qui permet de décrire la structure logique et le contenu d'un document, défini par le W3C (*World Wide Web Consortium*). Il constitue une amélioration du langage HTML (*HyperText Markup Language*), lui-même issu du langage SGML (*Standard Generalized Markup Language*, norme ISO 8879).

Diverses applications du langage XML peuvent exister à des fins de sécurité comme XACML et SPML. **XACML** (*Extensible Access Control Markup Language*) est une extension du langage XML permettant de décrire et mettre en œuvre des politiques de gestion des droits d'accès basée sur des attributs et pouvant être implantés pour gérer divers environnements applicatifs au sein des organisations. **SPML** (*Service Provisioning Markup Language*) est une extension XML proposée par le consortium OASIS (*Organization for the Advancement of Structured Information Standards*) qui permet aux organisations d'échanger des informations relatives aux autorisations.

Ce qui rend XML si puissant (données structurées et sémantiquement enrichies, format textuel, balisage) pose des problèmes de sécurisation de documents XML. En effet, comment appliquer des procédés de chiffrement ou de signature électronique, pour rendre confidentiels des contenus ou authentifier des auteurs, sur des documents multi-parties, potentiellement réalisés par divers contributeurs ?

En fait, deux possibilités existent depuis 2002, à savoir :

- **XML Signature**, qui a été conjointement conçu par le W3C (*World Wide Web Consortium*) et l'IETF *(Internet Engineering Task Force,* RFC 3275) ;
- **XML Encryption**, qui est une recommandation du W3C.

9.7.2 Marquage de document et tatouage numérique

Bien qu'il existe des mécanismes de sécurité pour assurer la confidentialité et l'intégrité des données, peu existent pour les protéger de la copie, de la distribution abusive ou illicite, pour éviter la contrefaçon, le plagiat, les atteintes au droit d'auteur ou le vol de propriété intellectuelle par exemple. Les techniques de **marquage** (*watermarking*) ou encore de **tatouage** répondent à ces besoins. Elles sont apparues au début des années 1990, principalement pour le marquage des images numériques. Leur usage s'est étendu depuis à l'estampillage de données audio et vidéo, puis, dans une plus faible mesure, aux programmes informatiques.

Le concept de base du **tatouage numérique** repose sur la possibilité d'insérer de manière inaltérable, indélébile et souvent imperceptible, dans les données du propriétaire, une séquence d'information spécifique (notion d'empreinte, de signature) afin de les marquer (*fingerprinting*).

Issu du domaine d'application de la **stéganographie**, qui consiste à cacher une information en clair dans une autre information en clair, le tatouage insère une marque fortement liée aux données dans lesquelles elle est intégrée. La marque peut alors être visible ou non.

Outre le fait qu'un tatouage permet de lier un propriétaire à un document numérique afin de pouvoir réaliser une gestion des droits d'auteur, contrôler la distribution des contenus, le tatouage peut également intervenir pour assurer l'intégrité des documents ainsi que leur indexation. Le chiffrement des données mis en œuvre pour tatouer un document permet de prévenir une modification non autorisée ou d'indiquer que les données ont été modifiées sans autorisation. De plus, le tatouage permet d'intégrer une restriction à l'utilisation du document (le brouillage du document est effectué après un certain nombre de lectures ou à l'expiration de la date de validité par exemple). Parfois, le tatouage peut également avoir un effet dissuasif, dans ce cas il n'a pas besoin d'être indétectable. Sous certaines conditions, le tatouage peut servir à reconstituer le document auquel il est associé ou être utilisé pour marquer des contenus « mobiles ».

Le frein majeur au déploiement du tatouage réside dans le manque de standards et dans la nécessité de disposer d'une plateforme matérielle et logicielle en mesure d'écrire et de lire une marque. Le concept de marquage, tatouage, étiquetage de documents a permis le développement des savoir-faire en matière de **gestion des droits numériques** (**DRM**, *Digital Rights Management*).

9.7.3 Gestion des droits numériques

La **gestion des droits numériques**, **DRM** (*Digital Rights Management*), est une question d'ordre économique, légal et technologique. Elle concerne tous les acteurs de la chaîne « producteurs-consommateurs » de contenus, notamment les utilisateurs, les auteurs, les fournisseurs et distributeurs de contenus au sens large (industrie du divertissement, organisations, etc.).

Elle s'inscrit dans un cadre réglementaire et légal déterminé et relatif, entre autres, à la protection du droit d'auteur, de la propriété intellectuelle et au téléchargement, qui répond au besoin de protection des valeurs de certains acteurs qui dépendent de modèles économiques particuliers.

Le principe de gestion des droits numériques repose toujours sur la capacité à définir pour chaque contenu, qui peut être chiffré, des **règles d'usage** qui doivent être respectées au point de consommation du contenu, et sur des moyens de **contrôle d'accès** autorisés conditionnellement.

Les technologies de support à la gestion des droits numériques contribuent à sécuriser les contenus de manière persistante, c'est-à-dire en dehors même des frontières où l'objet numérique a été créé et mis à disposition et indépendamment de sa localisation. Cela permet de contribuer à lutter contre la copie illégale de contenus.

La protection de l'information repose encore aujourd'hui essentiellement sur la définition de périmètres statiques de sécurité *via* des pare-feu et sur des procédures de contrôle d'accès et de chiffrement. Or, du fait des supports de mémorisation amovibles, des *smartphones*, du *cloud computing*, de la mobilité et du télétravail, les données quittent les frontières traditionnelles de l'entreprise et ne sont plus protégées correctement par les mesures de sécurité en vigueur au sein de son système d'information. Désormais, les données d'une organisation existent en dehors de ses frontières et persistent dans le temps (du fait de copies multiples et des supports amovibles). Elles sont rarement restituées à leur propriétaire, même après le départ des employés de l'entreprise. Dès lors, le rapport qui s'établit entre l'organisation et ses employés devrait être un rapport de confiance. Toutefois, ce simple **rapport de confiance** n'est plus suffisant au regard de la nature stratégique de l'information et du **risque informationnel** encouru par les organisations.

Les politiques relatives à l'usage des données de l'organisation, visant au contrôle de l'usage des données selon une attitude responsable vis-à-vis de la gestion du capital informationnel et des valeurs liées à la propriété intellectuelle de l'organisation, peuvent être supportées par des **technologies DRM**. Si ces dernières sont bien conçues, gérées, mises en œuvre et appliquées systématiquement, elles contribuent à réduire les risques d'erreurs de manipulation non autorisée des données.

La gestion des politiques électroniques devient alors un projet stratégique qui s'intègre dans celui de la gestion de la sécurité, clairement identifié dans la politique de sécurité d'une organisation.

9.8 Byod et réseaux sociaux

Le phénomène **BYOD** (*Bring Your Own Device* – Apporter son propre appareil), qui autorise l'usage de moyens d'accès personnels à l'information de l'organisation (*smartphones*, tablettes, etc.), sur le lieu de travail ou ailleurs, peut paraître attractif au premier abord. En effet, l'employeur n'a pas à financer l'outil de travail ; l'employé utilise les outils qu'il a lui-même choisis, souvent performants, personnalisés et de dernière génération. Cette approche complète les applications et les services que le service informatique ne propose pas et permet aux utilisateurs d'être plus mobiles et parfois plus efficaces dans leur mission.

Toutefois, cela pose des problèmes de sécurité difficilement maîtrisables par l'organisation, les données étant hors du périmètre traditionnel de celle-ci et de son contrôle.

Le sigle BYOD peut s'interpréter par *Bring Your Own Disaster* – Apporter sa propre catastrophe. Il est souvent transformé en BYOV (*Bring Your Own Virus* – Apporter son propre virus).

Les risques sont essentiellement relatifs à la fuite d'information consécutive à la perte ou au vol de l'équipement (*information leakage*), à l'intrusion et à l'infection des systèmes de l'organisation. Cela constitue de nouvelles menaces pour lesquelles il n'existe pas vraiment de contre-mesures spécifiques hormis celles liées à la définition, dans la politique de sécurité, de règles interdisant, ou éventuellement précisant et limitant le type d'usage, de données, d'applications et d'interconnexions possibles au système d'information de l'entreprise, à partir d'équipements privés. Cela doit être accompagné par des mesures de sensibilisation, d'éducation et de chiffrement des données sensibles sur l'équipement personnel ainsi que sur des mesures de surveillance et de contrôle[2].

Une autre option que la vague « BYOD » serait que l'infrastructure informatique de l'organisation soit en mesure d'offrir des services et des moyens d'y accéder peut-être plus appropriés aux besoins des employés en y intégrant des mesures adaptées de sécurité.

En fait, le phénomène BYOD ne fait que souligner la difficulté de protéger un système d'information sans frontières physiques, comme cela est déjà le cas avec l'usage de la messagerie électronique et des services de *cloud computing* (voir le chapitre 6).

Pour répondre aux préoccupations des organisations, des solutions de **gestion de flottes de mobiles** (*Mobile Device Management*, MDM) ont été développées. Pour autant, il faut encore que l'employé soit d'accord de voir l'entreprise imposer ces éléments sur son appareil qui contient également des données personnelles. Par ailleurs, certains employés n'hésitent pas à recourir à des services de *cloud* personnels, y compris pour des applications dans le cadre professionnel. Cette nouvelle

2. Souvent les politiques de BYOD sont devenues des politiques de type *Choose Your Preferred Device in a list proposed by the company* (*Choisissez votre appareil préféré dans une liste proposée par l'entreprise*).

manière de travailler et d'utiliser des ressources autres que celles de l'organisation, « UYOCS » (*Use Your Own Cloud Service*), représente de nouvelles menaces et constitue un enjeu supplémentaire de la maîtrise de la sécurité des données pour les organisations.

L'usage de mobiles génère des risques spécifiques soulevant des défis juridiques et techniques additionnels, comme le fait également l'usage des objets connectés. L'analyse des risques comme la politique de sécurité doit en tenir compte pour proposer des mesures stratégiques et opérationnelles de sécurité adaptées.

Parmi les nouveaux usages et comportements pouvant mettre en danger la sécurité d'une organisation, retenons ceux liés à l'emploi des **réseaux sociaux**. En effet, ils constituent une source d'information exploitée : phase d'ingénierie sociale d'une cyberattaque pour leurrer des employés (*phishing* ciblé et personnalisé [*spear phishing*]) et les amener à réaliser des actions qui conduiront à l'intrusion du système d'information de leur organisation ou à l'infection des ressources. De plus, ils permettent généralement de « déduire » des mots de passe des employés à partir par exemple des lieux de naissance, des dates, des prénoms des enfants et de l'animal familial, etc. Compte tenu des pratiques peu sécurisées des utilisateurs en matière de mot de passe, les réseaux sociaux, sont des mines d'or pour les criminels.

Il n'y a aucune contre-mesure d'ordre technique pour parer à cela. Des cyberattaques d'envergure, y compris sur des sociétés spécialisées dans le domaine de la sécurité informatique et de la défense, ont été possibles du fait de l'**intelligence sociale** des attaquants qui ont su tirer parti des données trouvées sur les réseaux sociaux pour contourner les mesures et technologies de sécurité en place. De plus, par exemple sur *LinkedIn*, se trouvent de nombreuses informations détaillées sur les projets que gèrent les personnes ; en même temps, dans le domaine de l'**intelligence économique**, le fait d'interroger des employés est un classique (par exemple en organisant de faux recrutements, avec de faux entretiens lors desquels les candidats sont amenés à divulguer des informations). Par ailleurs, peut se poser le problème de la prise de contrôle de la page d'une entreprise sur un réseau social par une entité tierce qui en modifie le contenu et diffuse des messages erronés aux « amis » et « *followers* » de l'organisation, affectant ainsi la réputation de celle-ci et la confiance de ses clients et partenaires. Cela peut également concerner les sites de micro-*blogging* comme Twitter.

9.9 Désinformation et mesures de confiance

9.9.1 Fabriquer le faux

La désinformation n'est pas une innovation technologique, en revanche les technologies du numérique la favorisent. La création des contenus de toute nature est également favorisée par l'usage des technologies du numérique qui sont mises à la portée de chaque internaute. Les facilités de mettre en relation, de poster, de cliquer, de noter, de suivre, de transmettre, permettent une diffusion quasi gratuite et instantanée de tous les contenus.

Les fausses informations (***fake news***) sont de vraies fausses informations, créées explicitement pour manipuler l'opinion des personnes à qui elles sont destinées. Il est désormais possible, en utilisant les techniques d'apprentissage profond de l'intelligence artificielle, de créer de fausses vraies informations (***deep fakes***). Cela permet de modifier, de remplacer des photos, de substituer et permuter tout ou partie d'images ou de contenus sonores, de fabriquer de nouveaux contenus sur la base de modèles à imiter, etc.

Depuis 2017, le phénomène de **trucage de vidéo**, initialement appliqué pour mettre en scène des personnalités sur des vidéos pornographiques contrefaites, prend de l'ampleur et se décline pour alimenter la satire mais surtout la manipulation à des fins politiques et de déstabilisation. La désinformation inquiète les pouvoirs publics et questionne le rôle et les responsabilités de ces derniers mais aussi des fournisseurs de services et intermédiaires techniques, comme celles des internautes.

Bien que le trucage d'image existe depuis longtemps, notamment facilité par des logiciels tels que Photoshop par exemple et bien que cela soit connu, les images « embellies » sont toujours trompeuses et distordent la réalité.

La modification et « l'amélioration » d'images sont souvent réalisées pour mettre en valeur des produits à des fins commerciales et relèvent alors d'une démarche publicitaire, qui est censée être légalement cadrée. Toutefois, la prolifération d'images retouchées contribue à un certain formatage de la pensée et des modes d'action par création de nouveaux standards esthétiques. Le nombre s'imposant presque *de facto* comme référence.

Légitimé par une **démarche artistique**, le cinéma recourt aux trucages, aux effets spéciaux ou encore à des cascadeurs professionnels. L'illusion est alors légale puisque « c'est du **cinéma** ! ». Les trucages sont identifiables, explicables et expliqués. Les *fake news* entretiennent d'une certaine manière des rapports à la réalité similaires à ceux du **roman**. Le titre de la nouvelle *Le mentir-vrai* de Louis Aragon, parue en 1964, résume à lui seul la situation. Le romanesque est, en brouillant les frontières du réel, à la fois invention et non-invention, imaginaire et fragment de réalité.

Avec Internet, les *fake news* et les *deep fakes*, l'**illusion de vérité** est totale, avec pour l'utilisateur l'impossibilité de différencier le vrai du faux. Le « vrai » est fabriqué par codage informatique, sans pour autant être basé sur des faits réels et vérifiables. La réalité n'a pas besoin d'exister car seule compte l'existence de contenus numériques qui sont diffusés, qui sont vus, écoutés et qui sont *likés* !

Les *fake news* sont devenues de nouvelles armes au service de la propagande, de la déstabilisation, du harcèlement ou encore de la diffamation.

9.9.2 Le faux au service de la rentabilité

Dès lors que les modèles économiques des fournisseurs de services des plateformes de mise en relation sont basés sur la connectivité, sur l'interaction des usagers et leur temps d'attention, sur la consommation de contenus, sur l'exploitation des données et des métadonnées, sur la publicité en ligne, les *fake news* sont, comme n'importe quel contenu, des vecteurs de rentabilité. Que les contenus soient satiriques ou diffamatoires, préjudiciables à l'intégrité physique et morale des personnes, drôles ou pas, en fait qu'ils soient vrais ou faux importe peu, pourvu qu'ils soient diffusés et « vus » !

Avec les **réseaux sociaux**, les convictions personnelles peuvent être partagées à l'infini et peuvent à force, prendre l'apparence de faits. Poster, c'est exister ! Il y a ceux qui produisent des contenus et ceux qui les consomment. Il y a ceux qui transmettent délibérément ou inconsciemment des fausses nouvelles, ceux qui retransmettent, qui aiment ou qui démentent (mais ce faisant contribuent à répéter), ceux qui sont rétribués pour le faire et ceux qui ne le sont pas... La **viralité** sur Internet est un facteur de succès !

9.9.3 L'ère de l'opinion et de la post-vérité

L'ère de l'information telle que promue au début du web il y a une trentaine d'années s'est transformée en celle de l'opinion et en ère de la post-vérité.

Une contre-vérité est un mensonge, une post-vérité est au-delà du mensonge. C'est la capacité de dire n'importe quoi : sans limite, sans fondement réel basé sur des faits objectivables et vérifiables. Avec des faits qualifiés désormais d'alternatifs, en fonction des circonstances, nul besoin est de mentir, de faire semblant. Il suffit de les créer et de les faire exister sur Internet, pour modeler l'opinion publique, créer des émotions et des opinions.

Lorsque le réel est un problème pour certains, ces derniers n'hésitent pas à le modifier au travers du numérique. Rumeurs et anonymat sont les piliers de la post-vérité. La réalité des contenus est confondue avec l'existence des contenus. Les trolls et robots de discussion industrialisent la diffusion de contenus.

Dès lors que les électeurs et les citoyens sont considérés comme des consommateurs, gérés comme le sont des clients, que les campagnes électorales ressemblent plus à des campagnes de commercialisation de la vie politique et de celle des politiciens, il n'est pas surprenant qu'il existe de la publicité politique en ligne et toutes sortes de mécanismes de manipulations de l'opinion. Il reste à trouver comment réglementer, et comment éduquer les individus pour qu'ils exigent de ne pas être restreints à des rôles de consommateurs non éclairés, de ne pas être considérés comme des robots de chair et de sang exploitables à l'infini.

9.9.4 Mesures pour renforcer la confiance

Si empêcher la fabrication de *fake news* et de *deep fakes*, est impossible, des incitations à ne pas les générer, les diffuser, comme des solutions pour les détecter peuvent exister. Ainsi, et sans vouloir être exhaustif, les mesures suivantes peuvent contribuer à maîtriser les impacts de la désinformation.

Mesures relevant de l'éducation

- Sensibilisation et éducation aux médias de la population. Développement de l'esprit critique des personnes, de la compréhension des notions de liberté d'expression et de protection des droits humains fondamentaux.

- Compréhension des risques et des conséquences liés à la désinformation.
- Apprentissage à identifier qui produit une information (une désinformation), pour quelle finalité et quels bénéfices.
- Apprentissage à décoder les images, les vidéos, leurs métadonnées, à vérifier leur origine, à rechercher « leurs semblables », à fabriquer des *deep fakes*, etc.
- Maîtrise des différents niveaux, degrés de lecture d'un contenu.
- Réapprendre que, pour exister, il n'est pas forcément nécessaire de laisser des traces électroniques, des commentaires, de rediffuser des opinions, etc. et que les convictions ne sont pas des faits.

Mesures d'ordre technique

- Mise en œuvre de mécanismes cryptographiques. Les contenus sensibles, notamment lors de périodes électorales, devraient être signés par des techniques cryptographiques de chiffrement des données qui assureraient leur authenticité et leur intégrité (notion de marquage de documents). Des solutions techniques existent déjà !
- Des outils relevant de l'informatique forensique appliqués aux vidéos devraient être largement disponibles pour permettre de mieux détecter des faux, notamment la manipulation des visages et de la voix.
- Disposer d'outils de détection et d'identification des *fake news*. Le problème majeur est de savoir qui est habilité à distinguer et à qualifier de vrai ou de faux un contenu, sans que cela s'apparente à une nouvelle forme de censure.
- Limiter la visibilité des sites, des comptes à l'origine de *fake news*, les bloquer.
- Être en mesure d'identifier l'origine, l'auteur de contenus.

Mesures incitatives, économiques et organisationnelles

- Valoriser la recherche et la dénonciation de « faux » (mettre en place des incitations de type « *bug bounty* », des processus et des structures organisationnelles qui le permettent [agence de notification des faux], etc.). Disposer de procédures et moyens permettant de dénoncer des *fake news* (plateforme, centrale d'annonce et d'enregistrement), au niveau national et mettre en réseau tous les centres de ce type au niveau européen, voire international.
- Favoriser le dialogue entre les acteurs publics et privés quant à la responsabilité des contenus (création, mise à disposition, destruction).
- Tarir les ressources publicitaires des comptes qui contribuent à la diffusion de *fake news*.
- Identifier les publicités à caractère politique.
- Offrir aux citoyens des moyens complémentaires pour prendre des décisions en toute connaissance de cause.
- Soutenir la liberté de la presse et disposer de médias et de compétences de vérification de faits indépendants.
- Développer des instruments de réponses aux *fake news*.

Mesures réglementaires et juridiques

- Des référentiels de bonnes pratiques, des réglementations et des lois peuvent exister pour mettre des limites aux comportements abusifs liés à la désinformation et à la manipulation de l'information. Il existe depuis septembre 2018 un Code de pratique relatif à la désinformation énoncé par la Commission européenne. Un plan d'action contre la désinformation a été adopté pour renforcer la coopération entre les États membres et les institutions de l'Union. En France, une loi sur la manipulation de l'information en période électorale existe depuis décembre 2018.
- Doter les pays de mesures qui permettent de sanctionner l'utilisation illégale de données à caractère personnel pour influencer délibérément le résultat des élections.
- Instaurer une obligation de transparence envers les plateformes numériques pour tout ce qui concerne des contenus sponsorisés (cela comprend notamment le ciblage publicitaire des personnes à des fins politiques).

Pour faire face au règne de la défiance et du mensonge, la recherche de la vérité demande du courage, de la connaissance, de la réflexion, de l'effort, du temps, etc. C'est une tâche complexe qui s'appuie sur la diversité des sources et des acteurs, sur la liberté et la diversité, non sur l'unification et l'uniformisation de l'information.

Résumé

La plupart des applications possèdent une version sécurisée qui permet le plus souvent de réaliser l'authentification des correspondants et le chiffrement des données transmises. Une autre possibilité que l'implantation de nouvelles versions sécurisées des protocoles d'application consiste à implanter un mécanisme commun de sécurité, offrant des services génériques de sécurité à toutes les applications. Le logiciel SSL/TLS, couramment utilisé à l'heure actuelle, notamment pour réaliser des transactions commerciales sur Internet, joue ce rôle.

L'usage intensif de documents hypertextes, comme le téléchargement de contenus actifs ou non, posent de nombreux problèmes de sécurité concernant entre autres : leur origine, leur auteur, leur authenticité, leur caractère nuisible ou non, etc. Des éléments de réponses à cette nouvelle dimension de la sécurité des systèmes d'information passent par des techniques de signature de documents XML, de tatouage, de gestion des droits électroniques, afin de conférer à la sécurité une certaine persistance. Un niveau donné de sécurité doit pouvoir être conservé, même si l'objet concerné par la sécurité sort des frontières physiques de l'environnement dans lequel sa sécurité est habituellement gérée.

Les données de l'entreprise sont de plus en plus en dehors de son périmètre de sécurité. C'est également le cas avec l'usage de l'informatique personnelle et des réseaux sociaux. Ces nouvelles pratiques augmentent le niveau de vulnérabilité des données et les opportunités d'exploitation criminelle. L'ingénierie sociale fait partie des outils de la cybercriminalité pour laquelle l'organisation a de la peine à déployer des contre-mesures.

La protection des données personnelles dans le cyberespace soulève de nouveaux défis techniques, juridiques et humains qui touchent la société dans son intégralité. La protection des données personnelles est une condition préalable, d'une part, à l'autodétermination et à la protection de la liberté d'expression et de la

dignité humaine et, d'autre part, à la démocratie. La désinformation à grande échelle peut être considérée comme une arme de destruction massive.
Que cela soit à l'échelle d'un individu, d'une organisation ou d'un État, les technologies du numérique, comme la sécurité informatique au sens large, devraient pouvoir garantir le respect des droits fondamentaux et des libertés civiles, comme nous le rappelle l'article 8 de la Convention européenne des droits de l'homme (ECHR) de 1998 : « Chacun a droit au respect de sa vie privée et de sa famille, de son domicile et de sa correspondance. »

Exercices

9.1 Pourquoi a-t-on besoin de sécuriser la messagerie électronique ? Identifiez les risques et les mesures de protection disponibles.

9.2 Comment PGP s'intègre-t-il dans la messagerie électronique ? Peut-on l'utiliser pour d'autres types d'applications ?

9.3 Pourquoi le spam peut-il poser des problèmes de sécurité ?

9.4 De manière générale, comment sécurise-t-on une transaction commerciale sur Internet ?

9.5 Identifiez les avantages, inconvénients et limites des solutions courantes de sécurisation des transactions commerciales sur Internet.

9.6 Quels sont les problèmes de sécurité posés par l'usage de documents XML ?

9.7 Qu'est-ce qu'un tatouage électronique ? Sur quelles techniques de sécurité repose-t-il ?

9.8 Quels critères de sécurité un tatouage de document peut-il contribuer à satisfaire ?

9.9 Est-ce que le tatouage numérique d'un document peut offrir un niveau de sécurité inconditionnel ?

9.10 Donnez un exemple de vulnérabilité des applications web et proposez un élément de solution pour y remédier.

9.11 Dans quelles mesures les organisations sont-elles concernées par la gestion des droits numériques ?

9.12 Quels sont les principes de sécurité associés à la gestion des droits numériques (DRM) ? Quels sont les principaux services offerts par un système DRM ?

9.13 Identifiez les principaux problèmes de sécurité générés par l'usage de la téléphonie Internet.

9.14 Pourquoi est-il difficile de sécuriser efficacement la téléphonie sous IP ?

9.15 Est-ce que les solutions de sécurité des transactions commerciales basées sur l'usage de TLS permettent de protéger la vie privée des consommateurs ?

9.16 Proposez un système de classification de menaces concernant la messagerie électronique.

9.17 Quelles sont les principales menaces pouvant toucher les applications de la voix sur IP (VoIP) ?

9.18 Quels sont les besoins de sécurité d'une transaction commerciale ?

Solutions

9.1 La **messagerie électronique** est un outil de communication considéré comme une application critique, conçu sans prise en compte des besoins de sécurité. Il en résulte que les critères de sécurité tels que la confidentialité (les messages peuvent être écoutés), l'intégrité (les messages peuvent être altérés), la disponibilité (les messages peuvent être détruits ou perdus), l'authentification (des utilisateurs) ou la non-répudiation (des échanges) ne sont pas garantis. Des risques liés à un défaut de sécurité peuvent avoir des impacts importants pour les utilisateurs et les organisations. Parmi eux retenons :

- l'usurpation d'identité des utilisateurs ;
- la perte, la modification, l'interception voire la destruction du message ;
- le démenti d'avoir reçu ou envoyé un courriel (la répudiation) ;
- le rejeu, la suppression ou le retardement d'envoi des messages ;
- les différentes facettes du harcèlement *via* la messagerie électronique (spam, lettres nigérianes, inondation de messages, etc.) ;
- l'infection, la prise de contrôle à distance des systèmes par le biais de programmes malveillants (virus, vers ou chevaux de Troie, logiciels espions, etc.) ;
- la diffusion d'informations censées être confidentielles ;
- le *phishing* à des fins d'escroquerie.

Il est recommandé d'utiliser des versions de logiciels de messagerie électronique qui intègrent des fonctions sécuritaires visant à assurer l'intégrité, l'authentification, la confidentialité et la non-répudiation des messages ainsi que la disponibilité de l'application de la messagerie électronique. Des antivirus et des anti-spam actifs, comme une bonne sensibilisation des utilisateurs aux risques, renforcent la sécurité d'un système de messagerie.

9.2 **PGP** permet de sécuriser l'échange de messages électroniques. En s'intégrant dans le logiciel de messagerie électronique des utilisateurs (les serveurs de messagerie ne sont pas affectés par l'utilisation de PGP), PGP assure la confidentialité, l'authentification et l'intégrité des courriels. En utilisant PGP, l'émetteur, après avoir créé le message, applique une fonction de hachage (généralement SHA-1) pour générer un résumé (*digest*) de 160 bits. Ensuite, l'émetteur chiffre ce résumé en appliquant un algorithme de chiffrement asymétrique (RSA par exemple) avec sa clé privée. Le message et le résumé chiffré sont alors envoyés au destinataire. Cette pratique assure l'intégrité du message ainsi que l'authentification de l'émetteur. La confidentialité est réalisée par l'utilisation d'un algorithme de chiffrement symétrique (principalement IDEA), la clé de session est alors envoyée, chiffrée par l'algorithme de chiffrement asymétrique et la clé publique du destinataire. L'émetteur chiffre alors le message en utilisant l'algorithme de chiffrement symétrique et l'envoie au destinataire.

PGP pourrait être utilisé pour la sécurité d'**autres types d'applications** comme les discussions *chat* confidentielles entre utilisateurs. Le fonctionnement est le même que pour la messagerie électronique.

9.3 Le **spam**, courrier publicitaire non sollicité, courrier illégitime ou encore pourriel (poubelle-courriel), est à la base de la réalisation d'escroqueries, d'actions d'hameçonnage (*phishing*). Le spam peut engendrer des problèmes de sécurité dans la mesure où il peut encombrer la boîte aux lettres d'un utilisateur, ce qui à grande échelle et de manière excessive pourrait conduire à sa saturation et à un déni de service (bombardement, à un grand nombre de destinataires, d'un grand nombre de messages de plus ou moins grande taille). Toutefois, le risque le plus important est sans doute celui lié à la propagation et à l'introduction de programmes malveillants (*malware*, virus, chevaux, de Troie, etc.) entraînant l'infection des systèmes ou leur prise de contrôle à distance et ainsi l'atteinte aux critères de sécurité.

Il n'y a pas de moyens techniques 100 % efficaces pour lutter contre cette nuisance. Des filtres anti-spam peuvent exister, comme une liste noire des serveurs ou des utilisateurs générateurs de spam (sur la base de leur adresse IP ou adresse e-mail).

9.4 Les solutions de sécurité en matière de **commerce électronique** s'appuient sur des mécanismes classiques de sécurité afin d'assurer l'identification et l'authentification des partenaires commerciaux, l'intégrité et la confidentialité des données transmises ainsi que la non-répudiation. De manière courante, les transactions commerciales sur Internet utilisent des certificats numériques pour authentifier le serveur et chiffrer les données en transit. Outre la nécessité de sécuriser la connexion entre l'acheteur et le vendeur en ligne par une connexion SSL/TLS ou le protocole SET (*Secure Electronic Transaction*), il est également nécessaire de sécuriser les serveurs dans l'environnement du vendeur, notamment pour la protection des données personnelles.

9.5 Les avantages sont à trouver dans la banalisation et la disponibilité des mécanismes tels que SSL/TLS mis en œuvre pour sécuriser une transaction commerciale (voir la réponse de la question précédente 9.4), ce qui en constitue également un point faible et donc des inconvénients et limites, car ils peuvent être contournés et des faiblesses liées à leur implémentation et à leur mode de fonctionnement existent et peuvent être exploitées.

9.6 **La manipulation et l'échange de documents XML** sont devenus quasi indispensables lors de la réalisation de services web. Avec le langage XML, localiser l'information devient plus simple, ainsi, si les mots de passe sont dans un fichier balisé en XML, un malveillant peut y avoir directement accès.

Pour communiquer d'une manière sûre, plusieurs technologies de sécurisation des données ou de la session de travail, basées sur l'usage du chiffrement, existent. Par ailleurs, pour ne sécuriser qu'une partie d'un document (ce qui peut s'avérer très utile dans certaines applications nécessitant l'intervention de plusieurs responsables sur un même document), seuls les mécanismes de **signature XML** (*XML Signature*) et de **chiffrement XML** (*XML Encryption*) peuvent répondre à ce besoin. Lorsqu'il s'agit de chiffrer des parties de documents XML ayant déjà été signées, la validation de la signature devient impossible puisque le document aura été modifié. La recommandation relative au déchiffrement XML (*Decryption Transform for XML signature*) permet de répondre à ce besoin.

9.7 Un **tatouage électronique** peut être vu comme une marque, fortement liée aux données dans lesquelles elle est intégrée et associée, construite *via* des mécanismes cryptographiques. Tatouer un document consiste à solidariser le tatouage avec le contenu du document. En fonction des besoins, un tatouage doit être invisible et indétectable (contrainte d'imperceptibilité). Il ne doit pas altérer la signification ni la représentation des informations tatouées. Un tatouage doit être robuste (éventuellement indélébile) et résister à diverses attaques et aux traitements subis par les documents tatoués (compression, changement d'échelle, etc.).

9.8 Tatouer un document permet de contribuer à réaliser une **protection des droits d'auteur**, de la **propriété intellectuelle** associés à des documents numériques. La technique de tatouage peut également être utilisée pour intégrer dans un document des informations supplémentaires constituant une étiquette (étiquetage) servant à son indexation et à son archivage ou à effectuer des contrôles sur les règles d'utilisation.

9.9 Le tatouage **n'offre pas** un niveau de sécurité inconditionnel car certains tatouages ne sont pas résistants et peuvent être effacés. De plus, il peut arriver qu'un document déjà tatoué puisse être « surtatoué » par un malveillant. Par ailleurs, la stéganographie, qui permet de dissimuler une information dans une autre, peut être considérée comme étant une forme particulière de tatouage électronique, or elle est souvent employée par des criminels pour communiquer.

9.10 Comme toutes les applications, les **applications web** peuvent être sujettes à un grand nombre de menaces qui exploitent leurs vulnérabilités conceptuelles ou opérationnelles. Par exemple, une des vulnérabilités des applications web est liée à la possibilité d'injecter des données. Il s'agit d'une technique d'attaque sur les applications web ou sur les scripts CGI (*Common Gateway Interface*) qui consiste à insérer des données en entrée d'un programme, d'un script CGI afin de réaliser une fonction malveillante (débordement de mémoire, vol de données, exécution d'un code, etc.). On peut injecter du code SQL (*Structured Query Language* – langage de manipulation de bases de données relationnelles) dans les champs d'un formulaire

HTML qui, ensuite, permettra par exemple d'accéder à des données d'un serveur web normalement protégé.

9.11 En fonction de leur nature, les organisations peuvent être concernées avec des degrés d'importance variable par la gestion des droits numériques associés aux contenus qu'elles produisent ou qu'elles possèdent. Cela dépend de la valeur des contenus et des besoins de sécurité qui en découlent, notamment du besoin de protection persistante, y compris en dehors des frontières traditionnelles de l'organisation.

9.12 Les principaux besoins de sécurité associés à la gestion des droits numériques sont liés à la nécessité de pouvoir limiter les accès à des contenus spécifiques aux seules entités habilitées quelle que soit la localisation des contenus (notion de protection persistante). Un système DRM doit offrir les services de gestion des identités, de gestion des contenus et de gestion des droits.

9.13 Un des problèmes de sécurité posés par la téléphonie sur IP est lié au fait que le fonctionnement du réseau Internet est basé sur la commutation de paquets IP (sans garantie de qualité de service ou de réalisation de service). Or l'application de téléphonie devrait, dans l'absolu, être disponible 24h/24, 7 jours sur 7 pour tout ce qui concerne les appels aux numéros d'urgence.

La disponibilité du service de téléphonie sur IP ne peut pas être garantie, ni d'ailleurs la confidentialité ou l'intégrité des conversations téléphoniques.

9.14 La téléphonie sous IP est une application qui doit s'exécuter en quasi-temps réel avec une certaine interactivité des interlocuteurs, et sans perte de données, ce qui rend difficile la mise en œuvre de mécanismes efficaces de sécurité.

9.15 Non, car la mise en œuvre de SSL/TLS permet juste de rendre confidentielles certaines informations de la transaction commerciale mais ne peut garantir qu'il n'y aura pas de profilage des consommateurs (enregistrement et exploitation des habitudes d'achats, des dépenses, des fréquences, etc.), que les données personnelles des consommateurs ne seront pas exploitées par les acteurs légitimes de la transaction commerciale ou par des entités malveillantes qui pourraient pirater les systèmes de l'acheteur ou du commerçant par exemple.

9.16 On peut distinguer les différents types de menaces concernant la messagerie électronique en fonction de l'atteinte aux critères de sécurité : atteinte à l'authentification des utilisateurs, à l'intégrité ou à la confidentialité des messages et à la disponibilité du système de messagerie.

9.17 Les principales menaces sont :

- l'écoute (*sniffing*), l'interception, de paquets IP qui circulent de manière non chiffrée et qui ne passent pas au travers d'un VPN ;
- le vol de service ;
- le fait que les paquets VoIP peuvent ne pas être reconnus par certains systèmes pare-feu ;

- les défaillances de sécurité des téléphones, de leur système d'exploitation ;
- les attaques en déni de service (DoS) et de type *Man-in-the-middle* ;
- le spam (SPIT – *Spam over Internet Telephone*).

9.18 Les besoins de sécurité sont :

- d'assurer la disponibilité des services, des ressources matérielles et logicielles ;
- de ne permettre l'accès aux données et aux ressources informatiques qu'aux personnes et aux processus informatiques habilités (confidentialité, intégrité des données et des services) ;
- de pouvoir prouver que des actions, événements, transactions ont bien eu lieu (traçabilité, preuve, non-répudiation) ;
- d'exécuter les actions et de rendre les services attendus dans des conditions de performance et d'utilisation adaptées (continuité de service, sûreté de fonctionnement, fiabilité, convivialité).

LA SÉCURITÉ PAR LA GESTION OPÉRATIONNELLE

10

PLAN

OBJECTIFS

- Présenter la complémentarité des approches de gestion de réseau et de gestion de la sécurité et de celles des gestions stratégique et opérationnelle.
- Mettre en évidence l'apport majeur d'une gestion de réseau efficace pour une sécurité optimale.
- Valider les acquis par des exercices d'intégration des connaissances.

10.1 INTÉGRATION DES MESURES DE SÉCURITÉ

10.1.1 Interopérabilité et cohérence globale

Le nombre des systèmes interconnectés réalisant le système d'information de l'entreprise, l'ouverture de ce dernier sur Internet ainsi que la mobilité des équipements et des usagers rendent le système d'information plus vulnérable et plus difficile à sécuriser de façon uniforme avec une **sécurité** « **sans coutures** » et une **sécurité en profondeur**. La sécurité est encore trop souvent réalisée dans l'urgence du quotidien où les administrateurs réseau comme le personnel du support technique interviennent comme des pompiers, en réaction à des incidents, pour parer au plus pressé. Il est primordial de veiller à la **cohérence globale** d'une démarche continue de gestion des risques, intégrant une vision proactive de prévention et réactive de défense, mais aussi à la **non-redondance** excessive des mesures et à leur intégration.

Entre efficacité, performance et facilité d'utilisation, la sécurité doit être équilibrée en fonction des valeurs, des menaces, des impacts des risques et des coûts.

10.1.2 Une question d'investissement

Une **bonne gestion budgétaire** est fondamentale à la maîtrise des risques dans la mesure où l'**investissement rentable et durable** en informatique et en sécurité permettra à l'organisation d'être performante.

S'il est relativement aisé de convaincre une direction générale de faire réaliser des tests d'intrusion des systèmes afin d'en montrer des vulnérabilités, il est parfois beaucoup plus difficile de la convaincre d'investir dans une véritable démarche d'analyse des risques ou encore dans la formation ou la sensibilisation des employés. Pourtant, le résultat de tels tests (parfois dénommés tests de pénétration ou de vulnérabilités) est souvent prédictible : une entité déterminée à pénétrer un système y arrive ! La plus-value apportée par des tests sans interprétation des résultats ou recommandations particulières est souvent relativement faible pour l'entreprise qui l'a commanditée.

Certains utilisent les termes de « ***ethical hacking*** » pour designer des tests d'intrusion. Il ne s'agit pas de *hacking* mais d'une action commanditée faisant l'objet d'un contrat entre les parties prenantes. La motivation et la finalité des tests d'intrusion s'inscrivent dans une optique commerciale de la sécurité. Les tests d'intrusion ne relèvent pas de l'éthique, même si on peut espérer que les personnes qui les réalisent possèdent un sens de l'éthique développé et un comportement irréprochable (ils ne doivent pas utiliser leurs compétences et les connaissances acquises lors des tests de pénétration des systèmes appartenant à des tiers à des fins malveillantes).

La dimension spectaculaire de la démonstration de l'intrusion est souvent génératrice de peur et peut déclencher un réflexe d'achat en matière de sécurité, sans que cela soit forcément intégré correctement dans une démarche de gestion des risques. Même si cela contribue à sensibiliser aux problématiques de sécurité, vendre de la sécurité basée sur la peur n'est pas le meilleur moyen de réaliser une protection efficace et efficiente des actifs de l'organisation. Cela répond plus à une logique commerciale qu'à une logique de maîtrise des risques ou de **gouvernance de la sécurité**. Combien d'entreprises ont fait les frais de tests de pénétration sans pour autant avoir par la suite acquis la compétence interne leur permettant de maîtriser, sur le long terme, leurs risques ? Il est plus judicieux, pour une organisation, d'investir dans la compréhension des risques, afin qu'elle puisse acquérir les moyens de diriger elle-même sa sécurité, plutôt que dans des actions ponctuelles de tests d'intrusion.

Nul ne peut plus ignorer la **dimension transversale de la sécurité** et son rôle fondamental et critique pour la **compétitivité** et la **pérennité** de l'organisation. Désormais, au regard du nombre de cyberattaques par rançongiciel (verrouillage des ressources et demande de rançon) et à leurs coûts et impacts préjudiciables sur la bonne marche des organisations, ces dernières commencent à comprendre qu'investir dans la cybersécurité n'est plus à considérer exclusivement comme un centre de coût (un mal nécessaire) mais comme un moyen efficace et incontournable de leur **gestion stratégique**.

Externaliser (***outsourcer*** en bon franglais) signifie confier à un tiers la réalisation de tout ou partie des traitements informatiques nécessaire à la réalisation des objectifs d'une organisation. Certains fournisseurs d'infrastructures et de services en nuage (*cloud*) peuvent apporter une réponse globale au besoin d'informatisation des organisations et offrir des prestations techniques qui intègrent des éléments de la sécurité informatique et de celle des réseaux de télécommunication.

Seuls le respect des aspects légaux notifiés contractuellement ainsi que les éventuels recours pénaux constituent un garde-fou à des situations défaillantes générées par des intermédiaires techniques ou des situations d'**externalisation** (*outsourcing*). Des **risques financiers** (surfacturation, coûts engendrés par des pannes, perte d'exploitation, changement de prestataire, etc.), des **risques techniques** (obsolescence, incapacité à délivrer le service requis, etc.) et des **risques d'exploitation** (interruption de service, déni de service, insécurité, etc.) peuvent survenir lors de l'externalisation des services informatiques. Il en est de même lorsqu'on sous-traite tout ou partie de la sécurité d'un système d'information.

Sous-traiter la sécurité de ses données n'entraîne pas la sous-traitance de ses responsabilités. Est-ce possible d'externaliser sa cybersécurité ? Est-ce que la dépendance à un acteur tiers, à la disponibilité de son infrastructure et aux capacités du réseau pour accéder à ses ressources n'introduit pas un nouveau risque de sécurité ? Si, en amont d'un processus d'externalisation, l'institution n'a pas été en mesure d'assurer un niveau de cybersécurité cohérent au regard de ses actifs informationnels et des menaces qui peuvent les mettre à mal, comment peut-elle être en mesure de garantir la sécurité de son patrimoine informationnel en dehors de son périmètre, y compris dans le *cloud* ?

10.1.3 Une question d'outils de pilotage

Il devrait être possible de proposer aux dirigeants des indicateurs des risques informationnels, pour qu'ils puissent diriger, en toute connaissance de cause, leur sécurité en fonction de leurs exigences stratégiques.

Des indicateurs pour améliorer la sécurité doivent fournir des informations mesurant la pertinence, l'efficacité, l'efficience des processus de gestion de la sécurité afin de contrôler et de maîtriser les processus en place qui contribuent à la maîtrise des risques. Or le résultat des tests de pénétration de systèmes fournit uniquement des indicateurs sur des possibilités d'exploitation de failles techniques, organisationnelles ou humaines. Ils ne permettent pas de répondre à l'**exigence d'amélioration de la sécurité**, du fait que l'indication donnée est statique (une photographie du système informatique à l'instant *t*) alors que le contexte des risques est évolutif et que la gestion de la sécurité nécessite de l'appréhender sous forme de **processus dynamique**. Ainsi, les entreprises devraient être attentives à investir au mieux en matière de sécurité et peut-être différemment, afin qu'elles soient réellement maîtresses de leur sécurité informatique.

Pour tenter de répondre à ce besoin, des outils de type **SIEM** (*Security Information Management System*) peuvent s'avérer utiles. Ils offrent un service intégré de surveillance des infrastructures numérique qui permet de corréler l'expression des besoins et des mesures de sécurité formulés dans une politique de sécurité (comme vu avec la norme ISO 27002, chapitre 4) à des alarmes afin de détecter d'éventuelles menaces.

10.2 Gestion de système et de réseau

10.2.1 Principes généraux

Les activités de **gestion de système et de réseau**, lorsqu'elles sont menées correctement, permettent d'offrir les niveaux de disponibilité et de performance indispensables à la réalisation de la sécurité. De plus, elles intègrent les tâches de surveillance du réseau, de détection des anomalies d'intrusions ou d'incidents, qui sont nécessaires à la mise en œuvre de la sécurité et qui contribuent grandement à la sécurité globale du réseau et du système d'information qu'il dessert. La gestion de réseau intègre celle de sa sécurité et peut être vue comme un outil de la réalisation de la sécurité (figure 10.1).

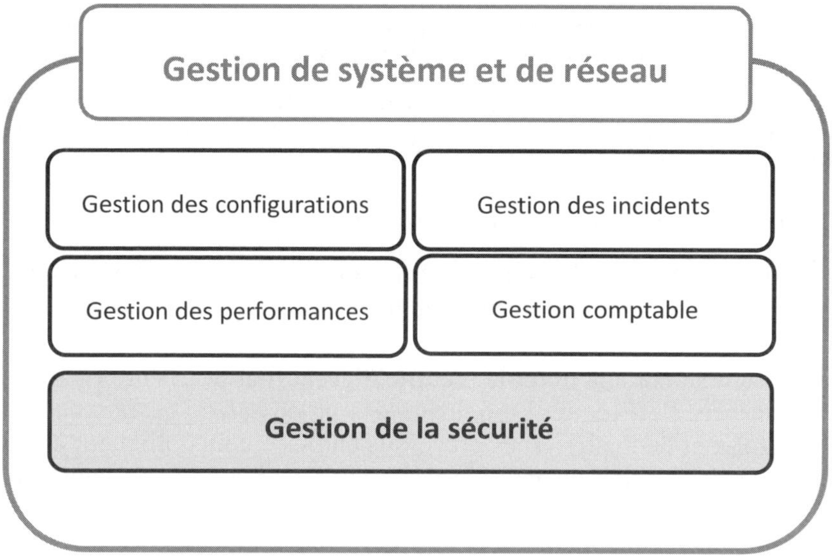

Figure 10.1 – Interdépendance de la gestion de réseau et de la sécurité.

De manière courante, la gestion de réseau contribue à réaliser les fonctions de sécurité relatives à la disponibilité par un dimensionnement et des procédures appropriées de gestion des performances, des configurations et des incidents. De plus, elle supporte la fonction de **contrôle d'accès logique**, qui contribue à la réalisation des critères de confidentialité et d'intégrité (voir le chapitre 6).

10.2.2 Gestion des systèmes par le protocole SNMP

L'échange d'informations administratives et opérationnelles, sur une base internationale, entre des réseaux ou des éléments de réseaux multiconstructeurs, passe par la **normalisation** de ces échanges. Pour répondre à cet objectif, le **protocole SNMP** (*Simple Network Management Protocol*, RFC 1157) a été standardisé par l'IETF pour supporter les échanges d'informations de gestion pour gérer des systèmes distants *via* une infrastructure TCP/IP. Chaque système raccordé (poste de travail, serveur, routeur, etc.) qui doit être géré intègre un module logiciel « agent de gestion » qui interagit à distance avec un système gérant (le manager). SNMP est le **protocole d'échange d'information** entre des processus agents et gérants. Pour que ce protocole de gestion appréhende de façon universelle toutes les ressources à gérer, leur représentation a également été standardisée.

Toute ressource à gérer est modélisée selon une approche orientée objet et possède des attributs sur lesquels des opérations particulières de gestion peuvent s'effectuer. Si une ressource réelle n'est pas représentée par un objet de gestion, elle n'est pas visible du système de gestion et ne peut donc pas être gérée. L'ensemble des objets de gestion est sauvegardé dans une base d'informations de gestion qui doit être associée à tout équipement.

Ainsi, les ressources réelles gérables à distance sont modélisées par des objets regroupés dans des **MIB** (*Management Information Base*). Les modèles informationnels qui en découlent sont, comme pour tous les protocoles de la famille Internet, publics. Chaque équipementier peut intégrer, lors de la conception de son matériel, l'interface logicielle (la MIB) qui offrira une visibilité administrative unique de sa ressource, normalisée dans le monde de l'Internet. Ainsi n'importe quel système gérant (proposé par un fournisseur quelconque) pourra y accéder *via* le protocole SNMP, pour y appliquer des opérations de gestion.

Comme la notation de syntaxe abstraite **ASN-1** permet de décrire n'importe quel élément d'information (voir le chapitre 6), elle a été retenue par la communauté Internet pour représenter de façon universelle la vue administrative des ressources à gérer et décrire les objets de gestion. Leur description universelle est, après une procédure d'enregistrement, mise à disposition de la communauté industrielle.

Il existe des procédures d'enregistrement auprès d'autorités internationales qui attribuent un identificateur non ambigu et unique à la spécification standardisée d'un objet de gestion que l'on désire normaliser et mettre à la disposition de la communauté.

Les **autorités d'enregistrement** compétentes pour l'enregistrement des objets de gestion sont organisées selon une structure hiérarchique arborescente (figure 10.2, complémentaire à la figure 6.10).

De la racine de l'arbre partent trois branches aboutissant à des nœuds distincts de premier niveau, qui représentent les domaines de dénomination des autorités internationales d'enregistrement : l'UIT, l'ISO et un comité joint ISO-UIT. Le niveau immédiatement inférieur à l'ISO autorise, entre autres, l'enregistrement :

- des diverses normes ISO (*standard* [0]) ;
- des membres nationaux de l'ISO (*member body* [2]), sous lesquels se trouvent l'AFNOR (208), l'ANSI (310), etc. ;

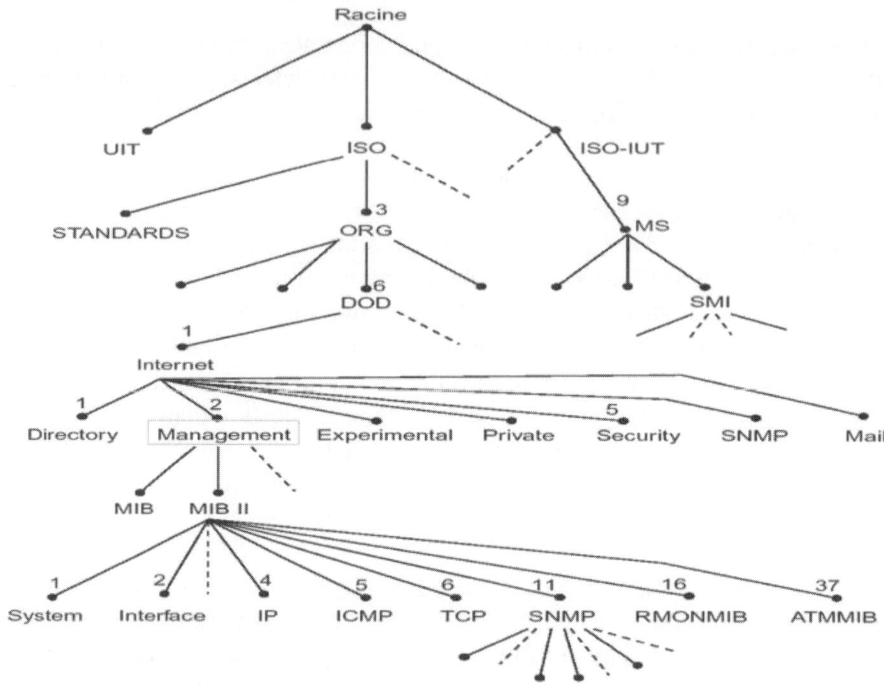

Figure 10.2 – **Extrait de l'arbre d'enregistrement des objets de gestion.**

- des organisations (*organization* [3]) sous lesquelles se situe, par exemple, le département américain de la Défense (DOD, branche 6), duquel dépend le domaine de nommage d'Internet (branche 1) dont est issu (branche 2) le domaine contenant tous les noms des entités contribuant à la gestion du réseau (différentes MIB contenant la définition des objets de gestion, du protocole SNMP, etc.).

Les fonctions spécifiques de la gestion système portent sur les objets de gestion (création, modification, etc.) et sur la réalisation de fonctions de gestion (rapport d'alarme, alarme de sécurité, événements, contrôle, test, gestion du temps, enregistrement d'audit de sécurité, mesure de coûts, contrôle d'accès, surveillance de la charge système, etc.).

Le protocole d'application **SNMP** (*Simple Network Management Protocol*) de manipulation et de transfert d'informations de gestion sert de véhicule pour acheminer des requêtes (de consultation et de modification des objets de gestion à distance), les réponses associées et les événements non sollicités (notifications de pannes) entre les processus managers et les processus agents (figure 10.3).

Ce protocole, comme son nom l'indique, pour des raisons de simplicité de mise en œuvre et de performance, est rudimentaire. Il ne supportait pas à l'origine des mécanismes d'authentification (manager, agent) et de chiffrement des requêtes nécessaires au support d'opérations sécurisées de gestion de réseau (ce qui a été corrigé). De plus, il était souvent mis en œuvre *via* le protocole UDP. Ainsi, il était

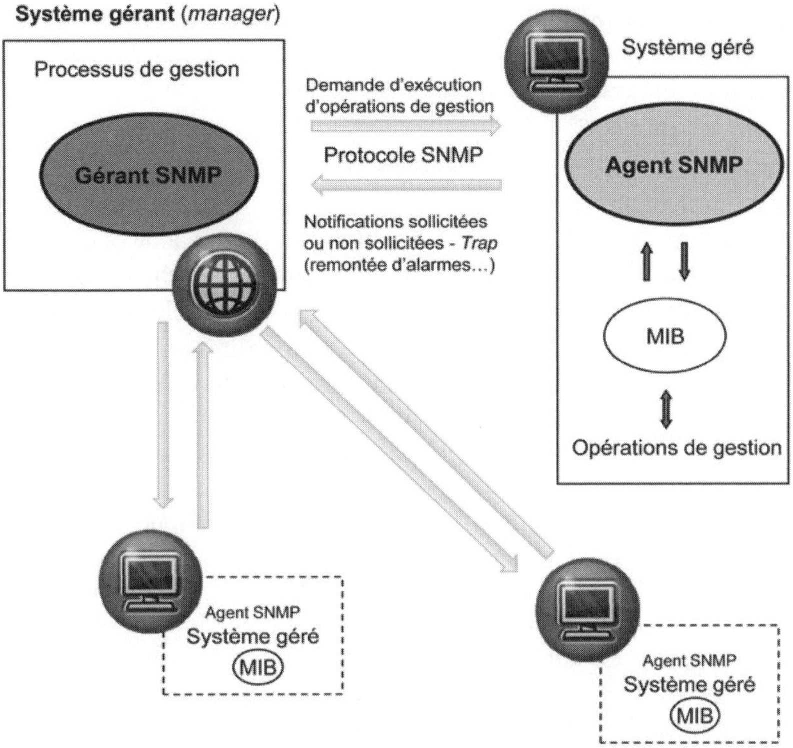

Figure 10.3 – **Systèmes gérant et agent et protocole SNMP.**

aisé dans les deux premières versions du protocole d'accéder sans contrainte aux MIB des équipements, de les modifier et de générer des problèmes de sécurité dus à la non-intégrité des MIB. La version 3 du protocole (**SNMPv3**) pallie ces limitations en réalisant en natif des mécanismes d'authentification de la source, de contrôle d'accès et de chiffrement des données véhiculées.

10.3 Gestion du parc informatique

10.3.1 Objectifs et fonctions

Comme on ne gère et on ne sécurise bien que ce que l'on connaît bien, effectuer un **recensement** le plus exhaustif possible des actifs à protéger est primordial.

Les **fonctions d'un système de gestion du parc informatique** contribuent à la sécurité *via* les fonctions suivantes :

- gestion technique du parc informatique ;
- gestion du catalogue, codification des équipements, terminologie commune, repérage physique des matériels à des fins d'inventaire ;

- inventaire initial et périodique de tous les composants du système d'information ;
- standardisation maximale des configurations (économie d'échelle, cohérence des fonctions à assurer) ;
- schéma de circulation des flux de données ;
- volumétrie des flux ;
- harmonisation des différents fournisseurs ;
- gestion commerciale (administration des contrats, tarifs, commandes, acquittement des factures, gestion des délais de paiement, de livraison et de garantie, suivi des comptes fournisseurs, suivi budgétaire, gestion des licences, etc.) ;
- gestion des immobilisations (traduction des états comptables réglementaires) ;
- gestion physique du parc (définition des responsabilités pour l'entrée, le suivi de l'état, la localisation des équipements, identification de vols ou de destruction des équipements, détermination de la valeur d'assurance du matériel, etc.) ;
- gestion des incidents (réception automatique des incidents, description, suivi des pannes par fournisseur, etc.) ;
- contrôle de gestion (mesure des coûts actuels et prévisionnels, refacturation aux utilisateurs, préparation de budgets, contrôle budgétaire des achats par centre d'activité, suivi des coûts de maintenance, d'exploitation, suivi d'un indicateur donnant le nombre d'interventions par unité d'équipement selon les marques/modèles/types, corrélation entre le niveau d'obsolescence et l'immobilisation comptable, etc.) ;
- processus d'identification, de valorisation et d'affectation des coûts réels pour contrôler les dépenses ;
- gestion des comptes à privilèges (les attaquants repèrent ces comptes en priorité).

L'inventaire des ressources, y compris des profils des utilisateurs, est nécessaire pour identifier les valeurs à protéger et déterminer les besoins de sécurité afin d'identifier les mesures de sécurité pour les satisfaire et leur suivi.

10.3.2 Quelques recommandations

La mise en œuvre d'un service de gestion de parc s'inscrit dans une logique de qualité et doit s'interfacer et dialoguer harmonieusement avec les autres services de gestion de réseau (modules de gestion des configurations, des performances, des incidents, de la comptabilité). D'une bonne gestion du parc informatique dépendent celle des **fournisseurs** (éditeurs de logiciels, opérateurs, etc.) et celle de l'utilisation des **ressources informatiques**.

La mise en place d'une politique cohérente de remplacement des machines pour faire évoluer le parc informatique, ainsi qu'une bonne connaissance du réseau, donnent lieu à une meilleure anticipation des besoins, ce qui permet aussi de pouvoir mieux justifier des justification des demandes budgétaires qui en découlent.

La **dénomination des ressources** est également très importante. L'administrateur doit choisir les noms des serveurs, des stations, des ressources périphériques, des répertoires pour les logiciels, des utilisateurs et des groupes d'utilisateurs. Une politique de dénomination claire, cohérente et connue des administrateurs réseau est indispensable si l'on souhaite maintenir une cohérence des noms dans le parc informatique d'une entreprise. Cela permet également de partitionner, cloisonner ou réaliser des groupes logiques de ressources possédant des besoins identiques de protection pour y appliquer globalement des règles de sécurité.

Le côté rébarbatif des inventaires informatiques et l'évolution rapide des configurations entraînent parfois un certain flou dans la gestion de la connaissance du réseau. Il est du ressort de la direction informatique de l'entreprise d'imposer une bonne **gestion des inventaires**, afin de faciliter les évolutions du réseau et d'assurer sa sécurité.

L'**inventaire** est à la base du dimensionnement correct de l'infrastructure numérique contribuant à assurer sa disponibilité, sa fiabilité et sa sûreté de fonctionnement ainsi qu'à la qualité des services et donc à leur sécurité.

La direction informatique doit s'assurer de la cohérence, de la complétude et de l'exactitude des inventaires et en vérifier l'état par un **audit** ou un **contrôle informatique interne** par exemple. Il est souvent nécessaire de contraindre les utilisateurs à suivre les directives de l'administrateur réseau, notamment en ce qui concerne l'utilisation des logiciels et des données de l'entreprise, pour satisfaire les critères de sécurité de cette dernière.

Une solution consiste à utiliser un outil logiciel de gestion des inventaires prévu à cet effet. Certains comportent des modules situés sur les stations qui s'exécutent périodiquement lors des connexions, alors que d'autres scannent dynamiquement le réseau. Ils permettent de connaître presque en temps réel la configuration complète du réseau et contribuent souvent à la surveillance des activités.

10.4 Gestion de la qualité de service réseau

Les fonctions de **gestion de la qualité du service réseau**, la gestion comptable et les techniques d'ingénierie du réseau autorisent la réalisation des principaux critères de sécurité. Ces derniers sont satisfaits au quotidien par une bonne gestion opérationnelle des ressources et des services. Ces fonctions contribuent à la réalisation d'un niveau correct de la sécurité opérationnelle.

10.4.1 Indicateurs de qualité

Disponibilité, capacité, accessibilité, temps de réponse, fiabilité d'un réseau sont des **critères mesurables de la qualité de service** du réseau considéré :

- la **disponibilité** est la période de temps pendant laquelle le service offert est opérationnel ;
- le volume potentiel de travail susceptible d'être pris en charge, durant la période de disponibilité du service réseau, détermine la **capacité** d'un réseau ;
- l'**accessibilité** du réseau définit la façon dont la capacité est distribuée aux utilisateurs. Elle est perçue comme étant le **temps de réponse** du réseau ;

- la **fiabilité** d'un réseau est la probabilité, pour un utilisateur, de pouvoir mener correctement à terme une session de travail. Elle exprime le niveau de confiance possible envers l'infrastructure de service.

La qualité d'un service réseau est contrôlable tout au long de la vie du réseau par une **mesure de performances**.

Vérifier le niveau de satisfaction des utilisateurs, veiller à ce que les performances réelles du réseau soient compatibles avec celles auxquelles l'utilisateur a souscrit dans son contrat de services, cela fait partie de la gestion du réseau.

Afin de garantir la **satisfaction des utilisateurs** et de prévenir tout conflit, un processus continu d'amélioration de la qualité doit être réalisé par le biais de la mise en place :

- de tableaux d'indicateurs qualité ;
- d'un bureau d'aide aux utilisateurs (support technique ou *help desk*) ;
- de contrats de service.

La prise en compte du facteur « performance du réseau » s'effectue dès la rédaction du **cahier des charges**, dans lequel les performances attendues doivent être clairement énoncées. Préalablement à un engagement contractuel sur une convention de service, on définit des **indicateurs** de performance et la façon de les mesurer en des points de surveillance précis.

Une **analyse** des performances permet de les améliorer, de trouver la configuration optimale et de prévoir l'évolution potentielle du réseau. Pour cela, il faut identifier la croissance des activités générant des flux informationnels, l'augmentation du volume des applications, etc.

Concernant la sécurité, on doit pouvoir vérifier que des mesures particulières permettant de réaliser l'intégrité, la confidentialité et la traçabilité des informations sensibles soient effectives.

L'intégrité est l'assurance qu'une information n'a pas été modifiée par une personne qui n'en avait pas l'autorisation. La confidentialité est l'assurance qu'une information ne peut être lue que par les personnes qui en ont l'autorisation. La traçabilité est l'assurance qu'il sera possible de remonter le cycle de vie d'une information.

10.4.2 Évaluation et efficacité

Un contrôle de la réalisation effective des améliorations par une étroite surveillance de l'évolution des indicateurs de performance est fondamental pour un bon suivi du réseau.

Les **évaluations du niveau de service** et de son amélioration potentielle sont réalisées à la fois par les utilisateurs et par le service informatique, souvent par le biais d'enquêtes. Une divergence de perception du niveau de service peut survenir, reflétant des besoins et des contraintes qui diffèrent. Une telle enquête permet de recueillir des informations précises sur les conditions d'utilisation des postes de travail et sur la perception du service réseau fourni. Elle s'effectue par un processus classique d'enquête consistant en des questionnaires appliqués à un échantillon représentatif d'utilisateurs, après une campagne d'information et un suivi sur le terrain. L'impact, en termes de valeur financière, du temps de réponse et de la disponibilité du réseau est lui aussi parfaitement chiffrable.

Une **politique de qualité de service** nécessite la mise en place d'une structure organisationnelle adéquate, la réalisation d'investissements en divers outils matériels et logiciels (systèmes de gestion de bases de données, de visualisation, de tests, de duplication de ressources, de surplus de capacité informatique, de téléchargement, de contrôle d'accès, etc.). Une estimation correcte du rapport entre charge de pointe moyenne et optimum des coûts contribue largement à une bonne sûreté de fonctionnement du réseau.

Une **observation suivie** de la qualité de service permet de mesurer l'efficacité du réseau. Cela contribue également à connaître le trafic, à repérer très tôt les incidents potentiels et à surveiller la croissance et les tendances des utilisateurs. Ainsi, la prévision de l'évolution des besoins et du réseau est facilitée.

La **gestion du trafic** (facteur de performance du réseau) peut entraîner un redimensionnement du réseau en fonction des tendances lourdes détectées par les observations du trafic avec, comme corollaire, la mise en œuvre de nouveaux services et équipements.

Un **SOC** (*Security Operation Center*) peut être utilisé pour visualiser l'état du trafic, les incidents et les tentatives d'attaques sur le réseau. Il effectue des tâches de surveillance et de qualification des incidents et permet généralement d'indiquer le nombre d'attaques bloquées, ce qui peut constituer un indicateur de mesure.

Un ***Security Operation Center*** (SOC) est une plateforme de gestion opérationnelle de la sécurité d'une infrastructure qui offre un service intégré de supervision et de visualisation. Cela permet entre autres de suivre l'évolution de la **qualité de service**, l'évolution des trafics, des tentatives d'intrusion, de visualiser les cibles d'une cyberattaque ou ses conséquences par exemple. Selon les configurations, un SOC peut également proposer des actions intégrées de réponses aux événements et de maintenance. Un SOC peut être interne à une organisation ou être externalisé.

10.5 Gestion comptable et facturation

Un système de comptabilité participe au contrôle, à la réduction et à l'analyse des coûts des communications, dans l'optique d'optimiser les investissements et de maîtriser les **coûts** et les **risques financiers**. Il peut supporter par exemple des fonctions d'enregistrement des communications sortantes, de génération d'états d'utilisation et des états des exceptions, de suivi des décisions d'exploitation ou encore par exemple d'identification des abus, de détection d'utilisations frauduleuses ou abusives du réseau, etc.

Toutes les facilités dont a besoin la gestion de réseau pour réaliser une comptabilité appropriée de l'usage des ressources contribuent également à la gestion des identités, des profils des utilisateurs, de leurs droits d'accès, de la surveillance de leurs activités. Ainsi, la sécurité a tout à gagner d'une gestion efficace des **données comptables** liées à l'usage des technologies l'information. Les fonctions de comptabilité et de facturation sont basées sur l'enregistrement de données et sur la surveillance. Ceci facilite donc l'implantation de mesures d'audit, de non-répudiation, de traçabilité, d'imputation et de contrôles nécessaires à la réalisation de la sécurité. Ces informations peuvent également servir lors d'investigations numériques et en informatique forensique.

L'**informatique forensique** représente l'ensemble des activités et techniques qui permettent de collecter des traces informatiques, de les analyser et de les interpréter en vue de prouver l'existence des données et des traitements effectués par un système.

10.6 Gestion opérationnelle d'un réseau

La **gestion opérationnelle d'un réseau** recouvre l'ensemble des activités d'exploitation journalière et de maintenance qui conservent le réseau en état de marche avec des niveaux de qualité de service et de sécurité satisfaisants. La gestion opérationnelle ne peut se faire que si on analyse le fonctionnement du réseau et si on détermine dans quelle mesure les objectifs de qualité de service et de sécurité sont atteints. Pour cela, il est nécessaire de disposer d'informations relatives à l'état du réseau. Ces informations observées constituent en quelque sorte des « prises de température » systématiques, pouvant être appréhendées comme des indicateurs de performance qui permettent d'identifier au plus vite des anomalies, des intrusions ou une dégradation des performances préjudiciable à la sécurité. Cela autorise, autant que faire se peut, un **diagnostic** afin d'établir des mesures adaptées, pour optimiser l'infrastructure et les services.

10.6.1 Gestion des configurations

Rendre un réseau opérationnel, c'est tout d'abord le **configurer**. C'est à ce niveau de paramétrage du réseau que l'on fixe les critères d'accès aux ressources (permissions), les seuils d'alarmes, les éléments à auditer et à sauvegarder dans des logs (traces), qui contribuent à la réalisation de la sécurité.

En effet, c'est lors de la configuration que l'on positionne les sondes permettant d'effectuer un **audit actif** des événements du réseau. Ainsi, de façon dynamique, le système est capable d'identifier la survenue d'atteintes sécuritaires et de déclencher des actions *ad hoc* (génération d'alarmes, déconnexions automatiques par exemple). Du point de vue sécuritaire, cette phase est primordiale dans la mesure où elle permet d'appliquer la politique de sécurité sur l'ensemble des éléments du réseau et d'établir les procédures de contrôle d'accès.

La configuration d'un réseau reflète son architecture et la manière dont il est dimensionné, structuré, cloisonné, compartimenté. C'est également une phase importante de la détermination de la localisation des systèmes, de leurs redondances, plans d'adressage, liens logiques et physiques et de leurs protections par des systèmes pare-feu.

La configuration du réseau permet sa génération, qui est un chargement effectif de la configuration dans les éléments du réseau. Le réseau possède alors la connaissance de son architecture, de son mode de fonctionnement, de la localisation de chaque entité et des protocoles de communication.

Les phases de **configuration** et de **génération** constituent l'initialisation du réseau, après laquelle il devient opérationnel et capable de répondre à une demande de service. Un réseau peut voir son architecture évoluer au cours de son utilisation (ajout, suppression, modification logicielle ou matérielle), nécessitant une reconfiguration-génération. Cette phase doit pouvoir se faire dynamiquement, sans entraîner un arrêt du réseau afin d'assurer la continuité des services.

La gestion des configurations s'accompagne d'un **contrôle des modifications**, matérialisé par un processus d'autorisation, de mise au point, de test et de documentation des modifications apportées (gestion sécurisée des configurations).

Le **risque** associé à cette fonction peut être lié à des modifications non testées, prohibées ou non documentées qui peuvent mettre à mal le réseau et sa sécurité (mauvais paramétrage du routage, des contrôles d'accès, conduisant par exemple à des effondrements du réseau, à l'indisponibilité de certaines ressources, à des dénis de service, à une facturation erronée, etc.).

10.6.2 Surveillance et optimisation

La fonction de surveillance, véritable outil de gestion des performances et des incidents mais aussi de la maîtrise de la sécurité, permet de réaliser, entre autres, la **traçabilité** des actions et des événements.

La **surveillance** consiste à observer en permanence le fonctionnement et le comportement du réseau, *via* notamment des « sondes réseau » qui permettent des observations du trafic, des remontées d'alarmes, des comptes rendus d'anomalies, par la signalisation d'incidents par les usagers, etc.

Il s'agit de :

- s'assurer que la qualité de service est satisfaisante, que les exigences de sécurité sont respectées ;
- déceler des variations qui pourraient affecter la qualité de service et la sécurité ;
- déterminer s'il n'existe pas de problèmes sur le réseau qui ralentissent les services (goulot d'étranglement, dysfonctionnement, panne partielle, mauvaise configuration, etc.) ;
- détecter les tentatives d'accès frauduleux, de détournement de l'usage de ressources, etc. (notion de *monitoring* actif, de système de détection des intrusions) ;
- vérifier, à l'aide de mesures, que le réseau ou les serveurs ne sont pas saturés, ou en tout cas qu'ils travaillent avec un **degré de charge** supportable. Cela traduit un souci de recherche de configuration optimale et de dimensionnement correct.

L'administrateur système/réseau/système d'information doit non seulement s'assurer que le réseau est **opérationnel**, mais aussi vérifier périodiquement qu'il fonctionne de façon **optimale et sécurisée**. En fonction de l'entreprise, différents rôles, fonctions et actions d'administration peuvent exister. Les **tâches d'administration** peuvent être réalisées en interne ou être externalisées. Les ressources, outils et procédures d'administration ainsi que les flux de données associés doivent être hautement sécurisés. En fait c'est tout le **système d'information dédié à l'administration** qui doit faire l'objet d'une **sécurité renforcée**. Les personnes en charge, qui possèdent des droits d'accès et des privilèges élevés, doivent être compétentes, spécialement formées et posséder un haut degré d'intégrité. En principe, elles signent une charte d'utilisation des ressources (charte d'éthique) qui leur est spécialement consacrée.

10.6.3 Gestion des performances

L'évaluation des **performances** a pour objet principal de mesurer les performances des systèmes et des réseaux en vue de leur optimisation. Cela permet également d'évaluer et de paramétrer les outils nécessaires pour satisfaire aux exigences de qualité de service et de sécurité.

Les évaluations de performances s'effectuent lors des différentes phases de la vie du réseau :

- à sa conception (dimensionnement du réseau) ;
- lors de modifications d'équipements (prise en compte des expériences passées) et des mises à jour ;
- durant le suivi du réseau (surveillance des paramètres de temps de réponse, analyse du trafic, évaluation du débit efficace et maximal, réalisation de tests [tests d'intrusion, test du niveau de robustesse des mots de passe], identification du seuil d'effondrement des systèmes conduisant à des dénis de service, etc.).

Les performances d'un réseau peuvent être appréhendées de trois façons complémentaires :

- par des **mesures** sur le réseau (*monitoring*, surveillance, sondes, remontées d'alarmes, etc.), qui constituent le seul moyen d'obtenir les indicateurs de performance qui tiennent compte de toutes les caractéristiques réelles du réseau ;
- par des **simulations informatiques**, qui passent par la réalisation et l'exécution de programmes modélisant les mécanismes de comportement du système observé en fonction des valeurs des variables étudiées ;
- par des **méthodes analytiques** (étude théorique, le plus souvent basée sur des mathématiques), qui reposent sur la théorie des files d'attente et sur la résolution d'équations modélisant les aspects du fonctionnement du réseau que l'on désire analyser.

10.6.4 Maintenance et exploitation

La **maintenance** est l'ensemble des actions entreprises pour conserver ou remettre un système dans un état tel qu'il puisse remplir correctement ses fonctions. La maintenance fait partie de la réalisation de la sécurité des systèmes et réseaux.

Les ressources matérielles et logicielles qui composent le réseau font l'objet de **tests** tout au long de leur vie. Appliqués lors de leur conception, les tests permettent de déterminer le degré de fiabilité et de confiance que l'on peut avoir envers elles. Lors de leur usage, ils contribuent avec des mesures de performances à réaliser la maintenance préventive du réseau.

Les tests mis en œuvre sans interruption partielle ou totale du service réseau sont qualifiés de **tests *on line*** et, dans le cas contraire, de ***off line***.

La **maintenance préventive** s'assure du bon fonctionnement d'un équipement par des tests et le remplacement périodique de certains éléments, sans même faire d'essai ou de mesure.

La **maintenance corrective** s'effectue après la localisation de l'origine d'une anomalie afin d'y remédier, par réparation ou par remplacement de l'entité défectueuse.

Toutes les actions et procédures de maintenance sont déterminées par la politique de maintenance et de gestion des anomalies définie par les politiques de gestion de réseau, de la sécurité et de la continuité des services d'une organisation.

Rendre imperceptibles les pannes aux utilisateurs ou, en tout cas, minimiser la durée de l'interruption de service, est l'objectif à atteindre de la fonction de gestion des incidents, contribuant ainsi à la continuité des services, à la disponibilité et à l'intégrité des ressources.

La **détection des pannes et des incidents** (localisation et signalisation) est indispensable pour que les mécanismes de réparation et de reconfiguration puissent se réaliser et laisser un système dans un état opérationnel fiable et sûr. L'origine d'une défaillance se détecte par logiciel, soit par des mécanismes de capteurs ou de « chiens de garde » internes, soit par la surveillance d'une unité par une autre. Cela est réalisé par les fonctions suivantes :

- surveillance et déclenchement des alertes et du processus de gestion des incidents, voire de gestion de crise si nécessaire ;
- prise en compte des événements non sollicités ;
- localisation, détermination et identification des pannes ;
- correction (actions curatives et réactives, qui peuvent éventuellement aboutir à une action judiciaire).

Des tests périodiques et systématiques autorisent la signalisation de défaillances des équipements. La plupart des équipements informatiques intègrent des mécanismes de contrôle et de surveillance divers (contrôle d'erreur, de parité, contrôle d'état des coupleurs, etc.). Toutes ces détections donnent lieu à des transferts d'informations à des fins de gestion au(x) point(s) de contrôle du réseau dont dépendent les équipements. Les points de contrôle, pouvant agir à distance sur des systèmes en déclenchant des procédures de tests par exemple, autorisent des actions de **télémaintenance** et de **télésurveillance** en temps réel ou en différé.

La **surveillance** permet de prévenir certaines pannes ou attaques par détection anticipée des défaillances (identification de mode de fonctionnement dégradé pouvant conduire à des défaillances totales des équipements). C'est le cas pour des systèmes dits de « pots de miel » (*honey pot*).

Des ***honey pots*** peuvent être installés pour servir de cibles privilégiées des cyberattaques. Ils font l'objet d'une surveillance attentive afin d'empêcher ou de limiter la propagation des attaques à l'intérieur du système d'information, mais aussi pour tenter de comprendre les tactiques et les stratégies utilisées par les attaquants et éventuellement de les leurrer.

Les technologies du **SIEM** (*Security Information and Events Management*), parfois dénommé **SEM** (*Security Event Management*), permettent de recueillir des informations sur les non-conformités à la politique de sécurité de l'organisation, sur les vulnérabilités des applications et sur les incidents de sécurité. Ces informations de gestion des incidents peuvent être visualisées dans un pupitre de contrôle (SOC). Le degré d'intégration des techniques d'intelligence artificielle dans un SOC détermine le niveau de détection préventive (prédiction des événements fâcheux avant leur réalisation).

Plusieurs types d'outils de détection des incidents peuvent y contribuer. En fonction de leur localisation dans l'architecture, de leurs spécificités et de la nature du service de détection et de réponse aux incidents offerts, il peut être distingué des outils qui :

- surveillent uniquement les terminaux raccordés (notion de EDR, *Endpoint Detection Response*), dont certains peuvent réaliser une analyse comportementale des usages et identifier tout comportement ne rentrant pas dans ceux considérés comme normaux et donc autorisés ;
- inspectent uniquement le réseau (notion de NDR, *Network Detection and Response*) ;
- intègrent plusieurs niveaux de détection, d'analyse et d'automatisation (notion de XDR, *eXtended Detection and Response*).

SIEM est un utilitaire qui centralise et traite de manière intégrée les différents événements de sécurité pouvant conduire à des incidents de sécurité, et cela permet ainsi de mieux les prévenir. Son positionnement dans l'architecture du réseau est important tant pour sa capacité à collecter les différents événements que pour sa sécurité. Sa configuration doit être adaptée afin qu'il ne soit pas submergé d'informations non significatives. De plus en plus d'outils automatisés de gestion complémentaires existent (notions de MDR [*Managed Detection Response*] et de SOAR [*Security Orchestration Automation and Response*]).

La **gestion des incidents** est une fonction qui permet de consigner, d'étudier, de comprendre et de corriger les incidents de fonctionnement. Elle s'appuie sur une organisation et sur des procédures de traitement des incidents pour savoir que faire lors d'un incident, qui prévenir et comment. Elle intègre notamment une procédure qui oriente les utilisateurs en panne vers un centre d'assistance adéquat. La notification d'un incident entraîne généralement les actions suivantes :

- consignation de l'incident (historique des incidents) ;
- identification de la personne responsable de sa correction ;
- analyse visant à déterminer son origine ;
- mise en œuvre des mesures correctives et préventives nécessaires.

À cela, il faut ajouter, pour les incidents critiques, la mise en place d'une procédure de gestion de crise et de définition des responsabilités.

La direction peut par exemple imposer au responsable d'un réseau local d'indemniser en interne les départements de l'entreprise pour chaque heure d'interruption. Il s'agit en quelque sorte d'offrir une **garantie de service**, en partant du principe que si le service n'est pas fourni, les départements de l'entreprise ne peuvent travailler correctement, ce qui justifie une indemnisation comptable interne.

On dénomme **exploitation** l'ensemble des actions qui contribuent à maintenir opérationnel un réseau de télécommunication. Cela consiste également à prélever des informations et à les transmettre à une entité compétente, en vue de réaliser la facturation de l'utilisation des ressources.

La fonction d'exploitation consiste à effectuer régulièrement des contrôles du bon fonctionnement du réseau. Comme toute fonction vitale à la vie du réseau, elle est à sécuriser en fonction des risques effectifs (**sécurité de l'exploitation**).

Préventive ou **corrective**, la fonction d'exploitation intègre les tâches suivantes :

- mise en route ;
- suivi ;
- intervention en cas d'alerte ou de problème ;
- prévention des risques liés aux virus ou autres formes d'attaques ;
- application des mesures correctives ;
- activation du plan ou des équipements de secours, etc.

Le fonctionnement de l'exploitation sera qualifié de bon dans la mesure où il est en position de service vis-à-vis des utilisateurs et de partenaire vis-à-vis des développeurs. Pour ce qui concerne ces derniers, cela sera vraiment nécessaire lors de la phase d'industrialisation des applications. Celle-ci a pour objectif de s'assurer que leur intégration et leur mode opératoire sont corrects, administrables, exploitables avant leur diffusion et leur mise en production. De nouveaux applicatifs ne doivent pas perturber l'environnement d'exécution dans lequel ils s'insèrent, ni la sécurité mise en place.

De plus, l'essai et la réception d'applications doivent être prévus en collaboration avec l'équipe de développement des applications et les utilisateurs, afin de garantir l'emploi de tests adéquats (plan de tests, tests de charge critique) dans des conditions de fonctionnement normal.

L'automatisation de l'exploitation contribue généralement à la réduction des coûts d'exploitation, du nombre d'interventions humaines et à l'amélioration de la qualité et de la rapidité de service. Pour ce faire, il faut préalablement « normaliser » le processus opératoire des exploitants et mettre en place les systèmes permettant de le réaliser.

10.6.5 Supervision et contrôle

Les activités reliées à la collecte, à la mémorisation et au traitement des données relatives aux usagers et aux équipements autorisent celles de la **supervision** et du **contrôle** de l'utilisation des ressources du réseau.

Les principales composantes de la supervision sont la surveillance du réseau et du trafic, la mise en œuvre des procédures de sauvegarde et la coordination des services. Cela consiste en :

- réception en temps réel des informations relatives à la qualité de service ;
- transfert de ces informations vers l'application de gestion concernée, ou vers un système de gestion de bases de données ;
- traitement (détection des anomalies, génération d'alarmes, mise en œuvre du plan de secours, etc.) ;
- présentation des données selon certaines caractéristiques (ergonomie, valeurs significatives, forme, couleur, son), pour une meilleure aide à la décision (vue synoptique de l'état du réseau, etc.) ;
- aide à la télé-action (plan de secours prédéterminé) ;
- mémorisation des actions et événements (journal de bord) dont l'analyse *a posteriori* permet d'améliorer les procédures, les configurations, les plans de secours.

10.6.6 Documentation

La direction informatique ou la direction générale doit exiger une **documentation** complète, précise et à jour de tout ce qui concerne la vie du système d'information, du réseau et de la sécurité. La documentation des activités est une tâche fastidieuse souvent sous-estimée mais nécessaire à la gestion du réseau et de la sécurité. En effet, aux données strictes de l'inventaire, on intégrera des informations relatives aux configurations logicielles et matérielles, afin d'apprendre des événements passés, de mémoriser le savoir-faire mais aussi les événements à des fins de traçabilité, d'audit et d'optimisation.

Une erreur qui est survenue doit être connue, documentée et réparée. Si elle se répète, cela ne sera plus une erreur mais une faute imputable.

La non-documentation crée ou maintient une dépendance très forte entre l'entreprise et son (ou ses) administrateur(s) systèmes et réseau ; cela réduit considérablement la capacité de contrôle, de gestion et de sécurité de l'entreprise. L'entreprise court un risque non négligeable si un responsable réseau ou un administrateur système vient à faire défaut (accident, vacances, etc.). Le contrôle du réseau devient très difficile si l'on n'a pas eu la prudence d'enregistrer et de rendre accessibles à des personnes de confiance des informations que seul un administrateur est censé posséder (mots de passe, etc.).

Toutefois, il est bon d'effectuer un compromis adéquat entre « tout documenter » jusqu'au moindre détail, auquel cas l'administrateur réseau ne fait plus que de la documentation, et « ne rien documenter ». Si la direction générale a le sentiment de ne pas maîtriser les questions techniques et n'est pas en mesure d'assurer elle-même le contrôle de la documentation, il est de son ressort de la faire valider par des **auditeurs** externes. Il sera alors demandé une **estimation du degré de détail** exigé dans la documentation, et les auditeurs vérifieront la conformité de la documentation par rapport à ce qui en est attendu.

10.7 Concilier gouvernance et gestion opérationnelle

Maîtriser les cyberrisques en toute connaissance de cause, c'est les mettre sous contrôle en adoptant des mesures de protection, de gestion des incidents et de la continuité des activités cohérentes au regard des valeurs à préserver et des menaces qui pourraient les affecter. Ceci nécessite la complémentarité et la cohérence des actions de gouvernance et de gestion de système et de réseau.

En matière de cybersécurité, la difficulté pour les opérationnels (le front) est de mettre en œuvre la politique de sécurité par des actions concrètes avec les ressources dont ils disposent, la pression temporelle, l'urgence du quotidien et de multiples contraintes internes et externes.

Répondre aux exigences de l'idéal d'une gouvernance de cybersécurité imposée par des instances dirigeantes, qui dans le même temps pourraient aussi imposer des contraintes budgétaires en contradiction avec les objectifs à atteindre, est impossible. Ce genre de situation crée une dissonance entre la vision stratégique et la réalité vécue et connue par les personnes en charge de réaliser la cybersécurité.

Être courageux en matière de cybersécurité, c'est oser affronter la réalité : c'est comprendre les menaces auxquelles est exposé un système d'information, c'est appréhender toute la complexité des dépendances et des interdépendances des infrastructures aux technologies du numérique, c'est minimiser la surface d'attaque et maîtriser tous les vecteurs de la cyberinsécurité. C'est en fait, adopter des comportements et des mesures cohérentes et pragmatiques qui contribuent à la maîtrise des risques. Mais peut-être que le vrai courage serait d'oser renoncer à l'usage de certains services ou technologies vulnérables par conception (*vulnerable by design*).

Résumé

Une bonne gestion de réseau, notamment par les fonctions de gestion des configurations, des performances et des incidents, contribue à assurer la disponibilité et l'intégrité des infrastructures, services et données. De plus, la dimension de gestion de réseau, qui fait référence à la gestion comptable, permet de disposer de toutes les données nécessaires non seulement à la facturation des usagers mais aussi à la réalisation des fonctions de surveillance et d'audit, qui sont de première importance en matière de sécurité. Cela peut permettre une certaine vérification des actions à des fins de preuve ou de non-répudiation ou d'enquête. La gestion de réseau contribue également à réaliser l'objectif de confidentialité dans la mesure où elle assure qu'il n'y a pas d'écoutes clandestines ou des accès non autorisés aux données. La fonction de contrôle d'accès aux ressources, qui fait partie de la gestion de réseau, est fondamentale à la mise en œuvre opérationnelle de la sécurité. La gestion opérationnelle des systèmes et des réseaux contribue à la réalisation des politiques de sécurité, quels que soient les secteurs d'activité des systèmes d'information, c'est d'autant plus critique s'il s'agit de systèmes industriels ou d'infrastructures vitales.

Exercices

10.1 Dans quelle mesure les caractéristiques d'un réseau de télécommunication rendent-elles difficile sa sécurisation ?

10.2 Quelle est l'importance de la gestion de réseau pour la maîtrise de la sécurité ?

10.3 Quelles sont les compétences attendues d'un administrateur réseau ?

10.4 Pourquoi l'inventaire des ressources informatiques et télécoms d'une organisation est-il utile à la sécurité ?

10.5 Pourquoi la fonction de surveillance d'un réseau est-elle essentielle pour assurer sa sécurité ?

10.6 De quelle manière la documentation des actions de gestion du réseau contribue-t-elle à sa sécurité ?

10.7 Est-ce que la notion d'accessibilité d'un réseau intervient dans celle de sa sécurité ?

10.8 Quel est le rôle du protocole SNMP ?

10.9 Comment la mise en œuvre du protocole SNMP peut-elle mettre à mal la sécurité d'un réseau ?

10.10 Quelles relations existe-t-il entre les notions de gestion de système et de réseau, de gestion de la qualité et de gestion de la sécurité ?

10.11 Identifiez les principaux types d'impacts « business » d'un défaut de gestion efficace de sécurité informatique pour une organisation.

10.12 Proposez pour les applications critiques d'une organisation les types de mesures de sécurité à mettre en place et à gérer.

10.13 Identifiez les principaux types d'incidents pouvant nuire à la sécurité d'un système d'information.

10.14 Quelles fonctions doivent être réalisées pour gérer la performance de la sécurité ?

10.15 Pourquoi la gestion opérationnelle de la sécurité doit-elle s'intégrer dans une vision stratégique de la cybersécurité ?

10.16 Pourquoi la gestion des pannes contribue-t-elle à la sécurité d'un réseau ?

10.17 Représenter les différentes actions relatives à la mise en œuvre de la cybersécurité d'un système d'information en distinguant celles relevant de la gestion de celles de la technique.

10.18 Pourquoi le télétravail peut être un facteur de risque pour une organisation ?

10.19 Quelles sont les principales mesures de sécurité à disposition des organisations pour contribuer à sécuriser le télétravail ?

10.20 À quels besoins répond un SOC (*Security Operations Center*) ?

Solutions

10.1 La principale **difficulté** pour sécuriser un réseau de télécommunication provient de la nature même de celui-ci et de ses caractéristiques de fonctionnement, du fait notamment :

- de la mise en commun, du partage et de la grande accessibilité des ressources ;
- du mode de fonctionnement « instantané », « dynamique », « transparent » d'un réseau ;
- de la distribution des systèmes et des processus ;
- de la couverture géographique du réseau (du local à l'international) ;
- de la nécessaire flexibilité dont il doit faire preuve (adaptation, évolution) ;
- du nombre, de la pluralité, de la diversité, de l'hétérogénéité des équipements, des ressources, des modes de fonctionnement et des acteurs ;
- de l'existence de vulnérabilités ;
- du mode de contrôle réparti entre divers intervenants lors de l'interconnexion de réseaux appartenant à des domaines de gestion différents (difficulté d'obtenir un contrôle homogène de bout en bout).

Cela se traduit par une grande complexité de l'environnement à sécuriser.

10.2 Les architectures de communication doivent être évolutives, réactives, performantes et sécurisées. Elles s'inscrivent dans une politique stratégique de conception, de mise en œuvre et de gestion des technologies de l'information de l'organisation. La **gestion de réseau** intègre la gestion de la sécurité des télécommunications, qui elle-même fait partie de la sécurité des systèmes d'information. La sécurité informatique doit être appréhendée dans son intégralité et suppose que l'on sache, entre autres, gérer efficacement et de manière sécurisée les réseaux de télécommunication. L'exigence de sécurité qu'est la disponibilité des ressources et services passe par des actions de gestion de système et de réseau (dimensionnement, gestion des performances, des incidents, etc.). Les exigences de confidentialité et d'intégrité peuvent être partiellement satisfaites par la mise en œuvre du contrôle d'accès, par une bonne configuration des serveurs, des pare-feu, qui sont des tâches relevant de la gestion de réseau. La journalisation des événements, la surveillance du trafic, la détection des incidents par exemple sont aussi des fonctions relatives à la gestion opérationnelle du réseau et contribuent à la réalisation des services de sécurité. La fonction d'assistance aux utilisateurs (*help desk*) est intégrée à la gestion de système et de réseau et est également un élément au service de la sécurité.

10.3 Sécuriser un environnement informatique impose une démarche pragmatique et cohérente combinant harmonieusement deux savoir-faire complémentaires et indissociables :

- un savoir-faire managérial et organisationnel pour la mise en place d'une politique de gestion de réseau et d'une politique de sécurité ;
- un savoir-faire technique et opérationnel par la réalisation des mesures de sécurité.

L'**administrateur réseau**, comme le responsable sécurité, doit posséder des compétences organisationnelles (maîtrise des politiques, des processus, des mesures, de tous les aspects liés au management), des compétences techniques (maîtrise des outils), des qualités humaines et des compétences juridiques. En effet, administrateur réseau et responsable sécurité doivent être notamment capables de dialoguer, de négocier, de déléguer car un système sécuritaire, aussi pertinent soit-il, ne pourra être validé que s'il est accepté par l'ensemble des acteurs de l'organisation. Cela impose donc une bonne diffusion et une bonne compréhension de la politique de sécurité au sein de l'entreprise ainsi qu'une sensibilisation adaptée aux problèmes sécuritaires. La sécurité est également une question de « communication » et de « responsabilisation » du personnel. Si l'on considère qu'environ 80 % des sinistres ont une origine interne à l'entreprise, sécuriser les télécommunications ne suffit pas à bien protéger les ressources sensibles de l'entreprise.

10.4 L'**inventaire des ressources informatiques et télécoms** d'une organisation est nécessaire à la sécurité informatique parce qu'il contribue à la réalisation des services de gestion de système et de réseau, gestion du parc informatique et de la sécurité. Outre le fait que l'on ne gère bien que ce que l'on connaît bien, l'inventaire contribue à la gestion des configurations, des performances, au dimensionnement et à l'exploitation-maintenance des ressources. Ces fonctions contribuent à satisfaire des besoins de disponibilité, de fiabilité et d'intégrité. De plus, l'inventaire a un rôle majeur dans l'identification des ressources et de leur degré de criticité. La classification des ressources selon leur degré d'importance permet de définir des mesures de sécurité appropriées pour les protéger. L'inventaire des ressources intervient également pour la mise en œuvre du contrôle d'accès lors notamment du processus d'identification des ressources, d'assignation des permissions (droit d'accès) en fonction du profil des utilisateurs. Ainsi, l'inventaire contribue indirectement à la réalisation des services de confidentialité et d'intégrité.

10.5 La **surveillance d'un réseau informatique** consiste à observer le fonctionnement de ce dernier et ceci d'une manière continue. La surveillance du réseau vise non seulement à s'assurer que la qualité de service du réseau est acceptable mais aussi à déceler les problèmes, incidents, erreurs et anomalies qui dégradent les performances du réseau et qui pourraient porter atteinte à la sécurité des ressources afin de répondre au plus vite et de manière adaptée aux dysfonctionnements. La fonction de surveillance du réseau permet la traçabilité des actions et des événements afin de les journaliser pour les analyser dans une optique d'optimisation/amélioration mais aussi de recherche de preuves ou d'imputation. La surveillance du réseau contribue également à s'assurer de la disponibilité des ressources en vérifiant que le réseau fonctionne d'une manière correcte. Ainsi, il s'agit d'une fonction cruciale de la gestion de réseau puisqu'elle contribue à réaliser la gestion des performances, des incidents, des configurations, des utilisateurs et de la sécurité.

10.6 De manière générale, la documentation des activités ou des opérations de gestion possède de la valeur dans tous les domaines d'activité d'une organisation, ce qui explique les exigences documentaires de nombreux standards, lois et réglementations. En ce qui concerne la gestion du réseau, un niveau approprié de documentation est primordial afin de garder la mémoire des actions qui impactent la vie du réseau et sa sécurité, mais aussi pour apprendre des événements ou incidents passés, capitaliser le savoir-faire, pour pallier l'éventuelle absence d'un employé clé, pour s'assurer que toutes les activités nécessaires sont effectuées de manière régulière et appropriée. La documentation est à la base d'un audit de sécurité.

10.7 Oui, dans la mesure où la disponibilité (qui est un des critères de sécurité) n'a de sens que s'il est possible d'accéder à la ressource (rendue disponible par des mesures de sécurité appropriées). Rendre accessible une ressource, c'est l'ouvrir, la faire connaître, donner les moyens à des entités bienveillantes et/ou malveillantes d'y accéder, de s'y introduire, etc., ce qui est à l'opposé du bon sens sécuritaire qui consiste à ne pas les exposer… La sécurité est en partie une question de bon équilibre entre l'accessibilité d'un réseau (y compris services et données) et la restriction des accès à ces services et données aux seules entités habilitées.

10.8 Le protocole SNMP (*Simple Network Management Protocol*) a été défini pour supporter les échanges d'informations de gestion entre des systèmes distribués reliés par Internet. Chaque système raccordé intègre un module logiciel « agent de gestion » qui interagit à distance avec un système gérant. SNMP est le protocole d'échange d'information entre des processus agents et gérants.

10.9 Le détournement du mode de fonctionnement du protocole SNMP peut conduire à des prises de contrôle des systèmes et à la réalisation de tout type de dysfonctionnement, manipulation et leurre. Cela est d'autant plus facile que le protocole SNMP, relativement élémentaire, ne supportait pas, à son origine, des mécanismes d'authentification des agents et des gérants ni le chiffrement des requêtes. De plus, il était souvent mis en œuvre *via* le protocole UDP (mode non sécurisé). Il était donc facile d'accéder aux MIB (*Management Information Bases*) des équipements, de faire des modifications et ainsi de générer des problèmes de sécurité. Ces faiblesses ont été palliées depuis la version 3 du protocole.

10.10 Ces notions sont liées et englobées dans la sécurité au sens large. Il ne peut y avoir de sécurité sans gestion de la qualité et sans gestion de système et de réseau. Inversement, il ne peut y avoir de qualité sans gestion de la sécurité et, pour cela, les systèmes et les réseaux doivent être bien gérés. La gestion de système et de réseau concerne des installations et des procédures assez techniques et sont relatives à la sécurité opérationnelle des éléments du réseau. Elle contribue à fournir de la qualité et de la sécurité à toute l'organisation.

10.11 Les principaux types d'impacts « business » d'un défaut de sécurité informatique pour une organisation sont :

Impacts financiers :

- perte de ventes, commandes ou contrats ;
- perte de biens (actifs) ;
- pénalités ou devoirs légaux ;
- coûts imprévus ;
- perte de valeur de l'entreprise (chute du prix de l'action) ;
- perte d'image.

Impacts opérationnels :

- perte de contrôle par le management ;
- perte de compétitivité ;
- retards dans des nouveaux développements ;
- perte de productivité.

Impacts affectant la clientèle :

- retards de livraison aux clients ;
- perte de clientèle ;
- perte de confiance de la part de tiers ;
- atteintes à la réputation.

Impacts affectant les employés :

- perte de moral, de productivité, de confiance ;
- atteinte à l'intégrité physique des personnes.

10.12

Tableau 10.1 – **Principaux types de mesures de sécurité à mettre en place pour les applications critiques d'une organisation.**

Besoins du « business » pour la sécurité	Identification des valeurs
	Identification des applications critiques
	Classification des informations
	Évaluation et gestion des risques liés à l'informatique
Sécurité des ressources humaines	Accords avec les employés
	Programme de sensibilisation
	Messages de sensibilisation
	Formation en sécurité
	Définition des rôles et des responsabilités
	Coordination, contrôle et optimisation

Management des applications	Protection des applications
	Protection des applications dans les navigateurs
	Validation de l'information
	Gestion des changements
	Gestion des documents
	…
Gestion des identités et des accès	Dispositions particulières pour l'accès par la clientèle
	Identification
	Authentification
	Contrôle d'accès
	…
Gestion des systèmes	Contrats de niveau de service (*Service Level Agreements*, SLA)
	Résilience
	Connexions aux réseaux externes
	Sauvegarde
Cryptographie	Solutions cryptographiques
	Gestion de clés cryptographiques
Gestion d'incidents	Gestion d'incidents liés à la sécurité informatique
	Solutions d'urgence
Continuité du business	Planning pour la continuité
	Dispositions pour la continuité
	Tests du planning pour la continuité
Audit de la sécurité	Gestion de l'audit de la sécurité
	Processus de l'audit de la sécurité – planification – réalisation – restitution – suivi

10.13

Tableau 10.2 – **Récapitulatif des principaux types d'incidents pouvant nuire à la sécurité d'un système d'information.**

Incidents liés à l'infection des ressources par des programmes malveillants	
Virus/ver	Programme capable d'autoduplication qui effectue des opérations non autorisées

Cheval de Troie/Rootkit	Logiciel qui cache sa présence ou dissimule sa vraie nature et qui effectue des opérations non autorisées
Client botnet	Logiciel qui fait de l'ordinateur un membre d'un réseau virtuel utilisé pour des tâches illicites (attaques DDoS et spams)
Incidents liés au *hacking*	
Attaque en déni de service	Surcharge délibérée des systèmes et réseaux afin de nuire aux performances du système cible
Utilisation non autorisée de paramètres de connexion	Connexions illicites pouvant résulter de l'usurpation d'identité
Scan non autorisé de réseau	Reconnaissance de l'infrastructure et de la configuration d'un réseau afin de trouver des vulnérabilités et préparer des attaques en APT
Interception de trafic non autorisée	Interception ou modification d'informations qui transitent sur un réseau ou entre deux réseaux
Hijacking de session	Contrôle ou manipulation d'une connexion existante à un réseau
Modification non autorisée d'un site web	Modification ou remplacement (défiguration) du contenu d'un site
Modification non autorisée de logiciel	Modification, ajout ou suppression de logiciels (programmes, code source, plugins)
Accès non autorisé, modification, chiffrement des données	Accès, modification, ajout, suppression, verrouillage de données sans permission
Déchiffrement non autorisé d'informations sensibles	Déchiffrement utilisant des techniques telles que mots de passe craqués ou attaques en force brute
Vol d'informations d'authentification	Vol d'informations tels qu'identifiants, mots de passe, clés de chiffrement
Incidents « sociaux »	
Usurpation de nom d'utilisateur, de marque	En prétendant être une personne, une organisation légitime, souvent par l'acquisition de domaines et de sites web frauduleux
Phishing	Acquisition de données personnelles et confidentielles par tromperie
Spam	Grands volumes de messages non sollicités, souvent à des fins commerciales
Révélation non autorisée d'information	Publication accidentelle ou délibérée d'informations telles que données de connexion ou de paiement

Incidents liés aux abus de ressources	
Modification non autorisée de privilèges d'accès	Modification, avec des privilèges étendus, des droits d'accès des utilisateurs. Souvent le prélude à une attaque en APT
Activité système non autorisée	Toute utilisation, modification, destruction partielle ou totale non autorisée
Vol de logiciel	Vol de programmes, de codes sources, etc.
Vol d'information, vol de propriété intellectuelle, de savoir-faire, etc.	Vol de listes de clients, détails de produits, secrets industriels, données financières sensibles, etc.
Incidents physiques	
Accès physique non autorisé	Accès aux installations obtenu par force, effraction ou leurre
Vol ou perte d'équipements informatiques	Vol ou perte de stations de travail, serveurs, portables, téléphones, tablettes, etc.
Vol ou perte de périphériques de stockage	Vol ou perte de supports de mémorisation, clés USB, disques, appareils photos, etc.
Vol ou perte d'entités impliquées dans l'authentification	Vol ou perte de tokens, de Smart Cards, de *smartphones*, etc.
Incidents liés aux erreurs	
Erreur d'un utilisateur	Erreur lors de l'utilisation d'une application ou de la transmission d'informations
Erreur d'un employé technique	Erreur de conception, d'administration, d'implémentation, de maintenance ou d'opération de la part de l'équipe technique
Fonctionnement défectueux de logiciel (interne)	Exécution erronée ou faille d'un logiciel développé à l'interne
Fonctionnement défectueux de logiciel (externe)	Exécution erronée ou faille d'un logiciel acheté ou développé par un tiers sur commande
Surcharge de système	Demande excessive de ressources qui provoque la dégradation des performances ou l'arrêt du système
Fonctionnement défectueux de matériel	Mauvais fonctionnement d'un ordinateur, d'un disque dur, d'un routeur, etc.
Impact non désiré d'un changement	Impact sur les systèmes et/ou sur l'information de changements apportés aux processus, à l'organisation, aux logiciels ou au matériel

Incidents environnementaux	
Risque naturel	Désastre naturels incluant orage, tremblement de terre, incendie et les impacts d'une météo extrême
Dégât physique accidentel	Dégât aux systèmes ou aux installations provoqué par incendie, fuite d'eau ou délabrement d'un bâtiment
Dommage physique malveillant aux équipements	Dégât aux systèmes ou aux installations provoqué délibérément par incendie, interférence électrique ou explosion
Perte d'alimentation énergétique	Perte ou coupure de l'alimentation électrique normale ou de secours. Perte des capacités de climatisation (ventilation, refroidissement)
Dommage ou perte des communications externes	Dommage ou perte des connexions Internet, WAN, LAN, Wi-Fi ou satellite
Blocage malveillant ou interférence des communications sans fil	Interférence avec des communications Wi-Fi afin d'empêcher ou de ralentir le passage de messages et de données

10.14 Les principales fonctions d'un système de gestion de la performance de la sécurité sont essentiellement liées à la surveillance (*monitoring*) et aux comptes rendus (*reporting*) concernant la gestion des risques, des incidents et les métriques de sécurité ainsi que l'évaluation des mesures de sécurité et de conformité réglementaire (évaluation des contrôles).

10.15 La sécurité informatique, comme la cybersécurité, est stratégique dans le sens où elle dépend de la stratégie d'une organisation et aussi parce qu'elle nécessite une vision stratégique qui tient compte des dimensions politique, économique, organisationnelle, humaine, juridique et technologique du contexte dans lequel elle s'intègre.

Avoir une mauvaise gestion opérationnelle et donc une cybersécurité défaillante n'est pas une option pour la compétitivité et la survie d'une organisation. Cela est amplifié si l'organisation en question est une infrastructure vitale comme peut l'être un hôpital : il en va de sa réputation (*quid* d'une fuite de données des dossiers et secrets médicaux ?) mais surtout de la sécurité et de la survie des patients eux-mêmes (*quid* de cyberattaques portant atteinte à la disponibilité et à l'intégrité des dossiers médicaux, à celles des ressources informatiques nécessaires au bon fonctionnement de la structure hospitalière [chaîne d'approvisionnement logistique, systèmes de santé connectée, d'aide à la prise de décision, à la médecine de précision, etc.]) ? L'informatique d'une organisation qui offre un niveau de sécurité adapté aux risques que celle-ci encourt permet la réalisation de toutes ses tâches et missions avec un certain niveau de confiance et de confort.

10.16 Parce que cela permet de réaliser des fonctions de gestion des incidents, de continuité des services et les critères de sécurité liés à la disponibilité et à l'intégrité des ressources.

10.17

ACTIONS DE GESTION

- Faire de la gestion de risques
- Connaître ses valeurs, vulnérabilités, menaces
- Sensibiliser et former aux enjeux, objectifs et moyens de sécurité
- Faire connaître les bonnes pratiques de sécurité
- Comprendre, respecter et faire respecter les mesures de sécurité
- Connaître la législation, ses droits et devoirs
- Rester informé, être attentif aux nouvelles menaces
- Disposer d'un plan de secours, de reprise et de continuité d'activités, de gestion de crise
- Décider d'avoir ou non une assurance cyber
- Évaluer, optimiser

Figure 10.4 – **Les actions et mesures de la mise en œuvre de la cybersécurité.**

10.18 La réalisation du télétravail implique généralement l'accès à distance au système d'information d'une organisation. Cela peut introduire de nouvelles vulnérabilités et faciliter des intrusions ayant pour conséquence les vols de données, le sabotage, la prise en otage des ressources par crypto-verrouillage, le chantage et les demandes de rançon par exemple.

10.19 Les principales actions de sécurité liées à la mise en place du télétravail sont relatives à l'anticipation des nouveaux risques et à la mise en œuvre des solutions pour les contrer. Cela concerne en particulier les points suivants :

- Mise à jour de la politique de sécurité qui intègre l'analyse des nouveaux risques générés par le télétravail.
- Adaptation de l'architecture du système d'information (VPN, *firewall*, chiffrement, contrôle des accès, etc.).
- Sensibilisation, formation des collaborateurs.
- Mise à disposition de procédures, de consignes et d'outils de sécurité cohérents.
- Offrir aux collaborateurs des outils adaptés au télétravail et aux nouvelles contraintes ainsi qu'un service d'assistance en ligne.
- Réaliser des évaluations et adaptations nécessaires aux évolutions des situations, des menaces et des risques

10.20 Un SOC (*Security Operations Center*) répond généralement aux besoins de pouvoir détecter, identifier, visualiser et réagir aux incidents de manière intégrée. Il contribue à la surveillance de la gestion des systèmes et des réseaux et à la vérification de leur bon fonctionnement.

QCM

70 QUESTIONS, UNE RÉPONSE POSSIBLE

Q.1 Quelle atteinte aux données est encourue par l'écoute passive des transmissions ?

☐ **a.** Confidentialité
☐ **b.** Disponibilité
☐ **c.** Intégrité
☐ **d.** Authenticité

Q.2 Parmi les propositions suivantes, laquelle concerne les activités cybercriminelles ?

☐ **a.** Méthodes, opportunités, moyens, motivations
☐ **b.** Menaces, outils, manipulations, juridictions multiples
☐ **c.** Permissivité, cibles, défaillances humaines
☐ **d.** Gestion inadaptée, éthique, incertitude

Q.3 Quel type de programme malveillant correspond le mieux au fait qu'il puisse être activé lors de la survenue d'un événement particulier ?

☐ **a.** Virus
☐ **b.** Ver
☐ **c.** Bombe logique
☐ **d.** Cheval de Troie

Q.4 Quelle est, de manière générale, la première étape constitutive d'une cyberattaque ?

☐ **a.** Identification du matériel en place
☐ **b.** Identification des failles techniques
☐ **c.** *Scanning* de trafic
☐ **d.** *Social engineering*

Q.5 Quel élément ne fait pas partie d'un système de management de la sécurité de l'information (ISMS) ?

☐ **a.** *Plan*
☐ **b.** *Do*
☐ **c.** *Check*
☐ **d.** *React*

Q.6 Dans une organisation, qui détient la plus grande responsabilité pour la gestion de risques ?

☐ **a.** *Senior management*
☐ **b.** *Chief Information Officer*
☐ **c.** *Chief Information Security Officer*
☐ **d.** *Chief Technology Officer*

Q.7 Lequel des éléments suivants ne constitue pas une motivation d'un cybercriminel ?

☐ **a.** Politique
☐ **b.** Erreur
☐ **c.** Gain
☐ **d.** Curiosité

Q.8 Parmi les menaces suivantes, quelle est celle qui ne peut pas avoir une origine accidentelle ou criminelle ?

☐ **a.** Incendie dans le centre informatique
☐ **b.** Perte de documents liés à l'exploitation
☐ **c.** Perte de courant électrique
☐ **d.** Poussière dans la salle des machines

Q.9 Quel type de mesure de sécurité doit être mis en place pour empêcher la survenue d'un incident ?

☐ **a.** Préventif
☐ **b.** Détectif
☐ **c.** Compensatoire
☐ **d.** Correctif

Q.10 Pourquoi n'est-il pas correct de considérer la mesure consistant à enregistrer les tentatives d'intrusion comme une mesure de contrôle interne ?

☐ **a.** Parce que l'enregistrement ne concerne que des activités extérieures à l'organisation
☐ **b.** Parce qu'il est impossible de tout enregistrer, donc les enregistrements sont par nature incomplets
☐ **c.** Parce qu'il s'agit plutôt d'une mesure de gestion de risque
☐ **d.** Parce les enregistrements (logs) sont inutiles sans processus de révision et de correction

Q.11 Quel élément est le moins important pour l'analyse des impacts des risques de sécurité relatifs à un système d'information (SI) ?

☐ **a.** La finalité du SI pour l'organisation
☐ **b.** Le nombre d'utilisateurs du SI
☐ **c.** Le niveau de criticité du SI
☐ **d.** Les valeurs des ressouces du SI

Q.12 Laquelle des actions suivantes n'est pas une option pour le traitement final des risques ?

☐ **a.** Acceptation des risques
☐ **b.** Évitement des risques
☐ **c.** Transfert des risques
☐ **d.** Évaluation des risques

Q.13 Quelle est la norme internationale relative aux critères communs ?

☐ **a.** ISO 13335
☐ **b.** ISO 15408
☐ **c.** ISO 18028
☐ **d.** ISO 27001

Q.14 Quelle est la norme internationale relative aux bonnes pratiques pour la gestion de la sécurité ?

☐ **a.** ISO 27002
☐ **b.** ISO 27000
☐ **c.** ISO 15408
☐ **d.** ISO 27004

Q.15 Dans quel ordre doit-on traiter les questions suivantes afin de réaliser la sécurité d'un système d'information ? :

(1) quels sont les risques ?

(2) comment protéger un système d'information ?

(3) que protéger et pourquoi ?

(4) de quoi protéger les valeurs ?

☐ **a.** 1, 2, 3, 4
☐ **b.** 2, 3, 4, 1
☐ **c.** 4, 2, 3, 1
☐ **d.** 3, 4, 1, 2

Q.16 À qui, dans une grande organisation, appartient la responsabilité de la stratégie de la sécurité de l'information ?

☐ **a.** Aux responsables de systèmes
☐ **b.** Au CISO
☐ **c.** À l'*Executive management*
☐ **d.** Au conseil d'administration

Q.17 Pourquoi être en conformité à une norme ou à une loi n'est pas synonyme d'être en sécurité ?

☐ **a.** Parce que dans la loi Sarbanes-Oxley la gestion de la sécurité d'un système d'information n'est pas assez précise
☐ **b.** Parce que ce sont des juristes et non des ingénieurs en sécurité qui attestent de la conformité

☐ **c.** Parce que cela ne permet pas d'être en conformité avec les meilleures pratiques

☐ **d.** Parce que cela ne garantit pas que des mesures de sécurité suffisantes et efficaces soient effectives

Q.18 Dans l'application de la gestion intégrée des risques selon les accords de Bâle II, quel type de risque n'est pas explicitement cité ?

☐ **a.** Inhérent

☐ **b.** Crédit

☐ **c.** Marché

☐ **d.** Opérationnel

Q.19 Quel critère n'est pas nécessaire pour que les métriques liées à l'informatique soient significatives ?

☐ **a.** Alignement avec les objectifs organisationnels

☐ **b.** Pertinence aux problèmes actuels

☐ **c.** Mesurables et liées aux coûts

☐ **d.** Faciles à représenter de manière graphique

Q.20 Quelle durée d'interruption peut justifier la création d'un site de secours dit « *warm* » ?

☐ **a.** 1 heure

☐ **b.** 4-8 heures

☐ **c.** 24-48 heures

☐ **d.** > 48 heures

Q.21 Une infrastructure de sécurité PKI est constituée des éléments suivants :

☐ **a.** Un cryptosystème à clé publique, un cryptosystème à clé privée et un certificat numérique

☐ **b.** Un cryptosystème à clé publique, un chiffrement symétrique et une autorité de certification

☐ **c.** Un chiffrement symétrique, un certificat numérique et une authentification Kerberos

☐ **d.** Un cryptosystème à clé publique, un certificat numérique et une autorité de certification

Q.22 Parmi les systèmes de contrôle d'accès suivants, quel est le plus difficile à contourner ?

☐ **a.** Contrôle d'accès basé sur une *Smart Card*

☐ **b.** Contrôle d'accès basé sur une double authentification et sur la biométrie

☐ **c.** Contrôle d'accès basé sur le *Challenge-response token*

☐ **d.** Contrôle d'accès basé sur la gestion des droits et l'authentification par mot de passe

Q.23 Le « *digest* » d'un message obtenu par une « *one-way function* » permet :

☐ **a.** De vérifier si le message a été modifié après transmission
☐ **b.** De définir l'algorithme de chiffrement à utiliser pour rendre confidentiel le message
☐ **c.** De masquer l'origine d'un message
☐ **d.** D'assurer la confidentialité du message

Q.24 Quel est le moyen le plus important pour sécuriser les logiciels et les données d'un système d'information intra-entreprise ?

☐ **a.** Sensibiliser les employés à la sécurité informatique
☐ **b.** Faire connaître la politique de sécurité
☐ **c.** Disposer d'un comité de sécurité
☐ **d.** Mettre en œuvre un dispositif de contrôle d'accès aux ressources

Q.25 Avec un système de chiffrement asymétrique, pour rendre confidentiel un message, un émetteur doit :

☐ **a.** Utiliser la clé privée du destinataire
☐ **b.** Utiliser la clé publique du destinataire
☐ **c.** Utiliser sa clé publique
☐ **d.** Utiliser sa clé privée

Q.26 Lors de l'établissement d'une connexion sécurisée entre deux systèmes, quel processus est réalisé en premier ?

☐ **a.** Initiation, Initialisation ou identification
☐ **b.** Vérification
☐ **c.** Autorisation
☐ **d.** Authentification

Q.27 Pour empêcher que les systèmes informatiques d'une organisation deviennent un élément d'une attaque DDoS, les paquets IP qui contiennent des adresses listées comme « non routables » peuvent être isolés par :

☐ **a.** La mise en place de filtrage de trafic vers l'extérieur
☐ **b.** L'activation du blocage des *broadcast*
☐ **c.** La limitation des services permissibles
☐ **d.** La surveillance de la performance du réseau

Q.28 L'efficacité d'un système de contrôle d'accès basé sur les mots de passe sera meilleure si les mots de passe sont :

☐ **a.** Assignés par l'administrateur système
☐ **b.** D'usage unique
☐ **c.** Longs et compliqués
☐ **d.** Changés prériodiquement

Q.29 Lequel des procédés suivants est utilisé pour capturer des mots de passe lors de leur transmission ?

- ☐ **a.** Chiffrement
- ☐ **b.** *Sniffing*
- ☐ **c.** *Spoofing*
- ☐ **d.** Destruction de données

Q.30 Lequel des procédés suivants est le plus efficace pour minimiser le risque d'accès indus à des ressources informatiques d'une organisation par les employés ?

- ☐ **a.** Les identifiants et privilèges des utilisateurs sont octroyés suivant des procédures autorisées
- ☐ **b.** Les stations de travail inactives depuis un certain temps sont automatiquement désactivées
- ☐ **c.** Un certain nombre de tentatives infructueuses d'accès provoque le blocage automatique du compte utilisateur
- ☐ **d.** Les accès sont surveillés par l'administrateur de sécurité

Q.31 Laquelle des propositions suivantes caractérise le mieux un système de détection d'intrusion (IDS) ?

- ☐ **a.** L'enregistrement des tentatives d'intrusion
- ☐ **b.** L'identification des faiblesses de la politique de sécurité
- ☐ **c.** Le blocage d'accès à certains sites Internet
- ☐ **d.** Le fait d'empêcher l'accès de certains utilisateurs à certains serveurs

Q.32 Pour une autorité de certification, quel est l'élément le moins important d'un certificat numérique, pour authentifier un correspondant ?

- ☐ **a.** Le nom de l'autorité de certification
- ☐ **b.** La clé publique de l'émetteur
- ☐ **c.** Le type de certificat
- ☐ **d.** Le délai pendant lequel la clé est valable

Q.33 Dans un système de « *single sign-on* » (SSO), les accès non autorisés :

- ☐ **a.** Sont moins probables
- ☐ **b.** Sont plus probables
- ☐ **c.** Auront un plus grand impact
- ☐ **d.** Auront un moins grand impact

Q.34 Les procédures d'accès incluent la création d'un identifiant unique et d'un mot de passe pour chaque utilisateur. Un audit découvre que dans plusieurs cas l'identifiant et le mot de passe sont les mêmes. La meilleure mesure pour diminuer ce risque consiste à :

- ☐ **a.** Changer la politique de sécurité de l'entreprise
- ☐ **b.** Former les utilisateurs sur les risques liés aux mots de passe faibles
- ☐ **c.** Mettre en place des validations pendant les processus de création des comptes des utilisateurs et de changement de mot de passe

☐ **d.** Instaurer une révision périodique d'identifiants et mots de passe pour détecter et corriger les cas fautifs

Q.35 La technique utilisée pour assurer la sécurité dans les réseaux privés virtuels (VPN) est :

☐ **a.** L'encapsulation
☐ **b.** La stéganographie
☐ **c.** L'usage de réseaux dédiés
☐ **d.** Le chiffrement sélectif

Q.36 Avec l'aide du responsable de la sécurité, l'octroi des droits d'accès aux données est de la responsabilité des :

☐ **a.** Propriétaires des données et systèmes
☐ **b.** Programmateurs
☐ **c.** Analystes de système
☐ **d.** Responsables de l'informatique

Q.37 Un attaquant a pénétré un système à partir d'un compte d'utilisateur puis il a exploité une vulnérabilité du système pour obtenir les droits d'administrateur, à quelle proposition cela correspond-il ?

☐ **a.** Usurpation
☐ **b.** Répudiation
☐ **c.** Falsification
☐ **d.** Élévation du privilège

Q.38 Lorsqu'un système de prévention d'incident est installé, à quel type de stratégie de gestion du risque cela correspond-il ?

☐ **a.** Acceptation du risque
☐ **b.** Évitement du risque
☐ **c.** Atténuation du risque
☐ **d.** Transfert du risque

Q.39 Quel critère de sécurité est touché lorsqu'une organisation subit une attaque DoS ou DDos ?

☐ **a.** Disponibilité
☐ **b.** Intégrité
☐ **c.** Confidentialité
☐ **d.** Authenticité

Q.40 Quel est le critère de sécurité qu'un *keylogger* peut mettre à mal ?

☐ **a.** Disponibilité
☐ **b.** Intégrité
☐ **c.** Confidentialité
☐ **d.** Authenticité

Q.41 Laquelle des propositions suivantes est la plus appropriée à des fins d'identification mais sans pour autant être un moyen d'authentification ?

☐ **a.** Mot de passe
☐ **b.** Nom d'utilisateur
☐ **c.** Token
☐ **d.** Scanner rétinien

Q.42 Lorsque des serveurs d'un système d'information sont accessibles *via* un système répartiteur de charge, quel est l'objectif de sécurité visé ?

☐ **a.** Disponibilité
☐ **b.** Intégrité
☐ **c.** Confidentialité
☐ **d.** Authenticité

Q.43 À quel type de stratégie de gestion du risque correspond la souscription à une assurance ?

☐ **a.** Acceptation du risque
☐ **b.** Prévention du risque
☐ **c.** Atténuation du risque
☐ **d.** Transfert du risque

Q.44 Parmi les propositions suivantes, laquelle contribue à assigner des niveaux de protection et de contrôle appropriés aux données sensibles ?

☐ **a.** La gestion des droits
☐ **b.** La classification de l'information
☐ **c.** Le chiffrement des données
☐ **d.** Le contrôle d'accès

Q.45 Lorsque des postes de travail doivent être recyclés ou revendus, que faut-il faire des données ?

☐ **a.** Les nettoyer
☐ **b.** Les effacer
☐ **c.** Les détruire
☐ **d.** Les recycler

Q.46 Lors de la classification des données, lequel des facteurs suivants ne doit pas être pris en compte ?

☐ **a.** Le coût de la classification des données
☐ **b.** La sensibilité des données
☐ **c.** Le montant des dommages que peuvent causer les données
☐ **d.** La valeur des données pour l'organisation

Q.47 Lequel des principes suivants n'est pas relatif au RGPD ?

☐ **a.** L'information doit être traitée de bonne foi
☐ **b.** L'information doit être supprimée après un an d'utilisation

☐ **c.** L'information doit être stockée en toute sécurité
☐ **d.** L'information doit être exacte

Q.48 Lequel des principes suivants ne fait pas forcément partie d'une démarche de protection des données personnelles ?

☐ **a.** La nécessité de collecter l'information pour un but spécifié, explicite et légitime
☐ **b.** La nécessité de veiller à ce que la collecte se limite aux renseignements nécessaires pour atteindre les fins énoncées
☐ **c.** La nécessité de protéger les données contre les destructions accidentelles
☐ **d.** La nécessité de chiffrer l'information

Q.49 Parmi les propositions suivantes, quelle est celle qui permet le mieux à une organisation de s'assurer que les messages électroniques importants demeurent sécurisés dans le temps ?

☐ **a.** Tous les e-mails devraient être chiffrés
☐ **b.** Tous les e-mails devraient être sauvegardés
☐ **c.** Les e-mails sensibles devraient être chiffrés et classés
☐ **d.** Seulement les e-mails d'une haute sensibilité devraient être chiffrés

Q.50 Pour un réseau sans fil, quel protocole cryptographique offre un meilleur niveau de sécurité ?

☐ **a.** WIP
☐ **b.** WEP
☐ **c.** WAP3
☐ **d.** WAES

Q.51 Parmi les propositions suivantes, quelle est celle pour laquelle une mesure technique de sécurité ne sera pas efficace pour s'en prémunir ?

☐ **a.** Attaque par injection SQL
☐ **b.** Attaque par hameçonnage
☐ **c.** Attaque par détournement de connexion
☐ **d.** Attaque dite « *Man-in-the-middle* »

Q.52 Comment s'appelle l'échantillon stocké d'un facteur biométrique ?

☐ **a.** Un gabarit de référence
☐ **b.** Un token
☐ **c.** Un mot de passe biométrique
☐ **d.** Une signature

Q.53 Quel type de contrôle de filtrage permet le mieux de configurer un pare-feu ?

☐ **a.** Un contrôle basé sur une fonction discrétionnaire
☐ **b.** Un contrôle basé sur une règle
☐ **c.** Un contrôle basé sur une tâche
☐ **d.** Un contrôle basé sur une obligation légale

Q.54 Quelle est la première étape à franchir avant qu'un test d'intrusion ne soit effectué ?

☐ **a.** Collecte de données
☐ **b.** Analyse des ports
☐ **c.** Obtention de la permission
☐ **d.** Planification

Q.55 Quelle action ne peut pas faire partie de la phase de préparation d'une cyberattaque ?

☐ **a.** Collecte des adresses IP
☐ **b.** *Social engineering*
☐ **c.** Fouille de poubelles
☐ **d.** Escalade de privilèges

Q.56 Quand une organisation devrait-elle vérifier les accès privilégiés à un système sensible ?

☐ **a.** Périodiquement
☐ **b.** Lorsqu'un employé quitte l'organisation
☐ **c.** Lorsqu'un employé change de fonction
☐ **d.** Dans tous les cas précédents

Q.57 Laquelle des mesures suivantes n'est pas une mesure préventive de protection contre des cyberattaques ?

☐ **a.** Mettre en place un système de détection et de prévention des intrusions
☐ **b.** Mettre à jour les correctifs de sécurité sur tous les systèmes
☐ **c.** Supprimer les comptes et services inutiles
☐ **d.** Effectuer l'analyse forensique de tous les systèmes

Q.58 Quels sont les deux critères à vérifier lors du traitement d'une demande de contrôle d'accès d'un nouvel employé ?

☐ **a.** Séparation et besoin de savoir
☐ **b.** Autorisation et approbation
☐ **c.** Autorisation et besoin de savoir
☐ **d.** Deux facteurs d'authentification et autorisation

Q.59 Quelle solution de sécurisation d'un service de messagerie électronique peut être retenue par une PME si la contrainte budgétaire est importante ?

☐ **a.** SMTPS
☐ **b.** S/MIME
☐ **c.** IMAPS
☐ **d.** PGP

Q.60 Lequel des éléments suivants permet de répondre à l'objectif de non-répudiation ?

☐ **a.** Signature digitale

☐ **b.** Chiffrement symétrique
☐ **c.** Chiffrement homomorphe
☐ **d.** Contrôle d'accès

Q.61 Parmi les propositions suivantes, laquelle décrit le mieux une vulnérabilité dite « *zero-day* » ?

☐ **a.** Une vulnérabilité qui est connue du fournisseur depuis l'origine
☐ **b.** Une vulnérabilité qui n'a pas encore été divulguée ni réparée
☐ **c.** Une vulnérabilité qui peut être rapidement exploitée
☐ **d.** Une vulnérabilité qui peut être rapidement réparée

Q.62 Quel groupe de personnes est le mieux placé pour évaluer l'efficacité des mesures de sécurité qu'une organisation a mises en place pour une autre ?

☐ **a.** Des auditeurs internes
☐ **b.** Des responsables sécurité
☐ **c.** Des auditeurs externes
☐ **d.** Les personnes qui ont conçu les mesures de sécurité

Q.63 Durant quelle phase du processus de réponse à un incident une organisation doit-elle déterminer s'il est nécessaire de le notifier aux forces de l'ordre ?

☐ **a.** Détection
☐ **b.** Récupération
☐ **c.** Assainissement
☐ **d.** Signalement

Q.64 Laquelle des activités suivantes transforme une vulnérabilité en un vecteur d'attaque moins dangereux ?

☐ **a.** Mise à jour du système de détection d'intrusion
☐ **b.** Implémentation du chiffrement
☐ **c.** Reconfiguration du sytème pare-feu
☐ **d.** Installation ou mise à jour d'une solution de sécurité

Q.65 Quelle est la norme internationale la plus adaptée pour la mise en place, dans une entreprise, d'un système de management de la sécurité de l'information ?

☐ **a.** ISO 31000
☐ **b.** ISO 27002
☐ **c.** ISO 9000
☐ **d.** ISO 27007

Q.66 Quelle contre-mesure serait la plus efficace pour combattre le *social engineering* ?

☐ **a.** Un pare-feu à états
☐ **b.** Un système de prévention d'incident
☐ **c.** Une formation de l'utilisateur
☐ **d.** Une politique de sécurité stricte

Q.67 Parmi les propositions suivantes laquelle décrit le mieux un ensemble d'ordinateurs qui ont été compromis et qui sont contrôlés à distance ?

- ☐ **a.** Zombinet
- ☐ **b.** Botnet
- ☐ **c.** Milnet
- ☐ **d.** Darknet

Q.68 Laquelle des solutions suivantes est la plus appropriée pour l'authentification des employés d'une entreprise qui travaillent depuis leur domicile et qui accèdent à une application particulière ?

- ☐ **a.** Authentification avec un certificat numérique
- ☐ **b.** Authentification *via* un pare-feu WAF
- ☐ **c.** Authentification *via* TLS
- ☐ **d.** Authentification *via* IPSec

Q.69 Lorsqu'une entreprise vous demande de vérifier la politique de sécurité, la documentation et les rapports d'incidents passés. Qu'est-ce qui décrit le mieux ce type d'activité ?

- ☐ **a.** *Ethical hacking*
- ☐ **b.** Test de pénétration
- ☐ **c.** Audit de sécurité
- ☐ **d.** Test de certification

Q.70 Un employé d'une entreprise a exfiltré des documents *via* son ordinateur de bureau. Quelle contre-mesure devrait-être installée ?

- ☐ **a.** Système de prévention des intrusions
- ☐ **b.** Système de gestion des incidents et des événements (SIEM)
- ☐ **c.** Centre de gestion des opérations
- ☐ **d.** Pare-feu

Solutions du QCM

Q.1 a.	**Q.2** a.	**Q.3** c.
Q.4 d.	**Q.5** d.	**Q.6** a.
Q.7 b.	**Q.8** d.	**Q.9** a.
Q.10 d.	**Q.11** b.	**Q.12** d.
Q.13 b.	**Q.14** a.	**Q.15** d.
Q.16 c.	**Q.17** d.	**Q.18** a.
Q.19 d.	**Q.20** b.	**Q.21** d.

Q.22 b.	Q.23 a.	Q.24 d.
Q.25 b.	Q.26 d.	Q.27 a.
Q.28 b.	Q.29 b.	Q.30 c.
Q.31 a.	Q.32 c.	Q.33 c.
Q.34 c.	Q.35 a.	Q.36 a.
Q.37 d.	Q.38 c.	Q.39 a.
Q.40 c.	Q.41 b.	Q.42 a.
Q.43 d.	Q.44 b.	Q.45 c.
Q.46 a.	Q.47 b.	Q.48 d.
Q.49 c.	Q.50 c.	Q.51 b.
Q.52 a.	Q.53 b.	Q.54 c.
Q.55 d.	Q.56 d.	Q.57 d.
Q.58 c.	Q.59 d.	Q.60 a.
Q.61 b.	Q.62 c.	Q.63 d.
Q.64 d.	Q.65 b.	Q.66 c.
Q.67 b.	Q.68 a.	Q.69 c.
Q.70 d.		

Glossaire

802.11i – Norme définissant une architecture ainsi que des algorithmes d'authentification et de chiffrement afin de renforcer la sécurité des réseaux locaux sans fil de type 802.11.

A3 – Algorithme utilisé dans le processus d'authentification d'abonné d'un réseau GSM.

A5 – Algorithme de chiffrement utilisé dans un réseau GSM.

A8 – Algorithme utilisé dans un réseau GSM pour dériver la clé de chiffrement à partir de la clé d'authentification.

Accaparement de noms de domaine (*cybersquatting, domain name grabbing*) – Enregistrement d'un nom de domaine dans l'intention de le rendre indisponible à des titulaires légitimes et d'opérer une opération commerciale en le leur revendant.

Accident (*accident*) **–** Élément fortuit, imprévisible, portant atteinte à une entité.

Accord sur les clés (*key agreement*) **–** Méthode permettant de négocier la valeur d'une clé de chiffrement sans la transférer même sous une forme chiffrée.

Administrateur de la sécurité (*security administrator*) **–** Personne responsable de la définition ou de la réalisation de tout ou partie d'une politique de sécurité.

Algorithme cryptographique (*cryptographic algorithm*) **–** Algorithme utilisé pour le chiffrement des données afin de les rendre confidentielles, il est basé sur une fonction mathématique et sur une clé de chiffrement.

Algorithme de cryptographie asymétrique (*asymmetric cryptographic algorithm*) **–** Algorithme basé sur l'usage d'une bi-clé, l'une servant au chiffrement des données, l'autre au déchiffrement.

Analyse de risque (*risk analysis*), **évaluation des risques** (*risk assessment*) **–** Processus d'identification et d'évaluation des risques (estimation de leur probabilité d'occurrence et de leurs impacts).

Analyse des menaces (*threat analysis*) **–** Processus d'identification des menaces potentielles contre des ressources, qui, si elles se réalisent, portent atteinte à ces dernières.

Analyse du trafic (*traffic analysis*) **–** Observation et étude des flux d'information entre entités source et destination (présence, absence, volume, direction, fréquence, etc.).

Anonymat (*anonymity*) – Caractéristique d'une entité dont on ignore le nom, ou qui ne fait pas connaître son nom, propriété permettant à une entité d'utiliser des ressources sans être identifiée (*incognito*).

Antivirus – Programme de détection de codes malveillants (de virus).

Application stratégique (*major application*) **–** Application d'une importance déterminante, qui nécessite un haut degré de protection et qui doit être impérativement sécurisée de manière qu'elle soit continuellement opérationnelle.

APT (*Advanced Persitent Threat*) – Menace persitante avancée, se dit d'une intrusion dans un système d'information laissée indétectée durant une longue période et qui a permis généralement une fuite de données, l'élévation des privilèges de l'attaquant et sa progression dans le système d'information. Technique d'attaque s'inscrivant dans la durée.

Architecture de sécurité (*security architecture*) – Ensemble des éléments matériels, logiciels, organisationnels et humains permettant de réaliser une politique de sécurité.

Association de sécurité (*security association*) – Dans le contexte du protocole IPSec, une association de sécurité est une connexion logique entre deux entités, dont les extrémités peuvent être authentifiées et les données qui y transitent chiffrées.

Association de sécurité RSNA (*Robust Security Network Association*) – Association de sécurité robuste utilisée dans un réseau local de type 802.11.

Assurance (*assurance*) – Sentiment de sécurité, de confiance envers une entité, notion de garantie. Un contrat d'assurance permet à l'assuré, moyennement une prime, de recevoir un dédommagement en cas de réalisation d'un risque préalablement déterminé.

Attaque (*attack*) – Offensive, agression, action contre des personnes ou des biens leur portant atteinte. Il existe différents types d'attaques informatiques.

Attaque active (*active attack*) – Attaque qui modifie les ressources ciblées par l'attaque (atteinte aux critères d'intégrité, disponibilité, confidentialité).

Attaque bête et méchante (*smurf attack*) – Attaque par saturation, inondation, qui entraîne le plus souvent des dénis de service.

Attaque en rafale, **attaque combinée** (*multi-pronged attack*) – Mise en œuvre d'attaques informatiques multiples et simultanées, chacune reposant sur une méthode d'attaque différente, afin de maximiser la destruction et de dérouter les défenseurs.

Attaque logique (*logical attack*) – Attaque mettant en œuvre des ressources immatérielles et portant atteinte aux programmes et aux données.

Attaque par dictionnaire (*dictionnary attack*) – Recherche de mots de passe par essais successifs de mots contenus dans des dictionnaires.

Attaque par interception, *via* un intermédiaire (*Man-in-the-middle-attack*) – Modification, destruction, création de messages, leurre des entités.

Attaque passive (*passive attack*) – Attaque qui n'altère pas sa cible (écoute passive, atteinte à la confidentialité).

Atteinte (*breach*) – Effet ou dégradation résultant d'une agression, d'une attaque qui peut avoir des *impacts tangibles* (altération physique et matérielle, dysfonctionnement logique, désorganisation des procédures, etc.), des *impacts logiques* (non-disponibilité, perte d'intégrité, perte de confidentialité de l'information), des *impacts stratégiques* (notamment sur le plan financier, frais supplémentaires d'hébergement, de transport, de télécommunications, d'intervention d'experts, d'achat/location de matériel et progiciels, de personnels, et de sous-traitance, pertes d'exploitation [pertes de marge, de trésorerie, de clientèle], de fonds ou de biens, etc.).

Audit (*audit*) – Examen d'un environnement (systèmes, procédures, situation, organisation, etc.) en vue d'en vérifier la conformité à des dispositions préétablies et de valider s'il répond de manière optimale aux besoins qu'il doit satisfaire. – Expression d'un jugement sur une situation par rapport à une situation de référence. – Différents types d'audits existent en fonction de leur portée : audit financier, audit opérationnel, audit des systèmes d'information, audit de sécurité, etc. – Un **audit externe** est effectué par des auditeurs extérieurs à l'organisation concernée par l'audit, sur demande de la direction ou d'un tiers (actionnaires, État, etc.). – Un **audit interne** est réalisé par une équipe d'auditeurs reliés fonctionnellement à la direction générale afin de vérifier le plus souvent le respect des règles et des politiques, et tester l'efficacité des procédures opérationnelles mises en œuvre dans l'organisation.

Audit de sécurité (*security audit*) – Examen méthodique de toutes les composantes et de tous les acteurs de la sécurité (politique, mesures, solutions, procédures et moyens mis en œuvre par une organisation pour sécuriser son environnement) effectué à des fins de contrôle de conformité, d'évaluation de l'adéquation des moyens (organisationnels, techniques, humains, financiers) investis au regard des risques encourus, d'optimisation, de rationalité et de performance.

Auditabilité (*auditability*) – Propriété, pour un environnement, de permettre l'enregistrement des actions et des événements afin de laisser une trace exploitable à des fins d'analyse et d'audit.

Auditeur (*auditor*) – Personne réalisant un audit.

Authenticité (*authenticity*) – Caractère de ce qui est authentique. Capacité permettant d'attester, de certifier conforme à… Souvent associé au fait qu'une information (ou un événement) n'ait pas été altérée, modifiée, contrefaite et qu'elle ait été produite par l'entité qui revendique l'avoir réalisée.

Authentification (*authentication*) – Action d'authentifier. L'authentification sert à confirmer (ou non) qu'une action, déclaration, information est authentique (originale, vraie). Processus mis en œuvre notamment pour vérifier l'identité d'une entité et s'assurer que l'identité fournie correspond à l'identité de cette entité préalablement enregistrée. Fonction de sécurité contribuant à garantir la véracité d'une identité.

Authentification à clé partagée (*shared key*) – Mode d'authentification basé sur la connaissance d'une clé partagée entre deux entités, utilisé par exemple dans un réseau de type 802.11, où une station mobile doit démontrer la connaissance d'une clé secrète afin de pouvoir être authentifiée par un point d'accès du réseau.

Authentification de l'identité de l'abonné (*user identity authentication*) – Vérification du fait que l'identité envoyée au réseau dans le processus d'identification est bien celle de l'abonné qui est en train d'utiliser le système.

Authentification de l'origine des données (*data origin authentication*) – Confirmation ou non du fait que la source des données reçues est identique à celle revendiquée.

Authentification d'entité paire (*peer-entity authentication*) – Confirmation qu'une entité paire dans une association est bien celle revendiquée.

Authentification mutuelle (*mutual authentication*) – Processus qui permet une authentification réciproque et simultanée de deux entités. Ainsi, le réseau peut authentifier un abonné, et ce dernier, en même temps, peut authentifier le réseau.

Autorisation (*authorization*) – Action d'autoriser, de permettre, d'habiliter. Fait de recevoir la permission de réaliser certaines actions, d'accorder des droits, d'obtenir le droit d'accès à un service, à des informations, à un système, etc.

Autorité (*authority*) – Organe du pouvoir. Fait référence le plus souvent à une entité responsable de l'émission des certificats numériques.

Autorité de certification (CA, *Certification Authority*) – Tierce partie de confiance pour la génération, la signature et la publication des certificats de clés publiques.

Autorité de sécurité (*security authority*) – Entité responsable de la définition, de l'implémentation et de la mise en œuvre d'une politique de sécurité.

Autorité du domaine de sécurité (SDA, *Security Domain Authority*) **–** Autorité responsable de l'implémentation d'une politique de sécurité pour un domaine de sécurité donné.

Balayage de ports (*port scanning*) – Action consistant à tester les ports d'un système afin de découvrir ceux qui permettront une intrusion.

Bastion (*bastion host*) **–** Système qui renforce la sécurité d'un environnement informatique (notion de fortification). Terme souvent associé aux notions de système pare-feu (*firewall*) et de zone démilitarisée (DMZ).

Besoin de sécurité (*security need*) **–** Pour des valeurs à protéger, identification des exigences de disponibilité, d'intégrité et de confidentialité à satisfaire par des mesures de sécurité appropriées.

Bien, valeur (*asset*) **–** Entité qui a un prix et qui représente pour celui qui la possède un capital, un patrimoine (notion de *bien sensible*). En matière de sécurité, il est important de déterminer les valeurs et de les classifier en fonction de leur importance, pour mettre en place les mesures de protection nécessaires et suffisantes afin d'éviter de les perdre ou du moins de minimiser les impacts négatifs consécutifs à leur perte éventuelle.

Blockchain (chaîne de blocs) – Application particulière des techniques de chiffrement pour développer des services de confiance distribuée.

Bluejacking – Attaque par envoi de messages non sollicités sur un équipement Bluetooth.

Bluetooth – Technologie de réseaux sans fil.

Bogue (*bug*) **–** Terme d'origine anglaise qui illustre une erreur de programmation. Par extension, défaut de conception ou de réalisation se manifestant par des anomalies de fonctionnement (*JO* du 19 février 1984).

Bombardement de messages (*mail bombing, mailbombing, e-mail bombing*) **–** Envoi, à des fins malveillantes, d'une grande quantité de courriels pour nuire à un destinataire (déni de service possible).

Bombe logique (*logical bomb*) **–** Programme malveillant qui s'active lors de la réalisation d'événements particuliers (date anniversaire par exemple) pour porter atteinte au système dans lequel il se trouve.

Botnet (réseau de machines zombies) **–** Mot construit à partir des mots ro*bot* et *net*work faisant référence à un ensemble de systèmes infectés, pilotés et contrôlés à distance par un malveillant, pour réaliser des attaques (notamment en déni de service).

Buffer overflow (dépassement de zone tampon) **–** Attaque contre un système informatique consistant à saturer une zone mémoire.

BYOD (*Bring Your Own Device*) – Caractérise le fait que les organisations autorisent leurs employés à utiliser leurs systèmes informatiques personnels pour réaliser leurs tâches.

Canal caché (*covert channel*) **–** Canal logique de communication servant à transmettre des informations de manière cachée généralement à des fins malveillantes.

Canular (*hoax*) **–** Information diffusée ayant pour finalité la manipulation des personnes afin de les influencer et éventuellement les conduire à effectuer des actions particulières pour le bénéfice de tierces personnes.

Capteur clavier, enregistreur de frappes (*keylogger, keystroke logger*) – Entité permettant d'enregistrer, à l'insu d'une personne, sa frappe au clavier et d'envoyer les informations espionnées à une tierce personne.

Carder – Action de pirater des numéros de cartes de crédit.

Cardeur (*carder*) – Pirate spécialisé dans l'utilisation de numéros de cartes de crédit obtenus de façon illicite (*via* des générateurs de numéros de cartes de crédit disponibles sur le web, ou par la récupération des numéros sur les justificatifs de paiement, le piratage de bases de données, etc.).

Carding (*carding*) – Piratage de cartes de crédit, génération ou utilisation de numéros de cartes de crédit obtenus illégalement ou du moins à l'insu du propriétaire de la carte.

Carte SIM universelle (USIM, *Universal SIM*) – Carte SIM utilisée dans les réseaux mobiles de troisième génération UMTS.

CBC (*Cipher Block Chaining*) – Méthode de chiffrement qui consiste à chiffrer un message par blocs et dont le chiffrement dépend non seulement de la clé et du texte en clair mais aussi du bloc précédent ou, lorsqu'il s'agit du premier bloc, d'un vecteur d'initialisation.

CCMP (*CTR with CBC MAC Protocol*) – Algorithme de chiffrement standard utilisé dans le réseau 802.11i.

Centre d'authentification (AuC, *Authentication Center*) – Centre d'authentification d'un réseau GSM. Cette entité est la seule qui peut accéder aux clés d'authentification des abonnés stockées dans la base de données HLR. En pratique, le centre d'authentification et la base de données HLR sont physiquement associés. Ils sont souvent notés ensemble HLR/AuC.

CERT (*Computer Emergency Readness Team*) – Organisation nord-américaine (Carnegie Mellon University) qui etudie les vulnérabilités, les publie selon leur ordre de gravité avec les solutions à mettre en place pour y remédier et qui participe à l'amélioration de la sécurité informatique.

Certificat (*certificate*), **certificat de clé publique** (*public-key certificate*) – Ensemble des données émises par une autorité de certification (tiers de confiance) qui permet de réaliser des services de sécurité (confidentialité, authentification, intégrité). Un certificat numérique fait référence à la mise en œuvre du chiffrement à clé publique. En effet, dans un certificat se trouve entre autres la valeur de la clé publique de son propriétaire, qui est attestée par le fait que le certificat est signé par l'autorité de certification émettrice.

CHAP (*Challenge-Handshake Authentication Protocol*) – Protocole d'authentification par défi-réponse dans lequel le message de réponse est généré en ajoutant un secret partagé ainsi qu'une fonction de hachage (*hash function*).

Charte d'utilisation (*user charte*) – Document établi par une organisation précisant les droits, les devoirs et la responsabilité de ses employés au regard de l'utilisation des ressources informatiques et télécoms qu'elle met à leur disposition, signé par les parties concernées. Se trouvent ainsi spécifiés, par exemple, les conditions d'accès et d'utilisation de l'informatique et des services Internet, les règles de sécurité, de bon usage, les conditions de confidentialité, les moyens d'analyse et de contrôle de l'utilisation des ressources, les dispositions légales, les sanctions encourues si elles ne sont pas respectées, etc.

Cheval de Troie (*Trojan horse*) – Programme malveillant introduit subrepticement dans des systèmes pour en prendre le contrôle (vol de temps processeur, altération, modification, destruction des données et programmes, dysfonctionnements, écoutes illicites, etc.).

Chiffrement, **cryptage**, **encodage** (*encipherment*, *encryption*) – Le chiffrement est une transformation cryptographique des données (cryptogramme) afin d'en assurer la confidentialité. Cela consiste à rendre les données incompréhensibles à tous ceux qui ne détiendraient pas la clé de déchiffrement. Un texte en clair est chiffré à l'aide d'un algorithme et d'une clé de chiffrement, afin d'obtenir un texte chiffré, qui pourra être déchiffré à l'aide d'une clé de déchiffrement correspondante (sauf dans le cas où le chiffrement est irréversible). Le **déchiffrement** (*decipherment, decryption*) est l'opération inverse au chiffrement.

Chiffrement de bout en bout (*end-to-end encipherment*) – Chiffrement des données à leur source et déchiffrement à leur destination finale, sans déchiffrement intermédiaire. En revanche, dans le **chiffrement lien par lien** (*link-by-link encipherment*), ou encore chiffrement de liaison, les données chiffrées à la source sont déchiffrées dans les systèmes relais afin d'en assurer l'acheminement, puis rechiffrées avant d'être retransmises sur le lien de sortie : de ce fait, les données sont en clair dans les systèmes intermédiaires.

Chiffrement homomorphe (*homomorphic encryption*) – Capacité à pouvoir réaliser des traitements sur des cryptogrammes sans avoir accès aux données en clair.

Cible de sécurité (*security target*) – Terme relatif à la certification par les « critères communs » d'une entité. Spécification de la sécurité qui est exigée d'une cible d'évaluation et qui sert de base pour l'évaluation de son niveau de sécurité. La cible de sécurité doit spécifier les fonctions dédiées à la sécurité de la cible d'évaluation. Elle spécifie les objectifs de sécurité, les menaces qui pèsent sur ces objectifs ainsi que les mécanismes de sécurité particuliers qui sont employés.

Cible d'évaluation (*evaluation target*) – Entité qui est soumise à une évaluation de la sécurité.

Clé (*key*) – Clé de chiffrement ou de déchiffrement, il s'agit généralement d'une valeur mathématique fournie à un algorithme de chiffrement. Sauf s'il s'agit d'une clé publique, une clé de chiffrement est à gérer comme un secret. Ainsi, il faut protéger un secret (la clé) qui permet de protéger un autre secret (l'information qui a été chiffrée pour être confidentielle).

Clé de session (*session key*) – Clé secrète générée *via* un système de chiffrement asymétrique par les correspondants lors de l'établissement d'une session de travail, dont la durée de vie est limitée à cette session, servant à chiffrer des gros volumes d'informations avec un algorithme de chiffrement symétrique.

Clé privée (*private key*) – Clé utilisée dans les mécanismes de chiffrement asymétrique (ou chiffrement à clé publique) qui appartient à une entité et qui doit être secrète.

Clé privée principale (*root private key*) – Clé privée de plus haut niveau d'une autorité de certification, normalement utilisée pour signer les certificats numériques d'autorités de certification de plus bas niveau ou d'autres entités.

Clé publique (*public key*) – De manière générale, en cryptographie asymétrique, la clé publique d'une entité doit être rendue publique aux interlocuteurs qui souhaitent envoyer des données chiffrées à cette entité afin que celle-ci puisse les déchiffrer avec sa clé privée correspondante.

Clé secrète (*secret key*) – Clé utilisée avec un algorithme de chiffrement symétrique et qui doit impérativement être secrète (privée) pour son propriétaire. Elle permet de chiffrer et de déchiffrer.

Clé WEP (*seed WEP*) – Clé utilisée avec l'algorithme WEP, constituée de 24 bits pour le vecteur d'initialisation et de 40 bits de clé secrète partagée entre le mobile et le réseau. Cette clé WEP sert d'entrée à l'algorithme RC4 pour générer une séquence de clés qui est ensuite utilisée pour chiffrer les données utilisateurs.

Click-jacking (détournement de clic) – Attaque conduisant à tromper un utilisateur afin qu'il clique sur des contenus apparemment légitimes et sûrs pour lui soutirer ses paramètres de connexion, des informations sensibles ou encore prendre le contôle de son système.

Clonage de serveur DNS (*DNS pharming*) – Modification des informations d'adressage enregistrées dans un serveur DNS (serveur de noms de domaine), afin d'effectuer des redirections vers des systèmes autres que ceux qui sont légitimes (contrôlés par des malveillants) et de leurrer les internautes en leur faisant croire qu'ils ont atteint les serveurs souhaités.

Code (*cipher*) – Algorithme de chiffrement qui permet de transformer un texte clair en un texte chiffré.

Compte privilégié – Compte informatique ayant des droits d'accès étendus sur les ressources de l'organisation (compte administrateur par exemple), spécialement convoité par des cybercriminels.

Compteur TKIP (*TSC-TKIP Sequence Counter*) – Valeur de séquence dans l'algorithme TKIP qui est unique pour chaque trame envoyée.

Condensat, **résumé**, **digest** (*digest*) – Résultat, sous forme de chaîne de caractères, de l'application d'une fonction de hachage sur une suite d'informations.

Confiance (*trust*) – Assurance de celui qui se fie à quelqu'un, à quelque chose (critère qualitatif, suggestif, très relatif). Terme relativement à la mode en matière de sécurité, faisant référence le plus souvent à la fiabilité. Ainsi, une entité Pif a confiance en une entité Hercule pour un ensemble d'activités si Pif est sûr qu'Hercule se comportera d'une manière particulière en ce qui concerne ces activités. Bâtir la confiance dans un environnement numérique passe entre autres par la mise en place de mesures de sécurité pertinentes. La **confiance dans l'efficacité des fonctions** (*functions efficiency trus*t) se base sur l'estimation que les fonctions et les mécanismes dédiés à la sécurité satisfont les objectifs déclarés. La **confiance dans la conformité** (*compliance trust*) exprime le degré de crédit que l'on accorde dans la réalisation des fonctions et des mécanismes dédiés à la sécurité (développement et exploitation). **Fonctionnalité de confiance** (*trusted functionality*) : fonctionnalité perçue comme étant correcte par rapport à certains critères, par exemple comme établie par la politique de sécurité.

Confidentialité (*confidentiality*) – Maintien du secret des informations et des transactions. Caractère de ce qui est secret. Objectif de sécurité à réaliser afin de prévenir la divulgation non autorisée d'informations à des tiers, qui doit permettre leur protection contre des lectures, écoutes, copies illicites d'origines intentionnelle ou accidentelle durant leur stockage, traitement et transfert (notion de **confidentialité de données** [*data confidentiality*]).

Confidentialité de l'identité de l'abonné – Propriété qui prévient la divulgation de l'identité de l'abonné aux individus, entités ou processus non autorisés.

Confidentiel défense (*top secret*) – Se dit des informations qui ne présentent pas en elles-mêmes un caractère secret mais dont la connaissance, la réunion ou l'exploitation peuvent conduire à la divulgation d'un secret intéressant la Défense nationale et la sûreté de l'État.

Conformité (*compliance*) – Caractère de ce qui est conforme, qui est en concordance, qui ressemble à…, conformité à certaines normes.

Contenu actif (*active content*) – Programme ou script au format HTML.

Contexte de sécurité – Ensemble des éléments nécessaires pour assurer les services de sécurité.

Contournement de la politique de sécurité – Événement ou action qui passe outre les mesures de sécurité définies par la politique de sécurité. Contexte qui ne permet pas l'application de la politique.

Contre-mesure (*counter measure*) **–** Fonction, mesure, procédure ou mécanisme dédié à la sécurité d'un système afin d'en réduire le niveau de vulnérabilité et de contrer une menace avant qu'elle ne se concrétise en action malveillante.

Contrôle d'accès (*access control*) **–** Mécanisme permettant de prévenir l'utilisation non appropriée ou non autorisée d'une ressource (services, systèmes, données, programmes).

Contrôle du routage (*routing control*) **–** Application de règles pendant le processus de routage de façon à choisir ou à éviter des réseaux, liens ou relais spécifiques.

***Cookies* –** Fichiers envoyés sur le poste de travail des internautes souvent à leur insu, lors de l'accès à certains sites web, qui récoltent des informations les concernant pour, en principe, la personnalisation des services web offerts.

Correctif de sécurité (*patch*) **–** Rustine de sécurité d'un logiciel pour en supprimer une vulnérabilité qui a été identifiée après son installation.

Craqueur (*cracker*) **–** Personne qui, pour s'introduire dans des systèmes, casse les mots de passe des utilisateurs habilités ou les protections mises en place (notion de « craquer », de « déplomber » la protection d'un logiciel). Par extension, le déplombage d'un logiciel est la suppression de ses protections.

Cross-Site Scripting (XSS) – Type de cyberattaque basée sur des vulnérabilités de sites web permettant d'injecter des contenus afin d'exécuter des actions malveillantes.

Cryptanalyse (*cryptanalysis*) **–** La cryptanalyse comprend l'ensemble des moyens qui permettent d'analyser une information préalablement chiffrée, afin de la déchiffrer. Plus un système de chiffrement est robuste, plus sa cryptanalyse est difficile.

Cryptogramme (*cryptogram, ciphertext*) **–** Ensemble de données ayant subi une transformation cryptographique, données chiffrées, texte ou message chiffré. Données obtenues par chiffrement.

Cryptographie (*cryptography*) **–** Application des mathématiques permettant d'écrire de l'information de manière à la rendre inintelligible à ceux ne possédant pas les capacités de la déchiffrer. Voir *Chiffrement*.

Cryptographie à clé publique (*public key cryptography*) **–** Système de chiffrement asymétrique qui utilise un couple de clés, appelé *bi-clé*, composé d'une clé privée secrète et d'une clé publique, publiable. Ces deux clés sont complémentaires et indissociables. La relation mathématique qui les relie ne permet pas de retrouver la clé secrète à partir de la clé publique.

Cryptologie – Science du secret qui englobe la cryptographie et la cryptanalyse.

Cryptomonnaie (*crypto currency*) – Monnaie cryptographique, monnaie numérique basée sur des procédés cryptographiques et des échanges réseau en mode pair à pair, permettant des transactions financières et commerciales (Bitcoin, Ethereum).

Cryptopériode (*cryptographic period*) **–** Période de temps pendant laquelle les clés d'un système restent inchangées.

Cryptoverrouillage (*crypto lock*) **–** Type de cyberattaque permettant la prise de contrôle d'un système et de bloquer son usage en verrouillant ses ressources par chiffrement. L'objet étant de demander une rançon pour autoriser le dévérouillage (***ransomware***).

CVE (*Common Vulnerabilities and Exposure*) – Vulnérabilité connue et répertoriée.

Cyberattaque (*cyberattack*) – Attaque informatique réalisée à distance, *via* les technologies d'Internet, sur des systèmes connectés à Internet.

Cybercriminalité (*cybercriminality*) – Criminalité s'exprimant *via* les technologies de l'information et d'Internet. L'ordinateur et le réseau sont des moyens et/ou des cibles de la criminalité.

Cyberdéfense (*cyberdefence*) – Concept de sécurité nationale et militaire d'un État qui tient compte du cyberespace, des technologies de l'information, des besoins de protection et de défense de ses infrastructures vitales et de l'évolution de la manière de faire la guerre, y compris par des moyens non militaires. La cyberdéfense englobe les concepts d'informatique offensive et d'informatique défensive.

Cyberespace (*cyberspace*) – Espace créé par l'humain, résultant de la mise en réseau des ordinateurs et de la dématérialisation de l'information et des activités.

Cyberpouvoir (*cyberpower*) – Pouvoir conféré par la maîtrise du cyberespace et de la cybersécurité ou encore par la maîtrise des technologies de l'information et de la communication et par l'exploitation de leurs vulnérabilités.

Cyberrésilience (*cyberesilience*) – Capacité à résister à des cyberattaques. État d'un environnement informatique connecté à Internet suffisamment robuste pour résister à des événements portant atteinte à sa sécurité et continuer à opérer.

Cybersécurité (*cybersecurity*) – Sécurité informatique et réseaux appliquée au cyberespace, aux activités et services en ligne et aux systèmes d'information ouverts sur Internet.

Cybersquattage (*cybersquatting*) – Enregistrement de noms de domaine relatifs à une entité afin de tirer parti de sa notoriété, de son nom, de l'empêcher de le faire ou encore pour les lui revendre avec bénéfice.

Daemon dialer – Programme qui appelle systématiquement un numéro de téléphone et qui peut être utilisé dans le cadre d'une attaque par déni de service.

DDoS (*Distributed Denial of Service*) – Attaque par saturation (ou déni de service) lancée simultanément à partir de plusieurs systèmes.

Défense en profondeur (*defence in deep*) – Concept de sécurité visant à augmenter le nombre et la résistance des mesures de sécurité afin de renforcer le niveau de protection des cibles de sécurité.

Défiguration (*defacement*) – Modification mal intentionnée des données d'un site web portant préjudice à l'intégrité, à l'image et à la réputation du site.

Degré d'acceptabilité du risque (*acceptability level of risk*) – Élément à prendre en considération lors de l'établissement d'une politique de sécurité qui permet de décider des mesures de sécurité à mettre en place en fonction de la probabilité d'apparition du risque et du niveau de gravité de son impact. Il permet de quantifier le risque selon le fait qu'il est acceptable, moyennement acceptable, peu acceptable, difficilement acceptable ou inacceptable. Il constitue un élément de décision pour le choix et la mise en œuvre des mesures de sécurité.

Délégation (*delegation*) – Transfert de privilèges détenus par une entité à une autre.

Démonstration de faisabilité (*Proof of Concept*, PoC) – Action réalisée pour démontrer la faisabilité d'une opération, éventuellement d'une attaque exploitant une vulnérabilité.

Déni de service (*Denial of Service,* DoS) – Attaque par saturation d'une entité afin qu'elle s'effondre et ne puisse plus réaliser les services attendus d'elle.

DES (*Data Encryption Standard*) – Algorithme de chiffrement symétrique d'origine américaine adopté par le NIST (*National Institute of Standards and Technology*) en 1977. Les données sont chiffrées par blocs de 64 bits avec une clé de 56 bits. Il est largement répandu et utilisé pour des applications financières. Il est souvent mis en œuvre en un mode dit de chaînage de blocs (CBC, *Cipher Block Chaining*), où le chiffrement d'un bloc dépend du précédent.

Détenteur (*holder*) – Entité qui détient certains privilèges.

Discrétion (*discretion*) – Les solutions et mesures de sécurité implantées ne doivent pas être provocantes afin de ne pas tenter un attaquant potentiel.

Disponibilité (*availability*) – Critère de sécurité permettant que les ressources soient accessibles et utilisables selon les besoins (pas de refus d'accès autorisé aux systèmes, services, données, infrastructures, etc.).

Dissuasion (*dissuasion*) – Mesure destinée à persuader une personne à renoncer à effectuer une malveillance, par intimidation ou en la persuadant que la valeur de l'enjeu qu'elle convoite est inférieure à celle des dommages que le système menacé pourrait lui infliger.

Divulgation d'informations (*information disclosure*) – Utilisation non autorisée des ressources du système d'information, entraînant la divulgation à des tiers d'informations confidentielles.

DLP (*Data Loss* [ou *Leak*] *Prevention*) – Ensemble de techniques de protection contre la fuite d'informations.

DMZ (*DeMilitarized Zone*) – Périmètre de sécurité dans lequel se trouvent des ressources d'un système d'information, permettant de confiner des actions uniquement sur ces ressources qui sont séparées des autres ressources de l'organisation et permettant ainsi de limiter la propagation de codes malveillants.

DNS harvesting – Technique consistant à déduire des adresses de messagerie valides afin de réaliser du *spamming*.

DNS poisonning (*DNS spoofing*) – Technique de piratage informatique consistant à corrompre un DNS afin qu'il restitue des informations d'adressage erronées permettant de rediriger des communications en fonction de la finalité des cyberattaques.

Domaine de sécurité (*security domain*) – Domaine d'application, ensemble des ressources d'une politique et des mesures de sécurité gérées par une autorité particulière.

Drive by download attack – Type de cyberattaque qui consiste à faire télécharger par l'utilisateur un programme malveillant *via* des publicités ou la visite de sites corrompus.

DSA (*Digital Signature Algorithm*) – Algorithme défini conjointement par le NIST (*National Institute of Standards and Technology*) et la NSA (*National Security Agency*) aux États-Unis en 1994.

DSS (*Digital Signature Standard*) – Standard d'origine américaine spécifiant la manière de réaliser une signature numérique.

EAP (*Extensible Authentication Protocol*) – Protocole d'authentification du protocole PPP (*Point to Point Protocol*) avec possibilité d'extension qui permet aux utilisateurs de sélectionner un protocole d'authentification parmi une liste. Utilisé dans l'authentification 802.1x.

Échange d'authentification (*authentication exchange*) – Mécanisme permettant de s'assurer de l'identité d'une entité par le biais d'échange d'informations.

Échange de clés (*key exchange*) – Échange de clés parfois nécessaire au chiffrement de données entre deux entités.

Efficacité (*efficiency*) – Caractère de ce qui produit l'effet attendu, des résultats utiles. Propriété des mesures de sécurité qui assure leur pertinence et leur capacité à réellement bien protéger une ressource.

Élévation de privilège (*privilege escalation*) – Octroi de privilège et de droits d'accès de manière incrémentale, souvent réalisé de manière sournoise par un malveillant en exploitant des vulnérabilités techniques et humaines afin de prendre le contrôle des systèmes.

Empreinte numérique (*digest*) – Voir *Condensat.*

Enregistreur dc localisation nominal (HLR, *Home Location Registrer*) – Base de données contenant les profils (notamment la clé d'authentification et l'identité internationale) et les localisations actuelles des abonnés d'un réseau GSM.

Enregistreur de localisation visité (VLR, *Visitor Location Registrer*) – Base de données associée à un commutateur mobile d'un réseau GSM, contenant des informations (notamment les triplets et la correspondance IMSI-TMSI) des stations mobiles qui sont desservies par ce commutateur.

Espiongiciel (*spyware*) – Programme « espion, mouchard » installé à l'insu du propriétaire d'une machine dont la finalité est de surveiller ses activités, de copier des données et de les transmettre à des tiers.

Éthique (*ethics*) – Qui concerne les principes de la morale. Ensemble de règles morales adoptées par une communauté.

Exploit (*exploit*) – Code informatique tirant parti des vulnérabilités d'un système à des fins malveillantes.

Extension (en-tête) d'authentification (AH, *Authentification Header*) – Option des protocoles IPSec et IPv6 qui permet d'assurer l'intégrité des données, l'authentification de la source et de la destination, et de se prémunir des attaques de type rejeu.

Extension de confidentialité et d'authentification (ESP, *Encapsulating Security Payload*) – Option des protocoles IPSec et IPv6 qui permet la réalisation de mécanismes de chiffrement pour rendre confidentiels le contenu du paquet ainsi que le flux. Optionnellement, l'ESP propose des services d'authentification similaires à ceux proposés par l'*Authentication Header* (AH).

Fiabilité (*reliabiliy*) – Aptitude d'un système à fonctionner sans incident pendant un temps donné.

Finger – Programme qui permet de connaître les noms de tous les comptes présents sur un serveur.

Firewall (pare-feu) – Système de sécurité permettant de séparer physiquement et/ou logiquement des environnements informatiques afin que les trafics entrants et sortants qui le traversent soient analysés et, selon le résultat de l'analyse, soient autorisés ou non.

Flaming – Technique qui consiste, pour affecter la crédibilité d'un groupe de discussions, à y envoyer un grand nombre de messages peu pertinents.

Flooding – Type de moyen d'intrusion dans des systèmes qui est basé sur le cassage de mots de passe des utilisateurs.

Floudeur *(flooder)* **–** Programme malveillant servant à ralentir les communications entre un fournisseur d'accès et un internaute ou à déconnecter ce dernier.

Fonction à sens unique (*one-way function*) **–** Fonction mathématique appliquée à des données (entrée de la fonction) qui donne un résultat. Normalement, il est impossible, à partir de ce résultat, de retrouver la valeur des données spécifiées en entrée.

Fonction de hachage (*hash function*) **–** Dans le contexte du chiffrement, cette fonction est qualifiée également de fonction *digest*. Elle permet de générer, à partir de données qui lui sont fournies en entrée, leur résumé (sorte d'empreinte numérique [*digest*]), plus court que le message original et incompréhensible. Ce résumé peut être ensuite chiffré avec la clé privée de l'émetteur et associé au message à transmettre. Sur réception du message et de son empreinte, le destinataire déchiffre cette dernière avec la clé publique de l'émetteur, puis recalcule à partir du message reçu, avec la même fonction *hash*, l'empreinte, et la compare ensuite avec celle reçue. Si le résultat est identique, le destinataire a ainsi vérifié l'identité de l'émetteur et est assuré de l'intégrité du message. En effet, si le message est altéré, même légèrement, son empreinte est alors considérablement modifiée.

Fonction de hachage à sens unique (*one-way hash function*) – Fonction permettant de calculer l'empreinte de données, mais pas d'engendrer des données qui ont une empreinte particulière. Cette fonction ne doit pas produire des collisions, c'est-à-dire qu'une même empreinte puisse être générée à partir de différents messages.

Fraude (*fraud*) **–** Utilisation non autorisée et détournement des ressources du système d'information, conduisant à un préjudice. Les vols des services sans fil, satellites ou de lignes terrestres sont des exemples de **fraude aux télécommunications**. La fraude d'enchère, le non-paiement ou la non-livraison des marchandises sont des exemples de **fraude de confiance** qui peuvent se réaliser aux travers des services marchands d'Internet. La fraude aux cartes de crédit/débit est un exemple de **fraude aux institutions financières**. L'usurpation d'identité est également une fraude.

Fréquence d'apparition (*apparition frequency*) **–** Paramètre pris en compte dans l'appréciation de l'impact d'un risque permettant de quantifier le nombre de fois où l'événement survient durant une période donnée (exemples de fréquence : une fois par an, par mois, par semaine, plusieurs fois par jour).

Geofencing (géopistage, géorepérage) – Utilisation d'un périmètre virtuel délimité numériquement correspondant à une localisation géographique à partir de laquelle des utilisateurs peuvent être ciblés *via* des techniques de géolocalisation et de pratiques numériques (téléphonie mobile), notamment à des fins marketing et commerciales, de surveillance et de pistage.

Geotagging (marquage de la géolocalisation) **–** Ajout, à des contenus numériques, de métadonnées liées à la géolocalisation (*tag*, étiquette de géolocalisation).

Gravité de l'impact (*impact gravity*) **–** Appréciation du niveau de gravité d'un incident, pondéré par sa fréquence d'apparition. Il est important de pouvoir quantifier ce critère d'impact afin d'identifier au mieux les impératifs de sécurité et les degrés d'urgence de la prise en considération de ces impératifs (exemple de quantification : impact de gravité insignifiante : (1) ; sans gravité : (2) ; peu grave : (3) ; très grave : (4) ; extrêmement grave : (5)).

Hacker – Action consistant à s'introduire de manière illicite dans un système.

Hackeur (*hacker*) **–** Personne qui, quelle que soit sa motivation, pénètre sans autorisation et de manière illégale dans un système appartenant à un tiers.

Hacking **–** Ensemble des opérations permettant une intrusion dans un système informatique.

Hacktiviste (*hacktivist*) – Activiste utilisant le savoir-faire et les outils du piratage informatique du monde des *hackers* pour soutenir sa cause.

Hameçonnage (*phishing*) – Procédé de leurre des internautes pour les amener à réaliser certaines actions (consultation de sites web contrôlés par des malveillants, etc.) ou à livrer des informations qu'ils n'auraient pas données s'ils n'avaient pas été abusés (informations confidentielles, personnelles, etc.).

Homologation (*accreditation*) **–** Autorisation d'utiliser, dans un but précis ou dans des conditions prévues, un produit ou un système. C'est l'autorité responsable de la mise en œuvre du produit ou du système qui délivre cette autorisation, conformément à la réglementation en vigueur.

IDEA (*International Data Encryption Algorithm*) **–** Algorithme de chiffrement symétrique développé en 1990, conjointement par des chercheurs de l'École polytechnique fédérale de Zurich et de la société Ascom, notamment utilisé par le protocole de messagerie sécurisée PGP (*Pretty Good Privacy*).

Identification (*identification*) **–** Processus qui permet de reconnaître une entité préalablement identifiée.

Identité (*identity*) **–** Information qui permet de désigner et de distinguer, si possible de manière unique et non ambiguë, une entité à l'intérieur d'un domaine de nommage.

Identité internationale d'abonné (IMSI, *International Mobile Subscriber Identity*) **–** Identité internationale, qui est unique pour chaque abonné du réseau GSM. La notion d'IMSI est utilisée aussi dans les réseaux GPRS et UMTS.

Identité temporaire d'un mobile (TMSI, *Temporary Mobile Station Identity*) **–** Identité temporaire attribuée à une station mobile du réseau GSM afin d'éviter l'envoi de l'identité internationale de l'abonné sur le lien radio.

Identité temporaire d'un mobile en mode paquet (P-TMSI, *Packet TMSI*) **–** Identité temporaire attribuée à une station mobile du réseau GPRS ou UMTS afin d'éviter l'envoi de l'identité internationale de l'abonné sur le lien radio.

IKE (*Internet Key Exchange*) **–** Protocole responsable non seulement de l'échange de clés authentifiées, mais aussi de la gestion des associations de sécurité en général.

Impact (*impact*) **–** Exprime le niveau des conséquences produites par une atteinte : **impact financier** (*financial impact*) : coût de l'atteinte ; **impact logique** (*logical impact*) : atteinte aux critères de disponibilité, d'intégrité, de confidentialité ; **impact stratégique** (*strategical impact*) : atteinte préjudiciable à la survie d'une organisation ; **impact tangible** (*tangible impact*) : atteinte que l'on peut directement et facilement constater.

Imputabilité (*imputability*) **–** Propriété qui permet d'imputer de façon certaine une opération à un utilisateur à un moment donné. Fait de pouvoir identifier un responsable en cas de violation du règlement.

Information classifiée (*classified information*) **–** Information sensible dont la divulgation ou l'accès non autorisé pourrait nuire à la sécurité d'un pays ou d'une organisation.

Informatique forensique – Représente l'ensemble des activités et techniques qui permettent de collecter des traces informatiques, de les analyser et de les interpréter en vue de prouver l'existence des données et des traitements effectués par un système.

Infrastructure de gestion clés (IGC ou PKI, *Public Key Infrastructure*) – Infrastructure de support à la réalisation de la mise en œuvre du chiffrement asymétrique (à clé publique) offrant entre autres des services de gestion et de distribution de clés de chiffrement et de certificats numériques.

Infrastructure de management des privilèges (PMI, *Privilege Management Infrastructure*) – Infrastructure capable de supporter la gestion des privilèges, permissions ou habilitations.

Ingénierie sociale (*social engineering*) – Ensemble des techniques utilisées par des malveillants pour obtenir des informations auprès des personnes afin de leurrer des systèmes informatiques ou de contourner les mesures de sécurité. Capacité à exploiter les failles humaines, pour ensuite réaliser des cyberattaques, pouvant faire appel à la manipulation, à l'intimidation, à l'écoute, à la surveillance de données, à l'escroquerie, à l'exploitation des données publiées sur des réseaux sociaux (*open source intelligence*), à celle de la crédulité ou de la naïveté des internautes par exemple.

Innocuité (*safety*) – Qualité de ce qui n'est pas nuisible.

Intégrité (*integrity*) – État d'une chose qui est demeurée intacte. Critère de sécurité qui, s'il est réalisé, permet de s'assurer qu'une ressource n'a pas été altérée (modifiée ou détruite) d'une façon non autorisée.

Intelligence économique – Capacité à maîtriser l'information stratégique (recherche, collecte, traitement) à des fins de performance et de compétitivité économiques.

Intranet (*Intranet*) – Réseau interne/privé à une organisation, utilisant les technologies d'Internet et généralement isolé d'Internet par des systèmes pare-feu.

Intrusion (*intrusion*) – Accès non autorisé dans un environnement privé.

IPSec (*Internet Protocol Security*) – Version du protocole IP qui offre des services de sécurité. IPSec permet de créer un canal logique de communication (tunnel IP), au travers de l'Internet public, entre deux correspondants. Les extrémités du tunnel sont authentifiées et les données qui y transitent peuvent être chiffrées (notion de canal chiffré ou de réseau virtuel).

IPv6 (*Internet Protocol version 6*) – Évolution de la version 4 du protocole IP, qui, entre autres, intègre en mode natif des mécanismes permettant de réaliser des services de sécurité (authentification des entités source et destination, confidentialité des données transmises).

Jeton d'authentification (*authentication token*) – Information transmise durant un échange d'authentification contribuant à authentifier un correspondant.

Jeton de sécurité (*security token*) – Information utilisée dans la mise en œuvre de certains services de sécurité.

Kerberos – Serveur dédié permettant d'offrir un service d'authentification aux applications. Concept développé au MIT (*Massachusetts Institute of Technology*) repris par la communauté Internet (RFC 1510 Kerberos, version 5).

Label de sécurité (*security label*) – Marquage lié à une ressource qui nomme ou désigne les attributs de sécurité de cette ressource.

Liste de contrôle d'accès (*access control list*) – Liste d'entités, avec leurs droits d'accès, qui sont autorisées à avoir accès à une ressource.

Liste de révocation de certificat (CRL, *Certificate Revocation List*) – Liste signée par une autorité de certification identifiant des certificats numériques qui ne sont plus considérés comme valides par l'émetteur du certificat. Liste qui répertorie tous les numéros de série des certificats numériques révoqués par une autorité de certification donnée.

Liste de révocation de certificat indirecte (*indirect CRL*) – Liste de révocation qui contient des informations de révocation concernant des certificats qui ont été émis par d'autres autorités que celle qui a émis cette liste.

Logiciel espion (*spyware*) – Programme qui envoie à un malveillant des informations sensibles depuis l'ordinateur compromis.

Logiciel malveillant (*malware*) – Terme générique désignant un programme de type virus, ver, cheval de Troie, etc. ou toute autre forme de code informatique dont l'exécution porte atteinte à la sécurité d'un système.

Mail harvesting (récolte d'adresses de messagerie) – Opération consistant à obtenir des adresses de messagerie électronique afin, le plus souvent, de les revendre et de les utiliser à des fins malveillantes (diffusion de spams, virus, canular, etc.).

Malveillance (*maleovolence*) – Actions à caractère hostile et nuisible portant atteinte aux biens et aux valeurs, éventuellement acte criminel.

Man-in-the-middle (homme du milieu) – Caractérise une attaque informatique qui consiste à ce qu'une entité malveillante intercepte une communication légitime et se substitue à un des interlocuteurs pour leurrer ces derniers.

Management des clés (*key management*) – Gestion des clés de chiffrement : génération, distribution, archivage, destruction des clés en fonction de la politique de sécurité.

Management du risque, **gestion des risques** (*risk management*) – Processus continu d'évaluation des risques encourus par une organisation afin de les maîtriser, de les réduire à un niveau acceptable. Permet de déterminer la politique de sécurité la plus adaptée à la protection des valeurs de l'organisation.

Marion – Une des premières méthodes d'analyse des risques et d'optimisation par niveaux, élaborée par le Clusif (Club de la sécurité de l'information français), qui contribue à la définition d'une politique de sécurité.

Mascarade (*masquerade*) – Type d'attaque basée sur le leurre des systèmes.

MCO (maintien en conditions opérationnelles) – Partie du plan de continuité des activités (PCA) qui décrit les mesures décidées pour garantir, en cas de crise, le basculement d'applications vers un environnement dégradé n'induisant pas une altération non acceptable des conditions de travail.

Menace (*threat*) – Signe, indice, qui laisse prévoir un danger. Action ou événement susceptible de se produire, de se transformer en agression contre un environnement et de porter préjudice à sa sécurité : menaces délibérées (attaques), menaces involontaires (erreurs, défaillances, événements naturels, etc.), menaces connues, inconnues, etc. **Menace active** (*active threat*) : menace d'un changement délibéré et non autorisé de l'état du système (modification d'un message, génération de faux messages, déni de service, etc.). **Menace passive** (*passive threat*) : menace d'une divulgation d'information confidentielle, sans modification de l'état du système.

Mesures de sécurité (*security measures*) – Ensemble de moyens technologiques, organisationnels, juridiques, financiers, humains, procéduraux et d'actions permettant d'atteindre les objectifs de sécurité fixés par la politique de sécurité. Les mesures sont généralement classifiées selon leur rôle fonctionnel (mesure de prévention, de protection, de dissuasion, etc.).

Mirroring – Technique de sécurité contribuant à la disponibilité des données et à la continuité des services dans la mesure où les données sont sauvegardées en parallèle sur plusieurs disques rattachés à un même contrôleur de disque. Si l'un des disques tombe en panne, les données ne sont pas perdues.

Mot de passe (*password*) – Information confidentielle que doit produire un ayant droit afin de prouver son identité lors d'une procédure d'authentification dans le cadre d'une demande d'accès à une ressource.

Non-répudiation (*non-repudiation*) – Capacité de prévenir le fait qu'un expéditeur démente plus tard avoir envoyé un message ou effectué une action. Assure la disponibilité de preuves qui peuvent être présentées à un tiers et utilisées pour prouver que tel type d'événement ou d'action a eu lieu. Preuve qu'un message a été envoyé par une personne précise à un moment précis, sans avoir été modifié depuis son envoi. Cette preuve devrait pouvoir être vérifiée à tout moment par un tiers. Sans la non-répudiation, des émetteurs et des récepteurs d'informations pourraient nier les avoir reçues ou envoyées.

No-opt – Service dans lequel les clients n'ont pas le choix sur la façon dont les informations les concernant sont utilisées (possibilité d'atteinte à la protection des données privées).

Notarisation (*notarization*) – Enregistrement de données à des fins de preuve.

Numéro de série de certificat (*certificate serial number*) – Paramètre d'identification non ambigu d'un certificat numérique, attribué par l'autorité de certification émettrice du certificat.

Oakley – Protocole d'authentification mutuelle avec échange de clés, qui peut être utilisé dans le cadre de la version sécurisée du protocole IP.

Open source intelligence **(OSINT)** - Technique de collecte d'information à des fins de renseignement à partir de sources ouvertes (publiques).

Panne (*failure*) – Dysfonctionnement, arrêt de fonctionnement entraînant l'indisponibilité d'une ressource.

Pare-feu (*firewall*) – *Voir la définition de firewall.*

PCA (plan de continuité d'activité, *continuity plan*) – Ce plan doit permettre un fonctionnement du système d'information et un accès à l'information, même en mode dégradé ou en situation de crise.

Perte de service essentiel (*lost of essential services*) – Indisponibilité ou dysfonctionnement total ou partiel de ressources nécessaires au bon fonctionnement d'un système, d'une organisation.

Pertes directes (*direct losses*) – Pertes identifiables directement consécutives à un défaut de sécurité.

Pertes indirectes (*indirect losses*) – Pertes générées indirectement par un défaut de sécurité.

PGP (*Pretty Good Privacy*) – Logiciel de messagerie offrant des services de sécurité comme l'authentification par la signature digitale ou la confidentialité.

Pharming – Cyberattaque consistant à rediriger une requête de connexion à un site web sur un autre.

Phishing – Technique de manipulation des personnes, à des fins malveillantes, afin de les mener à livrer des informations utiles au manipulateur.

Photuris – Nom d'un protocole d'authentification mutuelle avec échange de clés développé pour la version 6 du protocole IP.

Phreak – Utilisation illégale ou détournement, aux dépens d'un individu ou d'un opérateur, des services de télécommunication, par un *phreaker* (notion de *phreaking*).

Phreaker – Personne qui réalise des actes de *phreaking* (détournement des télécommunications) et de *hacking* (intrusion dans les systèmes).

Pirate, **malveillant**, **attaquant** (*hacker*) – Personne qui s'introduit illégalement dans des systèmes afin de réaliser des attaques passives ou actives.

PKI (*Public Key Infrastructure*, infrastructure de gestion de clés) – Infrastructure permettant de délivrer des certificats numériques afin de mettre en œuvre des systèmes de chiffrement asymétrique dans un environnement Internet.

Plan de gestion de crise (*emergency plan*) – Ensemble des moyens techniques et organisationnels prévus pour répondre de manière optimale à un incident grave affectant la bonne marche des opérations et préjudiciable à l'organisation.

Plan de reprise d'activité (PRA) – Ce plan permet d'assurer, après une crise, une remise en route des applications, et la reconstruction de l'infrastructure qui permet l'accès à l'information.

Plan de secours (*back-up plan*) – Ensemble des moyens techniques et organisationnels prévus pour assurer la pérennité des informations et la continuité des activités quels que soient les problèmes rencontrés.

Politique de sécurité (*security policy*) – Référentiel de sécurité établi par une organisation, reflétant sa stratégie de sécurité et spécifiant les moyens de la réaliser.

Porte dérobée (*backdoor*, *trap door*) – Fait le plus souvent référence à un morceau de code intégré dans des logiciels permettant l'accès dissimulé, la prise de contrôle d'un système, la copie d'information, etc. à l'insu de son propriétaire.

Prévention (*prevention*) – Ensemble de mesures prises pour prévenir un danger, un risque, qui tend à empêcher la réalisation de menaces, à réduire la fréquence des incidents dans une optique de protection.

Priorité (*priority*) – Fait de venir en premier, de passer avant les autres. Reflète le degré d'urgence avec lequel les solutions de sécurité doivent être mises en place, et l'ordre dans lequel doivent être appréhendés les risques selon leur degré d'importance, de gravité.

Privilège (*privilege*) – Droits d'accès, permissions, habilitations accordées à une entité pour effectuer certaines actions, attributs jouant un rôle déterminant pour la réalisation du contrôle d'accès aux ressources.

Privilège minimum (*least privilege*) – Les utilisateurs d'un système possèdent uniquement les privilèges strictement minimums à l'accomplissement de leur mission.

Profil utilisateur (*user profile*) – Liste des attributs concernant un utilisateur, contribuant à effectuer la gestion du réseau et des systèmes auquel il se connecte (paramètres d'identification, d'authentification, droits d'accès, permissions et toutes autres informations utiles, à des fins de contrôle d'accès, de facturation, etc.).

Protection (*protection*) – Action/fait de protéger. Se dit d'une mesure de sécurité qui contribue à détecter, à neutraliser ou à diminuer les effets d'une agression.

Protection des données privées et de l'intimité numérique (*privacy protection*) – Mesures de protection qui permettent d'assurer que les informations, les activités des internautes, ne soient pas révélées à d'autres parties que celles voulues et ne soient pas utilisées à des fins contraires à celles consenties par leur propriétaire. Cela fait référence au droit des individus de contrôler les informations les concernant qui peuvent être collectées soit directement, soit indirectement par l'observation de leur comportement de navigation et des sites visités.

Rançongiciel (*ransomware*) – Logiciel malveillant prenant le contrôle des ressources d'un internaute afin de les lui rendre indisponibles pour exercer un chantage et exiger le paiement d'une rançon.

Rejeu (*replay*) – Type d'attaque basé sur la réutilisation de paramètres, de situation, etc. afin de leurrer une entité.

Répudiation (*repudiation*) – Fait de nier d'avoir participé à des échanges, totalement ou en partie.

Réseau à sécurité robuste (*robust security network*) – Concept introduit par la norme 802.11i pour renforcer la sécurité dans les réseaux locaux sans fil 802.11. Un réseau à sécurité robuste est un réseau dans lequel toutes les stations communiquent d'une manière sécurisée à travers les associations de sécurité RSNA établies entre elles.

Réseau privé virtuel (RPV ou VPN, *Virtual Private Network*) – La notion de réseau privé virtuel fait référence à l'usage du protocole IPSec afin de créer un canal de communication sécurisé à usage privé, au travers d'un réseau public non sécurisé. Souvent mis en œuvre par une organisation, pour connecter ses différents sites *via* Internet afin d'assurer la confidentialité des données échangées.

Révocation (*revocation*) – Annonce qu'une clé privée a perdu son intégrité. Le certificat de la clé publique correspondante ne doit plus être utilisé.

Risque (*risk*) – Danger plus ou moins probable émanant d'une menace et pouvant se traduire en termes de probabilité d'apparition et de niveau d'impact.

Rootkit (outil de dissimulation d'activité) – Mot formé de la concaténation de *Root* (privilèges de l'administrateur système sous Unix) et de *kit* (logiciel implantant un outil). Logiciel dont l'objet est de masquer l'exécution de codes malveillants afin de les rendre indétectables et de contourner les mesures de sécurité pour réaliser des cyberattaques.

RSA (*Rivest-Shamir-Adelman*) – Algorithme de chiffrement à clé publique, du nom de ses inventeurs Ronald Rivest, Adi Shamir et Leonard Adelman.

RSSI (responsable de la sécurité du système d'information) – Personne chargée de la sécurité se rapportant aux systèmes d'information.

Sabotage – Action malveillante, vandalisme, détérioration volontaire tendant à empêcher le fonctionnement normal d'une organisation, d'une infrastructure, d'un service, d'une ressource, et pouvant conduire à un sinistre.

Sécurité (*security*) – Situation dans laquelle quelqu'un, quelque chose n'est exposé à aucun danger. Mécanisme destiné à prévenir un événement dommageable, ou à en limiter les effets. Par exemple, la **sécurité physique** (*physical security*) est relative aux mesures permettant d'offrir une protection physique, matérielle des environnements, tandis que la **sécurité logique** (*logical security*) fait référence aux procédures et moyens logiciels de protection.

Sécurité de l'information (*information security*) – Ensemble de mesures techniques et non techniques visant à assurer la disponibilité, l'intégrité ou la confidentialité des données.

Sensibilité (*sensitivity*) – Caractéristique d'une entité qui indique sa valeur ou son importance.

Séquestre de clé (*key escrow recovery*) – Enregistrement et stockage des clés de chiffrement par une tierce partie de confiance qui peut être amenée à les révéler, sous certaines conditions, aux instances de justice et de police.

Serveur proxy (*proxy server*) – Serveur mandataire, intermédiaire qui réalise un service pour le compte d'une autre entité.

Sévérité perçue (*perceived severity*) – Niveau de gravité d'un problème tel que perçu par la personne le signalant.

S-HTTP – Version sécurisée du protocole HTTP permettant la sécurité des échanges entre un client et un serveur web.

SIEM (*Security Information and Events Management*) – Composé du SEM (*Security Event Management*) et du SIM (*Security Information Management*), le SIEM collecte les événements de non-conformités, de vulnérabilités et d'attaques, recueillis par divers capteurs, et génère des rapports qui permettent de contrôler un système d'information.

Signature numérique (*digital signature*) – Par analogie à la signature manuelle, la signature numérique obtenue par un algorithme de chiffrement asymétrique permet d'authentifier l'émetteur d'un message et d'en vérifier l'intégrité.

SKEME et SKIP – Protocoles d'authentification mutuelle avec échange de clés, développé pour la version sécurisée du protocole IP.

Sniffer – Logiciel destiné à réaliser des écoutes passives des données transitant dans un réseau.

Sniffing – Action consistant à réaliser des écoutes passives afin de récupérer des paramètres de connexion qui seront par la suite utilisés à l'insu de leurs propriétaires légitimes pour commettre des intrusions non autorisées.

SOC (*Security Operations Center*) – Centre de supervision, de contrôle et de gestion opérationnelle des activités de sécurité informatique.

Spam (pourriel) – Message électronique à des fins publicitaires et/ou de diffusion de codes malveillants.

Spammeur – Personne qui réalise le *spamming*.

Spamming – Technique qui consiste à envoyer des messages électroniques non sollicités.

Spoofer – Personne qui pratique le *spoofing*.

Spoofing – Usurpation d'adresses IP à des fins d'intrusion.

SSL (*Secure Sockets Layer*) – Logiciel assurant la sécurité des échanges sur Internet, développé par Netscape et supporté par la majorité des navigateurs web du marché.

Stéganographie (*Steganography*) – Technique permettant de dissimuler une information dans une autre afin de la transmettre ou de la stocker clandestinement. Le marquage de document, le tatouage (*watermarking*), est une application de la stéganographie qui consiste à marquer une image de façon indélébile.

Système de détection d'intrusion (IDS, *Intrusion Detection System*) – Système permettant de détecter des incidents qui pourraient conduire à des violations de la politique de sécurité et permettant de diagnostiquer des intrusions potentielles.

Taux de faux négatifs (FAR, *False Acceptance Rate*) – Pourcentage d'actions, d'événements considérés comme étant corrects (et qui ne le sont pas) et acceptés par un système alors qu'ils auraient dû être rejetés.

Taux de faux positifs (FRR, *False Rejection Rate*) – Pourcentage d'actions, d'événements considérés comme étant incorrects (et qui ne le sont pas) et rejetés par un système alors qu'ils auraient dû être acceptés.

Test de pénétration/d'intrusion (*penetration test*) – Tests pratiqués pour analyser et tester le degré de protection des systèmes et la robustesse des mécanismes de sécurité.

TKIP (*Temporal Key Integrity Protocol*) – Algorithme de chiffrement utilisé dans le réseau local sans fil 802.11i. Cependant, cet algorithme est seulement une solution temporaire pour la transition vers le support de l'algorithme CCMP car une simple mise à jour logicielle est nécessaire pour que les équipements WEP puissent supporter TKIP.

Tolérance aux pannes (*failures tolerance*) – Capacité que possède un système à continuer de fonctionner en cas d'erreur ou de panne. Aptitude d'un système informatique à demeurer fonctionnel malgré certaines pannes de ces composants.

TOR (*The Onion Router*) – Logiciel *open source* permettant de réaliser des services d'anonymisation des communications Internet. Partie de l'infrastructure Internet (réseau TOR) offrant des facilités pour que les communications ne soient pas surveillées, tracées et les utilisateurs identifiables et localisables.

Trace d'audit (*audit trail*) – Enregistrement des événements à des fins d'audit.

Triplet (*triplet*) – L'ensemble de trois valeurs (un numéro aléatoire, un numéro de réponse, la clé de chiffrement) qui est utilisé dans le processus d'authentification du réseau GSM.

Usurpation d'adresse (*address spoofing*) – Utilisation d'une adresse IP ou de messagerie électronique appartenant à un tiers, pour se faire passer pour lui, leurrer les systèmes et les personnes et éviter d'être identifié.

Usurpation d'identité (*identity theft*) – Emprunt de l'identité de personnes réelles pour obtenir frauduleusement des prestations en leur nom et place ou pour réaliser des actions délictueuses et leur faire porter la responsabilité de celles-ci.

Valeur de vérification d'intégrité (ICV, *Integrity Check Value*) – Valeur calculée par l'expéditeur sur l'ensemble des données à protéger et envoyée avec celles-ci. En utilisant le même algorithme, le destinataire recalcule l'ICV sur les données reçues et la compare à l'ICV originale. Si les deux valeurs sont identiques, il en déduit que les données n'ont pas été modifiées.

Valeur jetable (*nonce*) – Valeur unique. Nombre généré de façon aléatoire pour un message particulier et inclus dans la réponse pour empêcher des attaques basées sur le rejeu.

Variable environnementale (*environmental variable*) – Valeur locale, dépendant d'un contexte particulier à prendre en considération lors de la prise de décision de l'autorisation ou non d'actions.

Vecteur d'authentification (*authentication vector*) – Ensemble de cinq valeurs (un numéro aléatoire, un numéro de réponse, la clé de chiffrement, la clé d'intégrité, un numéro pour l'authentification de réseau) utilisé dans le processus d'authentification du réseau UMTS.

Virus (*virus*) – Programme malveillant introduit, à l'insu des utilisateurs, dans un système. Il possède la capacité de se dupliquer (soit à l'identique, soit en se modifiant [virus polymorphe]), de porter atteinte aux environnements dans lequel il s'exécute, et de contaminer les autres utilisateurs avec lesquels il est en relation. Différents types de virus sont distingués en fonction de leur signature, de leur comportement, de leur type de reproduction, de l'infection, des dysfonctionnements induits, etc. Les **vers**, **chevaux de Troie**, **bombes logiques** sont des codes malveillants de la famille générique des virus.

Vulnérabilité (*vulnerability*) – Défaut de sécurité qui pourrait se traduire soit intentionnellement, soit accidentellement par une violation de la politique de sécurité.

Web Bug (mouchard web) – Espiongiciel, code implanté dans un site web pour en surveiller la consultation à l'insu de l'internaute.

WEP (*Wired Equivalent Privacy*) – Algorithme de chiffrement utilisé dans les réseaux locaux sans fil 802.11.

WPA (*Wi-Fi Protected Access*) – Protocle d'accès à des réseaux sans fil Wi-Fi intégrant des mécanismes de sécurité pour les réaliser tels que spécifiés par la norme IEEE 802.11i.

Zero-day (jour 0) – Qualifie les vulnérabilités qui n'ont pas encore fait l'objet de contre-mesure de sécurité ou de correctif et qui peuvent être exploitées pour réaliser des attaques informatiques.

Zombi (*zombie*) – Se dit d'un ordinateur infecté et piloté à distance par une entité malveillante et dont le contrôle échappe à son propriétaire.

INDEX

D

H

I

O

P

Q

R

84149 - I - SOP 80° - NOC - MPN

DUPLIPRINT
733, rue Saint-Léonard, 53100 MAYENNE
N° 2976919F
Dépôt légal : octobre 2022

Imprimé en France